国家科学技术学术著作出版基金资助出版

中华鲟保护生物学

危起伟 等◎著

科学出版社

北　京

内 容 简 介

《中华鲟保护生物学》是中华鲟研究较为系统、全面的专著，是中华鲟物种保护历时40余年的研究总结。本书由4部分共23章组成，涵盖了中华鲟物种保护的多个领域，从中华鲟个体生物学到种群生态学，从保护遗传学到物种保护与管理，既有传统的组织器官结构的重现，又有生殖细胞移植的最新成果。主要内容包括：形态特征与内部组织结构、血液生理生化特征、配子形态与生物学特征、早期发育、早期生活史特征、自然种群概况、自然种群特征及其资源变动、长江中华鲟种群洄游特征、自然繁殖、产卵场及其微生境需求、产卵场模型、鲟鱼类分类及系统发育关系、染色体及遗传特征、中华鲟基因组研究、分子标记在中华鲟物种保护中的应用、生殖调控及生殖细胞早期发育相关基因、中华鲟种群延续的致危因素、保护政策概述、就地保护、迁地保护、繁育与人工保种、遗传资源保护、物种保护前景。

本书具有战略性强、研究领域广泛、资料翔实可靠的特点，其内容可为其他珍稀濒危鱼类物种保护提供借鉴和参考。本书可供鱼类、水产以及自然保护、涉水工程等相关的科研、教学和管理人员参考。

图书在版编目（CIP）数据

中华鲟保护生物学 / 危起伟等著 . — 北京：科学出版社，2019.6
ISBN 978-7-03-060707-2

Ⅰ. ①中…　Ⅱ. ①危…　Ⅲ. ①中华鲟–保护生物学　Ⅳ. ①Q959.46

中国版本图书馆CIP数据核字（2019）第039957号

责任编辑：朱　瑾　田明霞 / 责任校对：郑金红
责任印制：吴兆东 / 封面设计：无极书装

科 学 出 版 社 出版
北京东黄城根北街16号
邮政编码：100717
http://www.sciencep.com

北京虎彩文化传播有限公司 印刷
科学出版社发行　各地新华书店经销

*

2019年6月第 一 版　　开本：787×1092　1/16
2019年6月第一次印刷　　印张：20 1/2
字数：630 000

定价：298.00元
（如有印装质量问题，我社负责调换）

《中华鲟保护生物学》著者名单

主要著者　危起伟　杜　浩　张　辉

参与著者（按姓氏笔画排序）

王成友　厉　萍　叶　欢　危起伟　杜　浩

李创举　吴金明　冷小茜　张　辉　张书环

张晓雁　岳华梅　程佩琳

序 1

　　中华鲟是一种溯河洄游性鱼类，分布于亚洲东部的西太平洋大陆架海域，在我国南海也见其踪迹，是 17 种鲟属鱼类中分布区纬度最低的一个物种，适应较高的水温。中华鲟最大个体的体重可达 600 kg（丁瑞华，1994），仅次于产于黑龙江的体重达 1140 kg 的达氏鳇 *Huso dauricus*（Berg，1948）。中华鲟在海洋中生长 9 ～ 10 年（雄）或 14 ～ 15 年（雌）达到性成熟后，进行生殖洄游溯游到长江等大江河繁殖。长江上游干流和金沙江下游江段，过去是中华鲟主要的产卵场分布区，1981 年 1 月长江葛洲坝水电工程大江截流后，受大坝阻隔的中华鲟在坝下江段新形成的产卵场进行繁殖，但产卵场面积较小，且易受人类活动的干扰。珠江水系的黔江，在 20 世纪 50 年代以前也曾有中华鲟繁殖，产卵场位于广西象州石龙三江口，繁殖期在 1 ～ 4 月；到 20 世纪 70 年代以后，珠江已很少见到中华鲟，最后见到的一尾是于 1998 年 2 月 24 日捕到的，体重 250 kg（广西壮族自治区水产研究所和中国科学院动物研究所，2006）。可见，从 20 世纪 80 年代开始，中华鲟的产卵场已显著减少，繁殖规模缩小，物种已处于濒危状态。

　　国务院于 1988 年批准的《国家重点保护野生动物名录》中，将中华鲟列为一级保护动物，同时将长江中另外两种鲟鱼即长江鲟（亦称为"达氏鲟"）和白鲟，以及生活于长江中的淡水鲸类动物白鱀豚都列为一级保护动物。现在，《国家重点保护野生动物名录》颁布已经过了 30 年，这几种长江中的国家一级重点保护动物的景况如何呢？实际情况实在是令人唏嘘！白鱀豚在 20 世纪 90 年代末已被宣布为"功能性灭绝"；在 2003 年见到最后 1 尾被误捕的白鲟个体后，已有 15 年没有再次见到，其同样免不了"功能性灭绝"的厄运。自 2007 年起每年在长江上游自然保护区内放流人工繁殖的长江鲟幼鲟，但一直未见到其自然繁殖的情况，显示放流的长江鲟在达到性成熟的六七龄之前，已被全部捕捞。中华鲟的前景也不容乐观。自 2003 年三峡水电站试验性蓄水以后，中华鲟产卵开始时间便从 11 月初延迟到 11 月中旬，滞后约 20 天，并且从每年繁殖期内产两批卵减为一批，甚至在 2013 年以后，有的年份根本没有产卵，有的年份仅有极少数亲鲟产卵。

　　为什么长江中的这些国家重点保护野生水生动物不能得到有效的保护，甚至在一些国家级和省级自然保护区内也无法进行保护？影响保护工作的因素是多方面的。由于河流是一条流动的、连通的、开放的、多功能的自然水体，其自然属性的变化除了受大尺度的气候、地貌等全球变化的影响外，还不断受到人类活动的干扰，特别是近三四十年来，所受影响更为频繁、深刻。长江上游水电开发所兴建的三峡电站等大型水电工程，显著改变了下泄江水的径流增减、水位涨落、水温升降等生态要素周年内变化的自然节律，并且这些影响随着上游大型水电站逐年增多而产生叠加效应，使其对水域生态的不利影响更趋严重。随着交通运输业发展出现的航船增多、航道疏浚、码头兴建、岸坡硬化等，都会对中华鲟等大型水生动物的栖息地生境造成干扰和破坏，大型水生动物直接被轮船螺旋桨砍伤击毙的情形也时有发生。城镇、工矿排放废水的污染，跨江桥梁通过重载车辆时产生的振动和噪声，在江河中非法挖沙，都不同程度地影响着水生动物的正常生命活动。这里要着重指出的是，20 世纪 90 年代兴起的电捕鱼作业，使长江的水生动物资源遭到了毁灭性破坏。除了在个体渔船上普遍使用的电拖网外，一些捕捞者使用两艘机动轮船左右并排拉着电缆在江中横扫，水生动物不论个体大小，被电击后无一幸免。白鱀豚和白鲟这两种一级保护动物遭到"功能性灭绝"的命运，非法电捕应当被认定为罪魁祸首。2017 年夏天，清江隔河岩水库因突发洪水匆忙泄洪，使水库内网箱养殖的俄罗斯鲟、杂交鲟等十余万斤（1 斤 =0.5 kg）鲟鱼随洪水逸入长江。当时人们曾担心这些外来种会不会在长江内形成野生种群？有无可能与中华鲟杂交导致种质不纯？可是，不到一年时间，这些鲟鱼已在长江销声匿

迹。这就是电捕作业的巨大威力。由此可以想到，我们每年放流到长江的中华鲟，究竟有几尾能够侥幸逃过电击洄游入海？中华鲟人工繁殖放流已开展了 30 余年，但返回长江繁殖的亲鲟却越来越少，其主要原因是电捕引起了大量中华鲟不正常死亡。电捕作业必须彻底、永远取缔，否则，中华鲟将步白鱀豚、白鲟的后尘。

中华鲟的物种保护迫在眉睫。《中华鲟保护生物学》一书的出版非常及时，为广大科研工作者和管理人员提供了系统参考。该书全面系统地介绍了中华鲟研究的多个领域，包括基础生物学、生态学、遗传学、养殖学及其保护对策的理论与实践等，这些研究内容是危起伟研究员的科研团队在 30 多年的工作基础上总结完成的。特别是在掌握中华鲟生殖洄游、产前栖息地分布及栖息地适合度的基础上，该团队分析和讨论了人类活动尤其是水利工程建设对中华鲟洄游和栖息地选择产生的影响，并基于这些研究结果，提出了中华鲟就地保护的技术框架、努力方向以及一些亟待开展的研究工作。在迁地保护研究工作中，突破了中华鲟全人工繁殖技术，实现了人工条件下的保种。《中华鲟保护生物学》一书为我国珍稀濒危水生动物物种保护提供了典范，具有重要的参考价值，可望为我国珍稀濒危水生动物及生态环境保护做出重大贡献。

中国科学院院士

2019 年 2 月 1 日

序 2

　　长江被誉为淡水渔业的摇篮、水产种质资源的宝库和水生野生动物的乐园。但是，随着长江沿岸经济的快速发展，长江水域生态环境发生了极为显著的变化，长江水系渔业资源枯竭，栖息地丧失，物种濒危甚至灭绝。例如，举世瞩目的白鱀豚已经功能性灭绝，白鲟和鲥鱼多年不见踪迹，我国淡水渔业基础受到威胁，长江水域生态面临空前挑战。2016 年 1 月 5 日，习近平总书记在重庆召开的推动长江经济带发展座谈会上指出，要"共抓大保护，不搞大开发"。2018 年 4 月 26 日，习近平总书记再次指出："长江病了"，而且病得还不轻。治好"长江病"，要科学运用中医整体观。此外，在《长江经济带生态环境保护规划》《重点流域水生生物多样性保护方案》《关于加强长江水生生物保护工作的意见》等规划和文件中，均将中华鲟物种保护作为一项重要工作内容。危起伟研究员带领的团队对中华鲟研究了 30 余年，为长江中华鲟保护奠定了很好的基础。该书系统、全面地总结了中华鲟物种保护的研究成果，在了解了其生物学、生态学和遗传学的基础上，采取一系列的传统和创新手段或措施，建立了中华鲟全人工繁殖、增殖放流、驯养及康复技术等，使中华鲟物种得以保护、保存和延续，其学术水平总体处于国际领先地位。该书主要作者为多年从事珍稀濒危水生生物保护、水环境保护研究的一线科研人员和管理专家，有着丰富的经验和长期的研究积累。该书的出版将为我国水生野生动物保护提供宝贵的理论依据和技术途径，为水生野生动物保护、渔业资源管理和环境科学等领域的科研人员、管理人员及高校师生提供珍贵的参考资料。

农业农村部渔业渔政管理局　局长 / 研究员

2019 年 2 月 3 日

前　言

时光如梭，转眼间我大学毕业分配到中国水产科学研究院长江水产研究所（以下简称长江所）工作已经 34 年，结缘中华鲟也有 34 年。其间，中华鲟保护研究工作从未间断，往事历历在目，在长江所成立 60 周年之际，我们对长江所开展的中华鲟科学研究和保护历程进行了系统梳理，形成书稿《中华鲟保护生物学》并交付出版，希望将此作为礼物，献给长江所及所有开展中华鲟保护的志士同仁。特别对参加和支持中华鲟保护研究工作的所有老师、同事、合作伙伴、同行和朋友以及有关领导表示真诚的感谢！在此，对他们在中华鲟保护研究工作中所做出的贡献进行简要介绍。

长江所中华鲟保护研究团队建设和保护生物学的学科发展是国家水利水电建设任务所驱动的，历时 40 余年的中华鲟保护研究大致可以分为 7 个阶段。

第一阶段（1972 ~ 1975 年）任务驱动，奠定基础，中华鲟资源本底调查

在《长江鲟鱼类的研究》（四川省长江水产资源调查组和湖北省长江水产研究所，1976）前言中写道"兴修水利要三救：即救鱼、救船、救木的方针"，根据 1972 年"全国农林科技重大协作项目"第 22 项的要求，中央农林部下达了"长江鲟鱼类专题调查"任务，并责成长江所负责主持联系工作。据此，长江所草拟了课题计划，并和有关省市就研究内容、时间、协作方式等进行了广泛协商，并在 1972 年 11 月召开的"六省一市长江水产资源调查第一次协作会议"上，共同制定了长江鲟鱼类专题调查的四项内容：①中华鲟和达氏鲟的形态、生态比较研究；②两种鲟鱼产卵场的分布和生殖习性的调查；③鲟鱼的洄游调查；④鲟鱼的人工繁殖和幼鱼培育试验研究。按照分工，长江所还具体完成了湖北段中华鲟资源调查，以及中华鲟洄游习性、食性等调查工作。

第二阶段（1981 ~ 1986 年）坝下救鱼，团队初建，中华鲟人工繁殖成功

1981 年葛洲坝水利工程截流，国内有关单位聚集在葛洲坝下，开展中华鲟自然繁殖状况调查和人工繁殖工作。长江所当时有 3 个课题组参加中华鲟"会战"：①养殖室生殖生理组，牵头人为傅朝君所长，成员为刘宪亭主任、鲁大椿副研究员、章龙珍助理研究员和陈松林助理研究员等，负责葛洲坝下中华鲟的人工繁殖工作，1983 年秋季获得了葛洲坝下中华鲟人工繁殖成功（比葛洲坝工程局中华鲟研究所早 1 年成功）；②营养饲料组，牵头人为叶锦春副研究员，负责中华鲟幼鱼活饵料生物培养和中华鲟幼鱼培育；③资源室资源组，牵头人为柯福恩副主任，成员为胡德高副研究员、张国良工程师及龚明华等，负责中华鲟资源和产卵场调查等工作。1983 ~ 1985 年，资源组在长江葛洲坝下游及古老背江段、沙市李埠江段、江陵郝穴江段和石首市江段开展了中华鲟繁殖群体资源和产卵场调查，其间还进行了长江金沙江屏山至长江口近 3000 km 长江干流捕鱼队的中华鲟捕捞历史的走访与统计，查清了 1972 ~ 1982 年长江中华鲟繁殖群体的年捕捞量及 1979 ~ 1985 年长江口东端和江苏常熟市溆浦中华鲟幼鱼的捕捞情况。资源组后来陆续有罗俊德（1983）、危起伟（1984）、庄平（1985）和杨文华（1987）等同志加入。受课题组组长柯福恩副主任的指派，我于 1984 年 12 月开始接触中华鲟，对中华鲟资源和产卵场调查的数据进行整理分析，率先完成了利用标志回捕法对 1984 ~ 1985 年长江干流中华鲟繁殖群体数量估算，以及中华鲟繁殖群体结构特征分析等。

长江所牵头在 1983 年秋季获得了葛洲坝下中华鲟人工繁殖成功，1983 ~ 1986 年每年进行野生中华鲟江边拴养人工繁殖，并进行苗种培育和放流，但是此阶段并未突破苗种培育技术难关，尽管每年可孵出几十万至上百万仔鱼，但都因开口及后期培育成活率极低而被迫实施放流。联合协作也因课

题结束无经费支持而被迫中止了中华鲟人工繁殖和苗种培育工作。

第三阶段 (1986 ～ 1996 年) 攻坚克难，步履维艰，中华鲟监测未曾间断

1986 年开始由我具体负责中华鲟野外调查，至 1996 年以后，课题组组长柯福恩将所有中华鲟研究工作交给我负责，并持续至今，1986 ～ 1996 年 10 年间，科研工作开展极其艰难：中华鲟人工繁殖攻关研究取得阶段性成果后，农业部等上级部门对中华鲟研究的科研资助断炊，仅中国水产科学研究院前院长潘荣和承诺，每年由院提供 2 万元资金持续开展中华鲟产卵场监测，无其他经费支持！这点资金勉强能维持产卵场野外调查，中华鲟人工繁殖等其他研究资金等全无着落！在此感谢湖北省水产局前局长马继民的高瞻远瞩，明确支持中华鲟的副产品利用！湖北省水产局批准中华鲟副产品利用许可，并在祝兴汉副局长、汪亮科长和叶建刚科长的帮助下，中华鲟副产品得以利用。这样，用科研副产品回收资金维系中华鲟的科学研究十余年，历经心酸！

1991 年，《中美自然交流与合作议定书》重启，长江所迎来了美国政府代表团。Richard St. Pierre 先生（鲥鱼专家）、Ted Smith 博士（鲟鱼专家）、Frank Parauka（鲟鱼专家）、Kim Graham（匙吻鲟专家）等 4 名美国专家访问长江所，我参加了会谈并陪同他们对长江宜昌及三峡进行考察，其间提出了开展中华鲟自然繁殖、洄游和资源评估，以及人工繁殖尤其是提高中华鲟苗种成活率及精子超低温冷冻保存等系列课题研究思路和技术需求，引起了美国专家的注意。

葛洲坝工程局中华鲟研究所于 1984 年秋季也获得中华鲟人工繁殖成功，并持续开展此项工作。然而 20 世纪 80 年代，一直未能突破苗种培育技术瓶颈，导致了多年的被动放流。面对这种形势，1989 年，我牵头启动了中华鲟人工繁殖研究，开始租赁宜昌市水产良种场家鱼繁殖和育苗设施，在谢新友技术员的帮助下，实现了宜昌庙咀沙滩上中华鲟亲鱼催产成功，每年能够获得数十万仔鱼，但因孵化和育苗条件很差，中华鲟大规格育苗难关到 1991 年都未能突破。1992 年秋季，开展了中华鲟室内培育试验，发现影响中华鲟仔稚鱼人工培育成活率的关键，获得了数千尾大规格中华鲟幼鱼的培育成功。

第四阶段 (1993 ～ 2002 年) 国际合作，团队凝练，中华鲟自然繁殖生态研究逐渐领先

1993 年 10 月，Boyd Kynard 博士（以下简称 Boyd）和 Jim Willianms 博士访问长江所，带来了一套较为"经典"的超声波跟踪设备（水听器），计划当年在葛洲坝下开展中华鲟遥测跟踪试验，建议由我配合试验，并准备试验所用野生中华鲟和跟踪船等。我按要求准备好后，经大家一起努力，成功标记并放流了 2 尾性成熟的雄性中华鲟。不幸的是，标记放流的 2 尾中华鲟，由于租用的是大而笨重的宜昌市渔政执法船（也是当时长江中可以找到的最适合放流的船），加上竹篙绑在船舷上，船舶航速很慢，根本追不上放流后的中华鲟。放流的 2 尾中华鲟跟踪了不到 1 h 信号就丢失了，大家对此深感遗憾！由于合作交流时间很有限，一周后 Boyd 就离开了中国。但是我不甘心！我租用一条捕捞铜鱼的渔船 [一种长约 6 m、配 5 ～ 8 hp（1 hp=745.700 W）的柴油挂机木船]，将水听器绑在渔船桅杆上，把渔船开到葛洲坝大江电厂近坝区，让渔船关掉发动机，人工用船桨控制方向，随水流向下游漂流！我清楚地记得那天，1993 年 10 月 30 日，"咚咚，咚咚咚咚咚咚，咚咚咚咚咚咚咚"（编码 267）浑厚的声音从耳机中传来，消失的信号声音终于再现，真是太美妙了！编码 267 的中华鲟找到了！我欣喜若狂，持续跟踪，首次监测到了中华鲟繁殖的准确位置，我第一时间通过传真和 Boyd 联系，他更是欣喜万分！无数传真来来往往，我们不仅完成了中华鲟的第一篇生态学研究论文《应用超声波遥测技术定位中华鲟产卵区》（"科学通报"，1995 年），而且撰写了"应用超声波遥测技术开展中华鲟自然繁殖研究"项目建议书，在中、美两国同时申请项目。从此，以中华鲟自然繁殖超声波遥测跟踪研究为引领的中 - 美中华鲟保护研究国际合作项目拉开了序幕，共执行了 5 期共 10 年，写入了《中美自然交流与合作议定书》！自此，中华鲟的生态学研究迈上了一个新台阶。

与 Boyd 合作，值得回忆的事情太多了，他给予了我和中华鲟科研工作极大的帮助和无私的奉献，

我们更是结下了深厚的友谊。20 世纪 80 年代，Boyd 原系马萨诸塞大学阿默斯特分校森林与野生动物学院的教授，他建议美国政府建设比例尺为 1∶1 的鱼道模型并获批准，在此模型的基础上成立了美国康特洄游性鱼类研究中心（S.O. Conte Anadromous Fish Research Center），Boyd 全职在研究中心工作。1993 ～ 1999 年美国联邦政府机构改革，1993 年前，研究中心隶属于美国内务部鱼和野生生物局（USFWS）；1995 ～ 1999 年隶属于美国内务部生物调查局；1999 年以后隶属于美国内务部地质调查局（USGS）。Boyd 的科研经费也被逐渐削减，他申请来中国开展中华鲟研究的科研项目未被立项。尽管如此，但 Boyd 为了帮助我们开展中华鲟跟踪研究，仍于 1995 年、1997 年和 1999 年三次赴中国，开展中华鲟合作研究。我现在还清晰地记得，每一次 Boyd 都会带来大批的设备和器材，如多套超声波跟踪设备、测深仪、照度计、GPS、各种小工具、尼龙绳、采卵网，以及各类螺丝、螺帽、卡子，甚至黏胶带和救生衣，无一不有，每次携带设备和器材工具的重量均超过百斤，由其助手 Mihcha Chieff（硕士，一个身高 1.8 m 的壮汉）携带。我不仅跟 Boyd 学到了有关鱼类生态和行为学的知识，更从他身上学到了一丝不苟的工作态度和对科学的献身精神。他不仅学识渊博，而且几乎所有事情都身体力行，似乎无所不能，各种力气活和技术活都干，如开车驾船、电工、钳工、木工，也精通现代仪器设备的原理和操作（他是鱼类电子跟踪器的发明人之一），从不知疲倦！1994 年，Boyd 就一直邀请我并愿意全额资助我去美国攻读博士学位（那时可是绝大多数中国大学生的梦想啊），但是我为了中华鲟研究工作的不间断（按美国大学体制，读博士必须在校至少 2 年，其间不能离开），我婉拒了他的邀请。到了 1996 年，Boyd 还是建议我在国内完成博士学位，他作为第二导师。尽管这样，由于中华鲟研究工作繁多，当时我还是没有考虑读博。一拖再拖，直到 1999 年，我遇到了恩师曹文宣院士，2000 年才考入中国科学院水生生物研究所攻读博士学位，Boyd 作为第二导师！在两位导师的指导下，选择将我所从事的中华鲟自然繁殖生态研究作为我博士学位论文的研究课题，不必再做其他实验，以二十多年长序列的海量中华鲟科研数据作为基础，经过 3 年的分析和研究，在中华鲟繁殖生物学与自然种群生态等方面取得了突破性进展，完成博士学位论文《中华鲟自然繁殖行为生态学与资源评估》，并于 2003 年底通过论文答辩。

另外，关于中华鲟人工繁殖、育苗和养殖，在 Boyd Kynard 博士、南卡罗来纳州海洋研究所 Ted Smith 博士、加州大学戴维斯分校 S. Doroshov 教授及旧金山 Tsar Nicoulai Caviar 公司 E. Maths 先生等的帮助下，我于 1994 年、1996 年、1998 年和 1999 年 4 次赴美国考察了数十个鲟鱼孵化场和养殖场，完全解决了中华鲟苗种培养的技术难题。

从美国考察回国后，在中国科学院水生生物研究所余志堂研究员（已故）的鼓励下，我经过反复摸索和试验，在广东、福建、江苏、湖北等地建立了适合中华鲟繁育基地，并于 2002 年在福建泉州开展了中华鲟的海水养殖实验。中华鲟繁育基地的建设得到了广东中山的欧阳文亮先生和陈绍川先生的鼎力相助。正是有了这些基地蓄养的数十万尾、体长为 10 cm 的中华鲟幼鱼，才保障了 1999 年 12 月由三部委牵头在宜昌举办的"中华鲟世纪放流"的成功，该次放流是迄今为止最大规模的中华鲟人工增殖放流。这些养殖基地如星星之火以燎原之势，带动了全国鲟鱼产业的迅猛发展。

1991 ～ 1999 年，受国家政策和经济形势影响，长江所课题组或解散或拆分或重组。柯福恩领导的课题组拆分：科技处副处长庄平带领罗俊德、杨文华、龚明华等开始从事中华鳖开发；1993 年周瑞琼被安排协助我开展中华鲟研究工作，但 1995 年就调离本组。中华鲟的研究工作只剩我孤身一人。随着中美中华鲟合作的开始，研究工作先后获得国家自然科学基金及国务院三峡办课题资助，才有数位同事加入了我带领的鲟鱼组（现濒危鱼类保护研究组）：杨德国（1995）、王凯（1996）、刘鉴毅（1997）、郑卫东（1998）、朱永久（1999）、万湘平（1999）、陈细华（2000），以及陈荆河（1999）和申艳（1999）等同志。随着工作的不断扩展，研究领域从自然生态扩展到人工繁育和养殖，聘用了一批刚刚毕业的大中专学生，包括李羽新、熊伟等。在这段时间中，不论是中华鲟的自然生态研究还是人工繁育和养殖，均取得了巨大突破，特别是 1997 年解决了中华鲟培育成活率低的技术难题，开始建立中华鲟人工群体，为中华鲟突破全人工繁育奠定了基础。1999 年在湖北荆州建设的太湖中华鲟试

验基地（现为农业农村部中华鲟保护与增殖放流中心，以下简称太湖基地），为中华鲟人工繁育和迁地保护提供了支撑。到目前为止，太湖基地仍是中华鲟保护研究最重要的实验场所。回想当初，短短的 40 天内，太湖基地就完成建设（4000 m² 育苗车间、1200 m² 养殖催产池、水电气道路所有配套设施）并投入使用，这在他人看来是不可能完成的任务。

第五阶段 (2003 ～ 2008 年) 研究拓展，成果丰硕，中华鲟迁地保护成功

随着中华鲟人工繁育技术的不断完善和繁育规模的扩大，开始尝试中华鲟人工建群的各种养殖模式，开展了滆水水库、清江、三峡水库中华鲟网箱保种基地建设，并在三峡水库开展了中华鲟种群重建的尝试。2005 年启动了北京海洋馆中华鲟研究，解决产后亲鱼康复复壮、资源再利用途径等问题，该研究得到了张显良、李彦亮、樊祥国、何建湘等领导的大力支持。北京海洋馆胡维勇、张晓雁、杨道明、彦海做出了贡献；后期吴湘香、张艳珍负责科研工作，做出了贡献。与北京海洋馆合作持续至今，取得了丰硕成果。2008 年国家全面停止了葛洲坝下对长江段中华鲟亲鱼科研捕捞。

2003 ～ 2008 年，课题组与东京大学海洋研究所 Miazaki、Naito、Yuuki 合作开展中华鲟生物记录仪研究，查明了鲟鱼周期性出水（跳跃）机理，解释了船舶导致中华鲟受伤死亡的原因。2004 年开始，与北京大学胡建英团队合作开展有关中华鲟环境毒理学研究，取得了一系列成果，在 PNAS、EST 等国际著名期刊发表了多篇重要研究论文。2006 年开始，与捷克南波什米尔大学水生生物研究所合作，开展鲟鱼精子生物学研究，取得突破，并共同培养博士研究生，包括厉萍、辛苗苗、颉璇等。

在此期间，课题组参与了长江湖北宜昌中华鲟省级自然保护区（1996 年湖北省政府批准建设）和上海市长江口中华鲟自然保护区（2002 年上海市批准建设）的本底调查与总体规划，为中华鲟保护提供了重要支撑。

中华鲟太湖基地在张显良所长的帮助下理清了产权和周边关系，增加了中华鲟研究力量和投入，2008 年 1 月由长江所作为独立完成单位的"中华鲟物种保护技术研究"成果获得了 2007 年度国家科学技术进步奖二等奖，参与人员：危起伟、杨德国、陈细华、刘鉴毅、柳凌、朱永久、王凯、李罗新、王科兵、杜浩、张辉、刘志刚等。

我于 2001 年开始招收硕士研究生，2006 年开始招收博士研究生，围绕中华鲟等鲟鱼类保护开展的学位论文研究，截至 2018 年底已毕业博士 12 名，硕士 21 名。硕博研究生的加入为课题组发展注入了活力。

第六阶段 (2009 ～ 2013 年) 团队整合，平台升级，中华鲟全人工繁育突破

2009 年开始杨德国研究员带领朱永久副研究员等，新组建了鱼类生物学和保护工程学科组（杨德国目前为农业农村部现代农业产业技术体系大水面养殖技术岗位科学家）；陈细华带领团队组建了鱼类生理学科组（陈细华目前为农业农村部现代农业产业技术体系鲟类营养与饲料岗位科学家）。2011 年长江所研究主体迁入长江所武汉中心，为科学研究创建了新的平台。

我仍然以中华鲟等鲟鱼类为主要研究对象，吸收了一批新生力量，形成了目前的濒危鱼类保护研究学科组（Conservation of Endangered Fishes，CEF），除了已经来组的杜浩、刘志刚、沈丽、周琼，以及负责太湖基地和三峡网箱中华鲟养殖的李罗新和王科兵，其后又有张辉博士、吴金明博士、王成友博士、厉萍博士（2018 年调离去山东大学威海校区）、张书环博士、冷小茜博士等一批新生力量加入，形成了以中华鲟保护为特色的濒危水生动物保护研究团队，研究范围更为广泛，研究更趋深入。2010 年本研究团队被中国水产科学研究院评为优秀创新团队。2012 年突破中华鲟规模化全人工繁殖，这对中华鲟规模化增殖放流、保护和物种进一步延续等具有重要意义。

第七阶段 (2013 年至今) 任重道远，砥砺前行，中华鲟物种拯救在行动

伴随着中华鲟全人工繁育技术的完善和繁殖规模的突破，中华鲟人工保种取得了成功，2016 ～

2017年连续实现全人工繁育大规格中华鲟苗种10万尾以上。然而，大型水利工程带来的生态积累效应日益凸显，长江中华鲟赖以生存的栖息地生境质量下降、水域环境的持续性恶化导致中华鲟自然繁衍严重受阻。2013年、2015年、2017年和2018年葛洲坝下中华鲟的自然繁殖出现了持续中断，每年洄游上溯到中华鲟自然产卵场江段的中华鲟繁殖群体数量持续下降，目前已不足50尾，自然种群延续面临严峻挑战！针对拯救中华鲟的迫切需求，长江所牵头起草了中华鲟拯救行动计划，从就地保护、迁地保护、遗传保护和繁育增殖等方面对中华鲟拯救行动进行了布局。2015年《中华鲟拯救行动计划（2015—2030）》（农长渔发〔2015〕1号）颁布实施，2016年中华鲟保护救助联盟成立，长江所作为联盟理事和秘书长单位承担了大量的科研、监测、规划和资源整合等任务。在农业农村部长江流域渔政监督管理办公室的领导下，组织实施了对人工养殖的高龄中华鲟 F_0 和 F_1 代普查登记，并规划了中华鲟陆 - 海 - 陆接力保种系列工程保护措施，启动了长江故道、三峡水库和海水养殖项目。与东京大学海洋研究所合作，尝试鲟鱼类借腹生子等新技术研究，确保中华鲟种群延续。与长江大学合作开展中华鲟的免疫与病害研究，为中华鲟人工养殖群体的健康存活保驾护航。与深圳华大基因合作，启动了中华鲟等鲟鱼全基因组研究计划。中华鲟的保护和研究进入一个新阶段。

正如习近平总书记2018年4月26日在"深入推动长江经济带发展座谈会上的讲话"中指出："长江生物完整性指数到了最差的'无鱼'等级"，"'长江病了'，而且病得还不轻。治好'长江病'，要科学运用中医整体观，追根溯源、诊断病因、找准病根、分类施策、系统治疗。"

2018年9月24日，国务院办公厅发布的《关于加强长江水生生物保护工作的意见》，对切实做好长江水生生物保护工作，特别是对中华鲟保护提出了明确要求，将开启新时期中华鲟保护工作的新局面。

我们希望本书的成果能够为中华鲟的保护提供理论支撑和技术参考。

本书所涉及中华鲟保护生物学研究历时40余年，书稿筹备历时数年，从书名到内容几经改变，作者多，撰写历时2年。作者水平有限，书中不妥之处在所难免，敬请读者批评指正。

最后，我要感谢我的夫人邵今女士，她的陪伴是我工作不懈努力的源泉。

危起伟
2018年10月1日于武汉

目　录

第 2 部分 种群生态学

第 1 部分

个 体 生 物 学

1

形态特征与内部组织结构

1.1 外部形态特征

中华鲟体呈长梭形，前端略粗，向后渐细，腹部较平（图1.1）。头部呈三角形，略为扁平，背面观呈楔形，腹面及侧面有陷器（图1.2）。

图 1.1　中华鲟的外部形态

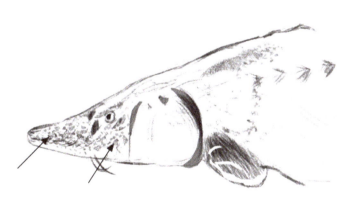

图 1.2　头部陷器（侧面观）

鳃孔位于头两侧，有喷水孔1对，位于鳃盖前上方，呈新月形；眼1对，小而呈椭圆形；吻端锥形，两侧边缘圆形，吻须4根，圆形，位于吻之腹面；口腹位，横裂，开口朝下；鳃盖位于头之两侧，后缘具鳃盖膜，左右鳃盖膜与峡部相连（图1.3）。

躯干部具5行骨板，背中线1行，左右体侧各1行，左右腹侧各1行。尾部具4行骨板，背中线及腹中线各1行，左右体侧各1行。身体最高点不在第一骨板处，第一背骨板也不是最大的骨板；有背鳍后骨板和（或）臀后骨板；臀鳍基部两侧无骨板；第一背骨板通常与头部骨板分离；侧骨板菱形，高大于宽（图1.4）。

体前面腹侧有胸鳍1对，扁平呈叶状，水平向后外侧伸展；后部具腹鳍1对，较胸鳍小，略向两侧平展；在腹鳍后缘腹中线可见两孔，前者为肛门，后者为尿殖孔；尾部背面有背鳍1个，前基与腹面的尿殖孔相对，斜向后伸；臀鳍位于尾部腹面，前基位于尿殖孔后方，与背鳍上下相对应，较背鳍小而色浅；尾鳍歪形，上叶大，有两侧紧密排列的棘状菱形硬鳞支持，下叶小，由鳍条支持（图1.5）。

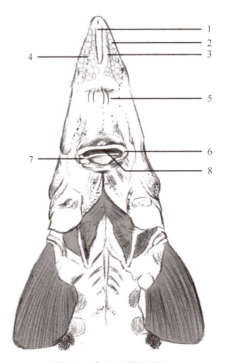

图 1.3　头部（腹面观）

1. 吻；2. 陷器；3. 基吻骨；4. 眶下管；5. 吻须；6. 侧唇褶；7. 口裂；8. 下唇褶

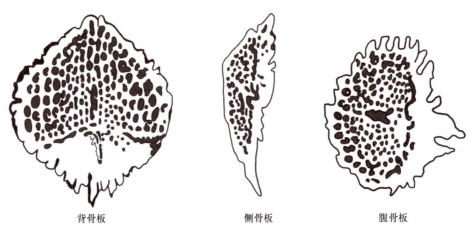

背骨板　　　　　　　　侧骨板　　　　　　　腹骨板

图 1.4　骨板（四川省长江水产资源调查组，1988）

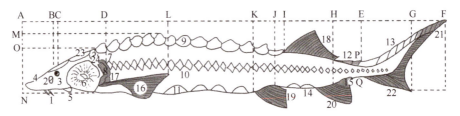

图 1.5　鲟鱼外形测量图（仿《长江鲟鱼类生物学及人工繁殖研究》一书绘制）

1. 吻须；2. 左侧的前后鼻孔；3. 眼；4. 吻；5. 唇部；6. 下鳃盖；7. 鳃膜；8. 外露的鳃部；9. 背骨板；10. 左侧骨板；11. 左侧腹骨板；12. 背鳍后骨板；13. 尾鳍上棘状鳞；14. 臀鳍前骨板；15. 臀鳍后骨板；16. 胸鳍；17. 胸鳍硬棘条；18. 背鳍；19. 腹鳍；20. 臀鳍；21. 尾鳍上叶；22. 尾鳍下叶；23. 头顶部骨板；24. 喷水孔

（一）外形测量

A—B. 吻长；B—C. 眼径；A—D. 头长；C—D. 眼后头长；D—L. 胸鳍长；A—E. 体长；E—F. 尾鳍上叶长；E—G. 尾鳍下叶长（交点处斜量）；E—H. 尾鳍长；H—I. 背鳍基长；J—K. 腹鳍基长；A—F. 全长；M—N. 体高；O—N. 头高；P—Q. 尾柄高

（二）头部性状测量

吻至鼻距：从吻端至后鼻前缘（后鼻孔）的直接距离；吻至须距：从吻端至须基部的垂直距离；吻至口距：从吻端至口前缘的垂直距离；鼻基宽：左右后鼻缘切面在鼻基部的直线距离；口宽：在自然状态下口的内缘宽度

中华鲟可量性状包括全长、体长、头长等（图1.5，图1.6），可数性状包括骨板数、鳍条数及鳃耙数等，现将历史测量数据归纳到表1.1～表1.3（张书环等，2016）。

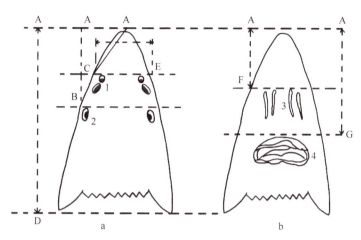

图1.6 鲟鱼头部测量图（四川省长江水产资源调查组，1988）
a. 头部背面观；b. 头部腹面观
1. 前后鼻孔；2. 眼；3. 吻须；4. 口
测量方法：A—D. 头长；A—B. 吻长；A—C. 鼻前吻长；C—E. 鼻基宽；A—F. 须前吻长；A—G. 口前吻长

表1.1 15尾幼鲟体重、体长和全长数据

编号	测量日期	体重 (g)	体长 (cm)	全长 (cm)
1#	2015/6/16	30	17.0	20.0
2#	2015/6/16	83	24.0	29.0
3#	2015/6/16	59	21.0	26.0
4#	2015/6/17	63	23.1	26.9
5#	2015/6/17	48	21.5	25.9
6#	2015/6/17	125	28.3	33.2
7#	2015/6/17	64	22.5	27.5
8#	2015/6/17	148	30.0	34.3
9#	2015/6/17	57	21.7	26.2
10#	2015/6/17	29	18.4	21.0
11#	2015/6/17	94	25.6	31.4
12#	2015/6/18	53	21.5	25.4
13#	2015/6/18	131	28.0	32.7
14#	2015/6/19	63	22.5	27.6
15#	2015/6/19	71	23.0	28.2
平均值 ± 标准差	—	74.5±35.6	23.2±3.6	27.7±4.0

表1.2 随机5尾幼鲟基础生物学数据比较

编号	标准长/体高	标准长/头长	标准长/尾柄长	标准长/尾柄高	头长/吻长	头长/眼间距	头长/眼径	头长/眼后长
A	6.0～9.9	3.0～4.5	8.1～15.0	20～24.5	1.9～2.5	2.5～3.7	13.3～15.0	2.2～2.5
B	5.9～9.8	3.1～4.4	8.0～14.0	—	1.7～2.4	2.7～3.6	—	—
C	6.43～8.03	2.76～3.16	9.71～12.31	21.12～28.04	1.96～2.18	3.04～3.62	16.55～20.25	1.96～2.33
3#	7.49	3.06	12.11	23.23	1.85	3.25	13.44	2.25
4#	8.17	3.00	12.89	23.99	1.84	3.29	14.24	2.33
9#	6.74	3.04	12.09	24.21	1.81	3.31	13.77	2.26
12#	7.83	3.03	12.39	22.44	2.02	3.18	13.26	2.22
14#	8.40	3.08	12.15	24.35	2.20	3.51	14.17	2.21

注：A.《四川鱼类志》，样本量为10尾（丁瑞华，1994）；B.《长江鱼类》，样本量为20尾（湖北省水生生物研究所鱼类研究室，1976）；C.《长江口中华鲟幼鱼的生物学特性及其保护》，样本量为30尾（毛翠凤，2005）

表 1.3　随机 5 尾中华鲟幼鱼骨板数、鳃耙数和背鳍条数

编号	骨板数						鳃耙数	背鳍条数
	背（前＋后）	臀鳍后	腹部左侧	腹部右侧	身体左侧	身体右侧		
A	(11～15)+(1～2)	1～2	9～15	9～15	27～39	28～38	13～26	52～66
B	(9～4)+(1～2)	1～2	8～15	9～14	24～37	27～37	14～28	54～66
C	12.1～14.3	—	9.6～12.8	9.8～12.4	32.1～37.9	31.7～37.9	15.8～19.8	54.3～62.5
3#	13+2	2	12	12	32	31	16	55
4#	12+2	2	12	12	37	34	22	54
9#	14+1	1	10	10	32	31	17	57
12#	12+2	2	12	11	32	32	16	61
14#	13+2	2	12	14	37	40	15	60

注：A.《四川鱼类志》，样本量为 10 尾（丁瑞华，1994）；B.《长江鱼类》，样本量为 20 尾（湖北省水生生物研究所鱼类研究室，1976）；C.《长江口中华鲟幼鱼的生物学特性及其保护》，样本量为 30 尾（毛翠凤，2005）

中华鲟个体较大，雄鲟长可达 250 cm、重 150 kg 以上；雌鲟长可达 400 cm、重 680 kg 以上。中华鲟体色变化较大，侧骨板以上为青灰色、灰褐色或灰黄色，侧骨板以下由浅灰色逐步过渡到黄白色，腹部为乳白色。

1.2　内部组织结构

1.2.1　骨骼系统

中华鲟的骨骼系统既保留了软骨，又有膜的硬骨。骨骼可分为中轴骨骼和附肢骨骼两部分。前者包括头部、脊柱和肋骨；后者包括带骨和鳍骨。头部又可分为脑颅和咽颅两部分。脑颅由包围脑和感觉器官的软骨及覆盖在表面的膜质硬骨结合而成（图 1.7）。咽颅包括 7 对弓形的骨骼，根据机能划分为颌弓、舌弓和鳃弓（图 1.8，图 1.9）。中华鲟的脊索非常发达，从前到后纵贯身体背中线。脊索外面围有脊索鞘。但脊柱不发达，尚未形成完整的椎体，前面约 9 对软骨片完全包围了脊索，成为壳状椎体；以后两侧越来越宽地显露未被软骨片包围的脊索，成为不完全壳状椎体，体现了椎骨形成的中间过程（图 1.10）。附肢骨骼包括肩带、腰带和尾鳍等。

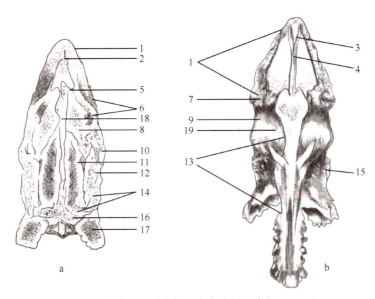

图 1.7　头骨（四川省长江水产资源调查组，1988）

a. 背面观；b. 腹面观

1. 吻软骨；2. 吻骨；3. 基吻骨；4. 犁骨；5. 额骨；6. 眶上骨；7. 眶下骨；8. 后额骨；9. 眼囊；10. 眶后骨；11. 顶骨；12. 鳞骨；13. 副蝶骨；14. 上颌颥骨；15. 耳囊；16. 上枕骨；17. 后颥骨；18. 软颅；19. 眶蝶骨

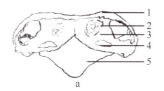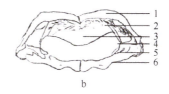

a   b

图 1.8 颌弓（仿《长江鲟鱼类生物学及人工繁殖研究》一书绘制）
a. 背面观：1. 前颌骨；2. 腭方软骨；3. 方骨；4. 上颌骨；5. 后腭方软骨
b. 前面观：1. 前颌骨；2. 上颌骨；3. 后腭方软骨；4. 麦氏软骨；5. 隅骨；6. 齿骨

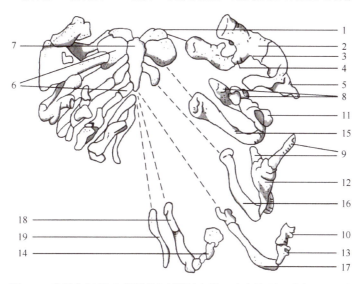

图 1.9 舌弓和鳃弓（背面观）（四川省长江水产资源调查组，1988）
1. 下舌软骨；2. 上舌软骨；3. 角舌软骨；4. 间舌软骨；5. 舌颌软骨；6. 下鳃软骨；7. 基鳃软骨；8～10. 咽鳃软骨；
11～14. 上鳃软骨；15～19. 角鳃软骨

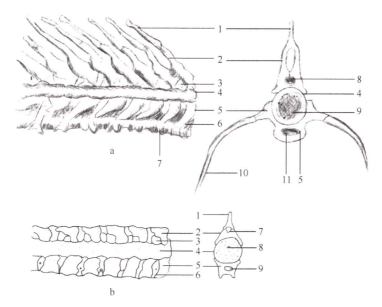

a

b

图 1.10 脊柱和肋骨（四川省长江水产资源调查组，1988）
a. 躯干部脊柱侧面观和正面观：1. 上背片；2. 基背片；3. 间背片；4. 脊索鞘；5. 基腹片；6. 横突；7. 间腹片；8. 髓管；9. 脊索；10. 肋骨；
11. 脉管；b. 尾部脊柱侧面观和正面观：1. 上背片；2. 基背片；3. 间背片；4. 脊索鞘；5. 基腹片；6. 间腹片；7. 髓管；8. 脊索；9. 脉管

　　中华鲟的脑颅、咽颅、脊柱和肢带既有大量软骨，又在软骨的某些部位出现骨化中心或骨化现象；在脑颅、颌弓和肩带的表面，都覆盖着无数与硬骨鱼相当的膜质硬骨（膜内成骨）。这从解剖学上揭示了硬骨的两个来源：一是经软骨阶段骨化而来的软骨化骨；二是由中胚层直接骨化而成的膜内软骨。

中华鲟有一条纵贯前后的脊索，外面围以结缔组织鞘，这一点似乎很像低等的脊索类。但在其背腹两侧的每一体节处，都产生相当于软骨鱼类和高等脊椎动物胚胎时期的软骨弓片，不同程度地包围了脊索。动物学上认为，脊椎动物的椎骨是在脊索逐渐退化过程中，由软骨弓片包围脊索逐渐骨化而形成的，并代替了脊索的位置和功能。解剖学上认为，中华鲟正处在脊索还相当发达，脊椎出现胚芽的中间形态。

1.2.2 消化系统

消化系统分为消化道和消化腺两部分。中华鲟消化道包括口咽腔、食道、胃、幽门盲囊、十二指肠、瓣肠和直肠。其中，幽门盲囊位于胃与十二指肠交界处，外观呈肾形；表面较光滑，肉眼可见若干条凹痕，呈辐射状排列；盲囊壁厚而坚实，水平剖面可见约 17 个囊腔；囊腔壁有很多纵向皱褶和不规则横向皱褶排列成致密的网状结构。瓣肠位于十二指肠后面较粗的直管部分，其内约有 9 个螺旋瓣，自上而下旋转而行；瓣肠内壁有较多细密纵行褶皱，螺旋瓣上有更加致密的网状结构（图 1.11）。

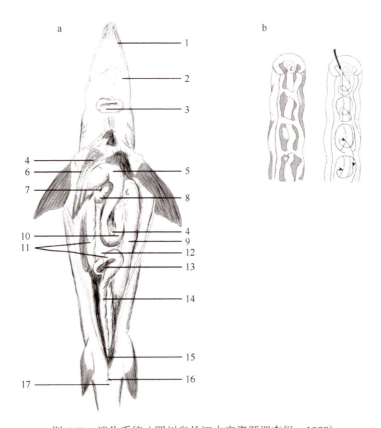

图 1.11　消化系统（四川省长江水产资源调查组，1988）
a. 消化器官；b. 瓣肠剖面，箭头示食物通路
1. 吻；2. 皮须；3. 口裂；4. 肝脏；5. 幽门胃；6. 胆；7. 幽门；8. 幽门盲囊；9. 鳔；10. 贲门胃；11. 十二指肠；
12. 脾脏；13. 胰脏；14. 瓣肠；15. 直肠；16. 肛门；17. 尿殖孔

中华鲟属底栖性鱼类，口裂较大，下位。口咽腔内有不发达的舌，无齿（幼鱼期有齿），整个口咽腔较大，一次可吞食较多食物。鳃耙粗短而稀疏，有退化迹象。食道内纵行黏膜褶较多且粗大，可以在吞食大型食饵时扩大食道面积。胃幽门部发达，有助于碾磨及压碎食物。具有 1 个幽门盲囊，里面有若干个小盲囊，可增加吸收面积。具有软骨鱼类特有的瓣肠，较发达，瓣肠内的螺旋瓣儿乎占满整个肠腔，大大增加了消化吸收面积。肝脏与胰脏均较发达，相互独立，仅有少部分相连。和大多数有胃鱼类一样，中华鲟的食道与胃的分界也不明显，一般认为由食道到胃的上行弯曲处为贲门部。中华鲟在食道 - 胃的过渡区已有零星消化腺出现。中华鲟消化系统中既有硬骨鱼类的幽门盲囊，又保留了软骨鱼类所特有的螺旋瓣肠，无论在外部形态上还是内部结构上都充分体现了中华鲟典型的古老性和进化的不完全性。

1.2.3　呼吸系统

中华鲟呼吸系统包括鳃盖、鳃、鳃耙和鳔。中华鲟已有骨质的鳃盖。鳃盖后缘有发达的鳃盖膜。鳃室内有 4 对全鳃，每个鳃有软骨质的鳃弓，其前后缘各有一排鳃丝，两排鳃丝之间有鳃间隔（图 1.12）。相对鲨鱼的板鳃来说，中华鲟的鳃间隔已开始退化，但又不如硬骨鱼的栉鳃的鳃间隔那样已退化殆尽。鳃耙是鳃弓内缘着生的两排骨质突起，外被黏膜，其数量可作为种间分类的依据。鳔位于消化道背侧，有孔通食道，因而无显著的鳔管；鳔有一室，前端呈双角状，后端渐细长达于瓣肠前部；室内有 2 ～ 3 个不完全的隔壁。鱼鳔除了呼吸作用以外，还具体调节鱼体所受浮力，与鱼的行为关系密切。鲟鱼的鳔较原始，依靠吞食空气来使其鼓起，因此，鲟鱼在不同水深所受的浮力会影响其行为的变化。在淡水中，中华鲟喜欢在水的表层活动，通过尾部摆动、控制游泳速度和身体倾斜度等行为来保持其在水中的浮力（Watanabe et al.，2008，2013）。

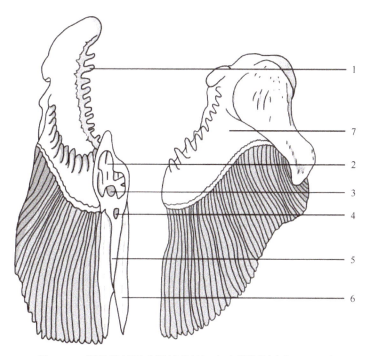

图 1.12　鳃及其剖面（四川省长江水产资源调查组，1988）

1. 鳃耙；2. 鳃弓软骨；3. 出鳃动脉；4. 入鳃动脉；5. 鳃间隔；6. 鳃丝；7. 鳃弓黏膜

1.2.4　循环系统

中华鲟循环系统包括心脏、动脉、静脉和脾脏。心脏由动脉圆锥、心室、心耳和静脉窦组成（图 1.13）。动脉包括腹主动脉、入鳃动脉、出鳃动脉、颈总动脉、鳃下动脉和背主动脉等（图 1.14）。静脉包括冠状静脉、总主静脉、前主静脉、后主静脉、肾门静脉、臀静脉、尾静脉、髂静脉、肝门静脉和肝静脉等（图 1.15）。

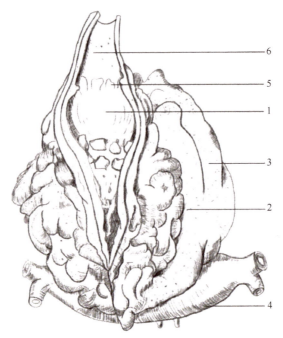

图1.13　心脏（四川省长江水产资源调查组，1988）
1. 动脉圆锥；2. 心室；3. 心耳；4. 静脉窦；5. 半月瓣；6. 腹主动脉

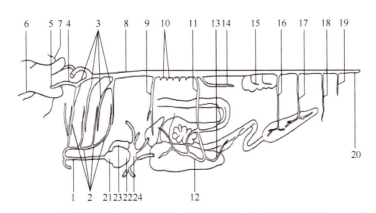

图1.14　动脉系统模式（左侧观）（四川省长江水产资源调查组，1988）
1. 腹主动脉；2. 入鳃动脉；3. 出鳃动脉；4. 颈总动脉；5. 颈内动脉；6. 颈外动脉；7. 假鳃动脉；8. 背主动脉；9. 锁骨下动脉；10. 节间动脉；11. 腹腔动脉；12. 胃肝动脉；13. 胰十二指肠动脉；14. 生殖动脉；15. 肾动脉；16. 前肠系膜动脉；17. 后肠系膜动脉；18. 髂动脉；19. 臀动脉；20. 尾动脉；21. 动脉圆锥；22. 心室；23. 心耳；24. 动脉窦

1.2.5　神经系统和感觉器官

神经系统包括脑、脑神经、脊髓和脊神经。中华鲟脑体积小，构造比较原始，但已明显分化为前后排列的5部分，即端脑、间脑、中脑、小脑和延脑。端脑包括大脑和嗅叶两部分。中华鲟的嗅叶有发达的嗅囊和粗大的嗅柄，这与其底栖生活有关。大脑外表膜与两大脑半球之间具有一公共脑室，没有左右侧脑室的分化，这点与硬骨鱼类相似，与鲨鱼不同。脑神经有10对，为嗅神经、视神经、动眼神经、滑车神经、三叉神经、外展神经、面神经、听神经、舌咽神经和迷走神经（图1.16）。

感觉器官包括视觉器官、听觉器官、嗅觉器官、侧线器官和陷器。

1.2.6　泌尿生殖系统

泌尿生殖系统包括泌尿器官和生殖器官。中华鲟的泌尿器官包括肾脏和尿殖管（由生殖管道和

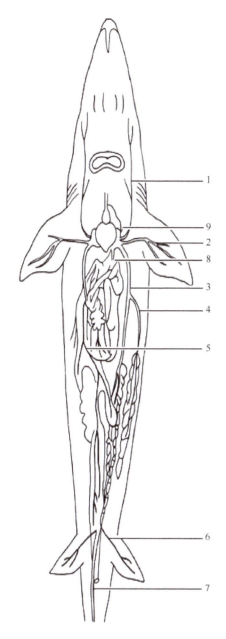

图 1.15　静脉系统模式（四川省长江水产
资源调查组，1988）

1. 前主静脉；2. 左锁骨下静脉；3. 后主静脉；4. 生殖
静脉；5. 肝门静脉；6. 髂静脉；7. 尾静脉；8. 肝静脉；
9. 总主静脉

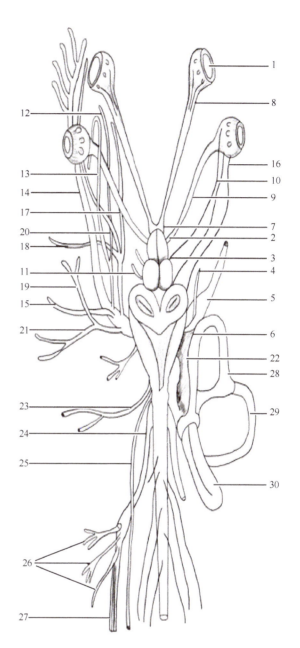

图 1.16　脑和脑神经（背面观）
（四川省长江水产资源调查组，1988）

1. 嗅囊；2. 大脑；3. 间脑；4. 中脑；5. 小脑；6. 延脑；7. 嗅叶；8. 嗅神
经；9. 视神经；10. 动眼神经；11. 滑车神经；12. 三叉神经浅眼支；13. 三
叉神经深眼支；14. 三叉神经吻支；15. 三叉神经浅颜面支；16. 外展神经；
17. 面神经浅眼支；18. 面神经下颌支；19. 面神经颌腭支；20. 面神经颊支；
21. 面神经舌颌支；22. 听神经；23. 舌咽神经；24. 迷走神经；25. 迷走神经
侧线支；26. 迷走神经鳃支；27. 迷走神经内脏支；28. 前半规管；29. 侧半规
管；30. 后半规管

泌尿管道合而为一）。肾脏位于腹腔背壁脊柱腹面两侧，在胚胎发生上属于中肾。中华鲟雌性生殖器
官包括卵巢和输卵管。输卵管后不远即以很短的游离末端及其开口套叠并终止于尿殖管，左右尿殖管
在腹腔后端合而为一称尿殖道，末端以尿殖孔开口于外，位于肛门后面（图 1.17）。雄性生殖器官包
括精巢和输精小管。输精小管开口于尿殖管（图 1.18）。

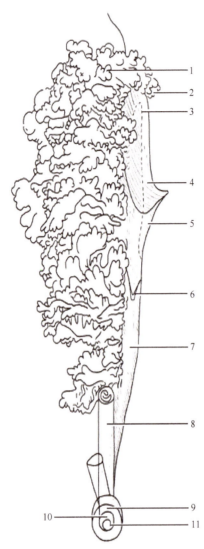

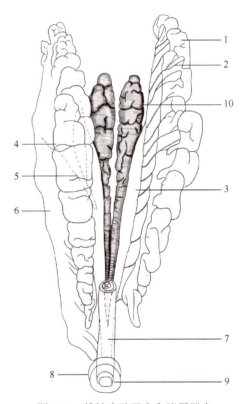

图 1.17　雌性生殖器官和泌尿器官
（四川省长江水产资源调查组，1988）

1.卵巢；2.卵巢系膜；3.输尿管；4.喇叭口；5.输卵管；6.内输卵管；7.尿殖管；8.肠；9.尿殖道；10.肛门；11.尿殖孔

图 1.18　雄性生殖器官和泌尿器官
（四川省长江水产资源调查组，1988）

1.睾丸；2.输精小管；3.尿殖管；4.雄性输精管的喇叭口；5.雄性输精管；6.睾丸系膜；7.尿殖道；8.肛门；9.尿殖孔；10.肾脏

血液生理生化特征

血液是动物机体主要的流动运输系统，各组织细胞的交换都依赖于血液流动来完成，故血液生理生化等参数能反映动物新陈代谢及生理功能状况。中华鲟为大型鱼类，生命周期长，幼鱼需通过经年培育达到性成熟，成鱼也需长久培育达到再次成熟。由于中华鲟性情温和，在人工可控水体驯养时，可通过潜水员开展水下亲和训练、捕捞、采集血液，进行各种生理生化指标检测，从而为中华鲟健康判断、疾病诊断和救治治疗提供依据，为中华鲟营养情况、环境适应状况、亲鱼培育选择提供参考。

当前中华鲟血液的采集是通过捕捞，将躯体部分离水进行的，常用的采血部位是臀鳍基部后方凹槽处的尾动脉。采血期间保持养殖池的水流持续喷淋鳃组织，躯体背部及腹面保持湿润，无需麻醉，对中华鲟造成的损伤和应激较小，可以推广（图 2.1）。

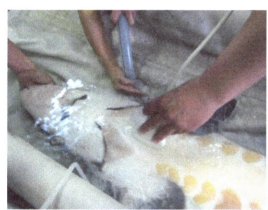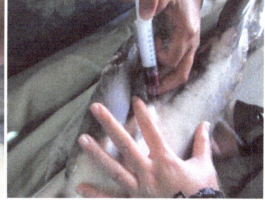

图 2.1　中华鲟采血图

白细胞观察：制备血涂片，用瑞氏-吉姆萨染液染色，自然干燥后待用。先用低倍镜检查涂片及染色是否均匀。然后加一滴香柏油于血膜体尾交界处，在油镜下按一定的方向顺序对所见到的白细胞进行分类，共计数 100 个白细胞，然后计算各类白细胞所占百分比。

红细胞观察：以 0.5% NaCl 溶液为稀释液将血样稀释 200 倍后，用 Neubarner 计数板在显微镜下观察红细胞特征（Gao et al.，2007）。采用比色法测定血红蛋白含量，用温氏法测定红细胞比容。

红细胞平均值参数包括平均红细胞容积（fl）、平均红细胞血红蛋白量（pg）、平均红细胞血红蛋白浓度（g/L）。

平均红细胞容积（fl）：MCV=（每升血液中的红细胞比容 / 每升血液中的红细胞数）$\times 10^{15}$。

平均红细胞血红蛋白量（pg）：MCH=（每升血液中的血红蛋白浓度 / 每升血液中的红细胞数）$\times 10^{12}$。

平均红细胞血红蛋白浓度（g/L）：MCHC=每升血液中的血红蛋白浓度 / 每升血液中的红细胞比容。

血清制备：中华鲟血液用肝素（钠、锂）抗凝，EDTA 抗凝会引起溶血。3000 r/min 条件下离心 20 min 制备血清。及时检测或保留待复测的全血或血清样品（当日检测），一般可放入 4℃ 冰箱保存，

当天不能检测的血清样品放入 –20℃ 或 –80℃ 冰箱保存待检。

血清生化参数：包括钾 (K$^+$)、钠 (Na$^+$)、氯 (Cl$^-$)、钙 (Ca^{2+})、镁 (Mg^{2+})、磷 (P^{3+})、铁 (Fe^{2+})、总胆红素 (TBIL)、直接胆红素 (DBIL)、间接胆红素 (IBIL)、总蛋白 (TP)、白蛋白 (ALB)、球蛋白 (GLB)、白球比 (A/G)、尿素氮 (BUN)、肌酐 (CR)、尿酸 (UA)、总胆固醇 (CHO)、甘油三酯 (TG)、高密度脂蛋白胆固醇 (HDL-C)、低密度脂蛋白胆固醇 (LDL-C)、载脂蛋白 -A1(ApoA1)、载脂蛋白 -B(ApoB)、血清脂蛋白 [LP(a)]、血糖 (GLU)、谷丙转氨酶 (GPT)、谷草转氨酶 (GOT)、胆碱酯酶 (CHE)、γ- 谷氨酰转肽酶 (GGT)、碱性磷酸酶 (ALP)、总胆汁酸 (TBA)、二氧化碳结合力 (CO$_2$CP)、肌酸激酶 (CK)、肌酸激酶同工酶 MB(CKMB)、乳酸脱氢酶 (LDH)、α- 羟丁酸脱氢酶 (HBDH)，采用全自动生化分析仪测定；超氧化物歧化酶 (SOD) 含量检测用黄嘌呤氧化酶法；丙二醛 (MDA) 含量测定用硫代巴比妥酸法；谷胱甘肽过氧化物酶 (GSH-Px) 含量测定采用比色法；使用全自动化学发光免疫分析仪测定激素指标，如血清雌二醇 (E2)、血清睾酮 (T)、血清促甲状腺激素 (TSH)、血清总三碘甲腺原氨酸 (TT3)、血清总甲状腺素 (TT4)、血清游离三碘甲腺原氨酸 (FT3)、血清游离甲状腺素 (FT4)。

2.1 血细胞特征及血液理化参考值

中华鲟血液由血浆及悬浮于其中的血细胞组成，红细胞比容主要由红细胞的数量和体积决定，白细胞含量较少。白细胞常见种类包括中性粒细胞、淋巴细胞、嗜酸性粒细胞、单核细胞，其中淋巴细胞包括大淋巴细胞和小淋巴细胞，个体差别较明显。

2.1.1 红细胞

红细胞 (erythrocyte) 呈椭圆形或卵圆形，表面光滑，细胞核形状与细胞形状相似，位于细胞中央，少数略偏位，细胞质丰富。细胞核内染色质疏松，被染为紫红色，无核仁，细胞质被染为粉红色。部分血涂片染色过程中环境偏碱性，细胞呈灰蓝色。此外，还观察到红细胞裂解后形成的"核影"，被染成粉红色。细胞平均长径为 16.85 μm，平均短径为 10.53 μm，细胞核的平均长径和平均短径分别为 6.73 μm 和 4.58 μm。

2.1.2 中性粒细胞

中性粒细胞 (neutrophil) 呈圆形、卵圆形或不规则形等，细胞核分叶或杆状（图 2.2）等，常偏于

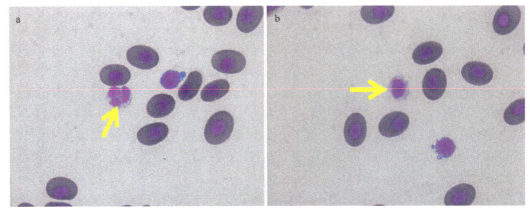

图 2.2 中性粒细胞

a. 分叶；b. 杆状

细胞一侧与细胞膜相切，细胞质丰富。细胞核内染色质疏松，被染为紫红色，无核仁，细胞质染色较浅，呈淡粉红色，有的甚至无色。此类细胞、细胞核的平均长径和平均短径分别为 20.29 μm×16.07 μm、16.32 μm×12.34 μm。

2.1.3　淋巴细胞

淋巴细胞（lymphocyte）呈圆形、椭圆形或不规则形，占据多半细胞空间。细胞质较少，有的呈一薄层包裹细胞核，有的向外伸出形成明显的伪足突起，有的不可见，细胞近似裸核（图 2.3）。细胞核内染色质致密呈块状，被染为深紫色，细胞质被染为浅蓝色。淋巴细胞的平均长径为 9.74 μm，平均短径为 7.20 μm，细胞核的平均长径、平均短径分别为 8.34 μm 和 6.83 μm。

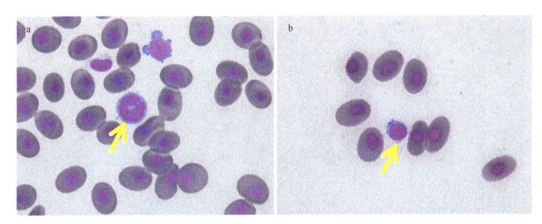

图 2.3　淋巴细胞
a. 大；b. 小

2.1.4　嗜酸性粒细胞

嗜酸性粒细胞（eosinophil）呈圆形或卵圆形，细胞核分叶或杆状等，常偏于细胞一侧，细胞质丰富。细胞核内染色质致密，被染为紫红色，细胞质中充满了均匀饱满的嗜酸性颗粒，被染为橘红色（图 2.4）。在血涂片中偶尔见到，数量极少。细胞的长径、短径差别小，平均值分别为 17.77 μm 和 16.93 μm，细胞核长径、短径差别较明显，平均值分别为 9.60 μm 和 7.43 μm。

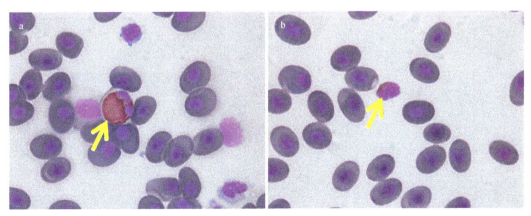

图 2.4　嗜酸性粒细胞
a. 分叶；b. 杆状

2.1.5　单核细胞

　　单核细胞（monocyte）呈椭圆形、圆形，细胞核分叶，细胞质较丰富。细胞核内染色质疏松，被染为紫红色，无核仁，细胞质被染为灰蓝色，染色不均匀且含有空泡（图 2.5）。在显微镜下，单核细胞和淋巴细胞有时难以区分，前者染色质疏松不匀，细胞质染为灰蓝色，朦胧模糊，而后者染色质致密呈块状，染色质染为浅蓝色，清晰透明。此类细胞长径的平均值为 14.28 μm，短径的平均值为 12.16 μm，细胞核长径、短径的平均值分别为 11.79 μm 和 9.90 μm。

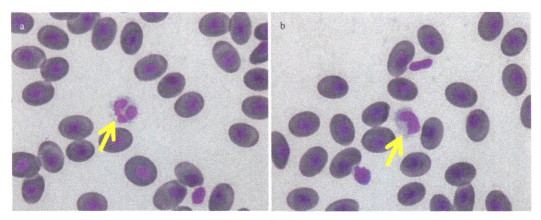

图 2.5　单核细胞

2.1.6　凝血细胞

　　凝血细胞呈肾形、圆形或椭圆形，表面光滑，细胞核呈椭圆形、肾形或圆形等，位于细胞中央，少数偏位，细胞质较少，仅一薄层包裹细胞核（图 2.6）。细胞核内染色质致密，被染为紫红色，细胞质染色较淡，呈粉红色。在血涂片中常见到单个或数个聚集在一起出现。细胞的平均长径（12.03 μm）几乎达到短径均值（7.16 μm）的 2 倍，类似于细胞核平均长径（9.94 μm）与短径均值（5.21 μm）的比例。

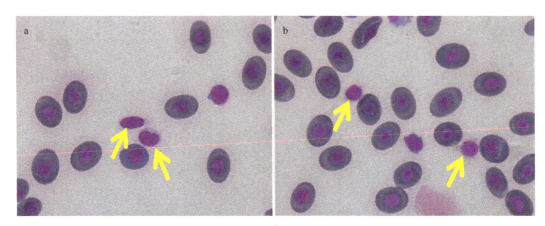

图 2.6　凝血细胞
a. 椭圆形和肾形；b. 圆形

　　在实际观察血涂片时，中性粒细胞与单核细胞较难区分，对其形态的典型特征进行了比较（表 2.1）。

表 2.1 中性粒细胞与单核细胞特征比较

形态	中性粒细胞	单核细胞
形状	圆形或近圆形，大小不均匀	圆形或不规则形，无明显包膜边界
细胞核	细胞核弯曲，呈杆状、带状，或分叶型，呈蓝紫色	细胞核染色质疏松网状，稍偏位，形状极不规则，呈灰蓝色或蓝紫色
细胞质	细胞质染色呈灰蓝色，内布满少量细小、紫红色颗粒	细胞质染色呈淡蓝色，有些细胞的细胞质内有少量空泡

中华鲟外周血液中并未发现嗜碱性粒细胞，与对达氏鳇（*Huso dauricus*）、高首鲟（*Acipenser transmontanus*）的研究结果一致，但是对施氏鲟（*Acipenser schrenckii*）的研究（周玉等，2006；章龙珍等，2006）发现，其血细胞中有嗜碱性粒细胞，没有嗜酸性粒细胞。中华鲟血细胞中，中性粒细胞和嗜酸性粒细胞体积较大，淋巴细胞和凝血细胞体积较小，与达氏鳇接近，血细胞体积大于达氏鳇，这可能与两种鲟鱼的年龄、生活环境等有关。

对于鱼类白细胞分类方法目前仍然有很大争议。很多学者将淋巴细胞分成大小两类，Barber 等（1981）认为淋巴细胞体积是连续变化的，不能用"大""小"来界定。我们在光镜下发现中华鲟淋巴细胞大小、着色及形态特征均无明显差异，将其归为一类细胞。章龙珍等（2006）也没有对施氏鲟的淋巴细胞进行分类，但是周玉等（2006）通过电镜对淋巴细胞内的线粒体、粗面内质网、核孔和核周隙的观察，将达氏鳇的淋巴细胞分为大小两类。因此，中华鲟和达氏鳇、施氏鲟的白细胞分类计数统计结果不便比较。我们认同周玉等（2001）的观点，对于鱼类白细胞的分类应采用统一标准，便于学术交流。

有些学者将凝血细胞归为白细胞的一种。凝血细胞数量较多，对白细胞分类计数结果影响较大，在对鱼类疾病进行判断时，为了使白细胞分类计数结果更准确，我们赞同将凝血细胞排除在外。

红细胞是鱼体内运输氧气的主要媒介。林浩然（1999）指出鱼类运动能力强弱与其红细胞数量和大小有关。杨严欧等（2006）也认为红细胞数量由大到小的顺序与鱼类运动水平由高到低的顺序是一致的。中华鲟红细胞与常见的白鲢（*Hypophthalmichthys molitrix*）、鳙（*Aristichthys nobilis*）、草鱼（*Ctenopharyngodon idella*）、鲤（*Cyprinus carpio*）等鲤科鱼类红细胞相比，数量要少，体积要大，说明中华鲟游泳能力比上述鲤科鱼类要弱。这与蔡露（2014）在研究 4 种鲟科鱼类游泳能力时得出的结果一致。中华鲟的红细胞特征可能是其适宜在水流速度较慢的水底生活，以一些行动迟缓的底栖动物为食的原因。

2.2 血液学和血清生化参考值

有关中华鲟血液学和血清生化参考值的测定，目前有一定的研究报道（Gao et al.，2007；郭柏福等，2013；杨吉平等，2013；赵峰等，2013；郑跃平等，2013；姚德冬等，2016），多集中于对低龄幼鱼和少数亚成体的研究，而缺乏对高龄亚成体和成体中华鲟发育周期的完整报道。我们对中华鲟北京海洋馆保育基地的季度监测资料（2009 ~ 2016 年），以及厦门中华鲟保护及繁殖基地（2010 年）、湖北荆州太湖中华鲟保育繁育基地（2011 年）中华鲟的监测资料进行了统计分析，提供了从幼体、亚成体、初次性成熟个体、成体到老年个体一套较完整的血液生理生化值的参考范围，特别报道了初次性成熟个体、野生驯养成体性腺发育过程的特征（表 2.2 ~ 表 2.7）。

表 2.2 捕捞野生成体中华鲟血液生理生化指标

指标	英文缩写	参考范围		
		雌性III期 $n=7$	雌性V期 $n=3$	雄性III期 $n=2$
钾（mmol/L）	K^+	1.58 ~ 5.39	2.47 ~ 5.18	2.31 ~ 2.39
钠（mmol/L）	Na^+	164 ~ 178	148 ~ 161	137 ~ 146
氯（mmol/L）	Cl^-	126 ~ 139	112 ~ 131	109 ~ 110
总钙（mmol/L）	Ca^{2+}	1.9 ~ 5.8	2.04 ~ 3.31	1.69 ~ 1.76
无机磷（mmol/L）	P^{3+}	2.29 ~ 3.94	1.83 ~ 3.32	1.94 ~ 2.12
血清镁（μmol/L）	Mg^{2+}	0.65 ~ 1.44	0.79 ~ 0.84	0.68 ~ 0.79

 中华鲟保护生物学

续表

指标	英文缩写	参考范围		
		雌性Ⅲ期 *n*=7	雌性Ⅴ期 *n*=3	雄性Ⅲ期 *n*=2
总胆红素（μmol/L）	TBIL	0～1.1	0～0.4	0.2～0.4
直接胆红素（μmol/L）	DBIL	0.1～0.3	0～0.2	0～0.1
间接胆红素（μmol/L）	IBIL	0～0.8	0.2～0.3	0.2～0.3
总蛋白（g/L）	TP	25.4～59.7	25.2～27.3	19.7～27.8
白蛋白（g/L）	ALB	10.6～28.3	10.1～10.8	8.1～10.9
球蛋白（g/L）	GLB	14.8～31.9	15.1～16.9	11.6～16.9
白球比	A/G	0.72～0.95	0.62～0.69	0.64～0.70
尿素氮（μmol/L）	BUN	0.1～0.3	0.2	0.2～0.3
肌酐（μmol/L）	CR	10.5～16.6	7.5～13.5	7.5～10.5
尿酸（mmol/L）	UA	1.1～6.6	0～2.8	0.2～5.3
胆固醇（mmol/L）	CHO	1.5～5.6	1.2～2.5	1.1～2.6
甘油三酯（mmol/L）	TG	1.0～21.8	0.7～8.3	0.6～1.4
高密度脂蛋白胆固醇（mmol/L）	HDL-C	0.31～0.69	0.26～0.53	0.45～0.71
低密度脂蛋白胆固醇（mmol/L）	LDL-C	0.25～0.95	0.25～0.50	0.09～0.63
载脂蛋白-A1（mg/dl）	ApoA1	0～0.32	0～0.48	0～0.01
载脂蛋白-B（mg/dl）	ApoB	0～2.27	0～0.79	0.89～0.93
血清脂蛋白（mg/dl）	LP(a)	0.01～6.84	0	0
血糖（mmol/L）	GLU	1.9～3.9	1.9～5.2	5.6～7.6
谷丙转氨酶（U/L）	GPT	2.1～8.3	3.8～10.2	3.7～4.5
谷草转氨酶（U/L）	GOT	33～131	45～168	29～40
碱性磷酸酶（U/L）	ALP	118～773	181～298	141～433
γ-谷氨酰转肽酶（U/L）	GGT	0～0.1	0	0
总胆汁酸（μmol/L）	TBA	0.2～6.5	1.3～4.5	1.3～1.9
胆碱酯酶（mmol/L）	CHE	0～2	0～2.1	0
二氧化碳结合力（mmol/L）	CO$_2$CP	5.7～9.0	16.7～17.5	10.4～11.4
肌酸激酶（U/L）	CK	226～2467	2914～9101	1728～3428
肌酸激酶同工酶MB（U/L）	CKMB	29～334	348～1661	189～391
乳酸脱氢酶（U/L）	LDH	460～1890	750～1672	414～507
α-羟丁酸脱氢酶（U/L）	HBDH	303～1291	506～1174	270～350
超氧化物歧化酶（NU/ml）	SOD	166～202	158～202	125
丙二醛（nmol/ml）	MDA	3.0～17.6	7.3～24.3	4.3
谷胱甘肽过氧化物酶（酶活力单位）	GSH-Px	574～1888	921～1060	797

注：2008年秋季捕捞于湖北宜昌江段，产后个体为湖北荆州太湖中华鲟保育繁育基地实行人工催产繁殖的捕捞成体

表2.3　驯养雌性野生成体中华鲟性腺发育不同阶段的血液生理生化指标

指标	英文缩写	参考范围					样本数
		Ⅱ期	Ⅱ期末	Ⅲ期	Ⅳ期	退化	
红细胞总数（×10^{12}/L）	RBC	0.42～0.80	0.45～1.18	0.51～0.77	0.77～1.12	0.80～0.95	4
白细胞总数（×10^9/L）	WBC	13.2～16.7	13.7～19.2	13.8～14.7	14.2～14.8	10.0～15.0	3
中性粒细胞（%）	Neut	40～68	40～55	47～62	41～61	45～59	4
淋巴细胞（%）	Lym	22～53	39～53	34～45	28～58	40～47	4
嗜酸性粒细胞（%）	Eos	1～12	2～12	0～8	1～11	1～8	4
单核细胞（%）	Mon	0～2	0～2	0	0	0～1	4
血红蛋白（g/L）	Hb	67～90	74～178	58～141	85～141	90～122	4
红细胞比容（%）	Ht	0.28～0.35	0.21～0.44	0.32～0.47	0.38～0.47	0.34～0.48	4
红细胞平均体积（fl）	MCV	425～690	313～689	458～686	403～610	425～521	4
红细胞平均血红蛋白含量（pg）	MCH	106～160	127～164	114～183	107～183	113～144	4
红细胞平均血红蛋白浓度（g/L）	MCHC	232～267	280～454	166～305	223～300	254～275	4
钾（mmol/L）	K$^+$	2.03～3.90	2.47～3.19	2.21～3.60	3.29	36.1～59.5	4

18

续表

指标	英文缩写	参考范围					样本数
		Ⅱ期	Ⅱ期末	Ⅲ期	Ⅳ期	退化	
钠（mmol/L）	Na⁺	142.6～154.5	119.2～144.9	132.7～152.7	152.8	140.2～149.4	4
氯（mmol/L）	Cl⁻	124.0～129.1	105.1～127.6	114.6～125.0	123.1	106.8～125.2	4
总钙（mmol/L）	Ca²⁺	1.85～2.24	2.00～2.86	1.85～5.34	2.10～4.60	1.81～2.07	4
无机磷（mmol/L）	P³⁺	2.10～4.22	2.04～4.47	2.20～3.83	2.58～3.06	2.76～3.36	4
血清镁（μmol/L）	Mg²⁺	0.97～1.25	1.05～1.31	0.95～1.88	1.13～1.47	0.95～1.32	4
总蛋白（g/L）	TP	42.7～62.9	44.0～63.2	40.7～64.1	39.4～56.9	36.1～59.5	4
白蛋白（g/L）	ALB	11.4～18.7	15.6～21.2	15.7～30.6	17.3～28.2	13.0～19.0	4
球蛋白（g/L）	GLB	24.0～48.9	22.8～45.5	23.8～38.5	22.1～32.5	23.0～40.5	4
尿素氮（μmol/L）	BUN	0.1～0.4	0.1～0.3	0.1～0.3	0.1	0.2～0.3	4
肌酐（μmol/L）	CR	11.2～41.4	39.5～46.6	37.4～60.7	14.4	43.5～53.7	4
尿酸（mmol/L）	UA	2.8～5.3	8.1～9.4	8.3～9.0	—	4.8～5.3	4
胆固醇（mmol/L）	CHO	1.1～2.3	1.4～3.4	2.3～4.9	1.1～2.9	1.5～3.4	4
甘油三酯（mmol/L）	TG	1.0～2.8	1.3～2.3	1.5～5.6	1.6～3.9	1.4～1.7	4
高密度脂蛋白胆固醇（mmoL/L）	HDL-C	0.20～0.73	0.17～0.88	0.08～1.00	0.4	0.39～0.80	4
低密度脂蛋白胆固醇（mmoL/L）	LDL-C	0.50～1.20	0.66～2.26	0.30～2.26	0.61	0.56～1.86	4
载脂蛋白-A1（mg/dl）	ApoA1	0.01～2.42	0.05～1.46	0.38～2.05	0.04	1.19	4
载脂蛋白-B（mg/dl）	ApoB	0.09～1.93	0.04～1.16	0.31～1.42	0.61	0.44	4
血清脂蛋白（mg/dl）	LP（a）	0.06～1.35	0.02～0.67	0.38～3.17	1.09	0.03～0.17	4
血糖（mmol/L）	GLU	0.9～2.3	1.0～1.6	0.9～1.6	1.3～2.2	1.0～1.8	4
谷丙转氨酶（U/L）	GPT	1.5～8.0	2.4～9.0	1.0～7.0	6.5～7.5	2.0～3.0	4
谷草转氨酶（U/L）	GOT	69～180	69～120	48～185	98～224	72～144	4
碱性磷酸酶（U/L）	ALP	26～195	42～90	33～187	63～240	57～74	4
γ-谷氨酰转肽酶（U/L）	GGT	1.2～3.6	1.7～5.2	0.7～2.3	2.1	2.1～3.0	4
总胆汁酸（μmol/L）	TBA	0.3～4.7	0.2～1.3	0.3～1.9	1.9	0.1～3.5	4
胆碱酯酶（mmol/L）	CHE	70～240	122～199	130～207	206～221	119～167	4
肌酸激酶（U/L）	CK	806～4299	614～3904	777～3537	—	285～871	4
肌酸激酶同工酶MB（U/L）	CKMB	164～3462	489～2763	511～1612	—	125～580	4
乳酸脱氢酶（U/L）	LDH	572～2068	1300～1850	830～2957	1116	727～3583	4
α-羟丁酸脱氢酶（U/L）	HBDH	487～685	416～685	382～1066	687	824～831	4

表 2.4 初次性成熟子一代雌性中华鲟性腺发育不同阶段的血液生理生化指标

指标	英文缩写	参考范围				
		Ⅱ期末期 $n=7$	Ⅲ期 $n=10$	Ⅳ期 $n=2$	Ⅴ期 $n=2$	Ⅵ期（Ⅱ期）$n=2$
红细胞总数（×10¹²/L）	RBC	0.42～0.69	0.41～0.75	0.52～0.65	0.18～0.59	0.45～0.66
白细胞总数（×10⁹/L）	WBC	9.0～24.3	7.8～20.3	19.5～21.0	18.0～18.7	13.5～18.4
中性粒细胞（%）	Neut	—	—	—	62～67	36～50
淋巴细胞（%）	Lym	—	—	—	30～37	45～59
嗜酸性粒细胞（%）	Eos	—	—	—	1～3	0～5
单核细胞（%）	Mon	—	—	—	0	0～1
血红蛋白（g/L）	Hb	51～96	54～101	73～95	34～64	57～83
红细胞比容（%）	Ht	0.21～0.28	0.20～0.41	0.32	0.12～0.26	0.22～0.33
红细胞平均体积（fl）	MCV	400～611	412～680	492～606	358～678	371～585
红细胞平均血红蛋白含量（pg）	MCH	112～162	115～196	112～183	93～189	125～161
红细胞平均血红蛋白浓度（g/L）	MCHC	224～379	135～315	228～302	245～279	250～338
钾（mmol/L）	K⁺	2.43～3.29	2.20～2.84	2.08～2.51	2.56～3.42	2.67～3.70

续表

指标	英文缩写	参考范围				
		II期末期 n=7	III期 n=10	IV期 n=2	V期 n=2	VI期（II期）n=2
钠 (mmol/L)	Na$^+$	137～143	136～148	144	138～140	135～151
氯 (mmol/L)	Cl$^-$	116～121	111～120	118	108～122	115～131
总钙 (mmol/L)	Ca^{2+}	1.74～1.88	1.82～4.07	3.29～3.63	0.86～1.70	1.59～1.93
无机磷 (mmol/L)	P^{3+}	1.87～2.78	1.85～3.29	2.20～2.33	2.13～3.18	2.12～2.88
血清镁 (μmol/L)	Mg^{2+}	0.73～0.99	0.80～1.31	1.18～1.41	0.90～1.98	0.81～0.99
血清铁 (μmol/L)	Fe^{2+}	5.8～11.3	5.5～7.8	4.1～6.3	4.2～9.7	5.6～10.9
总蛋白 (g/L)	TP	29.0～41.0	36.5～53.6	32.5～41.4	2.50～27.1	29.9～44.9
白蛋白 (g/L)	ALB	12.0～15.9	14.9～25.8	14.5～15.7	0.8～12.7	11.5～16.1
球蛋白 (g/L)	GLB	15.6～26.1	20.2～35.7	18.0～25.7	1.8～14.4	18.1～28.8
白球比	A/G	0.5～0.9	0.5～1.0	0.6～0.8	0.5～0.9	0.5～0.8
尿素氮 (μmol/L)	BUN	0.2～0.8	0.07～1.13	0～0.3	0.2～0.4	0.3～0.6
肌酐 (μmol/L)	CR	20～75	11～74	—	3～63	46～71
尿酸 (mmol/L)	UA	2.5～7.0	2.8～16.0	7.0～9.0	1.6～5.0	2.4～6.4
胆固醇 (mmol/L)	CHO	1.2～1.9	1.2～3.6	2.0～2.1	0.3～2.1	0.9～2.9
甘油三酯 (mmol/L)	TG	0.7～1.5	1.1～5.1	2.6～3.3	0.1～1.7	0.7～1.9
高密度脂蛋白胆固醇 (mmoL/L)	HDL-C	—	0.45～0.83	—	0.10～0.36	0.36～0.52
低密度脂蛋白胆固醇 (mmoL/L)	LDL-C	—	0.96～1.88	—	0.04～1.38	0.69～1.65
血糖 (mmol/L)	GLU	1.1～1.7	1.1～2.2	1.0～1.4	0.6～1.6	0.9～2.7
谷丙转氨酶 (U/L)	GPT	0.2～2.0	1.0～5.0	2.0～6.0	0.5～5.0	1.0～11.0
谷草转氨酶 (U/L)	GOT	21～89	21～163	90～105	56～184	45～106
碱性磷酸酶 (U/L)	ALP	33～87	29～92	48～55	23～121	27～74
γ-谷氨酰转肽酶 (U/L)	GGT	0.1～0.4	0.1～2.7	0.1～1.4	0.4～2.0	0.1～2.1
总胆汁酸 (μmol/L)	TBA	0.1～0.7	0	1.0～2.0	0.2～1.1	0.4～1.9
胆碱酯酶 (mmol/L)	CHE	94～275	127～407	150～243	69～126	118～194
二氧化碳结合力 (mmol/L)	CO$_2$CP	8.7～12.5	8.5～12.2	11.0～11.5	9.0～22.1	3.1～16.9
肌酸激酶 (U/L)	CK	523～1735	312～2690	752～1225	362～1036	1256～3540
肌酸激酶同工酶MB (U/L)	CKMB	59～240	59～375	177～237	70～189	123～831
乳酸脱氢酶 (U/L)	LDH	126～811	202～799	429～533	369～1262	354～1009
α-羟丁酸脱氢酶 (U/L)	HBDH	238～789	336～792	431～481	452～1123	262～889

表2.5 初次性成熟子一代雄性中华鲟性腺发育不同阶段的血液生理生化指标

指标	英文缩写	参考范围				
		II期末 n=2	III期 n=5	IV期 n=2	V期 n=1	VI期（II期）n=1
红细胞总数 (×10^{12}/L)	RBC	0.46～0.75	0.41～0.78	0.51～0.64	0.17～0.48	0.41
白细胞总数 (×10^9/L)	WBC	16.5～22.8	10.3～18.0	10.0～17.0	13.7～20.0	—
中性粒细胞 (%)	Neut	—	—	49～62	57～77	45
淋巴细胞 (%)	Lym	—	—	38～46	23～43	55
嗜酸性粒细胞 (%)	Eos	—	—	0～5	0	0
单核细胞 (%)	Mon	—	—	0	0	0
血红蛋白 (g/L)	Hb	73～107	55～100	60～91	20～47	62
红细胞比容 (%)	Ht	0.26～0.34	0.26～0.38	0.24～0.34	0.06～0.21	0.27
红细胞平均体积 (fl)	MCV	440～660	445～697	430～528	359～431	651
红细胞平均血红蛋白含量 (pg)	MCH	129～181	109～164	107～142	96～118	151
红细胞平均血红蛋白浓度 (g/L)	MCHC	249～286	145～286	249～275	223～328	232
钾 (mmol/L)	K$^+$	2.76～3.13	2.55～3.19	2.19～2.99	1.93～2.52	2.39～2.82

指标	英文缩写	参考范围				
		II期末 *n*=2	III期 *n*=5	IV期 *n*=2	V期 *n*=1	VI期（II期）*n*=1
钠 (mmol/L)	Na^+	141～150	138～152	135～149	119～139	139～145
氯 (mmol/L)	Cl^-	117～130	115～131	108～126	99～121	116～126
总钙 (mmol/L)	Ca^{2+}	1.57～1.82	1.49～1.91	1.55～1.70	1.22～1.68	1.75～1.80
无机磷 (mmol/L)	P^{3-}	1.86～2.27	1.90～2.53	1.86～2.31	2.13～2.16	2.34～2.67
血清镁 (μmol/L)	Mg^{2-}				0.97～1.57	0.99～1.06
血清铁 (μmol/L)	Fe^{2-}	5.73～7.95	6.44～10.94	7.50	1.30～5.70	5.90
总蛋白 (g/L)	TP	31.8～46.3	26.8～41.5	32.8～39.9	8.5～29.0	38.1～38.7
白蛋白 (g/L)	ALB	12.9～23.1	12.2～22.9	13.6～18.2	4.0～9.2	13.5～19.3
球蛋白 (g/L)	GLB	18.9～24.1	13.5～24.2	18.0～21.7	4.2～19.4	18.8～25.2
尿素氮 (μmol/L)	BUN	0.3～0.6	0.1～0.4	0.1～0.2	0.3～0.4	0.2～0.4
肌酐 (μmol/L)	CR	50～76	54～77	—	33～46	47
尿酸 (mmol/L)	UA	5.3～9.6	3.0～8.4	3.8～10.0	2.7～9.7	3.3～3.6
胆固醇 (mmol/L)	CHO	1.3～2.3	0.8～2.8	1.5～2.7	0.9～1.9	1.6
甘油三酯 (mmol/L)	TG	1.3～1.8	1.0～3.0	1.5～2.3	1.2～1.5	1.0
高密度脂蛋白胆固醇 (mmol/L)	HDL-C	0.34～0.48	0.40～0.76	0.58	0.37～0.41	0.39～0.45
低密度脂蛋白胆固醇 (mmol/L)	LDL-C	0.61～1.16	0.26～0.93	0.54	0.23～1.00	0.35～0.91
血糖 (mmol/L)	GLU	1.2～2.5	1.3～2.0	1.2～1.8	1.3～1.5	1.4～1.8
谷丙转氨酶 (U/L)	GPT	1.1～3.0	1.0～4.0	1.0～3.0	0.5～2.5	2.0
谷草转氨酶 (U/L)	GOT	52～91	41～80	65～72	62～133	52～103
碱性磷酸酶 (U/L)	ALP	41～62	21～70	24～89	24～31	23～26
γ-谷氨酰转肽酶 (U/L)	GGT	0.1～2.1	0.1～2.2	0.7～2.1	1.6～2.2	1.9～2.0
总胆汁酸 (μmol/L)	TBA	0.5～1.7	0.1～3.3	0.4～0.6	0.4～0.5	0.3～0.4
胆碱酯酶 (mmol/L)	CHE	103～180	59～225	49～281	158～230	80～182
肌酸激酶 (U/L)	CK	790～1403	406～1541	353～1541	1988～8060	758～3616
肌酸激酶同工酶 MB (U/L)	CKMB	77～155	62～267	112～265	359～1179	188～1013
乳酸脱氢酶 (U/L)	LDH	187～831	172～872	321～831	575～1205	544～681
α-羟丁酸脱氢酶 (U/L)	HBDH	393～501	225～905	191～1023	722～1004	711～747

表2.6 亚成体（≥5龄）子一代中华鲟血液生理生化指标

指标	英文缩写	参考范围	样本数	备注
红细胞总数 (×10^{12}/L)	RBC	0.4～0.7	39	北京
白细胞总数 (×10^9/L)	WBC	10～30	39	北京
中性粒细胞 (%)	Neut	40～70	39	北京
淋巴细胞 (%)	Lym	30～60	39	北京
嗜酸性粒细胞 (%)	Eos	0～15	39	北京
单核细胞 (%)	Mon	0～5	39	北京
血红蛋白 (g/L)	Hb	50～100	39	北京
红细胞比容 (%)	Ht	23.0～35.0	39	北京
红细胞平均体积 (fl)	MCV	400～700	39	北京
红细胞平均血红蛋白含量 (pg)	MCH	100～150	39	北京
红细胞平均血红蛋白浓度 (g/L)	MCHC	170～260	39	北京
钾 (mmol/L)	K^+	2.44～3.43	70	北京、荆州、厦门
钠 (mmol/L)	Na^+	126～152	70	北京、荆州、厦门
氯 (mmol/L)	Cl^-	100～132	70	北京、荆州、厦门
总钙 (mmol/L)	Ca^{2-}	1.6～2.0	70	北京、荆州、厦门

续表

指标	英文缩写	参考范围	样本数	备注
无机磷 (mmol/L)	P³⁺	2.0～3.0	61	北京、厦门
血清镁 (μmol/L)	Mg²⁺	0.9～1.2	70	北京、荆州、厦门
血清铁 (μmol/L)	Fe²⁺	4.1～9.3	61	北京、厦门
总蛋白 (g/L)	TP	22.6～45.8	70	北京、荆州、厦门
白蛋白 (g/L)	ALB	9.9～21.1	70	北京、荆州、厦门
球蛋白 (g/L)	GLB	18.9～35.0	70	北京、荆州、厦门
尿素氮 (μmol/L)	BUN	0.9～1.1	39	北京
肌酐 (μmol/L)	CR	51～59	39	北京
尿酸 (mmol/L)	UA	5.3～12.5	39	北京
胆固醇 (mmol/L)	CHO	1.6～4.4	70	北京、荆州、厦门
甘油三酯 (mmol/L)	TG	1.0～3.0	70	北京、荆州、厦门
血糖 (mmol/L)	GLU	1.1～2.3	61	北京、厦门
谷丙转氨酶 (U/L)	GPT	1.2～3.0	70	北京、荆州、厦门
谷草转氨酶 (U/L)	GOT	36～131	70	北京、荆州、厦门
碱性磷酸酶 (U/L)	ALP	25～99	70	北京、荆州、厦门
胆碱酯酶 (mmol/L)	CHE	70～240	70	北京、荆州、厦门

表 2.7　幼龄（3龄）子一代及老年驯养野生雌性（≥ 35 龄）中华鲟血液生理生化指标

指标	英文缩写	参考范围		
		老年 n=1	淡水驯养 3 龄 n=9	海水驯养 3 龄 n=6
红细胞总数 (×10¹²/L)	RBC	0.38～0.77		
白细胞总数 (×10⁹/L)	WBC	5.5～15.8		
中性粒细胞 (%)	Neut	40～66		
淋巴细胞 (%)	Lym	29～53		
嗜酸性粒细胞 (%)	Eos	1～11		
单核细胞 (%)	Mon	0～2		
血红蛋白 (g/L)	Hb	72～105		
红细胞比容 (%)	Ht	0.22～0.33		
红细胞平均体积 (fl)	MCV	286～900		
红细胞平均血红蛋白含量 (pg)	MCH	92～233		
红细胞平均血红蛋白浓度 (g/L)	MCHC	212～323		
钾 (mmol/L)	K⁺	1.66～2.91	1.65～4.95	2.57～3.47
钠 (mmol/L)	Na⁺	134～149	136～142	137～154
氯 (mmol/L)	Cl⁻	119～129	120～128	123～132
总钙 (mmol/L)	Ca²⁺	1.78～1.98	1.46～1.76	1.71～2.08
无机磷 (mmol/L)	P³⁺	1.91～3.26	2.40～3.17	3.04～4.65
血清镁 (μmol/L)	Mg²⁺	0.98～1.40	0.82～1.22	0.96～1.22
血清铁 (μmol/L)	Fe²⁺	1.3～12.6	1.2～11.8	0.9～4.8
总蛋白 (g/L)	TP	36.7～46.3	7.4～25.5	14.3～21.2
白蛋白 (g/L)	ALB	8.2～12.5	1.9～7.2	3.2～5.8
球蛋白 (g/L)	GLB	26.6～33.8	5.5～18.3	11.1～15.4
白球比	A/G	0.2～0.4	0.3～0.5	0.3～0.4
尿素氮 (μmol/L)	BUN	0～0.3	0.1～0.8	1.8～3.9
肌酐 (μmol/L)	CR	11.2～52.3	1.5～7.7	4.6～10.7
尿酸 (mmol/L)	UA	2.4～18.8	0.1～7.2	0.1～3.1
胆固醇 (mmol/L)	CHO	1.0～1.7	0.6～1.2	0.8～1.3

续表

指标	英文缩写	参考范围		
		老年 $n=1$	淡水驯养 3 龄 $n=9$	海水驯养 3 龄 $n=6$
甘油三酯（mmol/L）	TG	0.5～1.7	0.1～1.4	0.2～0.9
高密度脂蛋白胆固醇（mmoL/L）	HDL-C	0.12～0.50	0.11～0.21	0.12～0.23
低密度脂蛋白胆固醇（mmoL/L）	LDL-C	0.4～1.0	0.29～0.78	0.37～0.78
载脂蛋白 -A1（mg/dl）	ApoA1	0～2.03	0～0.47	0.46～0.77
载脂蛋白 -B（mg/dl）	ApoB	0.04～1.94	0.12～1.00	0.20～0.77
血清脂蛋白（mg/dl）	LP(a)	0～4.27	5.77～1.65	0.06～0.48
血糖（mmol/L）	GLU	0.2～1.8	0.4～1.4	0.1～0.3
谷丙转氨酶（U/L）	GPT	0～8	13～25	29～66
谷草转氨酶（U/L）	GOT	19～106	112～211	168～385
碱性磷酸酶（U/L）	ALP	33～190	344～831	665～1429
γ- 谷氨酰转肽酶（U/L）	GGT	0～2.2	0.1～58.4	0.1～16.1
总胆汁酸（μmol/L）	TBA	0.1～3.0	0.2～0.7	0.3～1.1
胆碱酯酶（mmol/L）	CHE	75～148	2.3～13.3	0.7～5.0
二氧化碳结合力（mmol/L）	CO_2CP	3.1～19.5	10.0～13.3	10.4～13.4
肌酸激酶（U/L）	CK	555～1149	572～4953	366～9647
肌酸激酶同工酶 MB（U/L）	CKMB	162～1331	169～1342	135～7154
乳酸脱氢酶（U/L）	LDH	419～1470	415～1140	845～1187
α- 羟丁酸脱氢酶（U/L）	HBDH	283～540	195～620	442～666
超氧化物歧化酶（NU/ml）	SOD	193～218		
丙二醛（nmol/ml）	MDA	1.1～5.0		
谷胱甘肽过氧化物酶（酶活力单位）	GSH-Px	627～992		
血清总三碘甲腺原氨酸（ng/ml）	TT3		0～0.25	0～0.43
血清总甲状腺素（μg/dl）	TT4		0.24～0.79	0.22～3.32
血清游离三碘甲腺原氨酸（pg/ml）	FT3		0～0.4	0～1.43
血清游离甲状腺素（ng/dl）	FT4		0	0～1.81
血清促甲状腺激素（μIU/nl）	TSH		0～0.01	0～0.02

血清钾、钠、氯、钙、谷丙转氨酶水平天然水域野生雌鱼明显高于雄鱼，血糖水平雄鱼高于雌鱼。由于鱼类应激反应的复杂性，其表型极其多样，有较多血液指标参数可以用于评价鱼的应激反应程度，如血浆皮质醇水平、血糖和血浆渗透离子浓度等。Barton（2000）以不同参数评价了 4 种鲑鳟鱼类遭受相同应激因子刺激后的应激反应，结果显示，以血浆皮质醇为参数时，湖红点鲑（*Salvelinus namaycush*）应激反应最强烈，而以血糖为参数时，褐鳟（*Salmo trutta*）的应激反应最为强烈。雄鱼血糖短期内快速升高，表示应激反应强烈。雌鱼应激反应强度弱于雄鱼，而电解质平衡和渗透压平衡受到较大影响。这在对金鲷的研究（Wells et al.，1986）中也有类似报道，捕捞应激导致金鲷的碱性磷酸酶、谷丙转氨酶、谷草转氨酶等发生变化，表示鱼体组织器官的功能受到影响，捕捞期间鱼行为策略发生变化。深化对中华鲟应激反应的认识，对制定野生中华鲟救治和产后康复措施有重要作用。

人工驯养的野生成体中华鲟血糖、血清钠水平远低于天然水域个体水平，与捕捞前开展水下训练、捕捞时间短有关。体检前对中华鲟开展训练，不仅可使血液指标值更加稳定，还可减小中华鲟的应激反应。

进入性腺快速发育阶段后，雌性中华鲟的红细胞计数、血红蛋白、红细胞比容、白蛋白、球蛋白、钙、镁、甘油三酯明显变化，雄性甘油三酯也变化明显，这与中华鲟性腺发育过程的生理变化有关，雌性中华鲟较雄性需要积累更多的物质和能量用于性腺发育及产后恢复。这些指标也可用于辅助判断中华

鲟性腺发育。中华鲟白细胞分类计数值较稳定，可以用于疾病诊断和健康判断（张晓雁，2012）。

2.3 血液生化指标在生产、研究中的应用

2.3.1 血清生化指标用于降盐度梯度过程中华鲟生理适应的研究

中华鲟是江海洄游性鱼类，生活史复杂，拥有特别的生理机制，适应多样的环境。以3龄人工养殖中华鲟为实验对象，探索盐度降低过程中华鲟血清生化指标值的变化规律，为制定天然水域中华鲟救治措施提供依据（Zhang et al.，2011）。

本实验开展的前一年，将部分2龄中华鲟转移到淡水驯养池饲养，将其余中华鲟海水驯化后（盐度驯化方式：每3天直接提高盐度3‰左右，经30天盐度升高至30‰）转移到海水池，使用盐度27‰～30‰的人工海水养殖。实验开始时，实验用海水和淡水饲养中华鲟自吻端至尾叉的长度分别为（84.3±2.4）cm、（110.3±2.9）cm，体重分别为（5.1±0.4）kg、（10.3±0.5）kg。

实验用海水池为1个圆形池体，规格为10 m（直径）×0.9 m（高），总水量达70 t，池壁上有多个20 cm×20 cm透明的观察窗。淡水驯养池规格为29 m（长）×11 m（宽）×4.4 m（高），总水量达1400 t，展窗20.0 m（长）×3.0 m（高），养殖密度分别为2.2 kg/m^3（海水池）和2.12 kg/m^3（淡水池）。实验期间控制水质pH为7.2～8.0，水温22.0～23.0℃，溶解氧6.9～9.3 mg/L，NH_4^+小于0.05 mg/L，NO_2^-小于0.1 mg/L。

盐度驯化实验共计57天。在前27天，采用逐渐更换等量淡水的方式将盐度每3天降低3‰左右（平均为3.0‰；2.4‰～3.9‰；标准差为±0.7‰），盐度从最初的26.7‰经24.1‰、21.3‰、17.5‰、13.6‰、9.8‰、7.4‰、5.0‰降到2.5‰，继续养殖3天。然后将实验鱼移入淡水池（0‰）驯养30天。

中华鲟经历降盐度驯化和淡水适应后，血清无机离子基本可恢复至初始水平。肌酐（CR）、尿素氮（BUN）呈降低趋势，暗示从海水到淡水，中华鲟氮代谢终产物的排泄方式及肾脏功能可能发生了改变，以适应盐度变化。肝脏功能变化明显，这从谷丙转氨酶（GPT）、谷草转氨酶（GOT）、γ-谷氨酰转肽酶（GGT）、总胆汁酸（TBA）、球蛋白（GLB）、白球比（A/G）值的变化即可发现。盐度降至21.3‰时，12项指标明显波动，7项下降，5项上升，提示，20‰左右可能是中华鲟盐度适应过程中生理功能调节的关键盐度（表2.8，表2.9，图2.7～图2.10）。

表 2.8 降盐度梯度下中华鲟的血清生化指标

参数	盐度（‰）					
	26.7（n=6）	21.3（n=6）	9.8（n=6）	2.5（n=6）	0（n=4）	0（对照）（n=6）
K$^+$（mmol/L）		3.01±0.15	2.69±0.09	2.51±0.08	2.71±0.21	2.19±0.16
Na$^+$（mmol/L）	143.47±1.74^{ac}	141.44±2.60^{ac}	136.27±0.56^{ab}	123.98±0.94^{b}	149.40±1.86^{c}	141.30±0.42
Cl$^-$（mmol/L）	128.35±1.03^{ad}	125.91±1.07^{ab}	124.00±1.13^{b}	115.69±2.07^{c}	133.31±2.79^{d}	123.20±1.26
Ca^{2+}（mmol/L）	1.88±0.05^{a}	1.86±0.05^{ab}	1.77±0.03^{bc}	1.57±0.01^{d}	1.73±0.09^{c}	1.71±0.02
P^{3+}（mmol/L）	2.93±0.08^{a}	3.60±0.23^{b}	2.84±0.07^{a}	2.24±0.03^{c}	2.83±0.18^{a}	2.64±0.07
Mg^{2+}（mmol/L）	0.99±0.06^{ab}	1.08±0.04^{b}	0.93±0.03^{a}	0.81±0.02^{c}	0.98±0.09^{ab}	0.98±0.01
BUN（mmol/L）	3.42±0.40^{a}	2.77±0.28^{a}	1.67±0.48^{b}	1.75±0.28^{b}	0.75±0.21^{c}	0.42±0.11
CR（μmol/L）	9.20±1.13	6.57±1.01	7.78±0.89	4.12±1.50	5.38±1.48	4.53±0.08
UA（mmol/L）	2.67±1.40	0.80±0.47	2.68±1.14	1.13±0.47	1.98±0.62	1.75±0.93
TBIL（μmol/L）	0.23±0.03	0.17±0.02	0.20±0.03	0.18±0.02	0.35±0.13	0.33±0.03
DBIL（μmol/L）	0.10±0.02	0.08±0.02	0.15±0.03	0.12±0.02	0.08±0.03	0.22±0.03
IBIL（μmol/L）	0.13±0.04	0.08±0.02	0.05±0.03	0.07±0.02	0.28±0.11	0.12±0.01
TP（g/L）	16.12±1.53	18.32±1.04	17.63±1.50	17.43±0.98	17.88±2.38	18.72±1.03

续表

参数	盐度 (‰)					
	26.7 (n=6)	21.3 (n=6)	9.8 (n=6)	2.5 (n=6)	0 (n=4)	0 (对照) (n=6)
ALB (g/L)	4.53±0.52	4.88±0.41	4.47±0.47	4.14±0.35	3.95±0.78	5.32±0.41
GLB (g/L)	11.58±0.98[a]	13.43±0.65[ab]	13.17±1.05[ab]	13.25±0.64[ab]	13.93±1.62[bc]	13.40±0.67
A/G	0.39±0.02[a]	0.36±0.02[b]	0.34±0.01[c]	0.31±0.01[d]	0.28±0.03[e]	0.40±0.02
GPT (U/L)	56.70±16.01[a]	40.47±5.48[ab]	25.93±3.43[b]	23.63±2.56[b]	34.65±4.65[b]	15.55±0.69
GOT (U/L)	142.33±7.21[a]	234.03±33.89[b]	188.40±14.16[c]	186.43±18.35[c]	152.68±24.91[ac]	163.22±11.96
ALP (U/L)	127.17±5.65[a]	989.83±112.22[b]	568.58±68.31[b]	450.67±46.67[c]	928.55±122.42[c]	508.48±31.43
GGT (U/L)	0.40±0.16	4.87±2.80	0.65±0.07	0.20±0.03	31.88±16.51	2.32±1.34
TBA (μmol/L)	0.73±0.09	0.72±0.11	0.54±0.05	0.45±0.03	1.10±0.47	0.50±0.08
Fe^{2+} (mmol/L)		2.21±0.61[a]	2.68±0.44[ab]	1.22±0.30[ac]	5.03±0.60[d]	4.5±0.66
GLU (mmol/L)	1.82±0.23[a]	0.13±0.03[b]	0.93±0.12[c]	1.28±0.09[a]	0.63±0.30[c]	1.20±0.10

注：结果为平均值 ± 标准误。同一行中参数上方字母不同代表有显著性差异（P < 0.05）。使用双因素方差分析和 Duncan 法分析 K$^+$、Ca^{2+}、P^{3+}、Mg^{2+}、UA、TP、ALB、GLB、A/G、GPT、GOT、ALP、Fe^{2+} 各盐度间的差异显著性，Na$^+$、Cl$^-$、BUN、CR、TBIL、DBIL、IBIL、GGT、TBA、GLU 秩变换后使用双因素方差分析继续分析各盐度间的差异显著性。各盐度下 n=6（盐度 0‰时，n=4），对照组 n=6

表 2.9 不同盐度下血清生化指标与对照组的比较

参数	盐度 (‰)				
	26.7 (n=6)	21.3 (n=6)	9.8 (n=6)	2.5 (n=6)	0 (n=4)
K$^+$ (mmol/L)	NS	a	a	NS	NS
Na$^+$ (mmol/L)	NS	NS	a	a	NS
Cl$^-$ (mmol/L)	a	NS	NS	a	a
Ca^{2+} (mmol/L)	a	a	NS	a	NS
P^{3+} (mmol/L)	a	a	a	a	NS
Mg^{2+} (mmol/L)	NS	NS	NS	NS	NS
BUN (mmol/L)	a	a	a	a	NS
CR (μmol/L)	a	NS	NS	NS	NS
UA (mmol/L)	NS	NS	NS	NS	NS
TBIL (μmol/L)	NS	a	a	a	NS
DBIL (μmol/L)	a	a	NS	a	a
IBIL (μmol/L)	NS	NS	NS	NS	a
TP (g/L)	NS	NS	NS	NS	NS
ALB (g/L)	NS	NS	NS	a	NS
GLB (g/L)	NS	NS	NS	NS	NS
A/G	NS	NS	a	a	a
GPT (U/L)	a	a	a	a	a
GOT (U/L)	a	NS	NS	NS	NS
ALP (U/L)	a	a	NS	NS	a
GGT (U/L)	NS	NS	NS	NS	NS
TBA (μmol/L)	NS	NS	NS	NS	NS
CHE (U/L)	NS	a	a	a	NS
Fe^{2+} (mmol/L)	NS	a	a	a	NS
GLU (mmol/L)	NS	a	NS	NS	NS

注："a" 表示与对照组有显著性差异（P < 0.05），NS 表示与对照组没有显著性差异（P > 0.05）。利用 t 检验对 K$^+$、Ca^{2+}、P^{3+}、Mg^{2+}、UA、TP、ALB、GLB、A/G、GPT、GOT、ALP、CHE、Fe^{2+} 各盐度与对照组的差异显著性进行检验，利用 Mann-Whitney U 检验对 Na$^+$、Cl$^-$、BUN、CR、TBIL、DBIL、IBIL、GGT、TBA、GLU 各盐度与对照组的差异显著性进行检验。各盐度下 n=6（盐度 0‰时，n=4），对照组 n=6

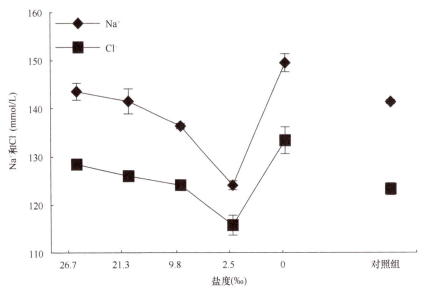

图 2.7　不同盐度下（27天）和淡水适应期间（30天）血清 Na$^+$ 和 Cl$^-$ 的变化
结果为平均值 ± 标准误。各盐度下 *n*=6（盐度 0‰ 时，*n*=4），对照组 *n*=6

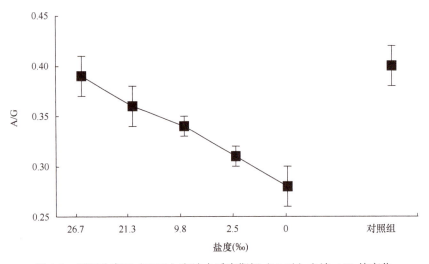

图 2.8　不同盐度下（27天）和淡水适应期间（30天）血清 A/G 的变化
结果为平均值 ± 标准误。各盐度下 *n*=6（盐度 0‰ 时，*n*=4），对照组 *n*=6

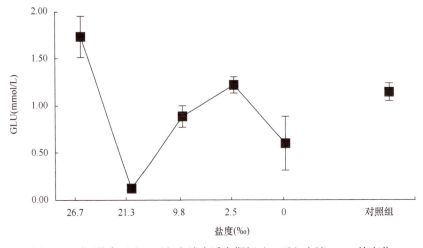

图 2.9　不同盐度下（27天）和淡水适应期间（30天）血清 GLU 的变化
结果为平均值 ± 标准误。各盐度下 *n*=6（盐度 0‰ 时，*n*=4），对照组 *n*=6

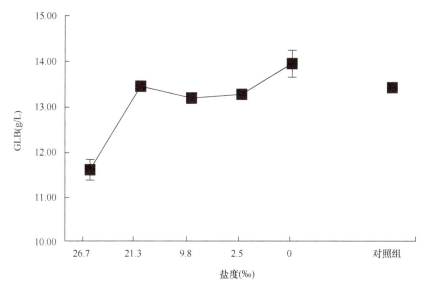

图 2.10　不同盐度下（27 天）和淡水适应期间（30 天）血清 GLB 的变化

结果为平均值 ± 标准误。各盐度下 $n=6$（盐度 0‰ 时，$n=4$），对照组 $n=6$

通过实验可知，在盐度大幅变化时，中华鲟生理发生了变化，适应需要一定时间，特别是在盐度 20‰ 左右。血液指标测定可为制定盐度驯化措施、监测驯化过程中华鲟健康状况提供一种技术方法。

2.3.2　用于中华鲟抗氧化力特征的研究

需氧生物在长期进化过程中建立了抗氧化系统，以及时清除氧代谢过程产生的氧自由基，使机体保持一定的稳态。当氧化 - 抗氧化的调控体系失衡时，机体将发生疾病。超氧化物歧化酶和谷胱甘肽过氧化物酶是硬骨鱼类主要的抗氧化酶，丙二醛是脂质过氧化的终产物，代表机体或组织的氧化水平，超氧化物歧化酶 / 丙二醛指示抗脂质过氧化的潜在能力，这些指标反映了生物体氧化损伤程度和调节能力，可以作为监测环境和生物健康情况的生物标志物。一般氧化应激产物会随着年龄增长而积累，抗氧化酶活力随年龄增长而下降；在性成熟过程的不同阶段，抗氧化酶水平发生改变。因此，可以用抗氧化力指标评价鱼体年龄和健康状况。

测定 1998 年生子一代（F_1-1998）雌性（未达性成熟，性腺处于慢速发育阶段）和雄性（接近性成熟，性腺处于开始快速发育阶段）性激素类固醇激素，比较发现，睾酮和雌二醇 / 睾酮值差异显著，雌性血清丙二醛水平显著低于雄性，而超氧化物歧化酶和谷胱甘肽过氧化物酶的活力及超氧化物歧化酶 / 丙二醛值虽然高于雄性，但二者间不存在显著差异（表 2.10）。雌性和雄性的丙二醛与超氧化物歧化酶 / 丙二醛值之间相关性极显著（相关系数分别为 $r=-0.915$、$r=-0.818$，$P < 0.01$）。雌二醇 / 睾酮值与丙二醛显著负相关（$r=-0.635$，$P < 0.05$），与超氧化物歧化酶 / 丙二醛值显著正相关（$r=0.709$，$P < 0.05$）（表 2.10）。测定、比较了 4 个年龄组（4 龄、8 龄、11 龄、12 龄，未达性成熟）指标，超氧化物歧化酶和丙二醛在各龄之间无显著差异，12 龄组的谷胱甘肽过氧化物酶显著低于其余 3 组，而超氧化物歧化酶 / 丙二醛值显著高于其余 3 组，谷胱甘肽过氧化物酶和丙二醛与年龄呈负相关关系（$r=-0.547$，$P < 0.01$；$r=-0.519$，$P < 0.05$），超氧化物歧化酶 / 丙二醛值与年龄呈正相关关系（$r=0.569$，$P < 0.01$）（图 2.11 ～图 2.14）（张晓雁等，2013）。

综合以上，进入性腺快速发育阶段的雄性氧化应激水平明显高于处于性腺慢速发育阶段的同龄雌性；随着年龄增长，未达性成熟中华鲟的抗氧化力水平逐渐增强。实验结果提示，使用以上指标作为亚健康群体的筛选指标和氧化应激的生物标志物时，应充分考虑监测群体性腺发育和年龄因素，以使评价更准确。

表 2.10　不同性别 F₁-1998 的养殖中华鲟类固醇激素和抗氧化力水平

性别	E2（ng/ml）	T（ng/ml）	E2/T	SOD（NU/ml）	GSH-Px（酶活力单位）	MDA（nmol/ml）	SOD/MDA
雌性 n=9	3.72±0.23	0.19±0.06ᵃ	20.68±7.62ᵃ	173.5±16.7	419.7±236.1	5.8±1.8ᵃ	32.2±9.9
雄性 n=10	3.07±0.99	1.94±1.58	3.36±3.02	167.5±17.5	396.1±187.0	7.6±2.0	23.5±8.0

注：同一列中参数上方字母 a 代表有显著性差异（P ＜ 0.05），无字母则代表无显著性差异（P ＞ 0.05）

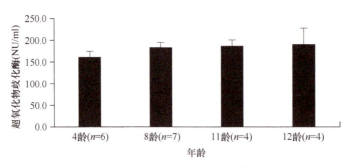

图 2.11　不同年龄中华鲟的超氧化物歧化酶活力

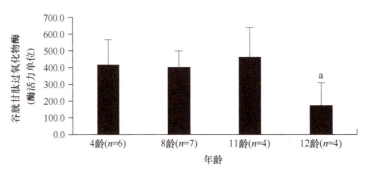

图 2.12　不同年龄中华鲟的谷胱甘肽过氧化物酶活力

参数上方 "a" 代表有显著性差异（P ＜ 0.05）

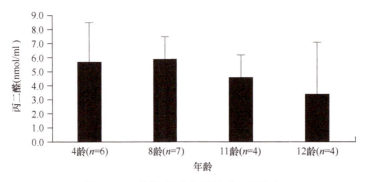

图 2.13　不同年龄中华鲟的丙二醛活力

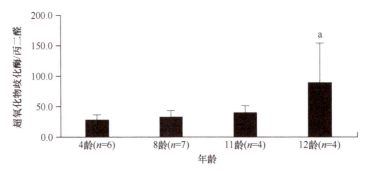

图 2.14　不同年龄中华鲟超氧化物歧化酶活力 / 丙二醛的水平

参数上方 "a" 代表有显著性差异（P ＜ 0.05）

2.3.3　用抗氧化力指标监测水质质量的研究

高养殖密度可以高效利用水资源，提高养殖效益。但是高养殖密度容易导致系统负载率增高，系统不能及时清除代谢物，造成水质质量下降。高养殖密度导致饲养个体间竞争食物和空间，作为一种慢性环境胁迫因子，也可导致鱼类行为和免疫力等发生改变。高养殖密度引起的鱼类应激通过下丘脑-垂体-肾间组织轴、交感神经-嗜铬组织轴，使得鱼体产生生理变化，增大鱼体疾病发生的可能性。低 pH 可使草鱼的呼吸生理功能受到干扰，氧代谢紊乱，肝脏的抗氧化力下降；高氨氮使鲤等鱼类鳃变性和肝细胞被破坏；高亚硝酸盐也可成为影响鱼生长的胁迫因子；生态因子也直接影响鱼的消化酶活力，进而影响鱼的健康和生长（田宏杰等，2006）。采用抗氧化力指标作为监测环境和生物健康情况的生物标志物，研究循环水养殖中华鲟，养殖密度对水质和养殖鱼免疫力及行为的影响，可用于规范中华鲟的养殖技术。

在养殖密度分别为 2.7 kg/m^3、2.4 kg/m^3、2.0 kg/m^3 的循环水环境中，中华鲟的泳层分布发生改变，体形小的中华鲟变化最大（张晓雁等，2011）。3 种密度环境对中华鲟食欲未有明显影响，对野生中华鲟和 F$_1$-1998 的泳速与呼吸频率也未有明显影响（表 2.11，表 2.12）。在 2.7 kg/m^3 的养殖密度下，F$_1$-1998 的超氧化物歧化酶、超氧化物歧化酶/丙二醛值下降，而丙二醛和谷胱甘肽过氧化物酶活力水平上升（图 2.15）。在养殖密度为 2.7 kg/m^3 和 2.4 kg/m^3 的水环境时，水体悬浮总细菌数量接近或者大于 8000 cfu/100 ml，年龄大的中华鲟，包括野生中华鲟和 F$_1$-1998 中华鲟有细菌感染。同期对水质监测结果表明，氨/铵（NH$_3$/NH$_4^+$）、亚硝酸盐（NO$_2^-$）和浊度稳定，硝酸盐（NO$_3^-$）、磷酸盐（PO$_4^{3-}$）、总细菌和酸碱度随养殖密度下降而降低，溶解氧（DO）上升，各养殖密度组间存在显著差异（$P < 0.05$）；硝酸盐、磷酸盐、总细菌、酸碱度与养殖密度存在着显著的正相关关系（表 2.13，表 2.14）。中华鲟免疫力水平受环境微生物影响显著，采用抗氧化力指标监测水质的实验结果可以为规范健康养殖密度和健康水质指标范围提供重要依据。

表 2.11　不同密度组中华鲟的泳层分化

项目	养殖密度（kg/m^3）		
	2.7	2.4	2.0
W-N	上层	上层	上层，偶尔下层
F$_1$-1998	上层，中层	上层，中层	中层，下层，上层
F$_1$-2001	下层	下层	上层，下层，上层
F$_1$-2005	下层	中层，下层	中层，下层，偶尔上层

表 2.12　各密度组中 W-N 和 F$_1$-1998 的泳速与呼吸频率

养殖密度（kg/m^3）	W-N（$n=4$）		F$_1$-1998（$n=4$）	
	泳速（s/全长）	呼吸频率（次/min）	泳速（s/全长）	呼吸频率（次/min）
2.7	6.25±1.31	23±7	4.18±0.85	20±8
2.4	6.93±1.25	22±7	4.60±1.40	18±7
2.0	6.98±2.25	25±5	4.24±1.24	20±5

2.3.4　用于性腺发育和健康评价的研究

养殖中华鲟后备亲鱼梯队已经形成，但是接近和超过天然水域雌性最小性成熟年龄（14 龄）的高龄后备亲鱼（最大年龄接近 17 龄）的性腺多停留在 II 期，性成熟一直以来是中华鲟全人工繁殖规模化的障碍（危起伟等，2013；Du et al.，2017）。很多学者认为，养殖系统不利于刺激鱼类内分泌系统发挥功能，从而不能促进性腺发育启动或发育成熟。采用外源雌激素可诱导鱼卵黄蛋白原发生，

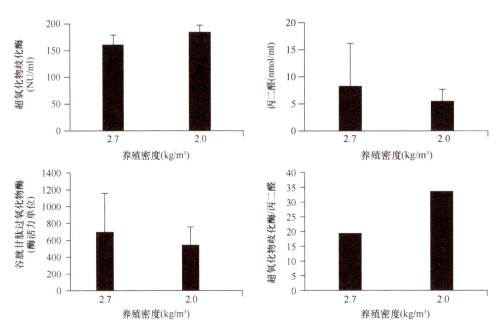

图 2.15　不同实验组 F₁-1998 的抗氧化指标（SOD、MDA、GSH-Px、SOD/MDA）比较

表 2.13　水质指标的变化

养殖密度 (kg/m³)	pH	DO (mg/L)	NH₃/NH₄⁻ (mg/L)	NO₂⁻ (mg/L)	NO₃⁻ (mg/L)	PO₄³⁻ (mg/L)	浊度 (NTU)	总细菌 (cfu/100 ml)
2.7	7.87±0.05[a]	7.56±0.34[a]	0.01	0.01	54.89±6.18[a]	4.08±0.57[a]	0.060±0.010	10 908±6 639[a]
2.4	7.85±0.02[b]	7.72±0.33[b]	0.01	0.01	50.40±10.10[a]	3.89±0.70[a]	0.057±0.005	7 672±5 208[b]
2.0	7.80±0.06[c]	7.80±0.45[c]	0.01	0.01	26.44±7.50[b]	2.40±0.45[b]	0.058±0.005	3 732±2 447[c]

注：同一列不同字母表示在 5% 水平上差异显著

表 2.14　养殖密度和水质指标的相关性（以 r 值表示）

水质指标	pH	DO	NO₃⁻	PO₄³⁻	总细菌	浊度 NTU
r 值	0.514*	−0.450*	0.810*	0.766*	0.485*	0.092

* 表示在 5% 水平上差异显著

促进雌性性腺发育。但是研究也发现，外源雌激素进入机体后，干扰维持生物机能平衡和调节发育过程的天然激素的代谢，引起机体的内分泌紊乱。不仅如此，还可引起肝、肾等内脏器官损伤，干扰代谢过程，引发动物贫血，呈剂量效应关系。以血细胞和血生化为评价指标，监测注射不同剂量 17β-雌二醇的未成熟中华鲟（性腺 II 期初）达到不同注射积累量时血液指标值，通过与同龄对照组比较，探讨不同剂量 17β- 雌二醇对中华鲟生理过程的影响，可为中华鲟性成熟技术提供借鉴（Zhang et al.，2014；姚德冬，2016）。

实验设置对照组、0.1 mg/kg 低剂量注射组、0.5 mg/kg 高剂量注射组，共 3 个实验组，每个注射组 3 尾鱼，对照组 2 尾鱼。将 250 mg 的雌二醇溶于 25 ml 生理盐水制备成 10 mg/ml 的注射液，每尾实验鱼的注射量按照体重计算。对照组每尾鱼每次注射 5 ml 生理盐水。实验共计 70 天。每周固定时间采用体侧肌内注射，连续进行 42 天，停药后继续养殖 28 天。血液样品分别于注射前（每 7 天）及注射停止后（每 14 天）固定时间采集。

注射组血清雌二醇（E2）在注射期间和停止注射后先升后降，呈剂量效应关系（图 2.16）。睾酮（T）变化趋势与 E2 相反。血清甘油三酯（TG）变化趋势类似于 E2。总蛋白（TP）、白蛋白（ALB）、球蛋白（GLB）、胆固醇（CHO）注射期间和停止注射后，低剂量组先升后持平，高剂量组持续升高，血糖（GLU）呈相反变化。与对照组白球比（A/G）快速上升后平稳相比，注射组则先升后降。红细胞计数（RBC）、血红蛋白量（Hb）、红细胞比容（Ht）变化趋势与 TP 相反。平均红细胞容积（MCV）高

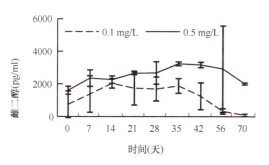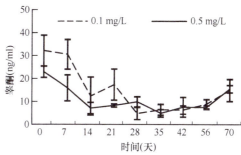

图 2.16 注射不同时间后各实验组血清雌二醇和睾酮的变化

剂量组先升后降，低剂量组小幅下降，平均红细胞血红蛋白量（MCH）和平均红细胞血红蛋白浓度（MCHC）及白细胞参数变化不显著（表 2.15，图 2.17）。结果表明，外源雌激素对中华鲟可产生雌激素效应，但对健康也产生影响，呈剂量效应关系，可以 0.1 mg/kg 的注射剂量作为进一步试验的参考值。

表 2.15 注射不同时间后各实验组红细胞及血生化参数比较

样品时间（天）	参数	对照	低剂量（0.1 mg/kg）	高剂量（0.5 mg/kg）	参数	对照	低剂量（0.1 mg/kg）	高剂量（0.5 mg/kg）
0	ALB(g/L)	10.1	9.18±0.43	8.32±2.53	CHO (mmol/L)	2.2	1.88±0.30	2.47±0.39
7		7.63	10.07±2.85	11.58±2.79		1.95	2.68±0.01	4.11±0.51[a]
14		12.98	15.55±0.88	23.28±2.51[a]		2.91[a]	4.59±0.74[b]	6.69±0.28[c]
21		9.83[a]	20.38±3.18[b]	33.02±2.14[c]		2.83[a]	4.62±1.18[b]	7.22±0.12[c]
28		11.53[a]	26.20±4.54[b]	37.85±2.17[c]		4.11[a]	6.28±1.39[ab]	7.18±0.47[b]
35		11.15[a]	28.35±5.64[b]	39.53±1.89[c]		2.35[a]	5.57±1.88	8.64±1.03
42		10.98[a]	30.65±6.19	40.10±2.52		2.09[a]	5.95±1.86	8.65±1.11
56		9.53[a]	29.63±8.97	40.55±4.35		2.75[a]	5.64±2.36[ab]	9.45±1.51[b]
70		10.40[a]	29.62±8.35[b]	42.43±2.14[c]		2.88[a]	6.57±2.01[b]	13.01±0.52[c]
0	GLB(g/L)	24.98	21.17±1.54	21.85±6.75	Mg^{2+} (μmol/L)	1.79	1.40±0.38	1.73±0.30
7		11.8	15.53±3.53	20.03±5.61		0.90[a]	1.21±0.17[ab]	1.60±0.28[bc]
14		17.48	19.13±0.88	28.30±6.11		1.29	1.52±0.04	2.12±0.24[a]
21		13.3	22.17±4.71	55.92±9.56[a]		0.90[a]	1.76±0.26[b]	3.17±0.35[c]
28		16.33	32.18±9.5	63.27±8.83[a]		1.12[a]	2.07±0.33	2.38±0.06
35		15.73[a]	37.20±11.41[b]	71.50±8.97[c]		0.86[a]	1.90±0.31	2.27±0.08
42		14.38	42.50±14.62	75.42±13.23[a]		0.84[a]	1.91±0.24	2.13±0.02
56		14.30[a]	41.60±18.59[ab]	81.63±26.10[b]		1.01[a]	2.15±0.35	2.46±0.35
70		15.65	40.92±15.39	90.25±15.76[a]		1.12[a]	2.06±0.23	2.21±0.00
0	A/G	0.41	0.44±0.04	0.38±0.01	Hb(g/L)	58	54±8	57±5
7		0.65	0.65±0.04	0.61±0.19		63	55±7	52±6
14		0.74	0.82±0.07	0.83±0.08		51	51±4	43±6
21		0.75[a]	0.93±0.05[b]	0.60±0.06[c]		58[a]	52±6[ab]	43±3[b]
28		0.71[ab]	0.83±0.11[a]	0.60±0.05[b]		64	48±8	45±8
35		0.71	0.78±0.09	0.56±0.04[a]		58	51±8	42±5
42		0.76	0.75±0.13	0.54±0.06				
56		0.67	0.76±0.16	0.52±0.10		60	50±13	39±7
70		0.67	0.75±0.10	0.48±0.06[a]		59[a]	48±7[ab]	37±6[b]
0	MCV(fl)	723	690±182	677±107	MCH(pg)	137	131±30	145±18
7		679	553±94	722±101		154	121±11	162±30
14		666[a]	545±28	573±21		115	117±17	107±16
21		670	573±48	533±66		136	118±5	105±12
28		651	595±221	580±39		137	121±34	126±24
35		629	635±129	562±168		129	139±23	117±38

续表

样品时间（天）	参数	对照	低剂量(0.1 mg/kg)	高剂量(0.5 mg/kg)	参数	对照	低剂量(0.1 mg/kg)	高剂量(0.5 mg/kg)
42								
56		563	486±73	463±86		124	110±11	95±16
70		722[a]	534±55	511±48		150	115±13	106±24
0	MCHC(g/L)	723	690±182	677±107	WBC($\times10^9$/L)	15.90	12.93±5.46	17.73±2.89
7		679	553±94	722±101		10.20	10.20±3.86	21.40±10.67
14		666[a]	545±28	573±21		19.60	15.13±5.14	17.67±1.29
21		670	573±48	533±66		21.40	11.87±4.06	19.93±5.94
28		651	595±221	580±39		29.50	19.53±2.87	20.07±4.94
35		629	635±129	562±168		14.30	11.13±2.32	10.87±2.58
42								
56		563	486±73	463±86		23.30	16.00±3.47	10.73±4.32
70		722[a]	534±55	511±48		26.90	21.33±1.22	11.00±6.97
0	Neut(%)	50	25±2	48±5	Eos(%)	9	11±5	8±3
7		50	29±5	42±2		10	7±4	6±4
14		43	29±4	49±9		15	9±5	5±4
21		44	33±6	41±5		13	13±10	10±2
28		45	37±6	38±6		9	7±4	20±2
35		50	43±6	45±6		9	12±6	14±11
42		46	44±6	45±4		12	6±5	17±8
56		40	48±8	47±7		8	11±5	9±8
70		46	58±5	51±3		15	7±3	13±6
0	Lym(%)	41	39±5	44±5				
7		40	49±8	51±4				
14		42	45±2	46±11				
21		43	43±6	49±7				
28		47	47±5	42±7				
35		42	51±4	41±6				
42		43	54±3	38±5				
56		53	46±4	44±7				
70		39	54±4	36±6				

注：平均数后上标不同字母表示差异显著（$P < 0.05$）

2.3.5 用于产后亲本康复效果评价

血液指标可用于产后亲本康复效果评价，为制定救治措施提供参考。张晓雁等（2015）通过观测初次繁殖养殖中华鲟亲本产后的摄食行为，测量生长指标和监测血清中甲状腺指标、血液理化指标，对产后亲本 11 个月的康复效果进行了分析。使用毛鳞鱼（*Mallotus villosus*）作为饵料可诱导中华鲟产后亲本开口摄食及转食营养丰富的混合鲜饵。雌性产后身体虚弱，摄食时行为异常，随摄入营养水平逐渐提高，雌性和雄性最大摄食量于产后 7 个月时分别达到体重的 2.04% 和 1.60%，产后 7 个月后恢复正常。随着亲本对混合鲜饵摄食量的提高，其体重从下降转而升高（9 个月间雌雄亲本体重增长率分别为 44.16% 和 23.30%），体长增长（增长率分别为 5.00% 和 3.23%），与同龄未产的养殖中华鲟（对照组）相比，体重和体长的增长率均处于较高水平。产后亲本血清总三碘甲腺原氨酸（TT3）、血清总甲状腺素（TT4）、血清游离三碘甲腺原氨酸（FT3）、血清游离甲状腺素（FT4）和多项血液理化指标在恢复培养期明显升高，至培养期末，TT3、FT3 高于对照组，其余指标多接近对照组平均水平（表 2.16，表 2.17）。

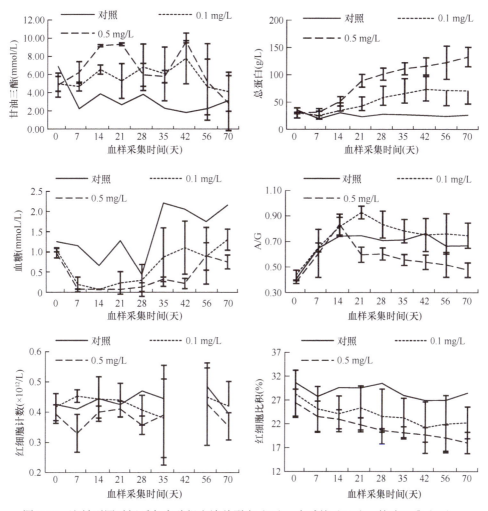

图 2.17 注射不同时间后各实验组血清总蛋白（TP）、白球比（A/G）、甘油三酯（TG）、
血糖（GLU）、红细胞计数（RBC）、红细胞比容（Ht）的变化

表 2.16 雌性亲本产后培育期间血液指标与对照组（n=4）比较

血液指标	产后雌性				雌性对照组 n=4		
	2012.12	2013.03	2013.06	2013.09	2012.12	2013.03	2013.09
血清促甲状腺激素 TSH（μIU/ml）	0.02	0.02	0.02	0.01	0.01±0	0.02±0	0.01±0
血清总三碘甲腺原氨酸 TT3（ng/ml）	0.02	0.02	0.64	1.26	0.33±0.04	0.33±0.11	0.47±0.08
血清总甲状腺素 TT4（μg/dl）	0.01	0.02	0.13	0.36	0.48±0.22	0.38±0.10	0.23±0.13
血清游离三碘甲腺原氨酸 FT3（pg/ml）	0.01	0.19	5.02	6.39	2.56±0.15	2.89±0.26	2.67±0.44
血清游离甲状腺素 FT4（ng/dl）	0.02	0.04	0.20	0.25	0.16±0.12	0.15±0.10	0.24±0.08
钙 Ca^{2+}（mmol/L）	0.86	1.68	1.71	1.84	1.93±0.07	1.91±0.06	1.83±0.07
无机磷 P^{3+}（mmol/L）	3.28	2.13	2.19	2.88	2.65±0.20	2.32±0.12	2.40±0.20
镁 Mg^{2+}（μmol/L）	0.98	0.97	0.89	0.88	0.90±0.08	0.89±0.07	0.81±0.08
谷丙转氨酶 GPT（U/L）	1.0	1.5	3.5	6.0	2.4±0.8	2.5±0.6	3.8±2.6
谷草转氨酶 GOT（U/L）	110.5	61.5	75.5	81.0	75.6±17.7	50.8±11.8	65.3±17.8
碱性磷酸酶 ALP（U/L）	23.0	31.4	27.4	73.5	109.9±51.9	72.4±13.7	56.0±7.0
胆碱酯酶 CHE（mmol/L）	69.0	157.5	187.5	124.0	193.3±25.0	141.3±12.4	133.8±0.1
总蛋白 TP（g/L）	2.50	20.10	33.65	33.90	39.59±1.85	40.11±2.84	37.75±4.37
白蛋白 ALB（g/L）	0.75	6.30	11.50	12.30	13.18±2.24	12.55±1.69	12.55±1.86
球蛋白 GLB（g/L）	1.75	13.80	22.15	21.60	27.04±0.91	27.56±2.87	24.40±3.24
白球比 A/G	0.48	0.46	0.52	0.57	0.51±0.11	0.46±0.08	0.52±0.09

血液指标	产后雌性				雌性对照组 n=4		
	2012.12	2013.03	2013.06	2013.09	2012.12	2013.03	2013.09
总胆固醇 CHO(mmol/L)	0.26	2.10	1.34	2.85	3.96±0.26	3.39±0.54	3.11±0.55
甘油三酯 TG(mmol/L)	0.14	2.10	0.74	1.77	1.83±0.40	1.77±0.68	1.75±0.65
血糖 GLU(mmol/L)	0.58	1.36	1.34	2.10	1.30±0.20	1.83±0.34	2.31±0.89
红细胞计数 RBC(×10^{12}/L)	0.18	0.59	0.46	0.59	0.55±0.12	0.59±0.12	0.52±0.09
血红蛋白量 Hb(g/L)	34	55	74	74	80±7	85±5	83±13
红细胞比容 Ht	12.2	21.1	26.9	21.9	31.2±5.3	30.8±3.4	29.1±3.3

表2.17 雄性亲本产后培育期间血液指标与对照组（n=4）比较

血液指标	产后雄性				雄性对照组 n=4		
	2012.12	2013.03	2013.06	2013.09	2012.12	2013.03	2013.09
血清促甲状腺激素 TSH(μIU/ml)	0.02	0.02	0.02	0.01	0.01±0	0.02±0	0.01±0.01
血清总三碘甲腺原氨酸 TT3(ng/ml)	0.02	0.01	0.26	0.52	0.33±0.21	0.32±0.22	0.22±0.14
血清总甲状腺素 TT4(μg/dl)	0.02	0.77	0.21	0.33	0.70±0.16	0.33±0.21	0.35±0.24
血清游离三碘甲腺原氨酸 FT3(pg/ml)	0.19	1.29	2.46	2.84	2.14±0.96	1.94±0.62	1.38±0.58
血清游离甲状腺素 FT4(ng/dl)	0.04	0.82	0.40	0.17	0.31±0.10	0.15±0.17	0.16±0.11
钙 Ca^{2+}(mmol/L)	1.22	1.70	1.80	1.75	1.90±0.14	1.86±0.10	1.81±0.07
无机磷 P^{3+}(mmol/L)	2.16	2.37	2.67	2.34	2.59±0.42	2.23±0.21	2.33±0.02
镁 Mg^{2+}(μmol/L)	0.97	0.98	1.06	0.99	0.92±0.07	0.91±0.04	0.92±0.06
谷丙转氨酶 GPT(U/L)	2.5	2.5	2.0	4.0	2.3±1.0	1.3±0.5	3.3±1.7
谷草转氨酶 GOT(U/L)	133.0	56.0	51.5	103.0	82.5±18.0	58.5±17.5	83.8±23.7
碱性磷酸酶 ALP(U/L)	23.9	21.3	23.2	25.6	71.2±36.3	57.8±23.7	50.5±17.4
胆碱酯酶 CHE(mmol/L)	230.0	93.5	80.0	182.0	171.1±48.9	124.0±33.7	116.3±36.7
总蛋白 TP(g/L)	8.45	29.00	38.10	38.70	43.90±5.83	41.38±4.31	38.45±3.20
白蛋白 ALB(g/L)	4.00	9.15	18.80	13.50	18.93±0.69	17.89±0.74	17.68±1.36
球蛋白 GLB(g/L)	4.45	19.85	19.30	25.20	25.00±5.22	23.49±4.48	21.43±3.20
白球比 A/G	0.90	0.46	0.97	0.54	0.78±0.14	0.78±0.16	0.86±0.12
总胆固醇 CHO(mmol/L)	0.85	1.86	0.93	1.55	2.66±1.29	2.14±0.80	2.21±0.95
甘油三酯 TG(mmol/L)	1.52	1.20	0.77	1.04	2.30±0.45	1.88±0.87	1.91±1.12
血糖 GLU(mmol/L)	1.49	1.35	1.37	1.81	1.40±0.44	1.81±0.44	1.84±0.58
红细胞计数 RBC(×10^{12}/L)	0.17	0.52	0.56	0.41	0.56±0.10	0.63±0.12	0.51±0.10
血红蛋白量 Hb(g/L)	20	40	57	62	75±10	75±4	78±8
红细胞比容 Ht	6.1	27.2	22.2	26.7	28.8±3.9	30.3±3.2	30.0±2.9

　　鱼类的甲状腺激素主要是T3和T4[T3是由T4在外周组织中（主要是肝脏）脱碘转化而来的]，对代谢活动、生长、行为等有重要作用，T3的生物活性比T4强。饥饿会影响下丘脑 - 垂体 - 甲状腺轴，使甲状腺对TSH刺激的敏感性降低，T4向T3的转化率下降。在产后亲本培养期间，其TSH持平于对照组，而食物摄取量提高后甲状腺激素水平明显升高，表明食物摄取量对甲状腺激素的分泌影响较大。这与对黑鲷（*Sparus macrocephalus*）、虹鳟（*Oncorhynchus mykiss*）等的研究结果较为一致（邓利等，2003）。食物的营养成分（特别是蛋白质）是影响甲状腺激素分泌的重要因子，本研究产后亲本培养采用的主要饲料中蛋白质含量较高，可能有利于促进甲状腺激素的产生。雄性亲本产后初期TT3、FT3、TT4水平和体重增长率大于雌性，而6月以后，雌性亲本TT3、FT3水平和体重增长率明显高于雄性。另外，相比于对照组，雌、雄产后亲本实验末期TT3、FT3，雌性体长、体重及雄性体长均处于较高水平，说明甲状腺激素与生长关系密切。这在其他鱼的生长研究中也有类似报道。

RBC 与 Ht 培养期间快速升高，Hb 升高速度滞后于红细胞增生的速度。鱼类红细胞由脾脏等造血器官产生，主要有携带和运输氧气及排除二氧化碳的功能。随摄食逐渐恢复，红细胞快速增生，说明红细胞生成过程受营养水平影响大，RBC 增高显示机体代谢活动增强。

产后亲本 Ca^{2+}、Mg^{2+}、P^{3+} 含量 3 月可恢复至对照组平均水平。Ca^{2+}、P^{3+} 在骨骼形成和维持酸碱平衡等代谢中起重要作用，Mg^{2+} 除了参与骨盐形成外，还是很多酶的激活剂。3 种离子含量快速恢复，表明随着产后亲本恢复摄食，其可通过自身的调节快速维持内环境的稳定。与雄性亲本相比，雌性亲本的 Ca^{2+} 含量及钙磷比值在 12 月时均明显低于对照组水平，这可能是受到卵巢发育过程中卵黄蛋白原合成的影响所致。

GPT 主要存在于肝细胞的细胞质中，肝细胞受损，细胞通透性增强，血清 GPT 含量上升。GOT 也存在于肝脏中，可反映肝脏的生理状态。CHE 主要由肝脏合成，故能灵敏地评价肝细胞的合成能力。CHE、GPT 和 GOT 可作为指示肝脏功能的酶学指标。本研究产后亲本 3 月时 GPT、GOT、CHE 接近对照组平均水平，说明肝脏的代谢活动已接近健康的未产个体。培育末期，雌性产后亲本 GPT 增高至对照组 1.7 倍的水平，这主要与其后期快速生长、甲状腺功能亢进有关。ALP 主要来源于肝脏、肾脏和成骨细胞，是反映成骨细胞活性、骨生成状况和钙、磷代谢及肾脏功能的重要生化指标，甲状腺激素影响 ALP 活性。雌性亲本培育末期 ALP 快速升高，与甲状腺激素分泌水平和继续加速生长趋势一致。另外，ALP 值接近对照组平均水平也说明肾脏功能逐渐恢复。雄性 ALP 在恢复培养期间较稳定，至培育末期略有提高，仍然低于对照组平均水平，这与其体长增长 6 月后才快于对照组较为一致。

GLU 是机体组织生化活动所需能量的来源，CHO、TG 是脂肪的代谢产物，与 TP 同受营养水平的显著影响。产后亲本 TP、ALB、GLB 值随摄食量提高持续增高，表明受营养水平影响明显，与对施氏鲟（*Acipenser schrenckii*）的研究（邓利等，2003）结果较为一致。鱼的生长主要依靠蛋白质，摄入蛋白质总量提高后，机体蛋白质代谢增强，合成速率提高，因此 TP、ALB、GLB 与体重表现出一致的增长趋势，这也说明 TP、ALB、GLB 能较好地反映机体的营养水平。雌性亲本 TP、ALB、GLB 值 12 月远低于对照组，TG、CHO、GLU 也有类似表现，而雄性相对差别较小，表明雌性性腺发育和繁殖过程消耗的营养物质和能量多，易造成产后亲本体内营养积累不足，体质虚弱。这也提示，加强产后营养护理是促进雌性亲本康复的关键。亲本多项血液指标值逐渐恢复说明产后亲本生理情况基本恢复。

采用血液指标结合生长、行为综合分析产后亲本康复状况，可以为建立中华鲟产后康复培养技术、养殖中华鲟资源的重复利用和再次成熟后生殖力的提高提供参考。

3

配子形态与生物学特征

3.1 精子形态结构

精子的形态及超微结构具有种的特征，它不仅是分类的依据之一，还是分析不同物种之间亲缘关系的重要依据（Jamieson，1991；Mattei，1991）。研究精子的形态及超微结构有助于了解精子的受精机制，从而为人工繁殖技术提供参考依据，为精液冷冻保存技术提供基础资料，促进精液超低温冷冻保存技术的发展（Ginzburg，1968；Billard et al.，1995）。

鲟鱼类精子近乎辐射对称，是由其进化地位较原始决定的（Baccetti，1986）。与其他鲟鱼精子相近，中华鲟精子的外形近似延伸的偏圆锥体，呈辐射对称（图 3.1a，b）。精子由头部、中段和尾部 3 部分构成，头部前端有伞状顶体，延伸的核区后端比前端宽；中段较小且呈漏斗状；尾部扁平细长。各部位测量参数值见表 3.1。

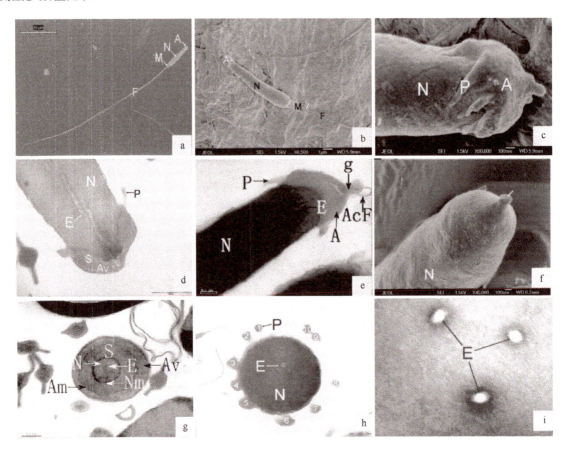

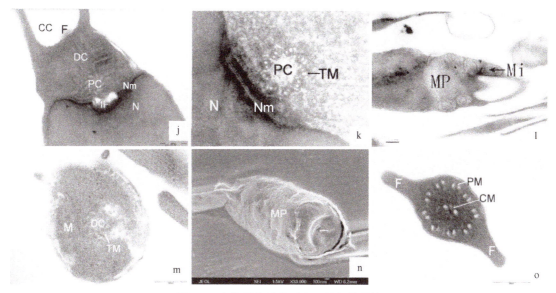

图3.1　中华鲟精子的形态及其超微结构

a. SEM 观察中华鲟精子外部形态（标尺 10 μm）；b. SEM 观察中华鲟精子外部形态，箭头所指为鞭毛的侧鳍（标尺 1 μm），顶体（A）、核区（N）、中段（M）、鞭毛（F）；c. 示顶体的后外侧突出物（P）（标尺 100 nm）；d. TEM 观察顶体与核区的横切面（标尺 500 nm）；e. TEM 观察顶体与核区的纵切面（标尺 200 nm），示顶体泡（Av）、亚顶体（S）、后外侧突出物（P）、细胞核内沟（E）、核区（N）、肌动蛋白纤维（AcF）、颗粒物质（g）；f. SEM 观察核区的前端，箭头所指为一个敞开的细胞核内沟（标尺 100 nm）；g. TEM 观察顶体和核区的横切面，示顶体膜（Am）、顶体泡（Av）、亚顶体（S）、核膜（Nm）、核区（N）、细胞核内沟（E）（标尺 200 nm）；h. TEM 观察顶体的横切面，示后外侧突出物 1～10（P）（标尺 200 nm）；i. TEM 观察核区横切面，示细胞核内沟贯穿整个核区（标尺 100 nm）；j. TEM 观察中段纵切面，示远端中心粒（DC）、近端中心粒（PC）、核植入窝（IF）、核膜（Nm）、细胞质沟（CC）（标尺 500 nm）；k. TEM 观察近端中心粒的三联微管（TM）（标尺 100 nm）；l. TEM 示中段线粒体（Mi）（标尺 200 nm）、中段（MP）；m. TEM 观察远端中心粒三联微管（标尺 200 nm）；n. SEM 示核植入窝（标尺 100 nm）；o. TEM 观察鞭毛横切面，示周围的微管（PM）、中央微管（CM）和侧鳍（F）（标尺 50 nm）

表 3.1　中华鲟精子形态的基本测量

特征	尺寸（μm）	特征	尺寸（μm）
顶体长度	0.54±0.15	细胞核内沟直径	0.08±0.03
顶体宽度	0.68±0.06	后外侧突出物长度	0.37±0.04
头部前端宽度	0.59±0.05	鞭毛直径	0.32±0.01
头部后端宽度	1.84±0.45	鞭毛边部延伸长度	0.34±0.11
总头长	3.27±0.20	微管直径	0.01±0.00
中段长度	2.17±0.36	尾长	33.26±2.74
中段宽度	1.57±0.27	全长	38.70±0.37

　　中华鲟精子的头部由顶体和核区两部分组成。顶体似伞状帽覆在核区的前端，纵切面为锥形，横切面为同心圆，由后外侧突出物、顶体泡、亚顶体及颗粒结构等组成（图 3.1a～i）。四足动物的精子顶体有一个共同特征，即具有顶体囊和顶体下锥，如爬行类、鸟类和哺乳类（Jamieson，1995；陈大元，2000）。鲟鱼类的精子顶体无顶体囊和顶体下锥。观察发现，鲟鱼类精子顶体都具有顶体泡、亚顶体及后外侧突出物，如高首鲟、闪光鲟（Acipenser stellatus）、美洲大西洋鲟等。后外侧突出物呈放射状包裹住核的前端，长约 0.37 μm，共 10 条（图 3.1c，d，h）；该结构功能不详，DiLauro等（2000）认为在受精过程中后外侧突出物可以锚定在卵上；其数目和长度在已报道的鲟鱼类之间各不相同。顶体最前端具有颗粒状结构，该结构中央伸出一根纤维，据推测可能是肌动蛋白纤维（图 3.1e）；中华鲟精子顶体的前端具有颗粒物质和肌动蛋白纤维，高首鲟的精子也具有该结构，而美洲大西洋鲟和湖鲟（Acipenser fulvescens）的精子只具有颗粒结构，无肌动蛋白纤维；结构与功能往往是相对应的，颗粒结构与肌动蛋白纤维的存在可能与该物种的受精方式相适应，当精子入卵后该结构是否能够起到激活卵子的作用还需进一步研究。顶体泡位于顶体的最外层，亚顶体位于顶体泡与核区

之间，且与两者紧密相贴（图 3.1d，g）。顶体泡与亚顶体中间具有顶体膜，亚顶体与细胞核中间具有核膜（图 3.1f，g）。细胞核的形态及核空泡的有无可作为区分硬骨鱼类种类的重要特征之一。硬骨鱼类精子细胞核内普遍存在核空泡，如黄颡鱼（*Pseudobagrus fulvidraco*）（尤永隆和林丹军，1996）和丁𫚕（*Tinca tinca*）（Psenicka et al.，2006），由于受精过程中精子的不断运动可能对细胞核内的遗传物质造成冲击，因此核空泡可能具有缓冲机械压力的作用（陈大元，2000）。鲟鱼类精子的细胞核由电子密度均一的染色质组成，无核空泡，这是一种原始特征。除雀鳝精子以外，所有鱼类都具有一个或者多个细胞核内沟（Afzelius，1978）。中华鲟、高首鲟、闪光鲟、西伯利亚鲟、短吻鲟（*Acipenser brevirostrum*）和匙吻鲟的精子细胞均具有 3 个细胞核内沟呈螺旋状纵贯细胞核中央（从顶体末端延伸至核植入窝基部），而美洲大西洋鲟只有 2 个，目前尚不清楚该结构的功能，Cherr 和 Clark（1984）认为它在精卵融合过程中起到运输中心粒到卵的作用。核植入窝是位于细胞核基部，在核区与中段之间起连接作用的一个细胞器（图 3.1d，g ～ j，n）。

中华鲟精子中段纵切面呈漏斗状，横切面几乎圆形（图 3.1j ～ m），内含线粒体和中心粒复合体，且具有延伸的细胞质鞘环绕在轴丝的外周（图 3.1j）。不同硬骨鱼类精子中段的形态结构差异颇大。多数硬骨鱼类精子中段的线粒体与细胞核之间有少量膜系统结构的囊泡，如尼罗罗非鱼和鲤。中华鲟、高首鲟、湖鲟和闪光鲟精子中段无囊泡，而美洲大西洋鲟、短吻鲟和西伯利亚鲟精子中段具有囊泡。一个切面有 3 ～ 8 个圆形或椭圆形线粒体排列在中段的四周及细胞质鞘内（图 3.1l）。中心粒复合体由近端中心粒和远端中心粒组成，近端中心粒位于核植入窝正后方，由 9 束三联微管组成，排列成环形 [(196.46±22.22)nm×(198.76±20.70)nm]。远端中心粒位于近端中心粒下方，并与近端中心粒垂直，纵切面可以看到几束微管，横切面可以看到 9 组三联微管。远端中心粒向后延伸便是鞭毛的轴丝（图 3.1j，k，m）。鞭毛与细胞质鞘之间有间距为 (479.18±38.16)nm 的空腔，称为细胞质沟（图 3.1j）。

中华鲟精子尾部由细胞质膜和轴丝组成（图 3.1o）。鞭毛长度和直径分别为 (33.26±2.74)μm 和 (0.33±0.01)μm。轴丝具有典型的 "9+2" 双联微管结构，微管直径约为 9 nm，周围的二联微管与中央微管的直径分别为 (37.42±8.07)nm 和 (50.26±12.22)nm。细胞质沟内部分鞭毛无侧鳍结构，随后鞭毛质膜逐渐向两侧延伸形成侧鳍。第一、二侧鳍分别起始于中段后约 0.65 μm 和 4.01 μm 的位置，分别结束于距鞭毛末端约 5.58 μm 和 7.97 μm 的位置。许多硬骨鱼类精子轴丝的外方有由细胞质膜向两侧扩展而成的侧鳍。目前已观察的鲟鱼类精子的鞭毛都具有侧鳍，有的学者认为侧鳍对体外受精的鱼类来说可以提高精子的运动速率，而 Afzelius（1978）则认为侧鳍与精子游泳速率的提高无多大关系。

3.2 精子基础生物学特征

鱼类精液的基本特征包括精液浓度、精子密度、精子活力、精浆组成及 pH 等若干常规的精液基础生物学特征。对中华鲟精液的基本特征进行检测和分析，一方面有助于在人工繁殖过程中较为准确地判断精液的质量，从而合理安排人工繁殖技术流程，提高资源利用效率；另一方面可为中华鲟精液的保存和物种保护提供理论参考与技术保障，也可为在生产实践中的应用奠定基础。

中华鲟精子密度为 $1.48×10^9$ ～ $5.04×10^9$ ind./ml，平均为 $3.26×10^9$ ind./ml，精液浓度为 9.4% ～ 25.12%，平均为 17.37%，颜色为乳白色和白色，其中乳白色精液较浓，似浓牛奶但不黏稠，白色精液则显得稀薄，精子密度和精液浓度存在明显的个体差异。和多数淡水鱼类相比，鲟鱼类的精子密度较小（一般在 $0.1×10^9$ ～ $9×10^9$ ind./ml），而淡水鱼类的精子密度大于 $10×10^9$ ind./ml，如鲤平均精子密度为 $29.4×10^9$ ind./ml（鲁大椿等，1989），大黄鱼平均精子密度为 $14.5×10^9$ ind./ml（林丹军和尤永隆，2002），有学者认为这和中华鲟精子个体较大、单体排精量较一般鱼类多有一定关系，较大的排精量弥补了中华鲟精子密度较小的缺陷，保证了自然繁殖的受精率。根据报道，1982 ～ 1984 年中华鲟精子密度为 $5×10^9$ ～ $12×10^9$ ind./ml（鲁大椿等，1998），明显高于 21 世纪初（2005 ～ 2006 年）测量的精子密度，可见雄性中华鲟个体繁殖力有明显下降趋势。

与其他鲟鱼类似，中华鲟精子在精原液中即有微弱的颤动，并且精液越稀其中精子的颤动越明显，当鲜精被淡水激活后其快速运动时间、总运动时间和寿命分别为 76 s、114 s 和 162 s（2005～2006 年测量）。与其他淡水鱼类（快速运动时间平均十几秒，寿命一般在 1 min 之内）相比，中华鲟精子活力较高，寿命较长，这应该是与其环境相适应的一种繁殖对策。与历史数据相比，中华鲟精子活力呈下降趋势，1973～1976 年、1982～1984 年、1998～2004 年 3 个时期精子快速运动时间平均值分别为 397 s、213 s 和 103 s，寿命分别为 2624 s、2579 s 和 923 s（四川省长江水产资源调查组，1988；鲁大椿等，1998；刘鉴毅等，2007），这一数据进一步证明参与繁殖的中华鲟亲鲟的繁殖力在不断下降，这对于中华鲟自然种群的恢复是非常不利的，对于中华鲟保护来说是一大挑战。

鱼类精浆中含有多种化学成分，包括无机物和有机物，其中无机成分（K^+、Na^+、Ca^{2+}、Mg^{2+}、Cl^- 等）与精子活动的启动和抑制有关，是构成精浆渗透压的主要成分，对鱼类精子在精原液中维持结构和功能的稳定有重要作用。对精浆离子成分进行研究分析，对于精子保存液和受精稀释液配方的设计与改良有极大的参考价值。和其他硬骨鱼类一样，Na^+、K^+、Cl^- 是鲟鱼精浆中主要的离子成分，但是鲟鱼精浆中 Na^+、K^+、Cl^- 的浓度通常低于其他鱼类，鲑鳟类精浆中的 Na^+、K^+、Cl^- 的浓度分别为 103～159 mmol/L、20～66 mmol/L 和 130～156 mmol/L，鲤科鱼类分别为 13～107 mmol/L、20～87 mmol/L 和 96～110 mmol/L，而鲟鱼类分别为 25～63 mmol/L、2.5～7.5 mmol/L 和 2～11 mmol/L（鲁大椿等，1992；Alavi et al，2004a；Alavi and Cosson，2006；Li et al.，2011b）。

郑跃平（2007）对两尾中华鲟精浆离子组成进行了测量，见表 3.2，两尾中华鲟精浆中的 Na^+、K^+、Cl^- 含量存在极显著差异，而其他离子 Ca^{2+}、Mg^{2+}、Cu^{2+}、Zn^{2+} 均无显著差异，而且含量非常接近，其他鲟鱼如波斯鲟和湖鲟也有类似现象。虽然还无法确定是否所有中华鲟精浆中的 Ca^{2+}、Mg^{2+}、Cu^{2+}、Zn^{2+} 均具有这样的特征，但可以肯定的是中华鲟精浆中 Na^+、K^+、Cl^- 含量在不同个体间存在较大的差异。个体间的这一差异可能会影响精液的质量和精子的活力，已有研究发现，Na^+ 含量和精浆渗透压存在显著的正相关关系（Kruger et al.，1984；Lahnsteiner et al.，1996），Alavi 等（2004b）研究发现，波斯鲟精子的活力和运动持续时间随着精浆中 Na^+ 含量的增加而显著提高。

表 3.2　中华鲟精浆中主要离子成分　　　　（单位：mmol/L）

离子成分	♂（3 尾）	♂（4 尾）	P
Na^+	18.63 ± 0.12	16.67 ± 0.098	<0.01
K^+	7.78 ± 0.47	4.46 ± 0.020	<0.01
Ca^{2+}	0.11 ± 0.020	0.10 ± 0.010	>0.05
Mg^{2+}	0.84 ± 0.13	0.81 ± 0.10	>0.05
Cu^{2+}	0.040 ± 0.0030	0.043 ± 0.0020	>0.05
Zn^{2+}	0.016 ± 0.0030	0.017 ± 0.0020	>0.05
Cl^-	4.68 ± 0.62	0.98 ± 0.52	<0.01

Na^+ 是鱼类血浆、精浆的重要组分，是构成渗透压的主要离子。在适当的范围内，多数淡水鱼类精子活力随溶液中 Na^+ 浓度的增加而提高，超出适宜范围精子活力即受抑制。与鲤科和鲑科鱼类相比，鲟鱼类精子对胞外 Na^+ 浓度的变化更为敏感。随着激活液（Tris/glycine 缓冲溶液）中 Na^+ 浓度的增加，湖鲟精子运动时间先增加后减少，在 Na^+ 浓度为 10 mmol/L 时运动时间最长（>1500 s），50 mmol/L 时则无精子运动（Toth et al.，1997）。波斯鲟的精子可在 Na^+ 浓度为 0～125 mmol/L 的激活液（20 mmol/L Tris-HCl）中运动，在 Na^+ 浓度为 25 mmol/L 时精子运动时间最长（Alavi et al.，2004b）。中华鲟精子可在 0～100 mmol/L 的 Na^+ 溶液中运动，和多数鱼类一样，随 Na^+ 浓度升高精子活力先升高后下降，精子运动适宜的 Na^+ 浓度为 0～50 mmol/L，最适浓度为 25 mmol/L，明显高于中华鲟精浆中 Na^+ 浓度（10～20 mmol/L）（图 3.2）。已有研究表明，鲟鱼精子对 Na^+ 和其他离子的生物敏感性主要由精浆的成分和 Na^+ 浓度决定（Alavi and Cosson，2006；Li et al.，2012）。

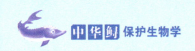

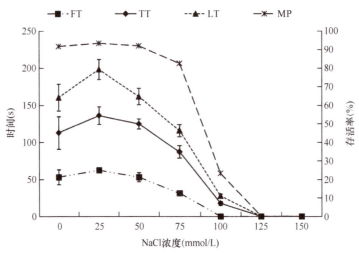

图 3.2　Na⁺对中华鲟精子活力的影响
FT. 快速运动时间；TT. 总运动时间；LT. 寿命；MP. 精子存活率

K⁺也是鱼类血浆、精浆的重要组分，不同鱼类精子对 K⁺ 的敏感性不同，鲟鱼精子对 K⁺ 浓度的变化最为敏感，其次是鲑科鱼类、鲤科鱼类。K⁺ 对鲟鱼精子活力的影响和 Na⁺ 的作用有很大的区别，K⁺ 主要起抑制鲟鱼精子活力的作用（Alavi and Cosson，2006），在精子激活液中提高 K⁺ 的浓度，可以显著降低西伯利亚鲟、匙吻鲟和湖鲟精子的活力。K⁺ 浓度为 0.05 mmol/L 时对西伯利亚鲟精子的活力无显著影响，K⁺ 浓度升至 0.1 mmol/L 即可完全抑制西伯利亚鲟精子的活力（Gallis et al.，1991），0.5 mmol/L 的 K⁺ 可使 50% 的湖鲟精子停止运动（Toth et al.，1997），匙吻鲟精子在 K⁺ 浓度为 1 mmol/L 的 Tris-HCl 缓冲液中，激活率迅速下降，10 s 后降至 10%，1 min 后即为 0（Cosson and Linhart，1996）。0.01 ～ 0.5 mmol/L 的 K⁺ 对中华鲟精子活力的影响不明显，在 0.5 mmol/L 时表现为微弱的抑制效应，当浓度升高至 1 mmol/L 时，中华鲟精子活力被完全抑制（图 3.3）。由此可见，鲟鱼精子对低浓度的 K⁺ 具有很高的敏感性，其活力可受低浓度 K⁺ 调控（Cosson et al.，1999；Li et al.，2012）。中华鲟精浆中的 K⁺ 浓度为 4 ～ 8 mmol/L，远高于精子活力抑制浓度，这对维持精子在精浆中的稳定状态具有重要作用。

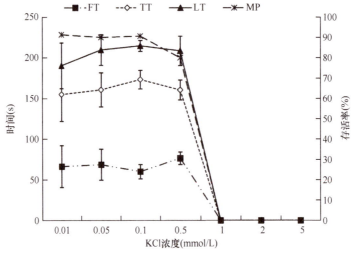

图 3.3　K⁺对中华鲟精子活力的影响
FT. 快速运动时间；TT. 总运动时间；LT. 寿命；MP. 精子存活率

Ca²⁺、Mg²⁺ 作为鱼类精浆的主要离子，其浓度较 Na⁺、K⁺ 低很多，鲟鱼精浆中的 Ca²⁺、Mg²⁺ 浓度通常都低于 1 mmol/L，但是在精子活力的调节中具有重要作用。Ca²⁺ 是调节鱼类精子活力的重要因子，外界环境的 Ca^{2+} 通过 Ca^{2+} 通道进入精子细胞使精子细胞内的 Ca^{2+} 浓度增加，是精子激活所必需的（Cosson，2004）。Alavi 等（2004b）研究发现，$0 \sim 3$ mmol/L 的 Ca^{2+} 溶液可以提高波斯鲟精子的活力，在 3 mmol/L 时精子活力最高，当浓度超过 5 mmol/L 时精子活力迅速下降。对中华鲟精子的研究发现，中华鲟精子对 Ca^{2+} 的敏感性较波斯鲟差，随着 Ca^{2+} 浓度的升高，精子活力先升高后下降，但变化不显著，在 5 mmol/L 时活力最高，研究发现 Ca^{2+} 浓度高于 20 mmol/L 可明显抑制中华鲟精子的活力，在 40 mmol/L 时精子活力完全被抑制，实际上在 5 mmol/L 时就观察到约 15% 的精子在极短的时间内停止运动，只是其他多数精子仍保持较高的活力状态，在 10 mmol/L 时有约 40% 的精子未能被激活运动，此时多数精子活力下降。可见虽然 Ca^{2+} 是精子激活所必需的，但是其浓度并不是越高越好，中华鲟精子运动适宜的 Ca^{2+} 浓度应为 $0 \sim 5$ mmol/L（图 3.4）。此外，Ca^{2+} 还可解除 K^+ 对鲟鱼精子的抑制作用（Alavi and Cosson，2006；Li et al.，2012）。研究发现，0.1 mmol/L Ca^{2+} 即可部分解除 1 mmol/L K^+ 对中华鲟精子的抑制，0.25 mmol/L 时即可完全解除，随着 K^+ 浓度升高，Ca^{2+} 有效浓度也相应提高。

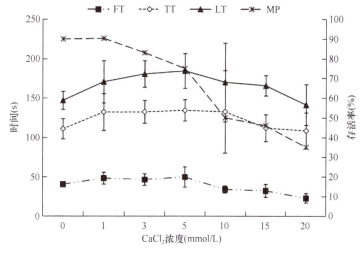

图 3.4　Ca^{2+} 对中华鲟精子活力的影响

FT. 快速运动时间；TT. 总运动时间；LT. 寿命；MP. 精子存活率

有关 Mg^{2+} 对鲟鱼精子活力影响的报道较少，Linhart 等（2002）、Alavi 等（2004b）及 Li 等（2012）做过相关研究。Mg^{2+} 对中华鲟精子活力的影响效果与 Ca^{2+} 的作用相似，在 5 mmol/L 时精子活力最高，当浓度超过 10 mmol/L 时有部分精子活力受抑制，随浓度升高其抑制作用越明显，使精子产生凝集现象（图 3.5）。Mg^{2+} 也能解除 K^+ 对中华鲟精子的抑制作用，不同的是中华鲟精子对 Mg^{2+} 的敏感性比 Ca^{2+} 更低，Mg^{2+} 浓度为 0.5 mmol/L 时才能完全解除 1 mol/L K^+ 对中华鲟精子的抑制作用。

淡水鱼类精子只有释放到低渗溶液中，精子才能激活运动，不同鱼类对渗透压的适应性不同。高渗透压（400 mOsm/L）可抑制虹鳟精子的运动，但是其精浆渗透压约为 300 mOsm/L，并不能阻止精子的运动（Billard and Cosson，1992）。低于 $150 \sim 200$ mOsm/L 的渗透压可完全抑制鲤科鱼类精子的运动，而鲤科鱼类精浆的渗透压已远高于精子激活所需的条件，如鲤为 286 mOsm/L（Alavi and Cosson，2006）。在鲟鱼中，西伯利亚鲟、波斯鲟和匙吻鲟精子运动的渗透压为 $1 \sim 100$ mOsm/L，密西西比铲鲟为 $1 \sim 120$ mOsm/L，50 mOsm/L 时波斯鲟精子活力最高（Linhart et al.，1995；Alavi et al.，2004a），但鲟鱼精浆渗透压均低于精子活动的渗透压范围，如西伯利亚鲟精浆渗透压仅为（38 ± 3）mOsm/L，匙吻鲟为 $33 \sim 36$ mOsm/L，波斯鲟为 82.56 mOsm/L 左右。因此，Alavi 等（2004a）认为渗透压不是抑制鲟鱼精子在精浆中运动的首要因素，并且较低的渗透压可以提高鲟鱼精子的活力。中华鲟也不例外，实验发现，中华鲟精子在不同溶质的渗透压溶液中活力变化极为相似，随渗透压升高，精子活力先升后降，其精子可在 $0 \sim 125$ mOsm/L 渗透压下活动（图 3.6），在 $25 \sim 75$ mOsm/L 渗透压下中华鲟精子活力显著提高，最适渗透压在 50 mOsm/L 左右。

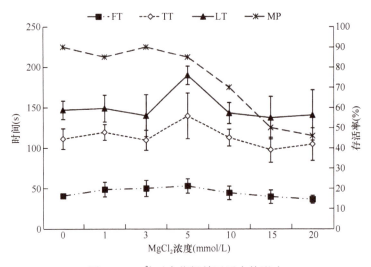

图 3.5　Mg²⁺对中华鲟精子活力的影响

FT. 快速运动时间；TT. 总运动时间；LT. 寿命；MP. 精子存活率

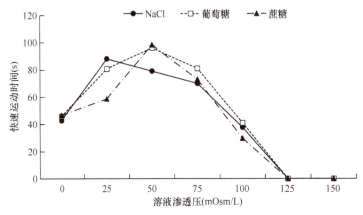

图 3.6　渗透压对中华鲟精子快速运动时间的影响

　　中华鲟精液的 pH 为 7.5 ～ 8.5，呈弱碱性。pH 是影响鱼类精子活力的主要因素之一，对精子运动也有显著影响。溶液的 pH 不仅可以影响精子的运动时间，还能影响精子的激活。中华鲟精子可在 pH 5.0 ～ 10.0 的溶液中运动，而在弱碱性（pH 7.0 ～ 9.0）条件下中华鲟精子的活力显著提高，在 pH 为 8.0 时精子活力最高（图 3.7）。其他鲟鱼精子也有类似特征，西伯利亚鲟、湖鲟、波斯鲟和匙吻鲟

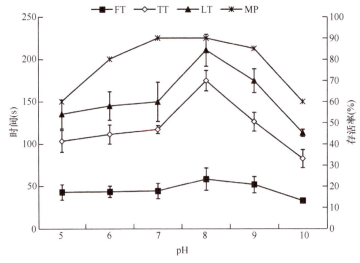

图 3.7　不同 pH 条件对中华鲟精子活力的影响

FT. 快速运动时间；TT. 总运动时间；LT. 寿命；MP. 精子存活率

精子运动最适 pH 分别为 8.2、8.0、8.0 和 7.0～8.0（Gallis et al.，1991；Cosson and Linhart，1996；Toth et al.，1997；Alavi et al.，2004b），均是弱碱性条件。Ingermann 等（2002，2003）对高首鲟的研究发现，精浆的缓冲能力弱，则精子对外界 pH 变化更敏感，研究认为生殖管道中的上皮细胞可以通过分泌重碳酸盐调节精浆的 pH，从而调节精子活力。

3.3 卵子形态及生物学特征

中华鲟的成熟卵呈球形或椭球形，深褐色或褐色，动植物极分化明显，植物极卵膜着色深，动物极有非常明显的环状色素条带，称为极斑（图 3.8a）。中华鲟的卵似绿豆大小，其长径为 0.45 cm，短径为 0.42 cm；每毫升卵个数为 12.5 粒；每克卵个数为 14.9 粒（含体腔液）或 18.3 粒（无体腔液）。成熟的卵核已偏位（图 3.8b）。

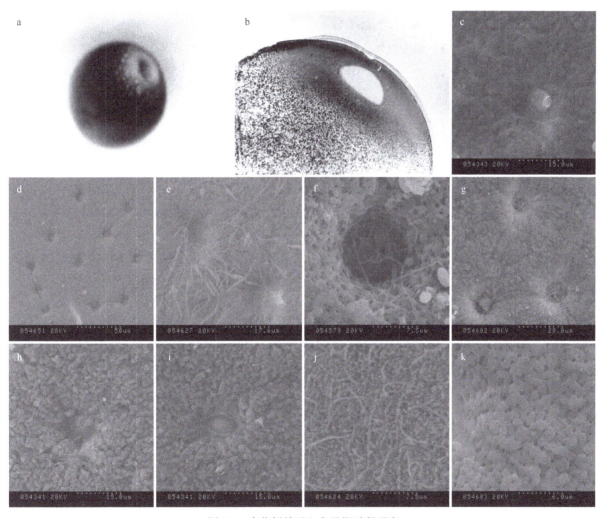

图 3.8　中华鲟精子入卵早期过程观察

a. 卵，示极斑；b. 卵的动物极，示极核；c. 卵，示多个受精孔；d. 受精卵，示受精孔、放射膜呈蜂窝状；e. 受精后 5 s，精子入卵；f. 受精后 50 s，受精孔塞满精子；g. 受精后 6 min，示几个受精孔同时塞满精子；h. 受精后 10 min，受精孔完全封闭，示粗糙堵塞物；i. 受精后 10 min，受精孔完全封闭，示光滑堵塞物；j. 脱壳后受精卵黄膜表面结构；k. 受精卵，示受精孔前庭区卵膜

中华鲟未受精卵的卵膜由 3 层膜构成，最外层为放射膜，扫描电镜下观察，其表面呈蜂窝状（图 3.8c）；受精孔位于动物极极斑上，来自同一个体的卵，受精孔的数目和排列方式各不相同，有 6～15 个（图 3.8d）。受精孔呈漏斗状，前庭开阔，受精孔管道深，成熟的卵中央未见到精孔细胞（图 3.8c）。

从受精后 5 s 开始已经有精子进入受精孔，部分受精孔周围围绕着许多精子，无精子进入（图3.8e）；受精后 50 s，受精孔已全部堵塞，仅可观察到精子的尾部（图3.8f）；受精后 6 min，所有的受精孔内都塞满精子（图3.8g）；受精后 10 min，受精孔完全封闭，无外露的精子尾巴，所形成的堵塞物表面有些粗糙（图3.8h）、有些光滑（图3.8i）。将受精卵的卵膜剥掉，可以看到卵黄膜表面有众多的绒毛状突起（图3.8j），而且在精子入卵的整个过程中，未发现受精卵皮层结构的变化（图3.8k）。

大多数硬骨鱼类的精子都不具有顶体，并且它们的卵只有 1 个受精孔。中华鲟的精子具有顶体，其卵具有多个受精孔，受精孔呈漏斗状，有非常开阔的前庭区，并且卵子在受精过程中每个受精孔都有精子进入，这种开阔的前庭可能有助于精子对卵的识别和黏附。Cherr 和 Clark（1985）认为鲟鱼卵膜上有一种不溶于水的 70 kDa 糖蛋白，遇淡水后转化成 66 kDa 的糖蛋白，释放入水中，在一种类似胰蛋白酶的作用下，诱导顶体反应。中华鲟的卵径在鲟鱼类中是最大的（4.0 ～ 5.0 mm）（危起伟和柯福恩，1994），而且中华鲟繁殖需求的流速在鲟鱼类中也偏高，这或许是对生境的一种适应，要求较高的水流将排出体外的卵托起、冲散，便于受精和分散在下游卵石河床孵化。同样，中华鲟精子具备较高的活力、较长的寿命可能也是对卵径较大及在激流水域中繁殖的一种适应。

鲟鱼属于低等的硬骨鱼类，为广布性及激流水域中产卵者，不像鲤和鲑鳟鱼类是点布性的，介质中精子浓度和顶体反应诱导剂的浓度均低于筑巢产卵者；鲟鱼精子必须通过受精孔，穿过 50 μm 厚的卵膜；因此，多个受精孔有利于鲟鱼受精。扫描电镜下观察中华鲟受精卵无精孔细胞堵塞，孔径很大，可以容纳大量的精子；前庭区卵膜与其他部位卵膜都呈蜂窝状，无明显区别；精孔管道直，不呈螺旋状，也无絮状物。中华鲟的精子是如何识别受精孔的，其机制还有待进一步研究。

许雁和熊全沫（1988）所测中华鲟成熟卵的受精孔内孔径非常小，刚好只允许 1 个精子头部穿过，受精过程从 5 s 一直延续到 5 min，最后由精子尾部缠绕的网状结构堵塞受精孔。他们所做的中华鲟受精卵的石蜡切片观察实验也证实中华鲟是多精入卵、单精受精。我们观察到中华鲟精卵结合 50 s 后，受精孔已经堵塞，但是精子尾巴还露在外面；到 10 min 后，受精孔完全封闭，同一受精卵所形成的堵塞物有的粗糙、有的光滑，这是因为时序变化所形成的受精孔有不同的关闭时相，还是因为其中 1 个受精孔内的精子与卵发生了受精作用，需要进一步的实验去证明；而且在受精过程中，每个受精孔都有精子进入，放射膜没有明显的变化，尽管 1 个受精孔只允许 1 个精子通过，但多个受精孔是否同时关闭，其调控机制是怎样的，哪个受精孔对精子入卵最有利等都还没有搞清楚。因此关于中华鲟多精入卵、单精受精的机制还有待深入研究。

4

早 期 发 育

鱼类的早期发育阶段，也就是鱼类早期生活史，一般包括受精卵（胚胎）、仔鱼和稚鱼 3 个阶段，有时也延续到幼鱼阶段（殷名称，1991）。

4.1 中华鲟胚胎发育

鲟鱼的人工繁殖及胚胎发育研究起始于苏联科学家的工作（Dettlaff and Goncharov，2002）。20世纪 50 年代，Dettlaff 和 Ginsburg 对苏联 3 种鲟鱼（闪光鲟、俄罗斯鲟和欧洲鳇）的胚胎发育进行了细致观察，并出版了《鲟形目鱼类的胚胎发育及其养殖问题》一书（杰特拉费和金兹堡，1958，中译本），在该书中，他们对鲟鱼胚胎发育时序进行了汇总，汇编出一个鲟鱼胚胎发育时序表。1999 年，Hochleithner 和 Gessner 在前人研究的基础之上对胚胎发育时序进行修改，重新将胚胎发育时序划分为 36 个阶段。自 20 世纪 80 年代开始，我国也有几家单位陆续开展了中华鲟胚胎发育观察研究（苏良栋，1980；鲁大椿等，1986；四川省长江水产资源调查组，1988）。2000 ～ 2003 年，我们经过多次观察中华鲟胚胎发育过程，按照 Hochleithner 和 Gessner（1999）的方法，重新将中华鲟胚胎发育，从受精到出膜，分成 35 个阶段（stage 1 ～ stage 35）加以描述，并列出在常温 18 ～ 19℃下的发育时序（取平均值），如表 4.1 所示（陈细华，2004；唐国盘，2005）。

表 4.1　中华鲟胚胎发育时序表（18 ～ 19℃）

阶段	受精后时间 (h)	特征	图版
1	0	刚受精的卵	图 4.1-1
2	0.5	明亮的极斑消失，卵周隙形成	图 4.1-2
3	1.5	色素在偏心的动物极积累，明亮的新月形成	图 4.1-3
4	2.5	动物极被第 1 次卵裂沟分裂	图 4.1-4
5	3.5	动物极被第 2 次卵裂沟分裂	图 4.1-5
6	4.5	动物极被第 3 次卵裂沟分裂	图 4.1-6
7	5.5	动物极被第 4 次卵裂沟分裂	图 4.1-7
8	6.5	动物极被第 5 次卵裂沟分裂	图 4.1-8
9	8	植物极被第 6 次卵裂沟完全分裂	图 4.1-9
10	9	囊胚开始形成；细胞核的分裂仍然是同步的	图 4.1-10
11	11	早期囊胚；动物极细胞核分裂不同步	图 4.1-11
12	14	晚期囊胚；在动物极难以辨认单个细胞	图 4.1-12
13	18	原肠胚开始；在赤道形成一深色的色素带	图 4.1-13
14	19	早期原肠胚；在胚性物质通过胚孔的背唇陷入	图 4.1-14
15	25	原肠胚中期；动物极物质覆盖胚胎表面的 2/3	图 4.1-15
16	28	大卵黄栓期	图 4.1-16
17	32	小卵黄栓期	图 4.1-17

续表

阶段	受精后时间 (h)	特征	图版
18	37	原肠胚形成过程结束；胚孔呈隙缝状	图 4.1-18
19	39	早神经胚期；头部周围开始出现神经褶	图 4.1-19
20	40	明显的宽神经板	图 4.1-20
21	42	神经褶开始靠近，排泄系统原基出现	图 4.1-21
22	44	晚神经胚时期；神经褶闭合完毕，排泄系统原基加长	图 4.1-22
23	46	神经管闭合；明显可见沿神经褶融合线的缝合	图 4.1-23
24	48	眼突形成；排泄系统原基的前端加厚	图 4.1-24
25	54	侧板达到头部前端，逐渐变细的末端相互接近	图 4.1-25
26	56	侧板融合，心脏原基在侧板融合的一侧形成	图 4.1-26
27	59	短管状心脏原基形成	图 4.1-27
28	64	心脏原基呈长管状；躯干肌肉对刺激没有收缩反应	图 4.1-28
29	68	心脏呈 S 形弯曲，并开始搏动	图 4.1-29
30	71	尾的末端接近心脏；躯干后部和尾开始伸展	图 4.1-30
31	80	尾的末端达到心脏；胚胎可以头部和尾部运动	图 4.1-31
32	90	尾的末端接触头部	图 4.1-32
33	100	躯干后部和尾完全伸展出去	图 4.1-33
34	121	单个仔鱼开始孵出，胚胎能快速向前运动	图 4.1-34
35	125	仔鱼大量孵出	—

阶段 1：刚受精的卵。受精后约 30 min 内，中华鲟的受精卵在外部形态上与人工催产后得到的成熟卵没有明显的区别，卵径平均 4 mm，呈圆形或椭圆形，绿褐色或黑色，卵膜（egg membrane）紧贴于卵的表面。植物极（vegetal pole）色素均匀，动物极（animal pole）中央有一由暗色色素环包围的明亮的极斑（polar spot），这是动物极细胞质比较集中的区域。

阶段 2：极斑消失，卵周隙形成。受精约 0.5 h 后，极斑逐渐消失，原来环绕它的暗识圈向中心集结。卵膜吸水膨胀，动物极与内卵黄膜之间出现明显裂隙，并不断增大，形成卵周隙（perivitelline space）。同时卵膜出现黏性，从中华鲟产卵场采捞到的早期卵，或彼此黏结成团，或表面黏附着大量细沙。

中华鲟的卵为沉性卵，在实验室中可以观察到，受精卵刚落入水中时，常呈侧卧状态，卵膜出现黏性后，可见卵在膜内转动，动物极由水平方位转为垂直向上的方位。

阶段 3：胚盘形成。受精后约 1.5 h，动物极出现一个较大的明亮新月区（crescent），即胚盘（blastodisc），其中心为色素集结后形成的略呈长形的暗色区。

阶段 4：第 1 次卵裂。受精后约 2.5 h，动物极中间出现第 1 次卵裂沟（cleavage furrow），沿经线方向把动物极分成大小几乎相同的两个卵裂球（blastomere）。

阶段 5：第 2 次卵裂。受精后约 3.5 h，当第 1 次卵裂沟向植物极移动，接近卵的赤道（equator）时，出现与第 1 次卵裂沟垂直的第 2 次卵裂沟，把动物极分为 4 个大小几乎相同的卵裂球。

阶段 6：第 3 次卵裂。受精后约 4.5 h，出现第 3 次卵裂沟，仍为经裂，在动物极中央与前两次卵裂沟会合或与第 1 次卵裂沟形成有规则的辐射图像，把动物极分割成大小不等的 8 个卵裂球。此时，第 1 条卵裂沟已越过卵的赤道，扩展到植物极，第 2 条卵裂沟接近赤道，第 3 条卵裂沟仍在动物极。

阶段 7：第 4 次卵裂。受精后约 5.5 h，进行第 4 次卵裂，卵裂沟位于水平方向，把动物极分割成 16 个大小不等的卵裂球。此时第 1 条和第 2 条卵裂沟都延伸至赤道下方，但尚未在植物极完全闭合。

阶段 8：第 5 次卵裂。受精后约 6.5 h，出现第 5 次卵裂，动物极被分割成 32 个大小不等的卵裂球。卵裂沟深深地穿入植物极的卵黄部分，并且在植物极的大卵裂球内出现了水平方向的裂沟。

阶段 9：第 6 次卵裂。受精后约 8 h，出现第 6 次卵裂，动物极被分成更小的细胞，植物极也被完全分裂。

阶段 10：囊胚开始形成。受精后约 9 h，植物极，特别是动物极被分为许多较小的卵裂球。胚胎逐渐进入囊胚（blastula）期。

阶段 11：早囊胚期。受精后约 11 h 后，动物极细胞分裂不同步，细胞数量很多，但肉眼还能看清楚细胞的轮廓。

阶段 12：晚囊胚期。受精后约 14 h，动物极细胞已经很小，难以辨认单个细胞，动物极开始向植物极扩展。

阶段 13：原肠胚开始。受精后约 18 h，当动物极下包接近卵的赤道时，在赤道处形成一条深色的色素带，此为原肠胚（gastrula）的开始。

阶段 14：早期原肠胚。受精后约 19 h，色素带处产生一个裂隙，即胚孔（blastopore），动物极的细胞在下移过程中，部分细胞由胚孔卷入胚胎内部，细胞内卷处即是胚孔的背唇（dorsal lip）。

阶段 15：中期原肠胚。受精后约 25 h，胚孔扩大，背唇向两侧扩展，形成侧唇，明亮的动物极细胞继续向深暗色的植物极部分扩展，包围整个胚胎表面的 2/3，腹唇形成。背唇、侧唇、腹唇闭合成为一个环，包围整个胚胎。

阶段 16：大卵黄栓期。受精后约 28 h，胚胎进入大卵黄栓期，动物极呈明亮的米黄色，胚孔内的植物极即为卵黄栓（yolk plug），呈灰黑色，与动物极的界限非常清晰。

阶段 17：小卵黄栓期。受精后约 32 h，整个胚胎表面，除约呈圆形的不大的卵黄栓以外，其余全被动物极材料覆盖。

阶段 18：隙状胚孔期。受精后约 37 h，胚孔的两个侧唇相互靠拢，胚孔边缘接近闭合，只留下极为狭窄的裂隙，胚胎发育到隙状胚孔期。

阶段 19：早神经胚期。受精后约 39 h，胚孔背部开始形成神经板（neural plate），从隙状胚孔开始形成神经沟（neural groove），向前终于头部神经板最宽的地方，同时神经板的周围增厚，形成马蹄形神经褶（neural fold）。

阶段 20：宽神经板时期。受精后约 40 h，神经板明显增厚，在未来中脑处的神经板最宽。

阶段 21：神经褶出现，排泄系统原基出现。受精后约 42 h，脑部的神经褶边缘升高、增厚并逐渐靠拢。同时，在躯干部神经褶的两侧出现呈窄宽带状的排泄系统原基（rudiment of excretory system）。

阶段 22：晚神经胚时期。受精后约 44 h，脑部神经褶继续靠拢，最后闭合成神经管（neural tube），而躯干部的神经褶也开始靠近。

阶段 23：神经管闭合。受精后约 46 h，神经褶闭合成神经管，排泄系统原基显著加长。

阶段 24：眼突形成，排泄系统原基前部增厚。受精后约 48 h，胚胎头部分化成前、中、后 3 个脑泡。前脑泡中形成两个眼突，即眼的原基。中脑泡两侧可见向上突出呈弧形的第一队咽弧的原基。体节明显，可一直数到尾部。排泄系统原基前部增厚，并分化成向前和向外侧伸展的肾小管原基。

阶段 25：侧板达到头部前端。受精后约 54 h，侧板（lateral plate）（侧板中胚层）达到头部前端。

阶段 26：侧板融合，心脏原基开始形成。受精后约 56 h，头部前方的腹面，两侧板融合，融合处出现心脏原基（rudiment of heart）。

阶段 27：短管状心脏形成。受精后约 59 h，心脏开始形成短管状。

阶段 28：长管状心脏形成。受精后约 64 h，心脏开始呈长管状，并能微弱地收缩，尾芽开始分离。

阶段 29：心脏呈 S 形，并开始搏动。受精后约 68 h，头部前端抬起，尾芽分离变细，心脏变形为"S"形，并开始有节律性地搏动。

阶段 30：尾的末端接近心脏，躯干后部和尾开始伸展。受精后约 71 h，胚胎开始扭动，尾向腹面弯曲，加长，接近心脏。

阶段 31：尾的末端达到心脏，胚胎可以头部和尾部运动。受精后约 80 h，头抬起，尾的末端达

到心脏，并可作大幅度左右摆动。

阶段 32：尾的末端接触头部。受精后约 90 h，胚体全长已超过卵黄囊长度的 1 倍，尾末端接近或达到头部。

阶段 33：躯干后部和尾完全伸展出去。受精后约 100 h，胚胎头、尾都作激烈运动，使整个胚体在膜内滚动。

阶段 34：单个仔鱼开始孵出，胚胎能快速向前运动。受精后约 121 h，开始出膜，整个胚胎从卵膜内脱出，并能快速向前运动。

阶段 35：仔鱼大量孵出。受精后约 125 h 为出膜高峰期。

在 18～19℃下，中华鲟仔鱼大量孵出是受精后约 125（121～150）h。同时观察到，不是所有的卵都能孵出仔鱼，少数卵在发育过程中的不同时期就已夭折（可能是未受精的卵），不同的亲鲟组合、不同的受精批次，发育异常的卵所占的比例不同。刚孵出仔鱼平均全长 13.2 mm，卵黄囊大小为 5.9 mm×4.4 mm。细长的胚体呈青灰色，俯卧在巨大的卵黄囊上，整个形状像蝌蚪。头向下，略向腹面弯曲；卵黄囊呈椭圆形，卵黄囊背部灰黑色，腹部黄色；体节清晰可见。尾不停地摆动，仔鱼在水中作垂直运动（图 4.1-34）。出膜 1 天仔鱼平均全长 14.9 mm，卵黄囊大小为 5.5 mm×3.8 mm，眼色素略有增加但很少（图 4.1-35）。

与其他硬骨鱼类相比，中华鲟卵中的卵黄相对较少，因此中华鲟卵的卵裂与两栖类一样，是完全的，但中华鲟卵的卵黄主要集中在植物极，因此卵裂又是不均等的，结果植物极的卵裂球要比动物

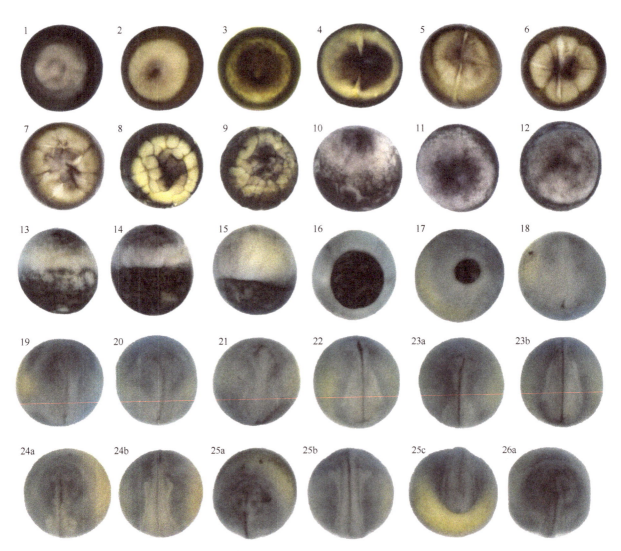

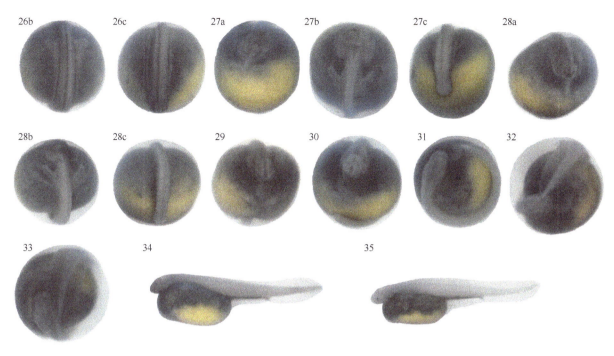

图 4.1　中华鲟胚胎发育

1. 受精卵；2. 受精后 0.5 h；3. 受精后 1.5 h；4. 2- 细胞期；5. 4- 细胞期；6. 8- 细胞期；7. 16- 细胞期；8. 32- 细胞期；9. 64- 细胞期；10. 囊胚
开始；11. 囊胚早期；12. 囊胚晚期；13. 原肠胚开始；14. 早期原肠胚；15. 中期原肠胚；16. 大卵黄栓期；17. 小卵黄栓期；18. 隙状胚孔期；
19. 早神经胚期；20. 宽神经板期；21. 排泄系统原基出现期；22. 晚神经胚期；23. 神经管闭合期；24. 眼突形成期；25. 侧板形成期；26. 心脏
原基期；27. 短管心脏期；28. 长管心脏期；29. 心脏跳动期；30. 尾部接近心脏期；31. 尾部到达心脏期；32. 尾部到达头部期；33. 尾部超过头
部期；34. 初孵仔鱼；35. 出膜 1 天仔鱼

极的卵裂球大很多。中华鲟卵裂时，卵裂沟沿卵细胞表面扩展较慢，当第 3 次卵裂开始时，第 1 次卵
裂沟才在植物极腹面闭合。最初的 3 次卵裂，仅仅把动物极分割开，而且 3 次都是经裂，使动物极卵
裂球的基部仍与植物极相通，卵裂球的完全分开开始于第 4 次纬裂，这使得中华鲟的卵裂又类似于其
他硬骨鱼类的盘状卵裂。因此可以认为，就卵裂方式而言，中华鲟是两栖类与其他硬骨鱼类之间的过
渡类型。中华鲟卵裂所表现出来的以上特征，也见于其他鲟鱼类的胚胎发育（杰特拉费和金兹堡，
1958；刘洪柏等，2000）。也因为鲟鱼类这种特殊的卵裂方式，鲟鱼类的囊胚期及原肠胚期更像两栖类，
而不像其他硬骨鱼类。

　　中华鲟胚胎在 18 ～ 19℃时的孵化期（约 125 h）与其他鲟鱼类的孵化期相似，如施氏鲟在
17 ～ 19℃时是 95 ～ 104 h（刘洪柏等，2000），但明显长于一些硬骨鱼类和两栖类，如白鲢
（*Hypophthalmichthys molitrix*）在 20 ～ 24℃时为 31.5 h，黑斑蛙（*Rana nigromaculta*）在 20℃时约为 70 h
（曲漱惠等，1980）。鲟鱼类的孵化期长，可能与它们的卵径大有关联。对 14 种西北大西洋鱼类的调
查发现，它们的孵化期与卵径之间存在正相关性（Ware，1975）。

　　在人工繁育基地，我们以人工繁育的中华鲟受精卵为实验材料研究了不同温度（12 ～ 27℃）对
中华鲟胚胎发育的影响（表 4.2，表 4.3）。在该温度范围内，总体来说，水温较高，中华鲟胚胎发育
的速度加快，但不同的温度导致中华鲟胚胎的存活率和出膜率不同，过低或过高的水温，对中华鲟胚
胎来说都是致死的。

　　在低温 12℃时，胚胎经过 32.5 h 发育到原肠胚早期后，绝大部分始终停留在这一阶段。到受精
后 68.5 h，可见有少数几粒卵显示出原肠胚中期的特点，但直到受精后 105.7 h，仍不见胚胎的进一步
发育，此时将水温缓慢升至 15℃，继续观察约 30 h，不见任何变化。说明 12℃的低温对中华鲟胚胎
发育的终止作用是不可逆的。在 15℃条件下，中华鲟胚胎经历 86.5 h 达到 S 形心脏期，继续发育到
受精后 130 h，胚胎的尾部达到头部后，发生大量的水霉，导致中华鲟卵"全军覆没"。在 16℃条件下，

表4.2　不同温度下中华鲟胚胎发育的时序及出膜率

		12℃	15℃	18℃	21℃	24℃	27℃
受精后胚胎发育达到各阶段所经历的时间（h）	8-细胞期	8.9	5.8	4.8	4.3	4.3	4.3
	原肠胚早期	32.5	26.5	20.3	17.5	17.1	—
	神经胚晚期	—	56.9	45.5	35.5	29.6	—
	S形心脏期	—	86.5	68.5	60.2	50.5	—
	孵出期	—	—	124.2	105.6	96.6	—
出膜率（%）		0	0	90	82	4	0

表4.3　不同温度下中华鲟胚胎出膜时间及出膜率

	16℃	17℃	19℃	20℃	21℃	22℃	23℃	24℃
孵出时间（h）	179.4以上	144.1（132～155.4）	122.0（124.3～148.4）	116.0（102～124.3）	102.0（89.8～112.3）	95.5（83.5～108）	85.5（79.5～108）	85.5（79.5～108）
出膜率（%）	—	92	90	85	71	77	76	65

受精179.4 h后才开始出膜，但受精232 h后仍处于出膜期，出膜未完毕，未能最终统计出膜率，而且整个过程也看不出出膜高峰期。在该温度下，也有极个别的卵发生水霉，但及时清除这些生有水霉的卵，实验可继续进行。可以认为，16℃是中华鲟胚胎发育的最低临界水温（the lower temperature tolerance limit）。在17～23℃，出膜时间随水温升高而缩短，17℃时的出膜时间是23℃时的1.7倍。但出膜率以17～20℃时最高，为85%～92%。可以认为17～20℃是中华鲟胚胎发育的最适水温（optimal temperature）。在24℃水温下的出膜时间与23℃下的出膜时间相似，但出膜率明显下降，而且极不稳定，可以认为24℃是中华鲟胚胎发育的最高临界水温（the upper temperature tolerance limit）。27℃水温下，胚胎发育到8-细胞期所经历的时间与21℃和24℃时相同，但发育到受精后6.8 h，进入囊胚期后即停止发育，胚体发白死亡，未能进入原肠胚期。

在自然界，鲟鱼是一群偏冷水性鱼类，产卵的最适水温一般为10～20℃（Dettlaff et al.，1993）。但长江中华鲟的产卵季节是10月上旬至11月上旬，根据我们2001～2003年在葛洲坝下的观察，中华鲟从开始产卵到出现仔鱼的几天内，江水温度最低为17.3℃（2002年11月14日18:00），最高为19.8℃（2001年10月21日17:00，此为产卵开始十余小时后测得的水温）。人工孵化中华鲟胚胎发育最适水温为17～20℃，与中华鲟在天然条件下胚胎发育过程中的江水水温是比较吻合的。

我们研究了水深和光照强度对中华鲟受精卵孵化率的影响，确定了获得最佳孵化率的水深和光照（柴毅等，2008）。在水深0～40 cm，随着水深的增加，孵化率逐渐升高。其中水深2 cm时孵化率最低，为53.3%。水深40 cm时孵化率最高，达85.2%。而水深60 cm时孵化率又有所下降，为82.6%。可见中华鲟受精卵孵化最适水深为40～60 cm，其中在水深40 cm时可获得最佳孵化率。合适的水深可以保证充足的溶氧、稳定的水温和流速，从而获得较高孵化率（殷名称，1999）。中华鲟产漂浮性卵，黏附于江底岩石上孵化，表明孵化需要一定的水深，这可能是中华鲟长期在较深水域产卵的适应结果。但在自然环境中，中华鲟受精卵孵化所处的水深通常远远大于40 cm，这也可能是自然条件下孵化率较低的原因之一。

光照强度在100 lx时受精卵孵化率较低，为67.1%；250 lx时孵化率最高，达83.9%。此后随着光照强度增加，孵化率逐渐降低，500 lx时孵化率为80.6%，1000 lx时孵化率降至60.2%。可见中华鲟受精卵孵化最适光照强度为250～500 lx，其中在250 lx时可获得最佳孵化率。光照也是影响孵化率的重要因素之一。与自然条件孵化所需较弱光照强度相似，在人工孵化过程中应避免阳光直射，采取较好的遮阳措施，并且在室内孵化时也要避免强光长时间照射。

4.2 养殖中华鲟性腺发生与分化

4.2.1 性腺的发生

4.2.1.1 原始生殖细胞时期

在组织切片上，最早观察到出膜后 3 天、平均全长 1.7 cm 的中华鲟仔鱼，在其肾管区下方、卵黄囊上方的体腔中，有一个裸露的、与肾组织和卵黄囊组织细胞明显不同的大型细胞，细胞呈梨形，长径约 20 μm，细胞核染色较浅，细胞质中有一染色很深的颗粒，此为原始生殖细胞（primordial germ cell，PGC）（图 4.2）。

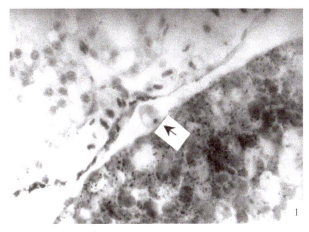

图 4.2　出膜 3 天的中华鲟仔鱼切片（20×）
箭头指 PGC

4.2.1.2 性腺原基的形成和初期扩展

到出膜后 11 天，仔鱼平均全长 2.5 cm，卵黄囊尚未完全消失，可见两侧肾管区的下方有一个横切面呈圆形或长条形的突出物，是由几个体腔上皮细胞构成的，此为生殖褶（genital fold），是性腺的原基形式（rudiment of gonad）。有时在同一仔鱼个体中可以看到，一侧肾管区下方，一个 PGC 正在向上皮细胞褶靠拢，留下一个"拖尾"，而另一侧的生殖褶中已有 PGC 的迁入（图 4.3）。

到出膜 18 天时，生殖褶的横切面都已扩展成棒状，长度只有 40 ～ 50 μm。出膜 1 个月（1 月龄）时，这种棒状结构的长度达到 90 ～ 130 μm。

4.2.1.3 性腺中血管和脂肪的形成

到 2 月龄时，仔鱼平均全长 7.1 cm，性腺在横切面上为一个带柄的突出物，同时性腺中出现了血管和输卵管（oviduct）或输精管（spermaduct），位于输尿管（ureter）的下方（图 4.4）。

4 月龄的幼鱼，全长平均 20.9 cm，体形已与成鱼相似，性腺继续增大，血管的最大管径达 50 μm。

7 月龄时，幼鱼全长平均 59 cm，在组织切片中，性腺的游离末端出现了脂肪组织，整个性腺横切面呈叶片状，除脂肪组织外，性腺细胞集中在性腺的一侧，另一侧主要由结缔组织及血管组成，但

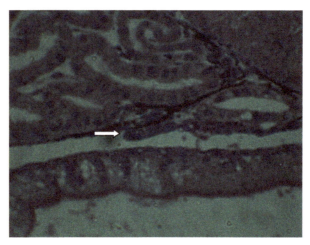

图 4.3　出膜 11 天的中华鲟切片（20×）

箭头指生殖褶

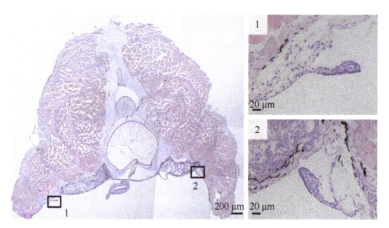

图 4.4　2 月龄中华鲟性腺

此时仍无法辨认雌雄。

在 8 月龄的幼鱼中，肉眼仍不易观察到性腺，在显微镜下，也辨认不出精巢与卵巢。

从出膜后 11 天的性腺原基形成开始，一直到 8 月龄，性腺均处于两性未分化状态，在性腺分期上划分为 0 期（阶段 0）。

4.2.2　性腺的两性分化

4.2.2.1　精（卵）原细胞时期——Ⅰ期精巢和卵巢

在组织学上，最早观察到养殖中华鲟性腺两性分化的是 9 月龄的鱼，体重为 0.6 ～ 1.1 kg，平均 0.9 kg（n=8）。性腺从外观上看呈透明的带状，辨认不出卵巢与精巢，但在组织切片中，可观察到两种性腺，一种性腺的横切面呈紧密的半圆形，为精巢，由结缔组织将精原细胞围成一个一个的呈圆形或长形的滤泡，即精囊，精囊不规则排列（图 4.5）。另一种性腺的横切面为长条形，边缘呈波浪式的皱褶，为卵巢，结缔组织和微血管较丰富，滤泡形状不规则，排列疏松（图 4.6）。

无论是精巢还是卵巢，其横切面中游离末端上的脂肪组织均呈现叶片状。在性腺分期上，以出现组织学上的两性分化为标志，将 9 月龄中华鲟性腺划入Ⅰ期（stage Ⅰ）精巢或卵巢。

在 1 ～ 2 龄个体的Ⅰ期性腺中，可见许多精（卵）原细胞的有丝分裂图像（图 4.7）。

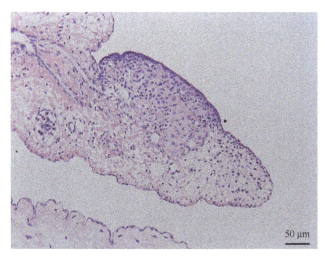

图 4.5　9 月龄中华鲟精巢切片

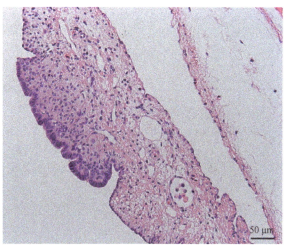

图 4.6　9 月龄中华鲟卵巢切片

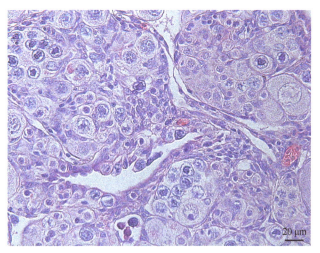

图 4.7　中华鲟 I 期卵巢切片

4.2.2.2　初级精（卵）母细胞的出现——II 期性腺的开始

1.8 ～ 3 龄的中华鲟性腺外观呈白色、浅黄色带状。可通过活体解剖获得性腺材料。其中，1.8 ～ 2.2 龄中华鲟体重为 1.55 ～ 5.6 kg，平均 3.5 kg（n=13）。精巢沿体壁平行的方向呈带状扩展，精巢中多数精原细胞已停止细胞分裂，而成为初级精母细胞，以此作为精巢进入 II 期的标志（图 4.8）。卵巢仍然停留在 I 期阶段，但其中有 1 尾 1.8 龄卵巢，切片中出现少数几个大型的卵细胞，其卵径达到 50 ～ 55 μm，但细胞质尚未呈碱性染色，可以认为是初级卵母细胞的雏形。

2.5 ～ 3 龄的中华鲟体重为 3.1 ～ 8.2 kg，平均 5.9 kg（n=13），卵巢在切片中明显呈分叶状，部分卵原细胞已生长成为初级卵母细胞，卵巢因此进入 II 期。这些初级卵母细胞呈圆形或多角形，细胞质呈碱性染色，细胞核明显，核膜内壁有一圈核仁分布，卵径 60 ～ 160 μm（图 4.9）。

4.2.2.3　3.4 ～ 5.6 龄中华鲟精（卵）巢的外观

3 龄以上的养殖中华鲟，性腺发育分化陆续达到肉眼可分辨卵巢与精巢的程度。在 24 尾 3.4 ～ 3.7 龄中华鲟性腺中，肉眼分辨出雌鲟 4 尾（其中 1 尾的体重只有 13.5 kg）、雄鲟 1 尾，其余 19 尾肉眼分辨不出雌雄。在 20 尾 4.2 ～ 4.8 龄中华鲟性腺中，肉眼分辨出雌鲟 9 尾、雄鲟 6 尾，检出率为

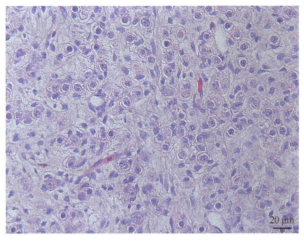

图 4.8　2 龄中华鲟 II 期精巢切片

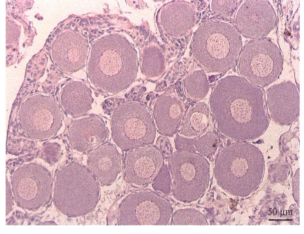

图 4.9　2.5 龄中华鲟 II 期卵巢切片

15/20，即 75%。17 尾 5～5.6 龄中华鲟的性腺，全部能通过肉眼分辨雌雄。肉眼分辨出的卵巢呈淡黄色，表面质地较软，富有皱褶和分叶，卵粒隐约可见；精巢白色，表面丰满光滑，质地较硬，呈索状或块状。附着在精巢上的脂肪所占的比例比卵巢大。

4.2.2.4　3.4～5.6 龄中华鲟精（卵）巢的组织学

在组织切片中，3.4～5.6 龄中华鲟的精巢组织看不出质的变化，而卵巢中也只是卵母细胞的卵径变化而已。5～5.6 龄中华鲟，卵巢中卵母细胞的最大卵径达到 200 μm 左右，但卵细胞质中尚未出现卵黄颗粒，卵巢仍处于 II 期（图 4.10）；而精巢组织仍由初级精母细胞和精原细胞组成，精巢仍处于 II 期（图 4.11）。

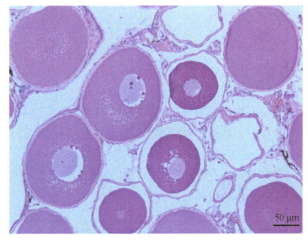

图 4.10　5 龄中华鲟 II 期卵巢切片

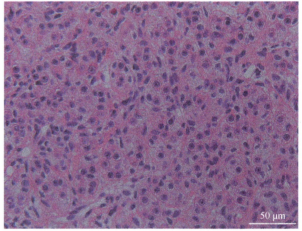

图 4.11　5 龄中华鲟 II 期精巢切片

综上所述，养殖中华鲟出膜后 3 天，原始生殖细胞以单细胞的形式存在于肾管区腹下方。出膜后 11 天，生殖褶形成，到 2 月龄和 7 月龄时，性腺中分别出现血管和脂肪组织，9 月龄（体重 0.6～1.1 kg），性腺出现组织学水平上的两性分化，精巢和卵巢分别于 1.8～2.2 龄（体重 1.55～5.6 kg）和 2.5～3.0 龄（体重 3.1～8.2 kg）进入 II 期。3 龄以后，性腺发育分化陆续达到肉眼可分辨性别的程度，5～5.6 龄（体重 18～35.5 kg）时，所有的性腺都能肉眼区分雌雄，但精巢和卵巢仍都处于 II 期，其中卵母细胞的卵径为 60～200 μm（表 4.4）。

表 4.4 养殖中华鲟性腺的发生和分化时序

出膜后的时间	平均全长或体重	性腺外观	性腺主要组织学特征	性腺分期
3 天	1.7 cm	不可见	原始生殖细胞	0 期
11 天	2.5 cm	不可见	生殖褶形成	0 期
2 个月	7.1 cm	不可见	血管形成	0 期
7 个月	59 cm	不可见	脂肪组织形成	0 期
9 个月	0.9 kg	透明带状	两性分化	I 期
1.8～2.2 年	3.5 kg	白色、浅黄色带状	初级精母细胞出现	I 期卵巢和 II 期精巢
2.5～3 年	5.9 kg	白色、浅黄色带状	初级卵母细胞出现	II 期
5～5.6 年	28 kg	两性分化	卵母细胞继续生长	II 期

鲟的性腺分期方法不一（van Eenennaam et al.，2005），但大多数都采用 0 期、I～VI 期的分期系统。在这种系统中，Hochleithner 和 Gessner（1999）根据三方面作者的资料，修订出一套鲟性腺分期标准，其中将鲟性腺完成组织学上两性分化之前的阶段称为 0 期（我们的研究结果参照这种分期方法）。对于中华鲟，我国学者曾提出过性腺（主要是卵巢）分期方法，同样将中华鲟性腺划分为 0 期和 I～VI 期（四川省长江水产资源调查组，1988），但在 0～II 期性腺的分期标准上，可能由于观察方法的不同，我们的研究结果与以往的划分有很大的不同，如表 4.5 所示。根据我们的组织学研究结果，中华鲟性腺"肉眼不能区分性别"的阶段，实际上包括了两性未分化期、组织学水平上的两性分化期及卵母细胞的早期生长期，依次划分为 0 期、I 期及 II 期初期，我们研究的中华鲟个体截止到 5.6 龄的 II 期性腺，基本上还属于以往研究学者所界定的 I 期性腺。这种划分标准不仅与 Hochleithner 和 Gessner（1999）的划分标准接近，而且从组织学的角度讲也与我国四大家鱼等鱼类 I、II 期性腺的分期标准相仿（刘筠，1993）。

表 4.5 中华鲟早期性腺的 2 种分期标准

	四川省长江资源调查组（1988）	陈细华（2004）
0 期	肉眼不能区分性别	肉眼和光镜都不能区分性别
I 期	卵巢黄色，开始分叶，镜检卵母细胞为多角形	肉眼不能区分性别，但光镜能区分性别，卵细胞为卵原细胞或出现有卵径 60 μm 以下的初级卵母细胞雏形
II 期	肉眼可见白色细小的卵粒，卵径 300～900 μm	从肉眼不能区分性别到肉眼能区分性别，卵巢黄色，初级卵母细胞为圆形或多角形，卵径 60～240 μm（截至 5.6 龄，体重约 28 kg）

4.2.3 温度对中华鲟早期性腺发育组织学和生理学的影响

4.2.3.1 中华鲟仔稚鱼生长与水温（16℃、19℃、22℃、25℃）的关系

从 2007 年 11 月 17 日到 2008 年 11 月结束为止，经过 120 天的培育，不同温度梯度下中华鲟鱼苗的最终成活率相差很大（表 4.6）。16℃条件下的成活率仅为 1.03%±0.15%，而 22℃条件下的成活率则达到 40.80%±1.41%。其余两个温度组的成活率分别为 19℃的 12.11%±1.32% 和 25℃的 34.75%±3.65%。总体来说，各个温度组的最终成活率较低，鱼苗转食的成功率平均为 67%。

表 4.6 不同温度下的中华鲟 4 月龄成活率统计

温度组	成活率（%）
16℃	1.03±0.15[a]
19℃	12.11±1.32[b]
22℃	40.80±1.41[c]
25℃	34.75±3.65[c]

注：同一列参数字母不同代表有显著性差异（$P < 0.05$），相同则无显著性差异（$P > 0.05$）

不同温度条件下，中华鲟的死亡高峰期显著不同。16℃条件下的死亡高峰出现在中华鲟由活饵料转变为全人工配合饲料之前（39日龄之前），特别是在15～30日龄时期，其死亡率在60%以上；19℃条件下的死亡高峰则出现在40～46日龄的转食驯化期内，死亡率为63%。22℃和25℃组的死亡高峰期基本相同，出现在开口至转食的一段时期内。转食成功后，鱼苗的发育进入幼鱼阶段，水温对鱼苗成活率的影响较小，在80天的培育期内幼鲟死亡的比例不到4%。

温度对不同阶段的中华鲟全长、体重、特定生长率（SGR）等各个生长指标都有显著的影响（表4.7）。虽然不同温度组仔鱼的出膜时间不同，但其出膜后的全长和体重之间没有显著差异（$P >$ 0.05）。经过20天的生长，各温度组仔鱼之间的生长指标差异显著，25℃组仔鱼的SGR显著小于其余各温度组的SGR（$P < 0.05$），4个温度组相比较，19℃组的SGR最大。单独从某一温度组来看，仔鱼的SGR与稚鱼和幼鱼的SGR相比较，也有显著的差异（$P < 0.05$）。随着实验的继续，各个温度组之间的差异积累，120日龄时，25℃组鱼的平均体重是16℃组的17倍以上。

表4.7　不同温度组中的中华鲟鱼苗生长情况

项目	水温			
	16℃	19℃	22℃	25℃
0日龄体重 (g)	0.049±0.072[a]	0.047±0.051[a]	0.049±0.008[a]	0.048±0.008[a]
0日龄全长 (cm)	1.67±0.99[a]	1.59±0.19[a]	1.77±0.11[a]	1.72±0.12[a]
20日龄体重 (g)	1.38±0.09[a]	2.89±0.13[b]	2.21±0.17[b]	2.31±0.08[c]
20日龄全长 (cm)	3.71±0.34[a]	4.21±0.21[a]	5.18±0.316[b]	5.28±0.11[b]
仔鱼时期SGR (%)	16.74±0.53[a]	20.65±0.40[b]	19.05±0.42[c]	3.87±0.23[d]
40日龄体重 (g)	2.99±0.04[a]	6.30±0.32[a]	6.78±0.62[b]	5.84±0.66[b]
40日龄全长 (cm)	8.17±0.30[a]	12.03±0.49[b]	12.83±1.36[b]	13.67±1.81[b]
稚鱼时期SGR (%)	2.88±0.28[a]	3.89±0.17[a]	6.55±0.88[b]	4.58±0.57[a]
120日龄体重 (g)	9.55±0.19[a]	39.41±1.04[b]	171.72±4.64[c]	169.00±5.77[c]
120日龄全长 (cm)	14.89±0.32[a]	23.27±1.36[b]	35.56±0.58[c]	37.21±0.67[c]
幼鱼时期SGR (%)	1.45±0.12[a]	2.29±0.08[b]	3.76±0.34[c]	4.74±0.12[d]

注：同一行参数字母不同代表有显著性差异（$P < 0.05$），相同则无显著性差异（$P > 0.05$）

利用二次方程拟合SGR和温度（T）的回归曲线关系（图4.12～图4.14），得出仔鱼、稚鱼和幼鱼3个阶段的回归方程如下。

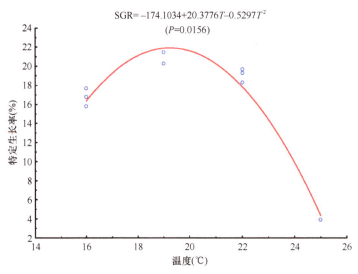

$$SGR = -174.1034 + 20.3776T - 0.5297T^2$$
$$(P=0.0156)$$

图4.12　中华鲟仔鱼的特定生长率与温度之间的相关曲线

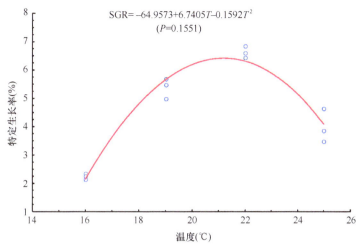

图 4.13　中华鲟稚鱼的特定生长率与温度之间的关系

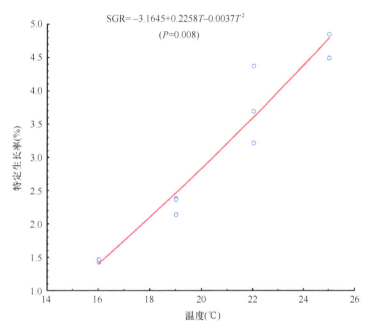

图 4.14　中华鲟幼鱼的特定生长率与温度之间的相关曲线

仔鱼的特定生长率与水温之间的回归关系：$SGR= -174.1034+20.3776T-0.5297T^2（P=0.0156）$。稚鱼的特定生长率与水温之间的回归关系：$SGR= -64.9573+6.7405T-0.1592T^2（P=0.1551）$。幼鱼的特定生长率与水温的回归关系：$SGR= -3.1645+0.2258T-0.0037T^2（P=0.008）$。

依据回归关系可求出不同阶段的中华鲟特定生长率时的水温，仔鱼阶段为 19.24℃、稚鱼阶段为 21.17℃、幼鱼阶段为 30.51℃。

4.2.3.2　温度（19℃、22℃、25℃）对中华鲟性腺发育的影响

不同温度对中华鲟生物学指标的影响如表 4.8 所示，平均全长的大小关系为 25℃（72.4 cm）> 22℃（71.8 cm）> 19℃（68.6 cm），体长为 22℃（60.4 cm）> 25℃（59.9 cm）> 19℃（57.9 cm），体重为 25℃（1.88 kg）> 22℃（1.83 kg）> 19℃（1.55 kg），可以看出，在幼鱼期随着温度升高生长速度加快，但是两高温组之间相差很小。同一温度下雌雄之间的 3 个指标均没有显著差异（$P > 0.05$）。

对各温度下养殖的 1 龄中华鲟幼鱼取性腺，组织学切片观察结果显示，各温度下均处于性腺发育Ⅰ期，精母细胞和卵母细胞处于细胞分离时期，但是高温下幼鲟性腺发育较快些。19℃条件下雌雄

性比为 13 : 6，22℃条件下雌雄性比为 17 : 13，25℃条件下雌雄性比为 13 : 11。以野生捕捞的鱼苗雌雄性比为对照 [1（10 尾）: 1（10 尾）]，可以发现，温度对中华鲟性别分化有一些影响，在以上 3 个温度下均为雌性略多于雄性。

表 4.8　不同温度下 1 龄中华鲟生物学指标

指标	19℃		22℃		25℃	
	♂	♀	♂	♀	♂	♀
平均全长（cm）	69.1±2.2	68.2±2.4	71.3±0.8	72.6±3.0	70.0±2.8	74.0±2.1
平均体长（cm）	57.4±1.9	58.5±2.3	60.0±1.0	61.2±2.6	57.7±2.1	61.3±2.4
平均体重（kg）	1.63±0.18	1.48±0.17	1.73±0.08	1.97±0.16	1.79±0.17	1.94±0.29

4.2.3.3　不同温度（19℃、22℃、25℃）下中华鲟幼鱼血清类固醇激素含量

对 19℃、22℃、25℃各温度下 1 龄中华鲟血清类固醇激素含量进行测定，雌二醇（estradiol，E2）水平随着温度升高而降低，但各温度组之间的含量均无显著差异（$P > 0.05$）。而睾酮（testosterone，T）含量随着温度升高而升高，与 E2 变化趋势相反，且 19℃时睾酮含量显著低于 22℃和 25℃时的睾酮含量（$P < 0.05$，图 4.15）。

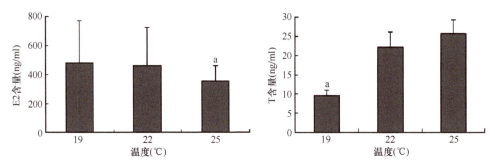

图 4.15　不同温度下血清 E2、T 含量变化趋势（$n=10$）
参数上方"a"代表有显著性差异（$P < 0.05$）

不同温度条件下，雌鱼 E2 水平为 19℃ > 25℃ > 22℃，雄鱼为 22℃ > 25℃ > 19℃，且各温度间不存在显著差异（$P > 0.05$）。不同性别间只有在 19℃下雌鱼 E2 含量高于雄鱼（图 4.16）。而不同温度条件下雌鱼和雄鱼血清中 T 水平均随着温度升高而增加，且 19℃时 T 含量显著低于另外两个高温度组。不同性别间 T 含量在 3 个温度条件均为雄性高于雌性（图 4.17）。

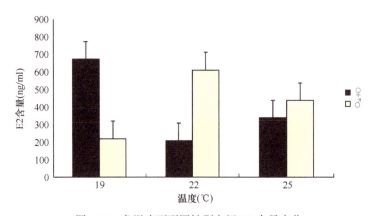

图 4.16　各温度下不同性别之间 E2 含量变化

目前，对施氏鲟（*A. schrenckii*）（孙大江等，2004）、闪光鲟（*A. stellatus*）（Semenkova et al.，2002）、高首鲟（*A. transmontanus*）（Webb et al.，2002）的研究表明，与其他硬骨鱼类一样，类固醇激

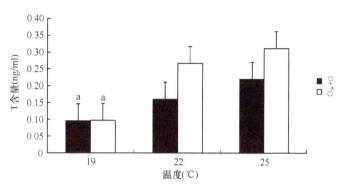

图 4.17　各温度下不同性别之间 T 含量变化
参数上方 "a" 代表有显著性差异 ($P < 0.05$)

素在鲟鱼的生殖调控中发挥着重要作用，但这些研究主要集中在成体和亚成体血清中激素水平的测定分析上，而对鲟鱼早期发育阶段整体类固醇激素水平变化的研究鲜有报道。另外，我们还对中华鲟更早期发育阶段中胚胎（从受精卵到出膜后 20 天）E2 和 T 的整体水平进行了测定。结果显示，中华鲟胚胎发育在出膜前 E2 水平在小范围内波动，T 水平除胚胎发育早期出现上升外总体呈下降趋势；仔鱼出膜后 E2 水平开始逐渐上升，T 水平是先降低后逐渐升高。对于仔鱼出膜后体内高水平的 E2 和 T，推测其可能与仔鱼自身合成类固醇激素有关（吴湘香等，2007）。

4.2.3.4　不同温度（19℃、22℃、25℃）下中华鲟幼鱼血清卵黄蛋白原含量

卵黄蛋白原（VTG）含量在 19℃时最高，显著高于另外两个高温度组（$P < 0.05$，图 4.18）。VTG 含量在不同性别之间的变化趋势与总体结果一致，即雌雄个体间均显示 19℃最高。同一温度下雌雄之间 VTG 含量差异不显著（图 4.19）。

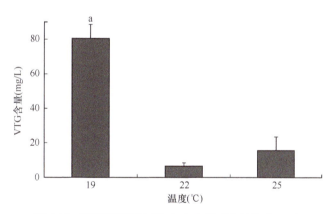

图 4.18　不同温度下血清 VTG 含量变化趋势（$n=10$）
参数上方 "a" 代表有显著性差异（$P < 0.05$）

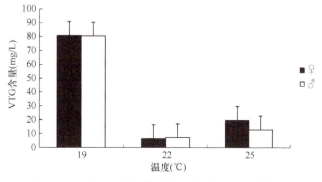

图 4.19　各温度下不同性别之间血清 VTG 含量变化

总的来说，温度对中华鲟早期发育阶段生理因子有影响，特别是对 T、VTG 影响较大，而此种影响在性别之间差异不大。

4.3 中华鲟感觉器官的早期发育及其行为机能研究

4.3.1 眼睛的发育

4.3.1.1 眼球形态结构观察

图 4.20 是中华鲟眼球结构模式图。中华鲟眼球近似球体，前面稍突出，分为眼球壁和眼球内容物两部分。眼球内容物和角膜共同构成眼的屈光装置。

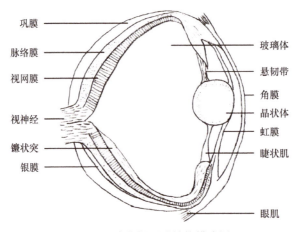

图 4.20 中华鲟眼球结构模式图

眼球壁由外向内依次分为纤维膜、血管膜和视网膜 3 层。

纤维膜（tunica fibrosa）构成眼球壁的最外层，厚而坚韧，是眼球的外廓。纤维膜可分为两部分，前 1/6 段透明部分称为角膜，后 5/6 段称为巩膜，包围着眼球内部柔软的结构。角膜（cornea）为无色透明的圆盘，略向前方突出，中央较薄，周边较厚。角膜的组织结构由外到内可分为 5 层。

1）复层扁平上皮覆盖在角膜的外表面，表面的细胞比较光滑。

2）前弹性膜为一层透明均质的膜，与其下方的角膜固有层相连。

3）角膜固有层最厚，由胶原纤维和少量弹性纤维组成。

4）后弹性膜为一层均质膜，由胶原蛋白构成。

5）内皮细胞层为一层扁平细胞，覆盖在角膜的后面。

巩膜（sclera）呈白色，由致密结缔组织构成，坚韧不透明，对眼球有支持保护作用。在巩膜与角膜交界处，巩膜形成环形嵴突，称为巩膜距。

血管膜（membrana vasculosa）又称色素膜，由富含血管和色素细胞的疏松结缔组织构成。自前向后分为虹膜、睫状体和脉络膜三部分。虹膜（iris）为环形薄膜，位于角膜后方，中央是瞳孔，外缘与睫状体相连。和大多数硬骨鱼类一样，中华鲟的瞳孔也不能缩小和扩大。晶状体的背侧附有游离的悬韧带，腹侧附有晶状体收缩肌。虹膜把角膜和晶状体之间的腔分为眼前房和眼后房，二者借瞳孔相通。睫状体（ciliary body）是血管膜最厚的一段，在脉络膜和睫状体的交界处凹凸交错呈锯齿状，称为锯齿缘。在眼球横切面上呈三角形，后部较平坦，前部有许多突起，称睫状突。脉络膜（choroid）是血管膜的后 2/3 段，衬于巩膜与视网膜之间，富含血管和色素细胞。

视网膜（retina）是眼球壁的最内层，是高度分化的神经组织，共分为两部分。后部贴附在脉络膜内面，有感光能力，构成视网膜视部，即一般所称的视网膜。前部衬贴在虹膜和睫状体的内面，构成视网膜虹膜部和视网膜睫状体部，无感光能力，通常称为视网膜盲部。视部与盲部交界处呈锯齿状，称锯齿缘。视网膜为神经组织，视部自外向内依次是色素上皮层、视觉细胞层、双极细胞层和节细胞层。

眼球内容物包括房水、晶状体和玻璃体。

房水（aqueous humor）为无色透明的液体，由睫状体的细胞分泌而成，流入眼后房。眼后房是一个狭窄的环状间隙，被虹膜、晶状体、睫状体和玻璃体所包围。房水由眼后房经瞳孔入眼前房，大部分的液体由虹膜角区域处吸收入巩膜静脉窦。

晶状体（lens）是一个两面凸起的透明的半固体，位于瞳孔的后方。它借着无数纤细的透明胶样纤维悬于睫状突上，此纤维称睫状小带，亦称悬韧带，起于睫状突的内面，辐射地伸向晶状体，附着在晶状体的被膜上。晶状体外面包着一层透明而有弹性的被膜。晶状体前面在被膜之下有一层扁平上皮细胞，渐近晶状体的边缘，晶状体的实质是由细长的晶状体纤维组成。

玻璃体（vitreous body）是一种胶状透明的物质，在晶状体和睫状小带的后方，占据眼球内腔的大部分。一般玻璃体内没有固定的细胞核和血管。

4.3.1.2　眼球的早期发育

初孵仔鱼（图 4.21a）：整个眼睛没有颜色，晶状体较软，无色。角膜无色透明，厚而平。睫状肌还没有到达晶状体，属游离状态。此时视网膜亦没有分化，各层细胞结构均匀一致。

孵出 24 h 仔鱼（图 4.21b）：晶状体开始分层，颜色逐渐由无色透明变成乳白色。出现虹膜，呈浅黑棕色。视网膜内开始出现色素上皮层，黑色素呈一薄层均匀分布。睫状肌到达晶状体。

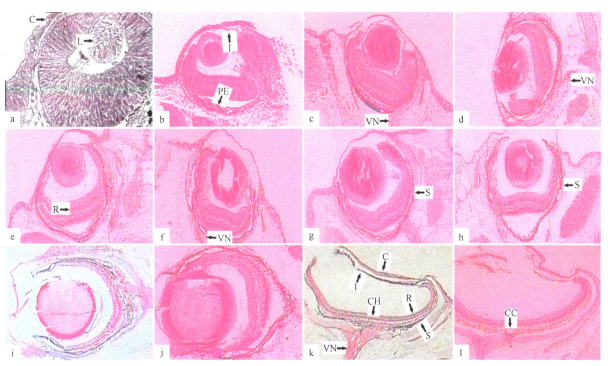

图 4.21　中华鲟眼球早期发育

a. 初孵中华鲟眼球结构（400×）；b. 2 日龄中华鲟眼球结构（400×）；c、d. 3 日龄中华鲟眼球结构（400×）；e、f. 9 日龄中华鲟眼球结构（400×）；g、h. 17 日龄中华鲟眼球结构（400×）；i、j. 25 日龄中华鲟眼球结构（400×）；k. 40 日龄中华鲟眼球结构（晶状体已剥离）（400×）；l. 60 日龄中华鲟眼球结构（晶状体已剥离）（400×）

C. cornea（角膜）；L. lens（晶状体）；PE. pigment epithelium（色素上皮层）；I. iris（虹膜）；VN. optic nerve（视神经）；R. retina（视网膜）；S. sclera（巩膜）；CH. choroid（脉络膜）；CC. center concavity（中央凹）

3日龄仔鱼（图4.21c，d）：眼球呈乳白色，晶状体增大，淡黄色。角膜变薄，凸度变大。巩膜色素出现。视网膜内出现高密度的视锥细胞，具有感光功能。虹膜分化完毕。出现视神经。

9日龄仔鱼（图4.21e，f）：眼径显著增大。晶状体直径也增大，颜色继续变深。视网膜内各层分化完毕，具典型10层结构。睫状肌变粗。虹膜色素增多，呈黑棕色。视神经变粗。

17日龄仔鱼（图4.21g，h）：角膜凸度增大，变薄。巩膜色素增多，不透明。虹膜颜色继续加深。

25日龄仔鱼（图4.21i，j）：眼径增大近似球体。晶状体圆而硬，呈球体状，为不透明的乳白色。虹膜发育完善，可见其3层结构。视网膜内视细胞发育完善。视神经增粗成束。

40日龄幼鱼（图4.21k）：（晶状体已剥离）眼球各部分形态发育基本完毕，中央凹还不甚明显。

60日龄幼鱼（图4.21l）：（晶状体已剥离）此时整个眼球发育完善，近似球体，角膜凸起，可看到其5层结构。巩膜呈不透明的白色。虹膜呈深黑棕色。眼球中央凹清晰可见。视神经粗大成束。

中华鲟体长占全长的66.9%～76.4%，前期发育缓慢，40日龄后全长、体长增长速度较快。中华鲟眼径相对体长较小，占体长的1.49%～1.64%，随着个体发育，40日龄后的眼径增长速度较快。晶状体直径为眼径的5.43%～16.67%，相对较大，前期发育缓慢，10日龄以后的增长速度较明显（表4.9）。

表4.9　中华鲟不同发育阶段形态数据记录（n=10）

日龄	全长（mm）	体长（mm）	眼径	晶状体直径（μm）
0	13.3	8.9	1379.6 μm	119.5
1	15.6	11.8	1804.3 μm	143.6
2	16.6	12.4	1928.4 μm	168.9
3	18.3	13.9	2258.1 μm	190.7
4	20.5	14.4	2346.7 μm	217.8
5	22.2	15.6	2628.7 μm	245.7
6	23.8	16.7	2709.8 μm	274.1
7	25.2	17.4	2797.5 μm	307.4
8	26.7	18.0	2845.6 μm	342.1
9	28.4	19.6	3026.7 μm	365.9
10	29.3	20.5	3321.8 μm	389.4
11	31.4	23.1	3.4 mm	424.1
13	32.3	24.1	3.7 mm	464.2
16	34.3	25.0	3.8 mm	546.8
28	40.5	28.1	4.0 mm	620.7
30	41.4	30.4	4.2 mm	718.9
40	47.8	34.5	5.3 mm	849.4
55	59.9	43.8	6.5 mm	1086.9
70	76.3	55.8	8.6 mm	1241.2
100	108.7	81.8	15.1 mm	1330.1
110	119.8	90.8	16.9 mm	1407.4
120	148.6	111.6	20.9 mm	1494.8
140	187.5	143.3	25.6 mm	1612.4
160	235.1	175.4	33.1 mm	1679.6
180	301.6	224.8	45.5 mm	1756.8

综上所述，刚孵化出膜的中华鲟整个眼睛没有颜色，晶体未分化。9日龄时视网膜发育完毕，呈典型10层结构。25日龄时视神经粗大成束，40日龄时眼球发育完善。一般认为鱼是近视眼，因为鱼的晶状体是球形，焦距短。在鸟类和哺乳类中，眼的调节是通过改变晶状体的曲率调节焦距来实现的。

但鱼类的晶状体很坚实，没有弹性，不能改变形状，所以鱼眼的调节是通过改变晶状体与视网膜之间的距离来实现的。硬骨鱼类依靠晶状体收缩肌的收缩，使晶状体后移，缩短晶状体与视网膜间的距离。中华鲟的晶状体相对较大且很坚硬（晶状体直径为眼径的 5.43% ~ 16.67%），睫状肌较细小，调节晶状体能力较差，因此可以推断中华鲟眼调节的速度较慢。

4.3.1.3 视网膜形态结构观察

中华鲟视网膜具有典型 10 层结构，自外向内依次为色素上皮层、视觉细胞层、外界膜、外核层、外网状层、内核层、内网状层、神经节细胞层、视神经纤维层及内界膜（图 4.22）。这 10 层由 4 层细胞所构成，从外到内依次为：色素上皮层、视觉细胞层、双极细胞层和神经节细胞层。除色素上皮层之外，其余 3 种细胞都是神经细胞和一些神经胶质细胞。其中图 4.22a 是视网膜超微结构示意图（王平等，2004）。

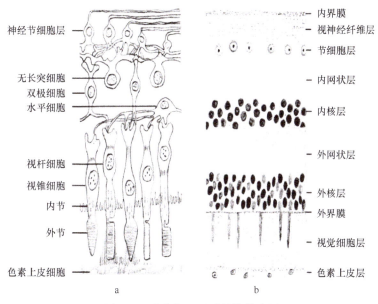

图 4.22　中华鲟视网膜结构模式图
a. 超微结构；b. 由外向内结构

色素上皮（pigment epithelium）层：位于视网膜的最外层，为单层矮柱状上皮，基底部紧贴在玻璃膜上。色素上皮细胞质内及突起内有许多黑色素颗粒，可以调节感光细胞所感受的光强度。当光线较强时，黑色素颗粒移入细胞突起内，吸收部分光线，使感光细胞免受过强光线的损伤；当光线较弱时，黑色素颗粒移回细胞体内，使感光细胞更充分接受弱光的刺激，以适应暗视野。色素上皮除了构成屏障、调节光线强度外，还能吞噬、消化视杆细胞脱落的膜盘，并能贮存维生素 A，参与视紫红质的再生。

视觉细胞层：主要有视杆细胞和视锥细胞两种。视杆细胞（rod cell）呈细长杆状，由细胞体内和内、外侧突起构成。外侧突起呈细长杆状，称为视杆，分内、外两节。视杆细胞感受弱光或暗光。视锥细胞（cone cell）结构与视杆细胞相似，外形较视杆细胞粗壮。外侧突起呈圆锥状，称为视锥。视锥细胞的膜盘上嵌有视色素。如果缺少一种或多种类型的视锥细胞，则形成相应颜色的色盲。视锥细胞感受强光和颜色。在中央凹只有视锥细胞，无视杆细胞。从中央凹边缘开始出现视杆细胞，再向外，视杆细胞逐渐增多，视锥细胞逐渐减少。

双极细胞（bipolar cell）层：是联合神经细胞，连接视觉细胞和神经节细胞的中间神经元。其细胞体集中成内核层。双极细胞的树突分枝与视锥细胞、视杆细胞的轴突互相联系，组成外网状层。

神经节细胞（ganglion cell）层：位于视网膜的最内层，为多极神经元。其树突与双极细胞的轴突

形成突触，其轴突向视盘集中，形成视神经。此外，在视网膜内还有横向联络神经元，起到视觉调节作用。在视盘颞侧有一浅黄色区域，称为黄斑（macula lutea）。黄斑中央有浅凹，称为中央凹。该处视网膜最薄，只有视锥细胞和色素上皮细胞。中央凹的视力最敏锐、最精确。视盘（optic disc）又称视神经乳头或盲点，是视网膜全部神经节细胞发出的轴突在眼球后端集中的区域，呈圆盘状，轴突穿出巩膜筛板，称为视神经。视网膜中央动脉、静脉也由此进出。此处无感光细胞。

4.3.1.4 视网膜的早期发育

视网膜的分层：初孵仔鱼的视网膜没有分化，各层细胞结构均匀一致（图4.23a）。2日龄时出现色素上皮层（图4.23b），黑色素呈一薄层均匀分布，色素上皮细胞数量很少，排列稀疏，细胞形状不规则，染色较浅。3日龄时视杆视锥细胞层和外核层开始发育，明适应视网膜上可以看到大量紧密排列的单锥细胞（图4.23c）。4日龄时出现神经节细胞层（图4.23d），此时整个视网膜共分化成4层，可以分辨出色素上皮层、视觉细胞层、外核层和神经节细胞层。9日龄时视网膜进一步发育分化（图4.23e），外网状层、内网状层及内核层均已形成，其中外网状层较薄，染色较深，内网状层较厚，染色较浅。至此，视网膜各层分化完毕，排列顺序和一般硬骨鱼类相似。视网膜各层的细胞数量和大小继续变化，到30日龄时整个视网膜结构发育完善（图4.23i，j）。

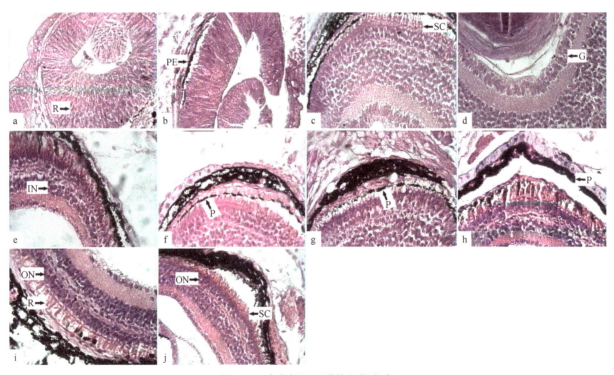

图4.23 中华鲟视网膜的早期发育

a. 初孵中华鲟视网膜结构（400×）；b. 2日龄中华鲟视网膜结构（400×）；c. 3日龄中华鲟视网膜结构（1000×）；d. 4日龄中华鲟视网膜结构（1000×）；e. 9日龄中华鲟视网膜结构（400×）；f，g. 16日龄中华鲟视网膜结构（1000×）；h. 25日龄中华鲟视网膜结构（1000×）；i，j. 30日龄中华鲟视网膜结构（i. 1000×，j. 400×）

R. rod cell（视杆细胞）；PE. pigment epithelium（色素上皮层）；SC. single cone（单锥细胞）；G. ganglion cell（神经节细胞）；IN. inter nuclear layer（内核层）；P. pigment（色素）；ON. outer nuclear layer（外核层）

色素上皮层中黑色素的分布：在孵化后2～9天中华鲟仔鱼的暗适应视网膜上，黑色素均匀地分布在视锥细胞层外侧，没有回复到色素上皮层，而且视锥椭圆体在外界膜外侧整齐排列，表明此时还没有明显的视网膜运动反应。3日龄中华鲟明适应视网膜上（图4.23c），黑色素较均匀地分布在视锥层外侧并遮蔽视锥细胞的部分外段，说明此时视锥细胞具有感受强光的功能。16日龄暗适应视网膜上，部分黑色素能回复到色素上皮层，说明此时已经出现了视网膜运动反应（图4.23f，g）。而达到 25 日龄后，暗适应后黑色素能较好地回复到色素上皮层，密集地分布在视锥层外侧，说明此时视网膜运动反应已经很明显（图 4.23h）。

光感受细胞的种类和分布：3 日龄中华鲟仔鱼的视网膜上出现高密度的单锥细胞（single cone，SC）（图 4.23c），呈无规则紧密排列，染色较浅。9 日龄时出现视杆细胞（图 4.23e），初始数量较多且增长迅速，染色较视锥细胞深。随着中华鲟的生长发育，单锥细胞密度不断减小，排列逐渐稀疏，而视杆细胞数量不断增多，最终形成单锥细胞较少、没有双锥细胞、视杆细胞数量占绝对优势的视网膜类型。

外核层：外核层包含视锥细胞和视杆细胞两种细胞的细胞核。3 日龄中华鲟视网膜上出现外核层（图 4.23c），很薄，细胞核排列紧密，此时全都是视锥细胞的细胞核，呈卵圆形，染色较深。随着视杆细胞的出现，外核层中出现了视杆细胞的细胞核，形状也呈卵圆形，但比视锥细胞的细胞核稍小，染色较浅。随其生长，视锥细胞核密度不断减小，视杆细胞核密度不断增大，整个外核层着色逐渐变深，厚度逐渐增加，当发育到 30 日龄时（图 4.23i, j），外核层厚度基本稳定，层内细胞核主要是视杆细胞核，排列紧密。

内核层：9 日龄时内核层出现较明显的分化（图 4.23e），已经分化出 1～2 层具有完整外形的水平细胞，呈长圆形，染色较深。

神经节细胞层：发育初期的神经节细胞层较厚，细胞密集，排列不规则，多呈长圆形，染色较浅。随着生长发育，细胞层逐渐变薄，细胞分散，染色变深，形状接近圆形，当达到 9 日龄时（图 4.23e），神经节细胞稀疏地排列为一个薄层。

4.3.1.5 视锥细胞、神经节细胞及外核层细胞核的分布数量及其数量比

由图 4.24 可知，随着中华鲟的发育，视锥细胞（C.）密度呈持续下降的趋势，17 日龄以前，降低趋势非常显著，以后降低幅度逐渐减小，最终变得非常平缓且细胞数量维持在较低的水平。与此相反的是，外核层细胞核（O.N.）的密度呈逐步增加的趋势，由于外核层包含了视锥和视杆两种细胞的细胞核，表明从 9 日龄开始，视杆细胞密度显著增加，到了第 17 日龄，外核层细胞核的增加幅度变得比较缓慢，此时的视锥细胞数量趋于稳定，说明视杆细胞数量也趋于稳定。这些变化表明：在中华鲟视网膜的发育过程中，单锥细胞的密度逐渐减小，视杆细胞密度逐渐增大，其中 9～17 日龄是单锥细胞分布数量从高到低、视杆细胞和外核层细胞核数量从低到高的显著变化时期。

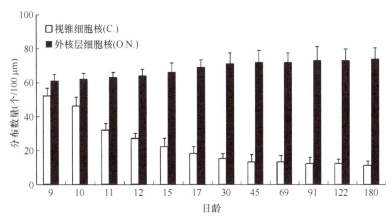

图 4.24 中华鲟视网膜横切片上 100 μm 内视锥细胞（C.）和外核层细胞核（O.N.）分布数量

由图 4.25 可知，神经节细胞（G.）密度随着中华鲟个体的发育呈下降趋势。从 4 日龄出现开始便呈显著下降趋势，直至 9 日龄，此后的下降幅度变得非常平缓，最终神经节细胞的数量保持在较低水平，表明 4～9 日龄是神经节细胞密度从高到低的明显变化时期。

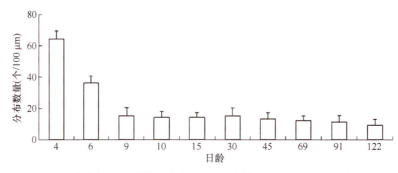

图 4.25　中华鲟视网膜横切片上 100 μm 内神经节细胞（G.）分布数量

图 4.26 所示为外核层细胞核与视锥细胞（O.N/C.）、外核层细胞核与神经节细胞（O.N/G.）数量比的变化趋势。O.N/C. 和 O.N/G. 均随中华鲟的生长发育表现出相似的递增趋势。9 日龄时 O.N/C. 为1.2，说明此时视杆细胞已经初步分化，但其光感受细胞仍以视锥细胞为主。9～17 日龄时期 O.N/C.呈显著增长趋势，这说明光感受细胞过渡到以视杆细胞为主，此时期（9～17 日龄）即是视杆细胞数量增长的一个明显过渡时期。O.N/G. 很好地反映了视网膜网络结构会聚程度由低到高的变化趋势（魏开建等，2001），由图 4.27 可知，整个增长趋势都比较平缓，其中 9～17 日龄的增长幅度稍大。

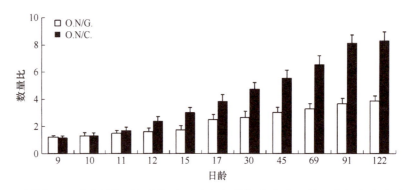

图 4.26　中华鲟视网膜上外核层细胞核（O.N.）与视锥细胞（C.）及神经节细胞（G.）的数量比

刚孵出的中华鲟仔鱼视网膜没有分化好的光感觉细胞，这与其他鲟鱼类及一些硬骨鱼类的研究结果是一致的（Boglione et al，1997；Hocutt，1980；Wahl and Mills，1993）。孵出后 3 日龄出现高密度的单锥细胞，9 日龄时出现视杆细胞，此时中华鲟仔鱼正处在由内源性营养向外源性营养转变时期（9～11 日龄），卵黄囊期即将结束，部分仔鱼已经开始摄取外界食物。一些研究发现，许多种鱼首次摄食时的视网膜都是纯视锥细胞型视网膜，只有鳗鲡科和长尾鳕科鱼类是纯视杆细胞型视网膜（Blaxter and Staines，1970）。而对西伯利亚鲟的研究发现，卵黄囊期仔鱼（5～6 日龄）视网膜各层已经分化完全，单锥细胞和视杆细胞均已出现，即仔鱼首次摄食时的视网膜存在两种光感受细胞（Rodriguez and Gisbert，2002）。可见中华鲟仔鱼首次摄食时的视网膜类型与西伯利亚鲟相似。与许多硬骨鱼类一样（魏开建和张海明，1996；魏开建等，1997），中华鲟的光感受细胞最先发育视锥细胞，然后出现视杆细胞（9 日龄），0～9 日龄时，仔鱼处于垂直游泳阶段和水平游泳阶段，都在水体中上层，此时的光感受细胞为高密度的单锥细胞，适于感受强光。卵黄囊期结束后转为底栖生活，此时出现视杆细胞，适于感受弱光。由此可见，视锥细胞和视杆细胞出现的时间与中华鲟仔鱼由垂直游泳阶段、水平游泳阶段转至底栖生活的生态习性是相适应的（四川省长江水产资源调查组，1988），并可以认为这是为视觉环境的改变所做的准备。Blaxter（1986）认为视网膜运动反应是伴随着视杆细胞的出现而产生的，其意义在于强光时保护视杆细胞，弱光时提高视杆细胞的感光能力，徐永淦和何大仁（1988）在对黄鳍鲷和普通鲻鱼幼鱼的研究中也得到了类似的结论。由我们的研究结果可知，9 日龄中华鲟视网膜各层分化完毕后，单锥细胞个体变粗，密度降低，排列逐渐稀疏，视杆细胞个体变粗长，密度增大，排列紧密，直至 17 日龄后二者数量保持相对稳定。从中华鲟早期视网膜中单锥细胞和视杆细胞形态结构及数量变化中可以发现，在从水体中上层向底层迁移的过程中，9～17 日龄是视网膜明显快速生长的一个时期。

视觉是鱼类摄食的重要感觉之一，李大勇等（1994）认为视觉在鱼类摄食行为中的作用主要表现在 3 个方面：寻找和发现、辨认和选择、摄食时方向和姿势的调整。单保党和何大仁（1995a，1995b）对黑鲷的研究也发现了这几方面的作用。中华鲟仔鱼 9 日龄后进入底栖生活并开始摄取外界食物，单锥细胞和视杆细胞均已存在，且视神经已经功能化，而此时其他感觉器官尚未发育完善，所以我们可以认为刚开口的仔鱼主要是靠视觉来摄食的，此时的视网膜各层虽然分化完毕，但其视觉功能还比较差，这也就决定了中华鲟的食性和捕食方式。该阶段的仔鱼主要以浮游动物为食，探索食物。在其他感觉逐渐形成之后，中华鲟不直接追捕食物，而是探索食物，当触到食物后才张口咬住和吞下，这种摄食方式也可能和它的吻很长及口下位有关。

4.3.1.6　最小分辨角

视敏度一般用分辨角（α）表示，分辨角越小，视敏度越大。视敏度的大小由晶状体的大小和视网膜的分辨力决定，视网膜的分辨力取决于视细胞的密度及视细胞之间横向联系的发达程度。晶状体的大小决定了焦距的长度。图 4.27 所示为中华鲟眼各发育阶段的最小分辨角的变化。视敏度随个体发育而提高，但是幅度比较缓慢，最小分辨角由 4 日龄的 64.2′ 减小到 91 日龄的 11.3′，其中 9～17 日龄的减小幅度较显著。说明虽然视锥细胞的密度随发育降低了，但晶状体直径的增加补偿了由视锥细胞密度下降而可能造成的视敏度的下降，从而使早期发育阶段中华鲟的视敏度依然随着个体的发育而提高。9～17 日龄的最小分辨角下降趋势比较显著，而后趋于平缓，表明视敏度在仔鱼刚开口时的摄食选择中起着重要作用。

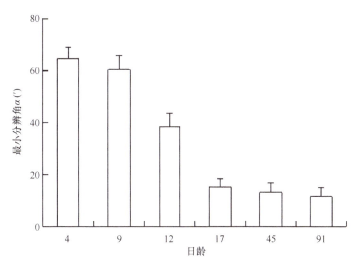

图 4.27　中华鲟眼的最小分辨角的变化

4.3.1.7　行为机能试验

由图 4.28 可知，中华鲟从出膜至 8 日龄内，对强光（1200～1500 lx）表现出明显的正趋向性，100% 趋光。9 日龄开始有些仔鱼趋光性不强，趋光率陡降至约 76%，且趋光比例持续下降。10 日龄选择亮区的概率最低，平均约为 45%。从 12 日龄开始有些仔鱼恢复趋光性，趋光率有所回升，平均值为 51%。13 日龄比 12 日龄略为上升。此后趋光率快速上升，16 日龄时已经达到 89%。17 日龄以后，

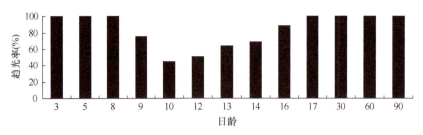

图 4.28　中华鲟早期发育阶段趋光行为变化

绝大部分仔鱼恢复到了与刚出膜时一样，100% 趋光，以后中华鲟的趋光性趋于稳定，没有出现任何变化。

　　张孝威等（1980）报道许多种鱼的视觉是仔鱼开口摄食时的第一种感觉。从我们的研究结果可以看出，视网膜分化完毕，仔鱼已经开始摄取外界食物时，其他感觉尚未发育完善，可见中华鲟的生态特性也符合上述"视觉是仔鱼开口摄食时的第一种感觉"的情况。此后随着中华鲟个体的发育，视网膜在完成了 9～17 日龄这个典型过渡时期的迅速发育后，视敏度随个体发育而增加的幅度缓慢，且该阶段中华鲟的栖息水层也由水体中上层转到水底，水底光线很弱甚至无光。与此同时，其他感觉不断完善，须部、唇部都存在大量的味蕾，嗅觉发育迅速，鲟鱼类极其重要的感觉器官——陷器也已经在吻的背腹面及两侧和头部的眼眶上下都有分布，中华鲟体长的增长幅度远远超过了眼径的增长幅度。这些都表明，在中华鲟完成了早期视网膜的迅速发育后，视觉在整个感觉中所处的地位已经慢慢消退。

4.3.2　化学感受器官的发育

4.3.2.1　味蕾的发育

　　图 4.29 为中华鲟味蕾的发育模式图。味蕾的发育初期为深埋在表皮内的原始细胞团，近圆形，感觉细胞和支持细胞不甚清楚且数量较少。随后细胞团高度不断增加变成椭圆形，顶部表皮也稍稍隆起。感觉毛刚出现时较短，还没有超出表皮高度。发育完善的味蕾呈卵圆形，基部和周围的上皮都在基膜上，顶端有味孔（gustatory pore）通于消化管腔或体表。味蕾由感觉细胞和支持细胞构成。感觉细胞呈长柱形，细胞的长轴与上皮表面相垂直。细胞核呈椭圆形，染色较深，位于细胞的中部，顶部有感觉敏锐的感觉毛突起。细胞的基部有味觉神经末梢的分布。支持细胞呈梭形，细胞较大，染色较淡，细胞核圆形或椭圆形。支持细胞的数目较多，与感觉细胞并列。

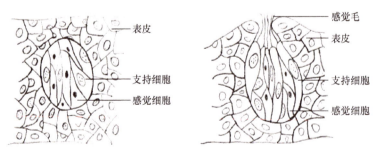

图 4.29　中华鲟味蕾发育模式图

　　中华鲟味蕾主要分布在须、上下唇、舌、上颚、鳃耙和咽部（表 4.10，表 4.11）。其中须部味蕾最早出现，紧接着下唇、上唇也出现味蕾，咽部味蕾出现最迟。上颚及上下唇部味蕾较大，鳃耙和咽部味蕾较小。舌部味蕾数量最多，其次是上颚、须、上唇和下唇。鳃耙较短且排列稀疏，有退化迹象，味蕾只有零星几个。咽部味蕾也较少，食道未见有味蕾分布。

表 4.10　中华鲟各部味蕾的大小变化 (*n*=10)　　　　　　　　　　（单位：μm）

日龄	须		舌		上颚		上唇		下唇		鳃耙		咽	
	最大高度	最大宽度	最大高度	最大宽度	最大高度	最大宽度	最大高度	最大宽度	最大高度	最大宽度	最大高度	最大宽度	最大高度	最大宽度
12	20.7	5.9	*	*	*	*	*	*	*	*	*	*	*	*
14	25.8	7.1	*	*	*	*	*	*	20.4	5.1	*	*	*	*
16	31.4	9.4	*	*	*	*	21.3	5.2	26.4	9.2	*	*	*	*
18	36.8	12.7	16.8	6.8	24.1	6.4	32.4	11.8	30.6	16.4	17.2	4.8	*	*
20	47.1	19.4	20.7	12.4	32.8	12.2	38.9	20.7	37.8	22.7	23.4	6.2	*	*
25	58.5	30.2	29.3	19.1	43.5	21.7	54.7	34.4	46.1	30.8	31.5	10.8	*	*
30	70.8	46.1	40.8	30.2	51.7	34.5	70.4	48.4	58.7	44.5	39.7	15.2	25.8	6.4
35	86.4	58.4	53.4	41.7	76.8	56.1	76.8	54.3	70.8	59.4	50.4	22.8	41.7	14.8
40	94.2	69.2	62.8	51.8	92.8	74.2	84.2	67.1	88.6	78.6	57.8	31.0	58.2	35.4
50	97.5	72.6	85.4	70.3	123.8	97.5	105.6	97.3	118.6	95.4	74.3	68.5	82.4	68.1

注：* 代表未出现

表 4.11　中华鲟各部味蕾的数量变化 (*n*=10)

日龄	味蕾数量						
	须	舌	上颚	上唇	下唇	鳃耙	咽
12	6	*	*	*	*	*	*
14	9	*	*	*	7	*	*
16	14	*	*	4	10	*	*
18	20	8	6	8	14	4	*
20	26	15	11	13	19	5	*
25	43	34	28	22	24	12	*
30	58	53	41	31	38	19	6
35	67	78	54	39	40	21	10
40	75	86	68	47	49	25	14
50	82	104	84	56	67	28	17

注：* 代表未出现

1. 须部味蕾的发育

5 日龄仔鱼（图 4.30a）：须开始向后伸长，很软，无色透明。各层还未发育完善，隐约可见软骨层和表皮层。

7 日龄仔鱼（图 4.30b）：整个须发育完毕，由外向内可分为 4 层——表皮、真皮、肌肉和软骨。其中表皮层较薄，还未见味蕾出现。

10 日龄仔鱼（图 4.30c，d）：表皮层增厚，在表皮层的底部出现味蕾的原始细胞团，接近圆形，其内只有少数几个形状不规则的细胞。

12 日龄仔鱼（图 4.30e，f）：表皮层继续增厚。味蕾原始细胞团数量增多，细胞团向上隆起成椭圆形。其内的细胞数量也增多，表皮隆起不明显。

15 日龄仔鱼（图 4.30g，h）：味蕾继续向上隆起，顶端有感觉毛伸出味孔，至此须部味蕾发育完毕。呈长椭圆形，凸起不明显，大部分都埋在表皮组织中。主要由感觉细胞、支持细胞和基细胞构成。感觉细胞呈长梭形，细胞核及细胞质染色均较深。支持细胞也呈梭形，染色较浅。感觉毛长度相对较长。

20 日龄仔鱼（图 4.30i，j）：表皮变厚，味蕾数量增多，感觉细胞数量增多，染色变深。味蕾的高度、宽度也在增加。

30 日龄仔鱼（图 4.30k，l）：表皮继续增厚。味蕾形态变化不大，数量继续增多，主要集中在不靠近吻部的须部外侧。感觉毛相对较长，可达整个味蕾高度的 1/3。

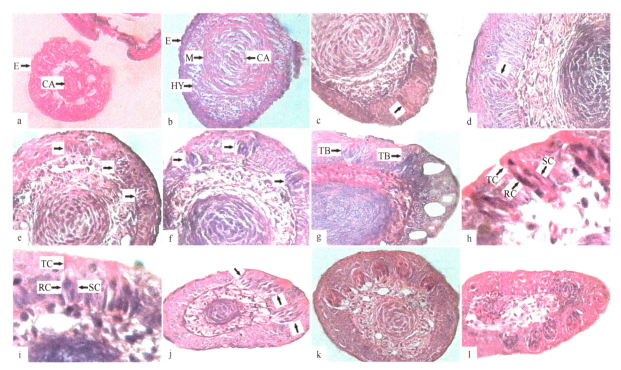

图 4.30　中华鲟须部味蕾的早期发育

a. 5 日龄中华鲟须部味蕾（100×）；b. 7 日龄中华鲟须部味蕾（400×）；c、d. 10 日龄中华鲟须部味蕾（400×）；e、f. 12 日龄中华鲟须部味蕾（400×）；
g、h. 15 日龄中华鲟须部味蕾（g. 400×，h. 1000×）；i、j. 20 日龄中华鲟须部味蕾（i. 1000×，j. 400×）；k、l. 30 日龄中华鲟须部味蕾（400×）
E. epithelium（表皮）；CA. cartilage（软骨）；HY. dermis（真皮）；M. muscle tissue（肌肉组织）；TB. taste bud（味蕾）；
TC. aesthetasc（感觉毛）；RC. receptor cell（感受细胞）；SC. supporting cell（支持细胞）

2. 唇部味蕾的发育

5 日龄仔鱼（图 4.31a）：中华鲟仔鱼口形成管状，出现唇褶。还未见味蕾出现。

9 日龄仔鱼（图 4.31b）：唇的表皮厚度增加，在下唇中部首先出现了味蕾原始细胞团，接近圆形，内有少量形状不规则的细胞。

12 日龄仔鱼（图 4.31c）：唇的表皮继续增厚。下唇中味蕾原始细胞团数量增多，上唇中也开始出现零星几个，表皮隆起较明显。

14 日龄仔鱼（图 4.31d）：下唇味蕾隆起明显，顶端有感觉毛伸出味孔，此时下唇部味蕾发育完毕，呈椭圆形。感觉毛长度相对较短。

16 日龄仔鱼（图 4.31e，f）：唇表皮继续增厚，味蕾数量增多，上唇部味蕾发育完毕，椭圆形，凸起较明显。下唇味蕾数量明显多于上唇。

30 日龄仔鱼（图 4.31g，h）：唇表皮厚度变化不大。味蕾数量较多，与唇表面的感觉颗粒紧密排列。口角部位的上皮较唇中部薄，有一些黏液细胞的分布，但味蕾数量非常少，只有零星几个。

3. 口腔内味蕾发育

5 日龄仔鱼（图 4.32a）：上颚上皮细胞排列整齐，有一些黏液细胞，未见到味蕾。口腔内还未形成舌突起。

8 日龄仔鱼（图 4.32b）：上颚表皮中出现少数几个味蕾原始细胞团。下颚表皮层增厚，出现舌隆起。表皮底部出现味蕾的原始细胞团，近圆形，数量较上颚多，内含未发育好的感觉细胞和支持细胞，只有零星几个。

13 日龄仔鱼（图 4.32c，d）：出现圆锥形下颌齿，数量较多，紧密排列。下颚中的味蕾原始细胞团数量增多，发育呈椭圆形，表皮隆起不明显。原始细胞团内的感觉细胞和支持细胞数量也增多，染

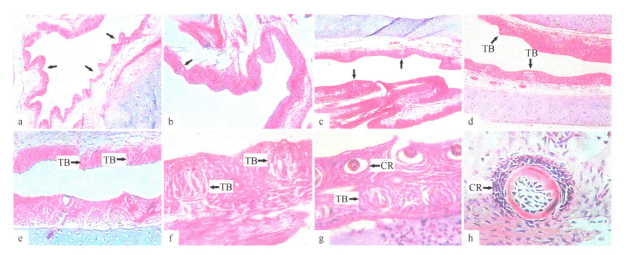

图 4.31　中华鲟唇部味蕾的早期发育

a. 5 日龄中华鲟唇部味蕾（100×）；b. 9 日龄中华鲟唇部味蕾（400×）；c. 12 日龄中华鲟唇部味蕾（400×）；d. 14 日龄中华鲟唇部味蕾（400×）；
e、f. 16 日龄中华鲟唇部味蕾（e. 400×，f. 1000×）；g、h. 30 日龄中华鲟唇部味蕾（1000×）
TB. taste bud（味蕾）；CR. cutaneous receptor（皮肤感受器）

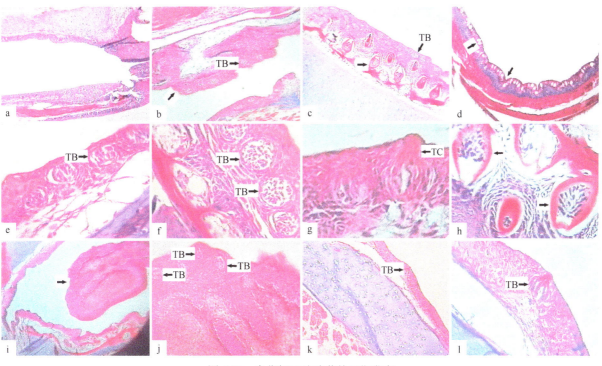

图 4.32　中华鲟口腔味蕾的早期发育

a. 5 日龄中华鲟口腔味蕾（100×）；b. 8 日龄中华鲟口腔味蕾（400×）；c、d. 13 日龄中华鲟口腔味蕾（400×）；e、f. 18 日龄中华鲟口腔味蕾（100×）；
g、h. 30 日龄中华鲟口腔味蕾（1000×）；i、j. 40 日龄中华鲟口腔味蕾（i. 100×，j. 400×）；k、l. 45 日龄中华鲟口腔味蕾（k. 100×，l. 400×）
TB. taste bud（味蕾）；TC. aesthetasc（感觉毛）

色变深。靠近咽部的上颚有褶皱，大量黏液细胞紧密排列，未见有味蕾出现。

18 日龄仔鱼（图 4.32e，f）：味蕾继续向上隆起，顶端有感觉毛伸出味孔，口腔内味蕾发育完毕。近圆形，表皮隆起较明显。感觉细胞和支持细胞数量较多，染色较深。感觉毛长度相对较长。

30 日龄仔鱼（图 4.32g，h）：味蕾数量增多，其内的感觉细胞数量也增多，味蕾的高度、宽度也在增加。感觉毛长度相对较长，可达整个味蕾高度的 1/3。此时仔鱼的口腔齿较发达，上颌齿、下颌齿均为圆锥形，有膨大的基部和尖锐的齿尖。

40 日龄幼鱼（图 4.32i，j）：舌发育完善，表面多皱褶，有大量黏液细胞分布。味蕾分布在舌的上皮细胞间，数量较多。

71

45 日龄幼鱼（图 4.32k，l）：靠近咽部的口腔内有零星味蕾出现，椭圆形，表皮隆起不明显。

4. 鳃耙味蕾发育

8 日龄仔鱼（图 4.33a）：此时第 4 对鳃形成，在鳃弓上出现瘤状突起，类似鳃耙，但真正的鳃耙尚未形成。

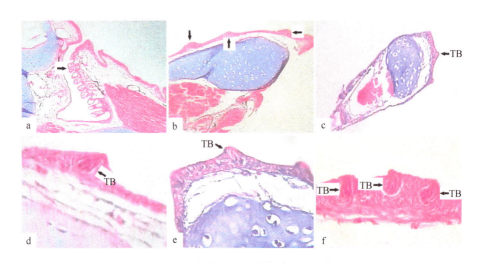

图 4.33　中华鲟鳃耙味蕾的早期发育

a. 8 日龄中华鲟鳃耙味蕾（100×）；b. 12 日龄中华鲟鳃耙味蕾（100×）；c、d. 18 日龄中华鲟鳃耙味蕾（c. 100×，d. 400×）；
e、f. 30 日龄中华鲟鳃耙味蕾（400×）
TB. taste bud（味蕾）

12 日龄仔鱼（图 4.33b）：鳃耙形成，上皮隆起增厚，出现味蕾的原始细胞团，近圆形，较小，感觉细胞和支持细胞的数量较少。

18 日龄仔鱼（图 4.33c，d）：味蕾继续向上隆起，顶端有感觉毛伸出味孔，此时鳃耙味蕾发育完毕。染色较深，隆起明显。

30 日龄仔鱼（图 4.33e，f）：味蕾数量增多，但增幅较小。味蕾分布不均匀，主要集中在鳃耙的顶部。感觉毛长度相对较长。

鱼类的味蕾广泛分布于口腔和咽的顶部、侧壁和底部的上皮中，甚至是鳃上。但底栖或食腐类鱼如鲇、鲤和亚口鱼类味蕾则从头至尾地广泛分布于体表，甚至在鲇的触须上也分布大量味蕾。味蕾在中华鲟吞咽活动中的作用大于在摄食活动中的作用（李红涛和邓少平，2005；栾雅文等，1997）。中华鲟是以动物性食物为主的杂食性鱼类。主要食物有海水中的舌鳎属、鲬属、磷虾、蚬类等。淡水中的主要食物是虾、蟹、螺类。少量植物类食物也有发现，如黄丝藻和水生维管束植物。中华鲟的摄食方式主要是在水底游动时以吸吮方式摄食底质上的食物，有时也可用吻翻掘底质。中华鲟不是滤食性鱼类，鳃耙排列疏松且短，有退化迹象，与进食关系不大，这也是长期进化的结果，鳃耙无须有感觉器官的功能（栾雅文等，2003）。

4.3.2.2　嗅囊的发育

1. 嗅囊形态结构

中华鲟嗅囊位于头背部、眼前方，由左右 2 个嗅囊组成（图 4.34a，b）。每个嗅囊有分化完整的 2 个鼻孔开口于头部背方。两鼻孔的前后排列顺序差异不显著。前鼻孔位于头背内侧，稍稍凸起于表面之上，椭圆形，孔径较小，还不及后鼻孔的 1/2。后鼻孔位于头背外侧，呈长圆形，孔径较大。中华鲟的初级嗅板排列方式为辐射式（180° 型），呈椭圆形（图 4.34c）。

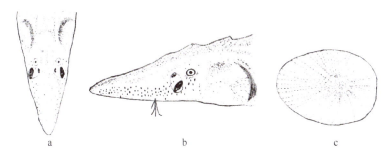

图 4.34　中华鲟嗅囊在头部的位置及嗅板排列模式图
a. 头部正面观；b. 头部侧面观；c. 嗅板排列方式

　　图 4.35 为中华鲟嗅觉上皮结构模式图。嗅觉上皮包括 3 种细胞：嗅觉细胞、支持细胞和基细胞。嗅觉细胞分布在支持细胞之间，细胞呈梭形，有 2 个突起，是一种双极型感受细胞。细胞核呈圆形，位于细胞膨大的地方。嗅觉细胞的一个突起伸至上皮表面，另一个突起伸向固有膜，前者较后者略粗，表面有纤毛，称为嗅毛。另一突起细而长，即嗅觉细胞的轴突，称为嗅神经纤维，属于无膜无髓神经纤维，它们在固有膜内集合形成嗅神经，通到端脑的嗅叶。支持细胞位于嗅觉细胞之间，呈高柱状，其顶端抵达上皮的表面，细胞核椭圆形，各细胞的细胞核核大多排列于同一水平。支持细胞的数量较多。基细胞位于上皮的基部。细胞呈锥体形或椭圆形，比较低矮。细胞核圆形，染色较深。固有膜由结缔组织构成，除了嗅神经之外，还有血管和淋巴结。嗅黏膜分化出初级嗅板和次级嗅板，分褶越多，嗅觉面积越大，嗅觉亦越灵敏。

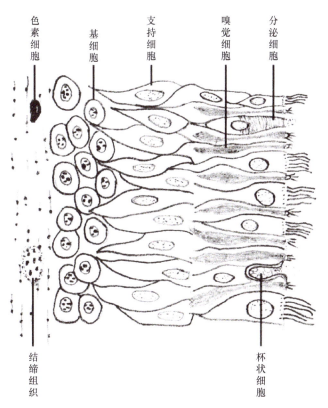

图 4.35　中华鲟嗅觉上皮结构模式图

　　不同发育时期中华鲟的嗅觉上皮厚度及初级嗅板隆起高度和数量见表 4.12。可以看出，随其发育，仔鱼的嗅觉上皮厚度随着初级嗅板数量的增加而缓慢增加。初级嗅板的隆起高度随其生长发育显著增加，说明中华鲟嗅觉上皮的表面积也随生长而显著增大，且初级嗅板的数量也在不断增加，其中 12～25 日龄为快速发育时期。

表4.12　中华鲟嗅觉上皮厚度及初级嗅板隆起高度和数量变化（$n=10$）

日龄	嗅觉上皮厚度（µm）	初级嗅板隆起高度（µm）	初级嗅板数量（个）
6	32.57	0	0
9	33.01	67.51	1
12	34.84	72.38	2
15	35.29	79.52	4
18	37.84	87.49	8
20	41.25	98.57	12
25	44.87	130.54	16
30	45.10	198.46	18
35	45.74	274.84	19
40	46.21	346.52	21
50	46.97	389.74	23
60	47.27	428.69	24
90	47.88	754.87	26
120	48.57	1157.05	27
150	51.13	1687.24	28
180	54.26	2157.28	28

2. 嗅囊的发育

4日龄仔鱼（图4.36a）：鼻孔为一简单穿孔，较狭长。嗅黏膜较厚，嗅囊顶部保留有未分化上皮的特征。

6日龄仔鱼（图4.36b，c）：鼻隔已经形成，将嗅囊一分为二。嗅觉上皮底部出现黑色素细胞，排列紧密。嗅黏膜较以前薄。

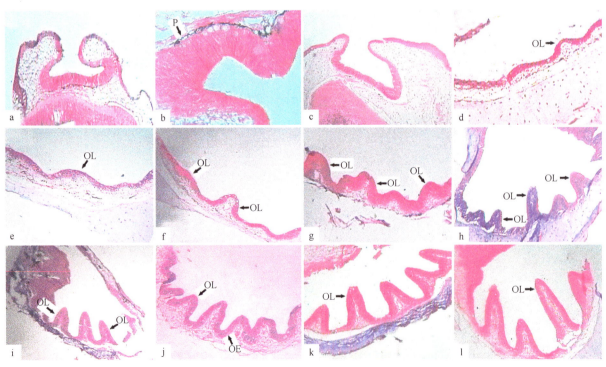

图4.36　中华鲟嗅囊的早期发育

a. 4日龄中华鲟嗅囊（100×）；b、c. 6日龄中华鲟嗅囊（b. 400×，c. 100×）；d. 9日龄中华鲟嗅囊（100×）；e、f. 12日龄中华鲟嗅囊（100×）；
g、h. 15日龄中华鲟嗅囊（100×）；i、j. 20日龄中华鲟嗅囊（100×）；k、l. 30日龄中华鲟嗅囊（100×）
P. pigment（色素）；OL. olfactory lamellae（嗅板）；OE. olfactory epithelium（嗅觉上皮）

9 日龄仔鱼（图 4.36d）：前、后鼻孔基本发育成形。前鼻孔稍稍凸起于表面之上，椭圆形，孔径较小，不及后鼻孔的 1/2。后鼻孔呈长圆形，孔径较大。此时由嗅觉上皮和固有膜组成的嗅黏膜从底部向上隆起形成第一个初级嗅板。

12 日龄仔鱼（图 4.36e，f）：初级嗅板数量逐渐增多，但隆起高度还较小。嗅觉上皮较以前薄。

15 日龄仔鱼（图 4.36g，h）：随着仔鱼的生长，初级嗅板的数量及隆起高度都在增加。初级嗅板沿头尾方向彼此平行排列，但排列还较稀疏。

20 日龄仔鱼（图 4.36i，j）：初级嗅板数量增多，排列紧密，隆起高度也明显增大。嗅觉上皮相对较薄。

30 日龄仔鱼（图 4.36k，l）：嗅囊发育基本完善，初级嗅板数量较多，排列紧密，隆起较高。

3. 嗅觉上皮的发育

6 日龄仔鱼（图 4.37a，b）：嗅觉上皮底部出现黑色素细胞，排列紧密。还未见嗅黏膜凸起，细胞排列均匀。

9 日龄仔鱼（图 4.37c，d）：由嗅觉上皮和固有膜组成的嗅黏膜从底部向上隆起形成第一个初级嗅板。感觉细胞和支持细胞不明显，染色较浅。有少量杯状细胞稀疏排列。

12 日龄仔鱼（图 4.37e，f）：初级嗅板数量逐渐增多，但隆起高度还较小。色素细胞增多，染色加深。杯状细胞数量增多。

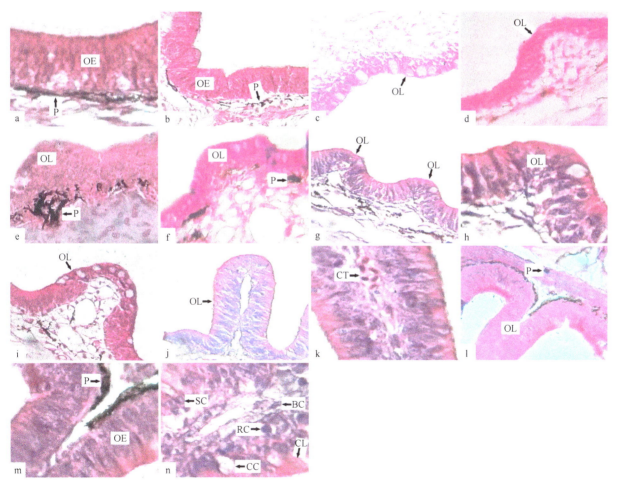

图 4.37　中华鲟嗅觉上皮的早期发育

a、b. 6 日龄中华鲟嗅觉上皮（a. 1000×，b. 400×）；c、d. 9 日龄中华鲟嗅觉上皮（400×）；e、f. 12 日龄中华鲟嗅觉上皮（400×）；g、h. 15 日龄中华鲟嗅觉上皮（g. 400×，h. 1000×）；i. 20 日龄中华鲟嗅觉上皮（400×）；j. 25 日龄中华鲟嗅觉上皮（400×）；k、l. 28 日龄中华鲟嗅觉上皮（k. 1000×，l. 400×）；m、n. 30 日龄中华鲟嗅觉上皮（1000×）

P. pigment（色素）；OE. olfactory epithelium（嗅觉上皮）；OL. olfactory lamellae（嗅板）；CT. connective tissue（结缔组织）；SC. supporting cell（支持细胞）；RC. receptor cell（感受细胞）；BC. basal cell（基细胞）；CC. calathiform cell（杯状细胞）；CL. cilia layer（纤毛层）

15日龄仔鱼（图4.37g，h）：随着仔鱼的生长，初级嗅板的数量及隆起高度都在增加。感觉细胞呈梭形，染色较深，支持细胞呈长柱形，染色较浅。嗅板沿头尾方向彼此平行排列，但还较稀疏。

20日龄仔鱼（图4.37i）：嗅板数量增多，排列紧密，隆起高度也明显增大。感觉细胞和支持细胞数量增多。

25日龄仔鱼（图4.37j）：嗅板隆起高度增大，数量增多，彼此平行排列。染色较深。

28日龄仔鱼（图4.37k，l）：嗅觉上皮发育基本完善。嗅板数量较多，排列紧密，色素细胞较多。

30日龄仔鱼（图4.37m，n）：嗅板数量较多，排列紧密，隆起较高。嗅觉细胞的上端凸起直达上皮表面并具有纤毛，下端伸向固有膜。嗅觉细胞数量较多，在上皮中间层分布较密集。支持细胞位于感觉细胞之间，数量较感觉细胞少。基细胞位于嗅觉上皮的基部，为小的椭圆形或卵圆形细胞，染色较深。纤毛细胞位于嗅觉上皮的表层。

中华鲟9日龄时，由嗅觉上皮和固有膜组成的嗅黏膜从底部向上隆起形成第一个初级嗅板，此后，嗅囊不断发育，直至30日龄发育完善，其中12～25日龄是嗅觉上皮和初级嗅板数量的快速发育时期。和大多数硬骨鱼类一样（马细兰等，2005；杨秀平等，1999；张桂蓉等，2003；苏锦祥和李婉端，1982；孟庆闻等，1987），中华鲟的每一个嗅囊都具有完全分开的前后两个鼻孔，前面的为进水孔，后面的为出水孔。只是中华鲟两鼻孔的前、后位置差异不太大。硬骨鱼类的嗅板排列方式一般可分为3种：并列式、半辐射式（90°型）和辐射式（180°型）。中华鲟的嗅板排列方式属于辐射式（180°型）。其嗅觉上皮的层次结构与一般硬骨鱼类相似，但初级嗅板表面较光滑，缺乏次级嗅板。因此中华鲟主要是通过增加初级嗅板的数量，特别是增加嗅板的隆起高度来增大嗅觉上皮的表面积及嗅囊腔的使用效率来提高嗅觉机能的。其嗅囊直径略大于眼径，可以认为中华鲟的嗅觉与视觉机能大致相当，都较弱。

4.3.2.3　行为机能试验

对60日龄失去视觉的中华鲟进行化学感觉行为机能试验，此时，中华鲟已经转食驯化完毕开口摄取人工颗粒饲料，且各个部位的味蕾均已发育完善。中华鲟对摄入口咽腔不同味道和软硬度食物的吞噬行为的出现率见表4.13。结果表明，中华鲟摄入正常颗粒饲料，对用奎宁液浸泡过的饲料吞噬后又吐出。说明中华鲟口咽腔的味蕾能辨别出正常饲料的味道和奎宁的苦味。对于营养组分完全相同的软颗粒饲料和糊状饲料团，中华鲟对软颗粒饲料也表现出吞噬行为，但对糊状饲料团则吞入后又吐出。说明除了食物的化学性质外，食物的软硬度在中华鲟吞咽活动中也起着决定性作用。中华鲟对摄入口咽腔内不同软硬程度的橡皮泥均无吞噬行为，说明仅有合适的食物软硬度而无促进吞咽的化学刺激也不能诱导中华鲟的吞咽反应。

表4.13　中华鲟对摄入口咽腔不同味道和软硬度食物的吞食行为的出现率

食物	正常颗粒饲料	奎宁浸泡后的颗粒饲料	软颗粒饲料	糊状颗粒饲料	不同软硬度的橡皮泥
吞食行为出现率（%）	100	0	84.67	0	0

对中华鲟摄食行为观察表明，中华鲟仅对吻部腹面下方很近距离的食物有摄食反应，对头部两侧的食物则无反应，即使离食物非常近，并且对远距离食物无趋近行为。这表明视觉和嗅觉远距离感觉器官在中华鲟摄食行为中的作用不大。

唇部味蕾在摄食中起确定食物位置和触发对食物"咬食"反射的作用。随着个体的发育，上下唇味蕾数量增多，增强了仔鱼搜索、判断和摄取食物的能力。可见唇部味蕾在中华鲟摄食习性中所起的作用相当重要。口腔中的味蕾能判断随水进入口中食物的味道。中华鲟舌部和上颚处的味蕾数量较多，表明其对吞入口腔中的食物辨别能力较强，如果不是所需食物，便会吐出。这在行为机能试验中也有所证明。食道紧接口咽腔后部，可以辅助咽共同完成吞咽活动，中华鲟食道部未见有味蕾分布。

4.3.3 侧线的发育

4.3.3.1 侧线的形态结构

由图 4.38 可知，中华鲟侧线系统可分为头部侧线和躯干部侧线两大部分。头部侧线管由后颞骨前方进入头部，主要分成眶上管、眶上连管、眶下管、前鳃盖下颌管、眼后管和横枕管等 6 支，管道大部分埋在膜骨中。侧线管通过侧线小管与外界相通。侧线小管均具分支、小分支或细小分支，分支从基部到末端由粗变细，呈树枝状。躯干部侧线管呈弧形，与背缘平行，不分支，埋入侧骨板中（图 4.38a）。

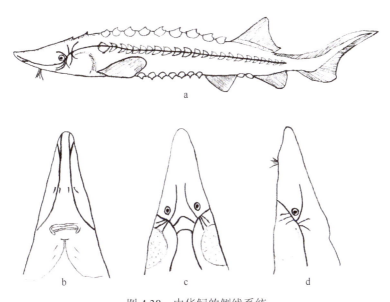

图 4.38　中华鲟的侧线系统

a. 躯干部侧线；b. 头部侧线腹面观；c. 头部侧线背面观；d. 头部侧线侧面观

眶上管位于眼眶背面，管道由眶下管交汇处向前延伸至鼻前吻端，鼻前部分亦被称为鼻管。左右两侧的眶上管通过 2 个管道越过背中线连接，称眶上连管。眶上连管使中华鲟身体两侧的侧线系统成为一个贯通的整体。眶上管有 4 ~ 5 个侧线小管，末端开孔。眶上管的其他部分管径小，埋入骨组织中。

眶下管位于眼球的后面和腹面，而后再向前伸至鼻孔下方。眶下管有 10 ~ 12 个侧线小管。侧线管直径较大，管道埋于骨组织中。

前鳃盖下颌管在鳃盖前缘呈一单管，无分支。自前鳃盖骨弯角处开始，具有 8 ~ 10 个侧线小管，管径较小，全部埋入骨组织中。

眼后管自眶上管和眶下管汇合处向后延伸达横枕骨基部，后端通过后颞骨与躯干部侧线管相连。由眼后管在翼耳骨和后颞骨间向背上侧延伸的管道称为横枕管，整条管道埋于皮下，分支简单。眶后管和横枕管直径很小，深埋于骨组织中。躯干部侧线管全部为一单管，通过骨板中穿孔与外界相通。躯干部侧线管直径最小，管道埋于骨板中。

中华鲟侧线系统由上向下、由前向后，侧线管直径逐渐变小，侧线管分支数量也逐渐减少。

如图 4.39 所示，中华鲟侧线感觉器呈结节状，由感觉细胞和支持细胞构成。感觉细胞较短，呈梨形，数量较多。其游离端有纤毛，另一端与神经纤维联系。在感觉细胞的周围有高柱状的支持细胞，数量较感觉细胞少。感觉器上面还分布有少量杯状细胞。

如图 4.40 所示，中华鲟神经丘在侧线管内有规律地按一定距离分布。每一个神经丘由一定数量

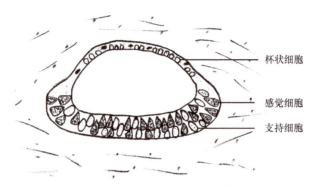

图 4.39　中华鲟侧线管截面结构模式图

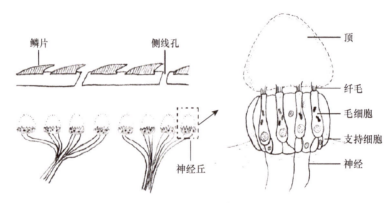

图 4.40　中华鲟侧线和神经丘模式图

的感觉细胞、支持细胞和套细胞组成。感觉细胞表面有突起，又称毛细胞（hair cell），突起包括一根长的动纤毛（kinocilium）和数根静纤毛（stereocilium），神经丘顶部有胶性冠或顶（cupula），水的波动通过顶的摆动引起纤毛的弯曲而产生神经冲动。神经丘是侧线管水流振动的感受器官，呈长椭圆形，位于侧线管底部、两个侧线小管之间。神经丘长径与侧线管方向相同，长径长度约为短径的 2 倍，短径长度与侧线管底宽基本相等或略小。

4.3.3.2　头部侧线的发育

5 日龄仔鱼（图 4.41a）：侧线管下陷已经形成，上皮较厚，有少量杯状细胞分布。还未见侧线感觉器形成。

8 日龄仔鱼（图 4.41b）：侧线管继续内凹，黑色素细胞散落分布在表皮底部。出现侧线感觉器的原始细胞团。

12 日龄仔鱼（图 4.41c，d）：头部侧线管系统已经形成。感觉细胞较短，呈梨形。在感觉细胞的周围有高柱状的支持细胞。神经丘在侧线管内有规律地按一定距离分布。每一个神经丘由一定数量的感觉细胞和支持细胞组成。感觉细胞表面有突起，又称毛细胞，突起包括一根长的动纤毛和数根静纤毛，神经丘顶部有胶性冠或顶。

20 日龄仔鱼（图 4.41e）：感觉细胞和支持细胞数量增多，染色较深。上皮较以前薄。杯状细胞数量减少。

25 日龄仔鱼（图 4.41f，g）：侧线管深埋于膜骨中，近圆形，上皮较薄。

30 日龄仔鱼（图 4.41h）：随着仔鱼的生长，侧线管直径不断增大，感觉细胞和支持细胞数量逐渐增多。

40 日龄仔鱼（图 4.41i，j）：侧线管直径增大，感觉细胞和支持细胞数量较多，分布于 1/2 管壁，染色较深，上皮较薄。

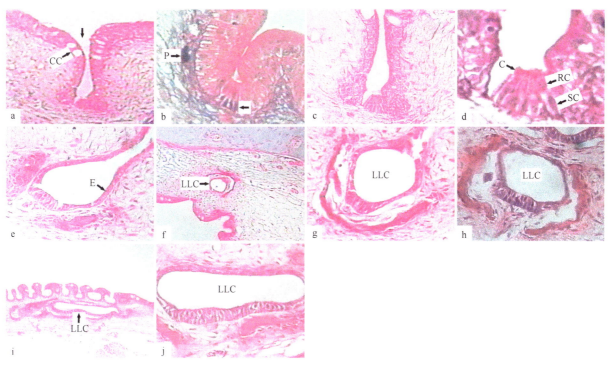

图 4.41　中华鲟头部侧线的早期发育

a. 5 日龄中华鲟头部侧线（400×）；b. 8 日龄中华鲟头部侧线（400×）；c、d. 12 日龄中华鲟头部侧线（c. 400×，d. 1000×）；e. 20 日龄中华鲟头部侧线（400×）；f、g. 25 日龄中华鲟头部侧线（f. 100×，g. 400×）；h. 30 日龄中华鲟头部侧线（400×）；i、j. 40 日龄中华鲟头部侧线（i. 100×，j. 400×）　CC. calathiform cell（杯状细胞）；P. pigment（色素）；C. cilium（纤毛）；SC. supporting cell（支持细胞）；RC. receptor cell（感受细胞）；E. epithelium（上皮）；LLC. lateral line canal（侧线管）

4.3.3.3　躯干部侧线的发育

5 日龄仔鱼（图 4.42a）：出现侧骨板的原基，还未形成侧骨板。上皮较厚，有少量黑色素细胞散落其间。

8 日龄仔鱼（图 4.42b）：侧骨板原基增厚，逐渐骨化形成骨板。上皮较以前薄。黑色素呈颗粒状分布。

12 日龄仔鱼（图 4.42c）：侧骨板出现凹陷，还未见侧线感觉器形成。

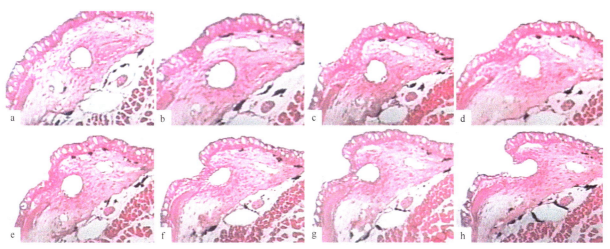

图 4.42　中华鲟躯干部侧线发育

a. 5 日龄仔鱼；b. 8 日龄仔鱼；c. 12 日龄仔鱼；d. 15 日龄仔鱼；e. 18 日龄仔鱼；f. 25 日龄仔鱼；g. 30 日龄仔鱼；h. 35 日龄仔鱼

15 日龄仔鱼（图 4.42d）：侧骨板继续凹陷，出现侧线感觉器的原始细胞团。黑色素颗粒增大。

18 日龄仔鱼（图 4.42e）：躯干部侧线形成。感觉细胞较短，呈梨形。在感觉细胞的周围有高柱状的支持细胞。感觉细胞和支持细胞数量较少。

25 日龄仔鱼（图 4.42f）：侧骨板继续凹陷，感觉细胞和支持细胞数量增多。

30 日龄仔鱼（图 4.42g）：侧线深埋于侧骨板内，上皮较薄。

35 日龄仔鱼（图 4.42h）：侧线管径增大，染色加深。

中华鲟头部侧线发育较躯干部侧线早，8 日龄时出现侧线感觉器的原始细胞团，12 日龄时侧线管发育完毕。躯干部侧线 15 日龄时出现侧线感觉器的原始细胞团，18 日龄时侧线管发育完毕。此后，头部侧线管的发育较平缓，躯干部侧线管发育较为快速。其中头部侧线管中吻部侧线部分可与外界相通，其他部位如眼眶周围均埋在膜骨内。躯干部侧线在骨板上穿孔与外界相通。这也是中华鲟对生存环境的一种适应。12 日龄时中华鲟仔鱼已经进入底栖生活阶段并已经开口摄取外界食物，此时头部侧线管部分已经发育完善，具备感受低频率水体振动的功能。能够帮助鱼体确定方位、辅助趋流性定向等。中华鲟的侧线系统相对来说较不发达，头部侧线分支较少，躯干部侧线管只有一条。这与其生活习性相关。中华鲟营底栖生活，游动缓慢，受水流刺激较小。

4.3.3.4 行为机能试验

对各个发育阶段失去视觉的中华鲟进行不同部位的振动刺激，其行为反应的实验结果见表 4.14。中华鲟对身体周围的振动刺激均没有主动攻击行为，而是表现出警戒行为反应或者逃避行为反应。警戒行为一般表现为鳍条的轻微摆动，当振动刺激距离较近时，仔鱼有时从振动源附近游开，进一步出现逃避行为反应。上述行为学实验表明，中华鲟对不同部位振动刺激的行为反应存在很大差异，行为反应的敏感性也有所不同。随着个体的发育及侧线系统的发育完善，中华鲟对不同部位振动刺激的反应率逐渐提高。其中头部上方的反应出现最早，随后是躯干部两侧，最后是头部其他位置和躯干部其他位置。随其发育，头部上方的反应率增长较为平缓，躯干部两侧的反应率增长较显著。当达到 180 日龄时，躯干部两侧对 20 cm 内的刺激反应率达到 100%。

表 4.14 中华鲟对身体不同部位附近振动刺激的行为反应

		8日龄	10日龄	12日龄	20日龄	30日龄	40日龄	50日龄	60日龄	90日龄	120日龄	150日龄	180日龄
头前上方	行为出现率(%)	2~4	5~9	11~14	13~16	17~21	21~26	28~32	33~39	43~51	53~59	60~67	68~74
	反应距离(cm)	<2	<2	<2	<2	<3	<3	<3	<3	<3	<5	<5	<5
头部其他位置	行为出现率(%)	0	0	0	2~5	8~12	15~19	21~24	27~30	31~37	36~40	42~48	51~57
	反应距离(cm)	<2	<2	<2	<2	<3	<3	<3	<3	<3	<5	<5	<5
躯干部两侧	行为出现率(%)	0	0	4~6	12~15	26~32	40~47	49~61	64~70	73~79	84~91	92~97	100
	反应距离(cm)	<5	<5	<5	<5	<10	<10	<10	<10	<10	<15	<20	<20
躯干部其他位置	行为出现率(%)	0	0	3~7	10~14	22~25	31~34	40~46	57~62	64~69	61~65		76~81
	反应距离(cm)	<5	<5	<5	<5	<10	<10	<10	<10	<10	<15	<20	<20

一般认为，对刺激敏感性较高且出现攻击行为的侧线管灵敏性高，侧线管在鱼类摄食中起很大作用；而不出现攻击行为，只表现警戒行为反应和逃避行为反应的侧线管灵敏性低，侧线管可在鱼类集群中起作用（Disler and Smirnov，1977；Partridge，1982）。但上述观点尚缺乏必要的行为学实验数据加以证实。对中华鲟不同部位侧线管行为反应的实验结果说明，侧线管与外界相通且管腔较大，均有利于提高侧线管的感觉灵敏性；而侧线分支小管长短及开孔大小对侧线管灵敏性的影响，尚需要进一步研究证实。

中华鲟游动速度缓慢，受惊扰时速度加快，甚至蹿出水面。一般沿直线或非常平缓变化的曲线行进，仅在与其他个体、池壁等相撞或接近碰撞时才调整游动方向，运动方向改变时较不灵活。中华鲟侧线系统结构功能特性与其摄食习性是非常适应的。中华鲟口下位，在水底游动时以吸吮方式摄食。即使在人工饲养较长时间后，亦不能摄取中上层正在下落的食物。其整个侧线系统均为灵敏性较差的第二类侧线管，不能帮助中华鲟对食物进行识别、定位，进而产生攻击行为。对振动刺激仅能诱导产生警戒行为反应，这可保证中华鲟在光线较暗的水底游动觅食时不会触碰底泥，而在岩石间穿行时，特别是沿障碍物曲线倒退洞穴时也不会碰撞岩壁，这和在鱼类集群行为中侧线避免个体间相互碰撞一样（Partridge，1982）。

中华鲟属于典型的江河洄游性鱼类。对于过河口性鱼类的回归本能及其定向机制的探讨和实验验证工作始于 20 世纪 50 年代。鱼类这一精密的定向行为可能从两个系统获得，其一是太阳、月亮、极光其至地磁场等，其二是水流、水温和水化学等环境因素。鱼类在洄游中依靠其复杂敏感的感觉器官和中枢神经系统，接收外界信息从而使其成功回归（殷名称，1995）。鱼类的感受器从最简单的极小的感觉芽、较为复杂的丘状感觉器，到高度分化的侧线感觉系统，均具有与感觉神经纤维相联系的感觉细胞，具有触觉，感知水温、水流、水压及确定方位和辅助趋流性定向作用。当左右侧线感知水流压力不均时，便能迅速判别水的流向。在中华鲟的洄游行为上，侧线系统是极其重要的感觉器官，并进行信息传递和保持群内个体间的联系。

4.3.4　陷器的发育

4.3.4.1　陷器的形态结构

图 4.43 为中华鲟陷器结构模式图。陷器开孔呈卵圆形，开孔下方呈不规则管状，此即管道。管道底部呈囊状，此即壶腹，囊底和侧面均有纤毛分布。支持细胞和感觉细胞均呈梨形，感觉细胞染色较深。陷器主要分布在中华鲟吻的背腹面及两侧，头部的眼眶上下等处亦有零星分布，是鲟鱼类极其重要的感觉器官。在吻部两侧区域，2～5 个陷器形成一簇，5～8 簇陷器呈"梅花样"聚集在一起，并且该部分皮肤明显凹陷，形成花朵状凹穴，肉眼即可看清。在吻部腹面靠近中央凹区域，2～5 个陷器形成一簇，该部分皮肤表面仅略凹陷，簇间距离小，呈均匀密集分布，肉眼不易观察到单个陷器。头部的眼眶周围等处也有少量分布，数量以吻部腹面最多，在吻部腹面正中两线狭窄区域、须部及身体表面均无陷器分布。

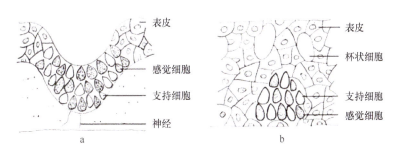

图 4.43　中华鲟陷器结构模式图

a. 陷器整体结构；b. 横切面放大

4.3.4.2　陷器的早期发育

5 日龄仔鱼（图 4.44a，b）：此时尚未形成陷器，吻部皮肤表面只有一层较厚的黏膜层，杯状细胞紧密排列，数量较多。黏膜层底部有黑色素颗粒。

6 日龄仔鱼（图 4.44c）：黏膜层下出现陷器的原始细胞团，含少量感觉细胞和支持细胞，形状不

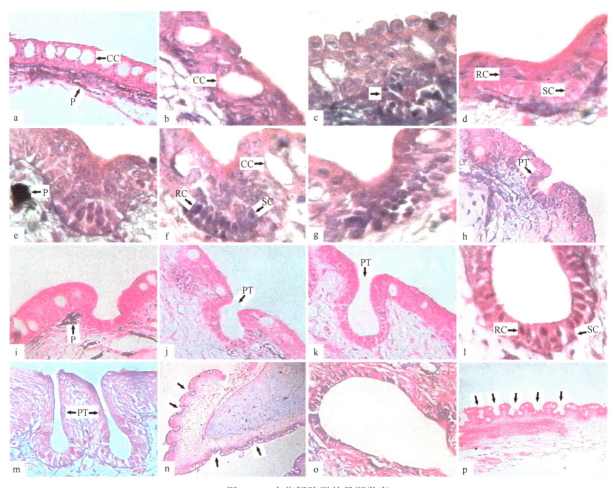

图 4.44　中华鲟陷器的早期发育

a、b. 5 日龄中华鲟陷器（a. ×400，b. 1000×）；c. 6 日龄中华鲟陷器（1000×）；d. 7 日龄中华鲟陷器（1000×）；e. 9 日龄中华鲟陷器（1000×）；f. 10 日龄中华鲟陷器（1000×）；g. 12 日龄中华鲟陷器（1000×）；h. 15 日龄中华鲟陷器（1000×）；i. 20 日龄中华鲟陷器（400×）；j. 25 日龄中华鲟陷器（400×）；k、l. 30 日龄中华鲟陷器（k. 400×，l. 1000×）；m、n. 35 日龄中华鲟陷器（m. 1000×，n. 400×）；o、p. 40 日龄中华鲟陷器（o. 400×，p. 100×）

P. pigment（色素）；CC. calathiform cell（杯状细胞）；RC. receptor cell（感受细胞）；SC. supporting cell（支持细胞）；PT. pit organ（陷器）

规则，染色较浅。

7 日龄仔鱼（图 4.44d）：表皮开始向下凹陷，具备陷器的雏形。感觉细胞呈梨形，染色较深。支持细胞数量稍多，形状不规则，多为柳叶形和卵圆形，染色较浅。此时陷器主要分布在吻部腹面，集中在靠近中央凹两侧。

9 日龄仔鱼（图 4.44e）：陷器凹陷继续加深，有陷器分布的皮肤表面也开始微微下凹，肉眼可见。感觉细胞和支持细胞数量均有所增加，染色较深。有大颗粒色素细胞出现。

10 日龄仔鱼（图 4.44f）：感觉细胞和支持细胞的数量继续增加。感觉细胞排列于支持细胞间。出现陷器的皮肤表面下陷程度也有所加深。随其发育，皮肤表面下陷明显。出现发育完善的单个陷器。

12 日龄仔鱼（图 4.44g）：此时吻部腹面开始呈现出多个陷器聚集成簇，初具"梅花样"形状，但各个陷器的宽度和下陷深度还较小。分布区域扩大到吻部两侧与背面，但以腹面的数量最多。

15 日龄仔鱼（图 4.44h）：陷器的宽度和下陷深度继续增加，分布范围也不断扩大，此时在眼眶周围也有零星陷器出现。

20 日龄仔鱼（图 4.44i）：感觉细胞和支持细胞的数量增多，染色较深。黑色素颗粒也有所增加。

25 日龄仔鱼（图 4.44j）：陷器继续向下凹陷，感觉细胞数量较支持细胞多，排列紧密。

30 日龄仔鱼（图 4.44k, l）：整个陷器凹陷呈壶状，感觉细胞和支持细胞数量较多，占据整个陷器高度的 1/2 以上。感觉细胞数量较多，染色较深。

35 日龄仔鱼（图 4.44m，n）：多个陷器成簇排列，且该部分皮肤明显凹陷，形成花朵状凹穴，肉眼即可看清。

40 日龄仔鱼（图 4.44o，p）：成簇的陷器"梅花样"聚集在一起，分布紧密。表皮有少量杯状细胞排列。

由表 4.15 可知，中华鲟头长增长迅速，头长占全长的比例从 5 日龄的 17.75% 增长到 140 日龄的 36.75%。中华鲟吻较长，140 日龄时吻长可达头长的 46.58%。吻部腹面出现陷器较早，数目较多且增长速度较快。吻部两侧及眼眶周围的陷器出现较晚且数量较少。

表 4.15　中华鲟陷器数目变化（$n=10$）

日龄	全长 (mm)	头长 (mm)	吻长 (mm)	陷器数目（个）	
				吻部腹面	吻部两侧及眼眶周围
5	22.25	3.95	1.26	*	*
7	25.23	4.46	1.61	17	*
9	28.49	5.79	2.04	36	*
10	29.32	5.94	2.20	68	*
12	31.74	6.62	2.49	128	26
15	33.30	7.24	2.84	167	43
25	40.08	8.93	3.28	248	84
30	42.42	10.04	4.16	351	102
40	47.85	9.32	3.58	406	127
55	59.94	13.51	6.62	487	159
70	76.32	18.57	7.09	721	197
100	85.63	23.47	10.84	968	253
110	94.16	29.42	14.38	1042	284
120	148.68	41.25	23.14	1263	321
140	187.59	68.94	32.11	1597	357

注：* 代表未出现

由表 4.16 可知，随着个体的发育，陷器的宽度、下陷深度均呈持续增长趋势。其中陷器宽度的增长比较平缓。下陷深度在发育初期小于宽度且增长速度较为缓慢，12 ～ 40 日龄为快速增长阶段，15 日龄时开始超过陷器宽度。

表 4.16　中华鲟陷器宽度与下陷深度的变化（$n=10$）

日龄	全长 (mm)	陷器宽度 (μm)	下陷深度 (μm)
5	22.25	*	*
7	25.23	23.3	22.1
9	28.49	34.6	30.4
10	29.32	43.3	41.8
12	31.74	54.7	52.1
15	33.30	71.4	86.8
25	40.08	92.4	122.8
30	42.42	100.8	157.2
40	47.85	108.2	168.8
55	59.94	119.4	179.2
70	76.32	128.8	201.1
100	85.63	130.2	214.9
110	94.16	144.6	243.1
120	148.68	159.4	275.4
140	187.59	171.1	341.7

注：* 代表未出现

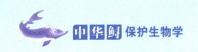

实验发现陷器的发育情况如下：7日龄时具备陷器雏形，10日龄出现发育完善的单个陷器，12日龄时吻部腹面呈现多个陷器聚集成簇。在10～15日龄陷器数目、宽度及下陷深度均增长迅速。中华鲟9日龄时从内源性营养转为外源性营养，开始摄取外界食物。陷器作为与摄食密切相关的感觉器官，快速完成了其早期发育，以利于仔鱼的摄食。

4.3.4.3　行为机能试验

不同发育时期中华鲟对水底不同刺激物的反应见表4.17。自7日龄起，中华鲟对放入水底的铁棒有逃避行为，且反应十分强烈，呈极度受惊状，游泳速度骤然加快，从刺激物上方快速逃离，有时甚至蹿出水面。多次连续重复刺激后仍有强烈反应。对放入池底同样大小的玻璃棒则没有任何反应。10日龄起开始摄食活水蚯蚓，出现吸吮和咬食反应。对死水蚯蚓没有任何反应。

表 4.17　中华鲟对几种刺激的反应

日龄	铁棒		活水蚯蚓		玻璃棒	死水蚯蚓
	反应行为	反应距离 (cm)	反应行为	反应距离 (cm)		
5	无	*	无	*	无	无
7	逃避	< 1	无	*	无	无
9	逃避	< 1	无	*	无	无
10	逃避	< 1	摄食	*	无	无
12	逃避	< 1	摄食	< 1	无	无
15	逃避	< 1	摄食	< 1	无	无
25	逃避	< 2	摄食	< 1	无	无
30	逃避	< 2	摄食	< 1	无	无
40	逃避	< 2	摄食	< 1	无	无
60	逃避	< 2	摄食	< 1	无	无
90	逃避	< 5	摄食	< 2	无	无
120	逃避	< 5	摄食	< 2	无	无
150	逃避	< 10	摄食	< 2	无	无
180	逃避	< 10	摄食	< 2	无	无

注：* 代表未出现

对中华鲟的摄食行为和皮肤感觉器官进行观察，发现中华鲟仅对吻部腹面下方很近距离的食物有摄食反应，对头部两侧的食物则无反应，即使食物的距离非常近，对远距离食物无趋近行为。这说明中华鲟利用吻部皮肤的近距离或接触型感觉器官识别食物，而视觉、嗅觉等远距离感觉器官在摄食中的作用不大，这与中华鲟游动的不灵活性相适应。同时，实验发现中华鲟对较小电刺激物有咬食和吮吸反应，而其饵料生物（如寡毛类、螺类等）均已被证实能产生微弱的特异性生物电信号，是理想的较小电刺激物（梁旭方，1996），会诱导中华鲟产生摄食反应，因此认为中华鲟具有灵敏的电觉器官并主要依靠电觉摄食。行为机能试验发现中华鲟对死水蚯蚓无摄食反应，表明，此时的水蚯蚓已不能产生生物电信号，不能引起中华鲟陷器对它的感觉。铁棒在水中能产生微弱电流，中华鲟陷器能够感觉到，因此出现逃避行为，而玻璃棒则不能产生电流，因而中华鲟对此无反应。陷器主要分布于吻的背腹面及两侧，头部的眼眶上下等处亦有零星分布，而吻部腹面的陷器数量占绝大多数。这与中华鲟的底栖生活及摄食方式密切相关。故认为10～15日龄后，陷器迅速完成了早期发育，在中华鲟的摄食行为中起到了决定性作用。

4.4 中华鲟早期生活史阶段耗氧率研究

4.4.1 水温对中华鲟胚胎耗氧率的影响

水温对中华鲟胚胎（尾部接近心脏时期）的耗氧率有较大影响，表现为随着水温的升高，胚胎耗氧率有逐渐升高的趋势。在 14 ～ 22℃，胚胎耗氧率的变化幅度比较小，而在 22 ～ 26℃，胚胎耗氧率变化幅度较大，其中 26℃比 24℃条件下的耗氧率有所降低（表 4.18）。水温与耗氧率之间有着密切关系（殷名称，1995)，这是因为温度作为控制因子，对生物生长、发育及代谢强度都有较大的影响。温度的变化对胚胎最后孵出的影响表现得尤为明显，仔胚的孵出一方面依靠胚体表皮孵化腺分泌孵化酶使卵膜软化，另一方面依靠自身活动性的加强。温度通过影响仔胚孵化酶的分泌及其活性而控制仔胚的孵出。而孵化酶的分泌和自身活动性的加强，都表明胚胎发育阶段的耗氧率会达到一个高峰。但当水温超过 24℃后，其耗氧率又出现下降的现象，表明中华鲟胚胎发育有一个适宜的温度范围，超过这个适宜温度范围，酶活力反而下降，导致新陈代谢变慢，引起耗氧率下降，在实际生产中的表现便是胚胎畸形率和死亡率的升高。

表 4.18　中华鲟胚胎耗氧率与水温的关系 (n=100)

水温（℃）	14	16	18	20	22	24	26
耗氧率 [mg/(100eggs·min)]	0.69	0.74	0.83	0.89	1.00	2.44	1.63

4.4.2 不同发育阶段中华鲟胚胎耗氧率的变化

中华鲟胚胎耗氧率随发育而逐渐增加，随着细胞的分裂、增生和组织器官的逐渐形成，中华鲟胚胎的新陈代谢必将逐渐加强，因此胚胎耗氧率也逐渐升高（表 4.19）。中华鲟胚胎发育过程中其耗氧率上升比较明显的共有 7 个阶段，即原肠胚期、隙状胚孔期、心脏形成搏动期、尾部接近心脏期、

表 4.19　不同发育阶段中华鲟胚胎耗氧率 (n=100)

发育时期	距受精时间 (h)	耗氧率 [mg/(100eggs·min)]
受精卵	0	0.28
16- 细胞期	4	0.29
囊胚晚期	13	0.30
原肠胚期	25	0.49
大卵黄栓期	29	0.46
小卵黄栓期	33	0.44
隙状胚孔期	36	0.58
神经沟早期	40	0.48
神经褶靠近期	46	0.58
神经管闭合期	52	0.52
排泄系统原基加厚期	55	0.69
侧板联合、尾芽分离期	57.5	0.62
心脏形成搏动期	64	0.87
尾部接近心脏期	79	1.16
胚体滚动期	108.5	1.38
出膜期	120	1.54
仔鱼期	125	3.22

胚体滚动期、出膜期和仔鱼期，与前一发育时期相比，其耗氧率的倍数分别为 1.63 倍、1.32 倍、1.39 倍、1.33 倍、1.19 倍、1.11 倍和 2.09 倍，以原肠胚期和仔鱼期增加倍数最高。表明在这两个发育阶段中华鲟胚胎的新陈代谢最旺盛，其胚胎发育过程中上述两个发育期最易受水体溶氧变化的影响，当水体溶氧偏低时，将出现胚胎发育迟缓、代谢紊乱、仔鱼提前脱膜等现象，最终将导致较高的苗种畸形率或死亡率。因此，适宜的水体溶氧水平是保证中华鲟胚胎正常发育和孵出的基本条件之一。

4.4.3 水温对中华鲟仔鱼耗氧率的影响

不同水温对中华鲟仔鱼耗氧率有一定的影响，无论是耗氧率还是耗氧量，均随着水温升高而呈增大趋势。当水温升到 26℃ 时，中华鲟仔鱼耗氧率最高，为（1.1177±0.0241）mg/（100 eggs·min），约是 14℃ 时的 4.9 倍。总的变化趋势是，在一定水温范围内，水温升高耗氧率也随之增大（表 4.20）。其原因主要有以下两个方面：一是在一定的氧饱和状态下，冷水比温水时溶解更多的氧气，鱼在温水中为了得到在冷水中等量的氧气，必须通过鳃部过滤更多的温水而获得（Schurmann and Steffensen，1997），故在高温下的耗氧量和耗氧率都要高于低温下的耗氧量和耗氧率；二是温度对鱼类的新陈代谢活动也起着重要作用，随着水温的升高，维持生命的脑、心脏、肝等重要组织器官的活动增强，各种酶的活性提高，鱼类的活动强度增大，基础代谢旺盛，表现出耗氧率和耗氧量同时升高的现象（雷慧僧，1981；邹桂伟等，1998）。

表 4.20　水温对中华鲟仔鱼耗氧率的影响（Mean±SD）

水温（℃）	取样尾数（ind.）	耗氧量 [mg/（h·ind.）]	耗氧率 [mg/（100eggs·min）]
14	40	0.0138±0.0005	0.2292±0.0084
16	40	0.0505±0.0006	0.8422±0.0096
18	40	0.0490±0.0055	0.6113±0.0688
20	40	0.0562±0.0017	0.9373±0.0286
22	40	0.0628±0.0011	0.8966±0.0152
24	40	0.0750±0.0014	1.0711±0.0200
26	40	0.0782±0.0017	1.1177±0.0241

4.4.4 中华鲟仔鱼和稚鱼耗氧率的昼夜变化

中华鲟仔鱼在凌晨 3:00 时耗氧率最低，为（0.5337±0.0841）mg/（100eggs·min），7:00～13:00 时，仔鱼的耗氧率逐渐升高，13:00 最高，为（1.2190±0.1035）mg/（100eggs·min），约为最低值的 2.3 倍，13:00 以后，耗氧率又逐渐下降。稚鱼在早晨 9:00 耗氧率最低，为（0.8074±0.1995）mg/（100eggs·min），9:00～13:00 时，稚鱼的耗氧率逐渐升高，13:00 最高，为（2.3625±0.4430）mg/（100eggs·min），约为最低值的 2.9 倍，13:00 以后，耗氧率虽有下降趋势，但高低交替出现，变化不是很明显（表 4.21）。

表 4.21　中华鲟仔稚鱼耗氧率的昼夜变化（Mean±SD）

测定时间	样本量		耗氧量 [mg/（h·ind.）]		耗氧率 [mg/（100eggs·min）]	
	仔鱼/稚鱼		仔鱼	稚鱼	仔鱼	稚鱼
9:00	40/20		0.0483±0.0070	0.1168±0.0180	0.8048±0.1172	0.8074±0.1995
11:00	40/20		0.0655±0.0043	0.0729±0.0068	1.0913±0.0718	0.8097±0.0759
13:00	40/20		0.0731±0.0062	0.2125±0.0399	1.2190±0.1035	2.3625±0.4430
15:00	40/20		0.0557±0.0042	0.0745±0.0066	0.9282±0.0695	0.8281±0.0733
17:00	40/20		0.0538±0.0060	0.1753±0.0194	0.8958±0.1004	1.9481±0.2151
19:00	40/20		0.0631±0.0014	0.1628±0.0329	1.0509±0.0234	1.8093±0.3650
21:00	40/20		0.0334±0.0032	0.1530±0.0311	0.5629±0.0531	1.7004±0.3457

测定时间	样本量	耗氧量 [mg/(h·ind.)]		耗氧率 [mg/(100eggs·min)]	
	仔鱼/稚鱼	仔鱼	稚鱼	仔鱼	稚鱼
23:00	40/20	0.0524±0.0016	0.1850±0.0066	0.8732±0.0271	2.0552±0.0731
1:00	40/20	0.0505±0.0007	0.1737±0.0138	0.8423±0.0116	1.9300±0.1536
3:00	40/20	0.0440±0.0050	0.1647±0.0159	0.5337±0.0841	1.8297±0.1763
5:00	40/20	0.0693±0.0019	0.1669±0.0073	1.1550±0.0313	1.8548±0.0811
7:00	40/20	0.0471±0.0064	0.1714±0.0081	0.7850±0.1070	1.9041±0.0895

一般认为鱼类代谢水平的昼夜变化有 3 种类型（董存有和张金荣，1992；戴庆年和赵莉莉，1994）：①白天大于夜间，如平鲷（*Rhabdosargus sarba*）；②夜间大于白天，如青石斑鱼（*Epinephelus awoara*）；③昼夜差异不明显，如大弹涂鱼（*Boleophthalmus pectinirostris*）。中华鲟仔稚鱼的耗氧率昼夜都有变化，其中稚鱼比仔鱼波动要明显得多，而且两者都在 7:00 ～ 15:00 变化最大，中华鲟仔稚鱼白天的平均耗氧率分别为 0.095 40 mg/(100eggs·min)、1.5248 mg/(100eggs·min)，夜间的平均耗氧率分别为 0.8697 mg/(100eggs·min)、1.8632 mg/(100eggs·min)，其代谢水平的昼夜变化属于其中的第 3 种，即昼夜差异不明显。Clausen(1936) 认为鱼类耗氧率有规律的昼夜变化，代表鱼类在自然环境中的活动周期，耗氧率高时表示鱼类进食或进行其他活动。

4.4.5 不同规格的中华鲟仔鱼和稚鱼耗氧率的变化

中华鲟的耗氧量随个体增大而相应增大，耗氧率则随个体增大而呈现下降趋势，表现出明显的负相关关系。耗氧率随个体长大而下降，是鱼类普遍存在的现象。林浩然（1999）研究认为，鱼体直接维持生命的多种组织，如肾脏、脑、鳃等，它们耗氧率较高；非直接维持生命的多种组织，如骨骼、肌肉等，耗氧率较低。两类组织在鱼的生长过程中所占比例不同，幼鱼以第一类组织所占比例较高，而骨骼、肌肉所占比例较少；随着个体的生长发育，第二类组织相对增长较快，所占比例逐渐升高。因此幼鱼的耗氧率较高，而个体较大的同种鱼类耗氧率则相对较低。但耗氧量正好相反，它随着体重增加而增大。另外，由于小规格个体生长迅速、基础代谢率高，它必须获得相对多的营养物质转化为自身物质，才能维持正常生命活动，且在自然环境中，其竞争能力不如成鱼，为了能争取食物和逃避敌害，必须保持高强度的生活能力，而在这种状态下，体内的能量代谢相对较高，因而耗氧量也就相对增高。因此这两个时期是仔鱼对溶氧的敏感时期，如果水中缺氧，很容易导致仔鱼大量死亡，在生产中应特别调整这两个时期水体中的溶氧量，以提高仔鱼的成活率。

4.4.6 中华鲟仔鱼和稚鱼窒息点的测定

研究鱼类的窒息点，弄清鱼类对水中溶氧的最低需求量，在养殖生产实践中是非常重要的。我们对出膜后 6 天、7 天、10 天、12 天、13 天的中华鲟仔鱼和稚鱼的窒息点进行了测定（表 4.22）。中华鲟仔鱼的窒息点较高，稚鱼的窒息点稍低，呈现出随着体重的增加，窒息点下降的趋势，这一结果与其他鱼类测定结果相似。通过与其他鱼类比较可知，中华鲟仔稚鱼对水中溶解氧要求相当高，如仔鱼窒息时水中溶氧量为史氏鲟和杂交鲟的 1.8 ～ 2.0 倍（谢刚等，2001），为鳙、草鱼的 3.0 ～ 6.8 倍（叶奕佐，1959），为罗非鱼的 8.9 ～ 29.3 倍（张中英等，1982）。稚鱼窒息时水中溶氧量为史氏鲟和杂交鲟的 1.4 ～ 1.6 倍，为鳙、草鱼的 3.0 ～ 6.8 倍，为罗非鱼的 8.9 ～ 29.3 倍。因此在水泥池培育鲟鱼苗种时必须每天补充新鲜水，并且要用增氧机经常充氧以保持水中高溶解氧（＞ 6 mg/L）才较为安全。

 中华鲟保护生物学

表 4.22　中华鲟仔鱼的窒息点

日龄	平均体重 (g)	平均体长 (cm)	温度 (℃)	窒息点 (mg/L)
6	0.060±0.01	1.9±0.02	20.5	2.5754
7	0.082±0.01	2.7±0.01	20.5	1.6626
10	0.088±0.01	2.6±0.02	20.5	2.6080
12	0.110±0.01	3.0±0.01	20.5	2.0864
13	0.115±0.01	3.2±0.01	20.5	2.0538

5

早期生活史特征

5.1　早期行为

中华鲟仔鱼脱膜后，立即靠尾部的激烈摆动向水体的上层游动，呈头部在上尾部在下的垂直姿势，尾部的摆动是间歇性的，在水体上层坚持一段时间后，尾部短暂停止摆动，接着鱼体头部向下自由下沉，然后又迅速地摆动尾部向上游，使鱼体保持于水体的上层，如此循环往复。

刚脱膜的仔鱼表现出趋光性，并且这种趋光性一直延迟到 6 日龄，6 日龄以前仔鱼基本不贴江底。从 7 日龄开始，仔鱼趋光的比例下降，同时伴随着部分仔鱼沉向江底，并有少数仔鱼钻入洞穴和卵石缝。四川省长江水产资源调查组（1988）也观察到 7 日龄的中华鲟仔鱼喜底栖生活，这与庄平（1999）的研究结果一致。8 日龄、9 日龄、10 日龄是仔鱼钻洞的高峰期，沉底的仔鱼数量也增多，趋光的比例下降。从 11 日龄开始有些仔鱼开始出洞，趋光的比例又恢复到先前的水平，几乎 100% 趋光，但这时仔鱼几乎全部贴底，这或许是由于仔鱼到了浅水区，在底层仍有足够的光线，这一天仔鱼也从喜爱黑色底质栖息地转向了喜爱白色底质栖息地（从 5 日龄开始喜爱黑色栖息地可能与寻找洞穴或石缝有关），这一切似乎是为开口摄食做充分的准备（庄平，1999）。

大多数仔鱼在 12 日龄开口摄食，这时也还有少量的仔鱼仍然待在江底的洞穴或石缝中。开口摄食后便进入后期仔鱼时期，这是仔鱼阶段的一个重要转折期，这时中华鲟仔鱼全部贴底，全部选择白色底质栖息地，趋光，与趋性相关的行为特征已趋于稳定。13～17 日龄还有少量仔鱼待在洞穴或石缝中，但比例逐日减少，18 日龄以后全部出洞或石缝。出洞或石缝不久的仔鱼，在摄食场要停留一段时间。30 日龄以后的仔鱼，有少数顺水洄游现象，继续向下游洄游，但洄游的比例不大，直到 160 日龄，都没有出现刚出膜的前 3 天那样高比例的洄游，有相当一部分仔稚鱼较长时间停留在长江中下游的一些摄食场（庄平，1999；Zhuang et al.，2002）。

我们从行为生态学角度研究了中华鲟子二代的早期个体行为，结果显示，中华鲟子二代仔鱼在 8 日龄以后洄游停止，与野生亲鱼催产后得到的仔鱼数据保持一致，洄游遗传行为得到保留。中华鲟子二代幼鱼（5 月龄和 7 月龄）均偏好白色底质，与已有野生幼鱼观察结果一致。中华鲟子二代幼鱼相比于野生幼鱼，趋光性较弱，表明其对人工低照度养殖环境产生了适应。随着年龄增大，子二代幼鱼对光照可接受的范围变大，幼鱼在砂底的时间和数量最多，并且无藏匿行为，与野生幼鱼早期行为习性基本相同。

5.2　游泳行为

为了掌握中华鲟成鱼的游泳行为，我们选择在中华鲟自然繁殖期，对 9 尾野生中华鲟在产卵场江段的垂直游泳行为进行了观测，发现中华鲟成鱼均有垂直游泳的特征，占总时长的

64%±24%。一个垂直游泳周期持续时间为 100～1000 s，并且超过一半时间贴近河床底部游泳。垂直游泳过程中，中华鲟上升游泳和下潜游泳的头部仰角和俯角分别为 11°±2° 和 9°±3°。在非垂直游泳时间里，中华鲟的游泳深度变化较小，身体接近水平（图 5.1）。在整个过程中，中华鲟的尾摆频率为 (0.77±0.2) Hz。特别值得关注的是，所有被监测的中华鲟均有出水的行为，平均 (0.35±0.24) 次 /h（图 5.2）。在出水游泳过程中，中华鲟游泳速度显著增加至 3.0 m/s，尾摆频率达 10 Hz，尾摆力度明显增强，上升仰角达 80°。到达水面后，游泳速度显著降低，下潜俯角至 70°，在随后的下降过程中，游泳速度、尾摆频率和尾摆力度显著下降。

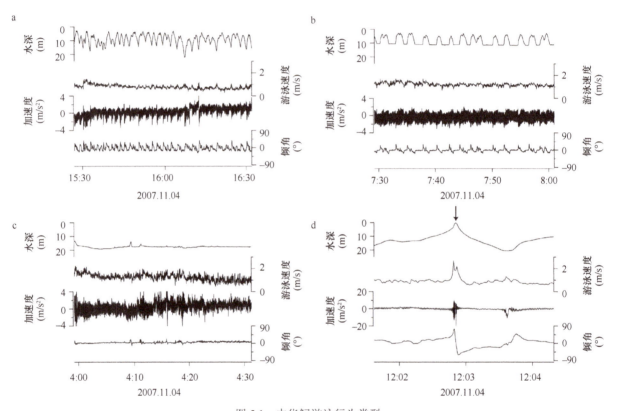

图 5.1　中华鲟游泳行为类型

a. 垂直游泳行为；b. 贴近河床的游泳行为；c. 贴在河床上的游泳行为；d. 出水游泳行为（箭头表示出水）

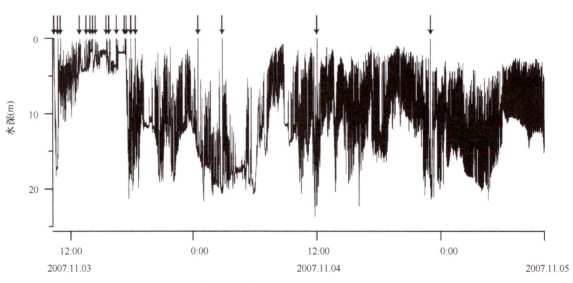

图 5.2　中华鲟垂直游泳行为（箭头代表出水行为）

中华鲟的出水行为很好地解释了为什么其作为底栖型的鱼类，经常被船舶螺旋桨打伤甚至打死。根据我们对葛洲坝产卵场江段误捕和科研捕捞中华鲟的机械损伤情况统计，接近一半的中华鲟成鱼存在螺旋桨损伤的疤痕。

此外，我们在三峡水库对 7 尾人工养殖中华鲟的游泳行为进行了观测，发现存在两种明显不同的游泳类型，其中 4 尾中华鲟主要在浅水区，表现出连续的垂直游泳和尾摆，垂直游泳幅度分别为（2.4±4.3）m、（1.6±1.6）m、（1.0±1.3）m 和（1.5±1.3）m。与野生中华鲟一样，这种浅水类型的中华鲟有主动游泳出水的现象，并且在出水瞬间速度达 3 m/s，仰角达 80°，停留时长为 1～2 s；下潜过程中，速度和倾角开始下降，但是尾巴一直处于摆动状态（图 5.3）。

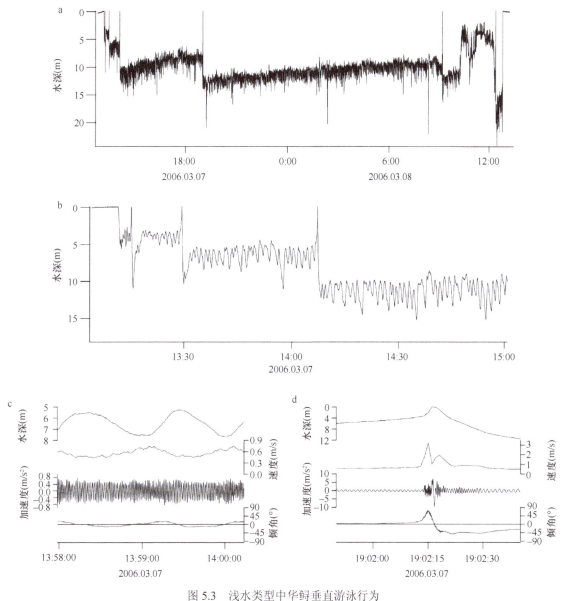

图 5.3 浅水类型中华鲟垂直游泳行为

a. 完整的游泳水深记录；b. 局部游泳水深放大图；c. 垂直游泳运动特征图；d. 出水行为

另外 3 尾鱼主要在深水区，大多数时间躺在河床上，很少活动，偶尔会离开河床，间隔时间分别为（12.5±25.9）min、（18.4±24.8）min 和（21.3±28.9）min。在游泳过程中，仅上升阶段它们的尾部会摆动。整个游泳过程中没有出水行为，到达最浅水深分别为 23.9 m、0.9 m 和 11.1 m，与浅水游泳类型相比，尾摆频率和游泳倾角也与浅水游泳类型表现出了显著的区别（图 5.4）。

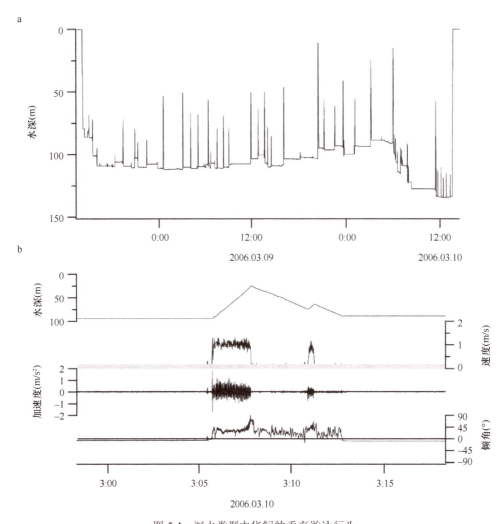

图 5.4　深水类型中华鲟的垂直游泳行为

a. 完整的游泳水深记录；b. 一个 20 min 周期内中华鲟的游泳水深、速度、加速度和倾角

第 2 部分

种 群 生 态 学

6

自然种群概况

6.1　分布及生活史

中华鲟分布于中国近海（包括东海、黄海和台湾海峡等）及流入其中的大型江河，包括长江、珠江、闽江、钱塘江和黄河。目前，闽江、钱塘江和黄河中华鲟已经绝迹，珠江中华鲟数量稀少，仅长江中华鲟的现存量较大（乐佩琦和陈宜瑜，1998）。珠江中华鲟的繁殖季节（春季）与长江中华鲟的繁殖季节（秋季）不同，形态结构也存在差异。1834 年 Gray 定名中华鲟时，所用的模式标本（体长 32 cm）可能来自珠江水系（四川省长江水产资源调查组，1988）。

长江中华鲟第一次性成熟年龄雌性为 14～26 龄，雄性为 8～18 龄，产卵季节是 10～11 月（余志堂等，1986；Wei et al.，1997）。属一次产卵类型鱼类，其产卵间隔至少 2 年。雌性成熟个体重量一般在 150 kg 以上，雄性在 50 kg 以上。观测到的中华鲟最大年龄为 34 龄。

长江中华鲟是典型的江海洄游性鱼类。在海中长大、即将性成熟的中华鲟，每年 7～8 月进入长江口，溯江而上，其间停止摄食，依靠体内脂肪提供运动的能量并完成性腺的最后成熟，于次年 10～11 月到达金沙江下游和长江上游（葛洲坝截流前）或葛洲坝下（葛洲坝截流后）产卵繁殖。受精卵在产卵场孵化后，鲟苗随江漂流，第二年 4 月中旬至 10 月上旬长江口即出现 7～38 cm 长的中华鲟幼鲟，它们以后陆续进入海洋。亲鱼产卵后一般也立即返回海洋（余志堂等，1986；四川省长江水产资源调查组，1988）。

在海区，中华鲟主要栖息在我国近海的大陆架水域。根据 20 世纪 60 年代和 70 年代的资料，中华鲟在海洋的栖息以长江口渔场和舟山渔场较多。在长江，中华鲟喜在深槽沙坝即沿江河道水较深且多沙丘的地方游移（四川省长江水产资源调查组，1988）。中华鲟在葛洲坝下产卵期间的活动范围主要是大江电厂出水口至西坝庙咀；沿大江至胭脂坝的长江主河槽作为中华鲟迁移的主路线，也有少量中华鲟的出现，但中华鲟一般不在此长时间停留。在水流平缓的三江水域及水流湍急的二江电厂和泄洪闸出水区均未发现中华鲟的栖息（危起伟，2003；Yang et al.，2006）。

6.2　产卵场

葛洲坝截流前，中华鲟产卵场主要分布于金沙江下游和长江上游。四川省长江水产资源调查组于 1971～1975 年对中华鲟产卵场进行了调查，证实中华鲟产卵场分布的范围至少在长江的合江至金沙江的屏山江段，包括金沙江宜宾至屏山间的三块石、偏岩子和金堆子产卵场，长江泸州的铁匠滩和合江的望龙碛产卵场（四川省长江水产资源调查组，1988）。

1981 年 1 月长江第一座水利工程葛洲坝（湖北宜昌）截流后，中华鲟产卵洄游路线被切断，产卵群体被阻隔在坝下。1982 年人们就已观察到坝下中华鲟自然产卵的现象。产卵场分布在葛洲坝至

猇亭（古老背）约 30 km 范围内，主要是宜昌胭脂坝至葛洲坝约 7 km 的江段（余志堂等，1986；Wei et al.，1997）。Kynard 等（1995）采用超声波跟踪的方法，研究了中华鲟亲鱼在产卵期间的活动情况，并判断中华鲟的产卵场可能局限在葛洲坝坝下至庙咀之间约 3 km 江段的范围。我们根据遥测跟踪数据分析，繁殖季节的性成熟中华鲟集中在葛洲坝下约 7 km 的长江主河道中，大部分时间分布在距离大坝约 1.08 km 以下的大江江段（危起伟，2003）。

6.3 捕捞量

1981 年以前，长江中华鲟的商业捕捞主要在长江中游和上游。1972 ～ 1980 年，全江段中华鲟的平均年捕捞量为 77.55 t，按每尾 150 kg 计，相当于 517 尾（柯福恩等，1984）。葛洲坝截流后的头 2 年（1981 ～ 1982 年），大量的中华鲟云集于葛洲坝下，使得中华鲟的年捕捞量达到 1163 尾（包括坝上江段的 161 尾）的高峰。从 1982 年起，禁止中华鲟（包括所有成体和幼体）的商业捕捞，仅保留在繁殖季节少量的科研捕捞。

6.4 繁殖群体资源量

葛洲坝截流初期（1983 ～ 1984 年），中国水产科学研究院长江水产研究所柯福恩等（1992）曾采用标志放流的方法来估算当年长江中华鲟产卵群体的资源量，得到当时长江中参加产卵繁殖的中华鲟繁殖群体数量为 2176 尾，95% 的置信区间为 946 ～ 4169 尾。常剑波（1999）估算出 1981 ～ 1990 年中华鲟繁殖群体的资源量为 822 ～ 1650 尾。1996 ～ 2001 年，我们在开展中华鲟超声波追踪及人工繁殖研究的同时，结合科研用中华鲟的捕捞进行了中华鲟标志放流和重捕试验，以评估长江宜昌江段中华鲟种群资源状况。5 年共在宜昌标志放流中华鲟亲鲟 74 尾，有 11 尾被重捕。葛洲坝截流后，每年 9 ～ 11 月，当年参加产卵繁殖的中华鲟亲鲟及少量将于次年产卵繁殖的性腺处于III期的个体均在葛洲坝下聚集，产卵完成前一般不离开产卵场，在此期间，种群数量的变化仅受捕捞活动的影响。结合中华鲟种群较小、标志放流样本较少的结果，采用经 Bailey（1951）和 Chapman（1951）改良的 Petersen 法估算资源量，得出 1996 ～ 2001 年宜昌江段每年的中华鲟种群数量为 292 ～ 473 尾，95% 的置信区间为 105 ～ 890 尾。总体上看，1981 ～ 1999 年的 19 年间，中华鲟繁殖群体数量减少了 90% 左右（危起伟，2003）。2005 ～ 2007 年产卵前中华鲟繁殖群体的数量分别为 235 尾、217 尾和 203 尾（陶江平等，2009）。2014 ～ 2016 年，估算的繁殖群体数量仅在 50 尾左右（《长江三峡工程生态与环境监测公报》，2015 年，2016 年，2017 年）。因此，自葛洲坝截流以来，中华鲟繁殖群体的数量已严重下降。

6.5 幼鱼资源量

到达长江口的中华鲟幼鱼的数量较葛洲坝截流前明显减少，包括分布范围缩小及相对数量减少。从捕捞情况来看，20 世纪六七十年代，中华鲟幼鱼是长江口 4 种主要的经济鱼类之一，而葛洲坝截流后，该江段的中华鲟幼鱼每年的总误捕量只有 5000 尾左右。20 世纪末，长江口江苏溆浦段幼鱼资源量出现了回升趋势，年误捕量达 10 000 尾（危起伟，2003）（图 6.1），2002 ～ 2009 年在这一江段的监测发现，中华鲟幼鱼的数量逐年降低，2009 年 5 ～ 7 月该监测站获得的总数量只有 20 尾。与之前相比，中华鲟幼鱼在长江口出现的时间没有明显变化，但出现较高数量比例的时间由以前的 6 月变为 5 月中下旬和 6 月，幼鱼规格较截流前也有较大变化（李罗新等，2011）（表 6.1）。

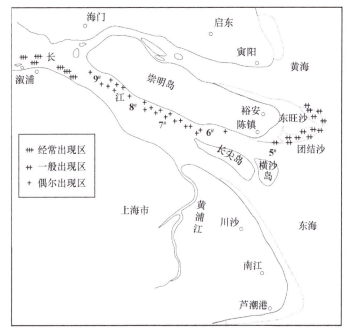

图 6.1 长江口中华鲟幼鱼分布情况

表 6.1 三峡工程截流前后长江口中华鲟幼鱼结果比对

时间	三峡工程截流以前				三峡工程截流以后			
	数量 (n=4)	比例 (%) (n=4)	平均体长 (cm)	平均体重 (g)	数量 (n=4)	比例 (%) (n=4)	平均体长 (cm)	平均体重 (g)
5月上旬	0	0	ND	ND	7	4.7	ND	ND
5月中旬	11	1.0	12.45(12)	11.20(12)	18	11.9	18.42(34)	52.91(32)
5月下旬	102	9.4	12.96(34)	12.82(34)	35	23.0	24.27(22)	45.08(79)
6月上旬	352	32.6	14.11(419)	14.55(419)	33	21.7	26.91(17)	143.57(7)
6月中旬	265	24.5	17.84(288)	27.59(288)	26	17.0	26.06(64)	127.02(42)
6月下旬	298	27.6	19.48(114)	49.64(114)	21	13.8	29.93(59)	188.11(28)
7月上旬	36	3.3	22.64(68)	82.88(68)	7	4.6	32.40(15)	443.33(9)
7月中旬	11	1.0	23.83(9)	97.50(9)	3	2.2	30.50(4)	312.50(4)
7月下旬	5	0.5	27.80(5)	142.60(5)	2	1.0	28.00(5)	240.00(5)

注：ND 表示缺少相关数据；括号内数字为监测点数量

常剑波（1999）根据荧光色素标志放流首次对中华鲟幼鱼资源量进行了估算，假设在捕捞期间中华鲟幼鱼的死亡率为 10%～50%，估算出长江中华鲟幼鱼资源 1997 年和 1998 年为 34 502～330 033 尾。但是，该估算没有考虑中华鲟放流降河期间的死亡率问题，故可能估算值偏高。我们采用经 Bailey（1951）和 Chapman（1951）改良的 Petersen 法（里克，1984）对 1998～2001 年放流回捕率和长江口中华鲟幼鱼资源量进行了估算，测算结果显示，在考虑死亡率的情况下，长江口中华鲟幼鱼资源量在 4 年期间为 18.3 万～86.5 万尾。这种估测受到诸多因素的影响，自然死亡率和捕捞死亡率不可能是恒定数，因环境改变可能随时间有较大的变化，如何使估算与实践相符，有待于长期观测和研究（危起伟，2003）（图 6.2，表 6.2）。

人工繁殖放流效果评价对指导中华鲟的增殖放流具有重要意义。在这方面我国起步晚，人工繁殖放流较为盲目，造成了"人工放流进行了几十年，却未知放流效果"的局面。1983 年葛洲坝下中华鲟人工繁殖获得成功，同年开始向长江投放人工繁殖的中华鲟苗，至 2002 年共放流各种规格中华鲟苗约 61 416 万尾（傅朝君等，1985）。1996 年前，长江放流的中华鲟幼鱼均未标记。1996～1998 年，常剑波（1999）采用茜素络合物浸泡的方法标志了放流的部分中华鲟幼鱼。此后，1998～2002 年，

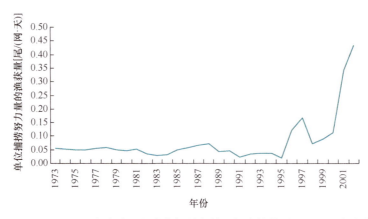

图 6.2 1972～2001 年溆浦江段中华鲟幼鱼单位努力捕捞量（CPUE）年度变化

表 6.2 长江口中华鲟幼鱼资源估算

年份	M_0（尾）	M（尾）	C（尾）	R（尾）	R/C(%)	C_{10}(%)	N（尾）	N95% 上限（尾）	N95% 下限（尾）
1998	15 834	791.7	1 090	0	0.000 0	0.000 0	864 836	864 836	184 008
1999	20 821	1 041.05	1 052	5	0.475 3	2.282 7	182 880	422 030	86 400
2000	20 436	1 021.8	3 911	8	0.204 6	1.000 9	444 577	909 362	238 166
2001	20 866	1 043.3	347	0	0.000 0	0.000 0	363 416	363 416	77 323
平均					0.170 0	0.820 9			

注：C_{10} 为放流规格为 10 cm 的中华鲟幼鱼 10 万尾在长江口的贡献；M_0 为放流标志鱼的数量；M 为标志鱼在捕捞期的存活数量；C 为总捕捞数量；R 为捕捞的标志鱼的数量；N 为放流时自然种群的数量

$$N = \sum_{t=0}^{h} N_t$$

$$N_t = \frac{(M_t +1)(C_t +1)}{R_t +1}$$

式中，N 为标记时种群的大小；M_t 为在 t 时间标志放流鱼在长江口的数目，$M_t = Zrt \times M_0$；C_t 为调查中 t 时间所取的渔获物或样品的数量；R_t 为在 t 时间样品中重捕标记鱼的数目。

为计算方便，以整个捕捞季节为一个时间单位，并设整个捕捞季节人工放流的和自然繁殖的幼鱼死亡率相同，则：

$$N = \frac{(M +1)(C +1)}{R +1}$$

人工标志的幼鱼在捕捞期数量为 $M=[(1–Zr) \times M_0] \times Zc$。

标志鱼在放流至回捕时的总死亡率为 $Zr=0.9$，中华鲟幼鱼长江口 4～7 月（捕捞期间）死亡率为 $Zc=0.5$。

为研究中华鲟人工放流效果，我们向长江放流人工繁殖中华鲟 2 月龄稚鱼（全长 7.5～17.0 cm）17.52 万尾，其中 77 957 尾用 CWT（coded wire tag）进行标记；14 月龄幼鱼（全长 55.0～98.0 cm）400 尾，全部用外挂银牌和 CWT 双重标记，放流后沿长江及沿海收集中华鲟稚鱼和幼鱼样本，4 年共回收稚鱼样本 6400 尾，幼鱼样本 13 尾，检测到携带标记的稚鱼和幼鱼各 13 尾。初步估算出 1999 年和 2000 年人工放流个体在长江口幼鱼种群中的贡献率分别为 2.281% 和 0.997%（杨德国等，2005）（表 6.3～表 6.5）。我们的研究结果与 Secor 等（2000）的实验结果较为相近，其在伏尔加河放流 3 g 左右的俄罗斯鲟、闪光鲟和欧洲鳇个体，回到放流地点的成鱼回捕率为 0.6%～1%。Zhu 等（2002）采用微卫星 DNA 指纹技术进行了人工放流效果研究，发现人工放流全长 10 cm 的中华鲟幼鱼 3 万尾在长江口的贡献率为 5%，该结果显著高于我们的研究结果。是否为取样误差和标志技术自身问题，有待于进一步研究。

表 6.3 1998～2002 年中华鲟稚、幼鱼放流情况

放流日期	放流地点	平均全长 (cm)	放流尾数	其中标记尾数
1998.12.28	沙市	14.5 (11.8～17.0)	22 000	15 834
		78.0 (59.0～90.0)	100	100
1999.12.28	宜昌	11.0 (7.9～12.9)	50 000	20 821
		71.8 (68.0～87.0)	100	100

续表

放流日期	放流地点	平均全长（cm）	放流尾数	其中标记尾数
2000.12.30	沙市	12.9(10.7～14.9)	53 200	20 436
		86.2(73.0～98.0)	100	100
2002.01.08	沙市	11.1(7.5～14.5)	50 000	20 866
		63.5(55.0～70.0)	100	100

表 6.4　1999～2002 年逐年回捕样本数统计

年份	稚鲟		幼鲟	
	回捕样本总数	标志鱼尾数	回捕样本总数	标志鱼尾数
1999	1090	0	3	3
2000	1052	5	4	4
2001	3911	8	3	3
2002	347	0	3	3

表 6.5　标记幼鱼回捕数据统计

编号	回捕日期	回捕地点	放流—回捕天数	迁移距离（m）***
No.299	1999.03.01	江苏靖江市斜桥镇	63	1437
不清*	1999.02.15	湖北嘉鱼县	49	346
No.292	1999.04.18	江苏泰兴市	111	1362
No.070	2000.03.16	浙江温岭市海区	78	2271
No.453	2000.03.31	江苏江阴市要塞镇	93	1567
No.107**	2000.04.08	上海横沙海区	101	1901
No.109**	2000.04.08	上海横沙海区	101	1901
No.181	2001.01.11	江苏邗江区施桥镇	13	1302
No.156**	2001.03.12	黄海 83 海区	72	2459
No.141	2001.03.22	东海 169 海区	82	1753
No.475	2002.03.26	江苏如皋市 29 号灯浮	47	1455
不清*	2002.03.30	浙江嵊泗县	51	1853
No.410	2002.03.31	南京江宁区（苏皖交界）	52	1196

*仅电话留言，无其他资料；**获电话通知，无体长和体重数据；***估算值

7

自然种群特征及其资源变动

7.1 自然种群特征

7.1.1 种群结构

1. 体长和体重结构

根据 1981 ~ 1993 年对自然种群的调查结果，共计 475 尾个体体长分布在 189 ~ 389 cm（平均 273 cm），体重分布在 42.5 ~ 420 kg（平均 213.7 kg）；其中 266 尾雄性个体体长分布在 189 ~ 305 cm（平均 242 cm），体重分布在 42.5 ~ 167.5 kg（平均 85.4 kg）；209 尾雌性个体体长分布在 253 ~ 389 cm（平均 313 cm），体重分布在 104.5 ~ 420 kg（平均 217.3 kg）。总体来说，雌性群体体长大于雄性群体，雌雄性比接近 1：1（图 7.1）。

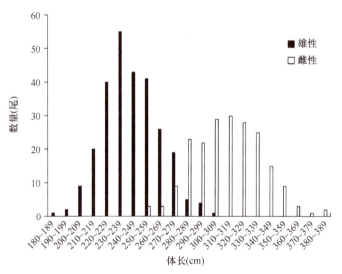

图 7.1 1981 ~ 1993 年中华鲟自然繁殖群体体长分布（n=475）

2. 体长与体重的关系

对中华鲟自然群体体长（L）与体重（W）的关系进行分析（图 7.2），拟合的相关方程为：$W=5×10^{-6}L^{3.145}$（R^2=0.868，n=412）。

3. 年龄结构

选取 384 尾中华鲟进行年龄结构分析（图 7.3），其中包括 214 尾雄性个体、169 尾雌性个体和 1 尾两性个体，年龄分布在 8 ~ 34 龄（平均 17 龄）；雄性分布在 8 ~ 27 龄（平均 14 龄），其中

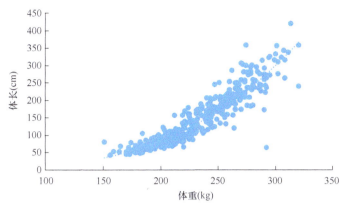

图 7.2　中华鲟自然群体的体长与体重关系

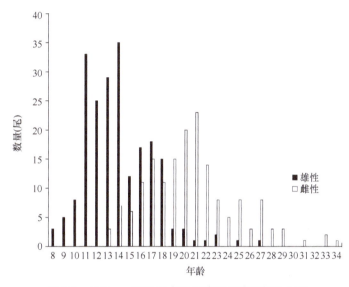

图 7.3　1981 ～ 1993 年中华鲟繁殖群体的年龄分布

90.2% 的个体分布在 10 ～ 18 龄；雌性分布在 13 ～ 34 龄（平均 20.7 龄），其中 86.4% 的个体分布在 16 ～ 27 龄。进一步根据繁殖年龄标记（通过第一胸鳍、锁骨和匙骨年龄判断）从 384 个样本中选取繁殖标记清晰的 341 个样本进行研究，结果显示，初次繁殖的个体占雄性群体的 66.3%，占雌性群体的 44.4%。该结果与 Deng 等（1991）的研究结果不同（初次繁殖的个体占雄性群体的 84%，占雌性群体的 76%）。我们的研究结果还显示中华鲟初次繁殖个体的平均年龄为 14.3 龄。

4. 生长指标

中华鲟是整个鲟形目中生长率最高的鲟鱼之一（Smith，1985），通常雌性生长率大于雄性。对中华鲟自然群体的生长指标进行计算（表 7.1），结果显示，各年龄组的生长指标存在较大差异。20 龄以前呈现快速增长的趋势，但 20 龄以后，生长速度存在放缓的趋势。在统计的高龄个体中，甚至存在"负增长"的现象，可能是由于样本量较少。

表 7.1　中华鲟自然群体的生长指标

年龄	平均体长（cm）	平均年增长量（cm）	平均年增长率（%）	生长比速（%）	生长指标	生长常数
8	175.33	—	—	—	—	—
9	176.40	1.07	0.006	0.608	0.003	1.067
10	183.38	6.98	0.040	3.881	0.019	6.845
11	189.82	6.44	3.512	3.452	0.017	6.329
12	196.79	6.97	3.672	3.606	0.018	6.845

续表

年龄	平均体长（cm）	平均年增长量（cm）	平均年增长率（%）	生长比速（%）	生长指标	生长常数
13	201.38	4.59	2.332	2.306	0.012	4.537
14	211.31	9.93	4.931	4.813	0.024	9.693
15	219.48	8.17	3.866	3.793	0.019	8.016
16	224.57	5.09	2.319	2.293	0.011	5.032
17	228.30	3.73	1.661	1.647	0.008	3.699
18	232.79	4.49	1.967	1.948	0.010	4.446
19	247.19	14.4	6.186	6.002	0.030	13.972
20	254.25	7.06	2.856	2.816	0.014	6.961
21	262.59	8.34	3.280	3.228	0.016	8.206
22	264.47	1.88	0.716	0.713	0.004	1.873
23	270.33	5.86	2.216	2.192	0.011	5.796
24	268.20	−2.13	−0.788	−0.791	−0.004	−2.138
25	269.91	1.71	0.638	0.636	0.003	1.705
26	289.67	19.76	7.321	7.065	0.035	19.070
27	282.44	−7.23	−2.496	−2.528	−0.013	−7.322
28	278.75	−3.69	−1.306	−1.315	−0.007	−3.714
29	312.67	33.92	12.169	11.483	0.057	32.010
31	287.00	−25.67	−8.210	−8.567	−0.043	−26.785
32	320.00	33	11.498	10.884	0.054	31.237
33	290.50	−29.5	−9.219	−9.672	−0.048	−30.950
34	279.00	−11.5	−3.959	−4.039	−0.020	−11.734

5.丰满度

对中华鲟繁殖群体的丰满度进行了分析，结果显示，雌性、雄性的平均丰满度分别为1.16和1.00（表7.2），相同年龄的雌鱼丰满度显著高于雄鱼。

表7.2　中华鲟各年龄组雌雄鱼的丰满度

年龄	雌	雄	年龄	雌	雄
8	—	0.90	22	1.08	0.93
9	—	1.15	23	1.14	0.84
10	—	1.01	24	1.14	—
11	—	1.06	25	1.24	1.12
12	—	1.04	26	1.19	—
13	—	1.04	27	1.11	0.94
14	1.23	1.02	28	1.11	
15	1.27	0.98	29	1.20	—
16	1.18	0.92	30	—	
17	1.24	0.99	31	1.02	
18	1.15	0.94	32	0.73	
19	1.20	1.06	33	1.12	
20	1.21	1.12	34	1.38	
21	1.18	1.01			

7.1.2 繁殖群体结构变化

葛洲坝截流后的前9年间，中华鲟产卵群体的结构与截流前相比还没有发生明显的变化，这是由于中华鲟的性成熟年龄雌性在14年以上，雄性在8年以上，1981～1989年所捕获的产卵群体仍然是大坝截流前各世代的剩余群体和补充群体（Deng et al.，1991；柯福恩等，1992）。但我们在1981～1993年所捕获的样本中发现1990～1993年中华鲟产卵群体中的雄性出现高龄化趋势，而且雌性和雄性的性腺也有不同程度的退化（图7.4）（Wei et al.，1997）。自1981年葛洲坝截流后的20多年里，长江水产研究所连续不间断地承担了葛洲坝下中华鲟产卵群体结构的研究，获得了较完整的科学数据。根据历史数据和多年来的调查结果，我们研究了葛洲坝截流后24年间（1981～2004年）中华鲟产卵场及其附近水域繁殖群体结构的变化情况。结果显示，在中华鲟自然繁殖季节，从葛洲坝下宜昌江段捕获的亲鲟共计644尾，统计分析发现，中华鲟雌雄性比由1981～1983年的1.10∶1降至1987～1989年的0.63∶1，2003～2004年又升至5.86∶1。雌性的平均体长由1990～1992年的263.1 cm增至1999～2001年的276.7 cm，升幅达5.2%；平均体重由1990～1992年的202.4 kg增至2003～2004年的237.4 kg，升幅达17.3%。雌性的平均年龄在24年中的前9年（1981～1989年）为19.0～20.7龄，之后的15年（1990～2004年），雌性的平均年龄为16.3～22.7龄，均普遍高于前9年的平均年龄。雄性群体的变化比雌性群体大。雄性的平均体长和平均体重分别由1981～1983年的205.1 cm、89.8 kg下降到1987～1989年的197.5 cm、72.7 kg（降幅分别为3.7%、19.0%），然后上升到2003～2004年的229.4 cm、120.1 kg（升幅分别为16.2%、65.2%）；平均年龄由1981～1983年的15.4龄降至1987～1989年的13.3龄（降幅为13.6%），然后升至1996～1998年的17.6龄（升幅为32.3%）（危起伟等，2005）（表7.3～表7.5）。

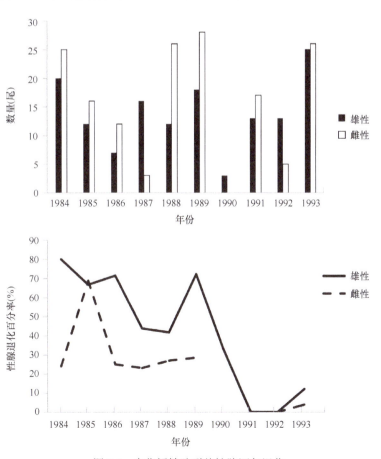

图7.4 中华鲟繁殖群体性腺逐年退化

表 7.3　1981～2004 年葛洲坝下宜昌江段中华鲟产卵群体的雌雄性比

年份	标本总数	雌性数量	雄性数量	雌雄性比
1981～1983	42	22	20	1.10：1
1984～1986	51	22	29	0.76：1
1987～1989	91	35	56	0.63：1
1990～1992	47	24	23	1.04：1
1993～1995	121	63	58	1.09：1
1996～1998	134	92	42	2.19：1
1999～2001	110	83	27	3.07：1
2003～2004	48	41	7	5.86：1
合计	644	382	262	1.46：1

表 7.4　1981～2004 年葛洲坝下宜昌江段中华鲟产卵群体的体长、体重组成

年份	雌性体长 (cm)			雄性体长 (cm)		
	标本数	体长	Mean±SD	标本数	体长	Mean±SD
1981～1983	21	213～303	266.6±25.2	20	163～235	205.1±17.4
1984～1986	22	215～320	267.5±24.6	29	159～237	198.6±14.9
1987～1989	35	219～292	256.9±20.6	56	164～236	197.5±15.7
1990～1992	24	232～300	263.1±19.1	22	190～244	205.3±12.0
1993～1995	63	212～320	264.7±20.9	58	175～260	223.7±16.2
1996～1998	92	195～310	270.9±20.5	40	156～260	222.9±18.9
1999～2001	83	213～321	276.7±18.4	27	191～285	226.0±22.2
2003～2004	37	245～320	272.1±19.6	7	210～250	229.4±13.1

年份	雌性体重 (kg)			雄性体重 (kg)		
	标本数	体重	Mean±SD	标本数	体重	Mean±SD
1981～1983	22	117～312	220.4±56.7	20	49～145	89.8±23.5
1984～1986	22	105～358	237.5±57.8	29	48～135	79.3±18.6
1987～1989	35	115～303	206.0±46.6	56	50～119	72.7±16.3
1990～1992	24	133～333	202.4±47.1	22	61～123	80.1±16.5
1993～1995	39	115～357	194.6±55.4	37	49～168	103.4±25.3
1996～1998	36	68～320	212.2±53.2	9	68～193	137.8±43.7
1999～2001	39	130～330	231.8±50.6	8	70～244	135.4±58.0
2003～2004	21	140～432	237.4±61.7	4	100～154	120.1±25.1

表 7.5　1981～2004 年葛洲坝下宜昌江段中华鲟产卵群体的年龄组成

年份	雌性年龄			雄性年龄		
	标本数	年龄	Mean±SD	标本数	年龄	Mean±SD
1981～1983	4	16～22	19.0±2.9	5	14～18	15.4±1.9
1984～1986	21	14～31	20.7±4.4	20	9～18	13.4±2.5
1987～1989	35	14～28	19.5±3.7	56	8～20	13.3±2.3
1990～1992	23	18～28	21.1±2.5	20	11～19	16.3±2.1
1993～1995	43	14～33	21.7±3.9	44	13～27	17.6±3.0
1996～1998	41	16～29	22.7±3.3	8	12～26	17.6±4.2
1999～2001	29	15～28	21.6±3.5	2	16～18	17.0±1.4
2003～2004	10	14～21	16.3±2.4	0		

　　中华鲟性成熟迟，因而群体结构变化周期长，大坝的阻隔对产卵群体结构的影响具有明显的滞后性，滞后的时间大致相当于鲟鱼最小性成熟年龄。但根据北美洲和欧洲许多种鲟鱼的情况，即使是

在水文条件没有发生剧变的情况下，产卵群体结构在不同江段水域、不同年份和不同季节仍存在或大或小的差异（Smith，1985；Holčík，1989）。推测其原因为：①不同水域、不同年份和不同季节的水文条件存在差异；②雌雄亲鲟在洄游过程中是先后不同时到达和离开产卵场的，由捕捞结果所得出的群体结构与捕捞时间有关；③某些捕捞工具对不同性别、不同体长和体重的亲鲟产生一定的选择性。我们在研究过程中对标本来源（江段、季节和时间、捕捞工具）进行了限定，结果显示，在葛洲坝截流后的前3年，中华鲟产卵群体的结构，尤其是雌雄性比方面相当于截流前的情况。但在大坝截流后的前9年，雌雄性比及雄性平均体长、体重、年龄分别有所下降。导致这种变化的原因可能是中华鲟对突然改变的产卵条件需要一段适应过程，而这种适应性在不同性别不同年龄的亲鲟中可能不一样。

随着时间的推移，大坝截流后出生的中华鲟最先达到性成熟并陆续加入产卵群体中的是雄性，它们成为产卵群体中的雄性补充群体。由于大坝阻隔改变了中华鲟原有的繁殖生态条件，可供中华鲟繁殖的江段长度大幅度缩短，导致中华鲟亲鲟补充群体资源下降，因此大坝截流约9年后，首先出现产卵群体中雄性相对数量的减少，导致雌雄性比的上升。与此同时，随着雄性补充群体所占比例的下降，雄性产卵群体必然趋向高龄化，并伴随着体长和体重的增加。在雌性方面，大坝截流后出生的个体也于截流后约14年起陆续达到性成熟而加入产卵群体中，使产卵群体中的雌性出现类似的高龄化和大型化现象。水利建设等因素造成产卵群体雌雄性比升高、雄性大型化和高龄化的现象，在西伯利亚鲟中表现得也很典型（Holčík，1989）。

在1993～2004年中华鲟产卵场获得的中华鲟繁殖群体中，共发现28尾1981～1989年出生的个体，即葛洲坝截流后出生的个体，证明了在洄游长度缩短了622～1166 km后，截流后新出生的中华鲟个体仍具有回归本能并且能在葛洲坝下产卵（危起伟等，2005）。

7.2 繁殖群体资源变动

历史上，长江、珠江、闽江、钱塘江和黄河均有中华鲟的分布。目前，闽江、钱塘江和黄河水系的中华鲟已经绝迹，珠江水系的中华鲟数量稀少，仅长江的现存量较大。

在长江，中华鲟曾是重要的渔业资源，但由于过度捕捞和环境污染，特别是1981年葛洲坝的修建切断了中华鲟洄游到长江上游进行繁殖的路线，被阻隔在葛洲坝下的繁殖群体一部分在坝下建立了新的产卵场，但已知的产卵场范围和面积不及原来的1%。1973～1980年，整个长江年捕捞量平均为517尾（77 550 kg），1981年和1982年由于大坝的拦截，上溯产卵的中华鲟在坝下大量聚集，那两年的捕捞量达到历史的最高峰（1163尾），只有很少量的个体参与自然繁殖。1983年开始停止商业捕捞，只用于科研或者人工繁殖的捕捞数量控制在100尾左右（图7.5）。与此同时，虽然葛洲坝下的中华鲟人工增殖放流已延续多年，但研究表明，人工增殖放流的中华鲟幼鲟对长江口中华鲟幼鲟的贡献率不高，这暗示着葛洲坝修建后中华鲟资源的衰退。1981～1999年的19年间，中华鲟的幼鲟补充群体和亲鲟补充群体分别减少了80%和90%左右。另外，葛洲坝下中华鲟产卵群体的雌雄性比由1981～1983年的1.10：1递减到1987～1989年的0.63：1，然后递增到2003～2004年的5.86：1。分析其原因，大坝截流大大改变了中华鲟原有的繁殖生态条件，中华鲟亲鲟补充群体资源下降，因此大坝截流约9年（1981～1989年）后，首先出现产卵群体中雄性相对数量的减少，导致雌雄性比的上升。

2003年6月，位于葛洲坝上游47 km的三峡大坝开始蓄水，进一步改变了葛洲坝下中华鲟产卵场的水文节律，中华鲟物种生存问题变得更为严峻。我们于2003年10～11月初步观察到葛洲坝下中华鲟雄性精子活动能力比往年明显下降、从江底采捞到的中华鲟卵在人工条件下的孵化率极端低等异常现象。2004年10～11月，首次出现中华鲟亲鲟捕捞十分困难的局面。

为提升葛洲坝通航能力而进行的葛洲坝下河势整治工程于2004年12月正式动工，该工程正位于目前已知的中华鲟产卵区，我们对三峡水库蓄水以来中华鲟自然产卵场的河床质特征变化进行了研

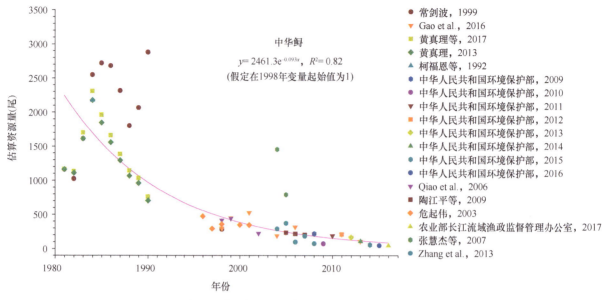

图 7.5　葛洲坝截流以来中华鲟繁殖群体数量估算

究，长期观测表明，2004～2012 年中华鲟自然产卵位点发生了明显的改变，2004～2007 年均发生在下产卵区，而 2008～2012 年均发生在上产卵区，自然繁殖规模和效果也明显下降。综合分析显示，中华鲟产卵场河床质特征的变化可能是导致中华鲟自然产卵位点改变和迁移的原因，进而影响中华鲟自然产卵场的繁殖适合度，以及中华鲟自然繁殖的规模和效果（杜浩等，2015）。2013～2015 年连续 3 年在现有唯一产卵场内均未发现中华鲟的自然繁殖活动。虽然 2015 年在长江口重新监测到中华鲟幼鱼，表明 2014 年中华鲟可能在其他江段形成新的产卵场或产卵时间延迟，但未来产卵活动能否延续仍未可知。

8

长江中华鲟种群洄游特征

鱼类因环境影响和生理习性要求，出现一种周期性、定向性和集群性的有规律的迁移行为，称为洄游（何大仁和蔡厚才，1998）。洄游是按一定路线进行迁移的，洄游所经过的途径，称为洄游路线。鱼类洄游是一种先天性的本能行为，并具有重要的生物学意义。洄游过程在漫长的进化过程中逐渐形成并且稳定之后，就成为它特有的遗传性而巩固下来。不同的鱼类或同一种鱼类的不同种群，由于洄游遗传特性的不同，各有其固定的洄游路线及生殖、索饵和越冬场所。这是自然选择的结果，有相当强的稳定性，不会轻易改变。

中华鲟属于典型的溯河生殖洄游型鱼类。在海中（黄海、东海等海域）长大、即将成熟的中华鲟，每年 6～8 月进入长江口，9～10 月陆续到达湖北江段，并在江中滞留过冬，翌年 10～11 月洄游个体在金沙江下游进行繁殖。后因葛洲坝阻隔洄游路线，便在坝下近坝江段进行繁殖，这也是葛洲坝截流后到目前为止查明的唯一稳定的中华鲟产卵场。产后亲鱼立即降河返回海洋育肥，历时 2～4 月；仔稚鱼降河洄游并于翌年 4～8 月到达长江口，经过一段时间的咸淡水适应后，进入大陆架水域生长发育，周而复始（四川省长江水产资源调查组，1988；王成友，2012）。

8.1 中华鲟仔、稚、幼鱼的洄游

中华鲟子代需在葛洲坝以下的长江中下游江段洄游栖息 6～12 个月。受精卵孵化后，0～1 日龄仔鱼即被动洄游（随江水漂流），并且表现出趋光性，依靠尾部的激烈摆动向水体上层游动，此时呈头部朝上尾部朝下的垂直游泳。1～2 日龄的仔鱼继续向水体上层游泳，尤其是 2 日龄仔鱼儿乎全部停留在水体表面，从 3 日龄开始栖息水层有所下降，但继续随江水向下游洄游。3 日龄开始，洄游仔鱼的数量逐渐减少，此时多数中华鲟仔鱼已经到达石首江段，到 8 日龄，所有仔鱼全部停止了洄游，这说明在 3～8 日龄的 5 天时间内，沿途都有仔鱼停留下来，洄游最远的可到达长江中下游地区，仔鱼栖息在这些地区摄食，直到第二年开始第二次洄游时，再游向海洋（庄平，1999）。余志堂等（1986）报道，1982 年 3 月 27 日在湖北省沙市江段采集到全长 7.8～9.4 cm 的中华鲟稚鱼 10 尾，这证明有些 11 月初产卵孵出的中华鲟，经过了近 5 个月的时间，仍停留在长江中游。冷永智（1988）报道，在长江下游也分布有中华鲟稚鱼。但中华鲟何时进行第二次洄游，还有待于进一步研究。

赵燕等（1986）的研究表明，虽然在葛洲坝截流导致中华鲟亲鱼和子代洄游路径缩短约 1000 km，但是每年中华鲟受精卵在葛洲坝下产卵场孵化后，中华鲟子代到达长江口的时间并没有发生明显的变化。然而，年度之间中华鲟子代到达长江口的高峰时间是有一定变化的（李罗新等，2011），这可能意味着中华鲟子代在淡水中的栖息时间（降河洄游时间）受到了一些环境因素的影响。

从表 8.1 可以看出，1996～2007 年中华鲟第 1 批产卵活动的时间跨度为每年 10 月 15 日至 11 月 13 日（30 天），中华鲟子代到达长江口高峰时间的跨度为 5 月中旬至 6 月下旬（50 天），最终统计出的洄游时间为 192～243 天（时间变幅为 52 天）。若按葛洲坝下产卵场至长江口的距离为 1678 km 计算，中华鲟子代降河洄游速度为 6.89～8.72 km/ 天。

表 8.1　1996 ～ 2007 年中华鲟幼鱼从产卵场到达长江口的历时和速度

年份	产卵日期[a]	次年到达长江口的高峰时间	洄游时间（天）[b]	降河洄游速度（km/ 天）
1996	10 月 20 日	5 月下旬	218	7.68
1997	10 月 22 日	6 月上旬	227	7.38
1998	10 月 26 日	5 月中旬	202	8.29
1999	10 月 27 日	6 月下旬	243	6.89
2000	10 月 15 日	5 月下旬	223	7.51
2001	10 月 20 日	6 月上旬	229	7.31
2002	10 月 27 日	5 月下旬	211	7.94
2003	11 月 6 日	5 月中旬	192	8.72
2004	11 月 12 日	6 月中旬	216	7.75
2005	11 月 10 日	6 月中旬	218	7.68
2006	11 月 13 日	5 月下旬	194	8.63

a 用第 1 批产卵活动的产卵日计算中华鲟子代在淡水中的栖息时间（危起伟，2003；Wei et al.，2009）

b 各月上、中、下旬分别用 5 日、15 日和 25 日来计算洄游时间

　　作者用 Pearson 相关分析的方法探讨了中华鲟子代降河洄游时间与各水文站各时间段（12 月 1 日至次年 6 月 30 日）的相关性。分析结果表明，与各站的相关系数都大于 0，即呈正相关关系，其中与螺山水文站的相关系数最大，为 0.462（P=0.211）。并且沿江各水文站以螺山站为界，螺山以上水文站的相关性都较低，最大值为 0.327，螺山以下水文站除安庆站以外相关性都较高，相关系数都在 0.404 以上（表 8.2）。

表 8.2　1998 ～ 2006 年中华鲟子代降河洄游历时与长江中下游干流 10 水文站水位的相关分析（n=9）

站点	相关系数	（P，2-tailed）
宜昌	0.205	0.597
枝城	0.093	0.812
沙市	0.296	0.440
监利	0.327	0.390
螺山	**0.462**	0.211
汉口	0.404	0.281
黄石	0.420	0.261
九江	0.410	0.237
安庆	0.092	0.814
大通	0.414	0.268

注：按时间段（每年 12 月 1 日至次年 6 月 30 日的水位状况）划分后进行相关分析。加粗数字表示相关性最高

　　研究结果表明，中华鲟子代降河洄游历时与螺山站及其以下各水文站的水位关系较为密切，并且螺山站的水位与其以下各站的水位极显著相关。以螺山站为代表，分析其 3 ～ 4 月的水位特征及相关关系（表 8.3），可以看出，降河洄游历时与螺山站 4 月间的水位关系最为密切，相关系数达 0.719（P=0.013）。根据对中华鲟早期发育生活史的相关研究（庄平，1999；Zhuang et al.，2002），推测次年春季的水位可能与中华鲟子代启动第二次降河洄游密切相关。

　　已有的研究表明（四川省长江水产资源调查组，1988；Luo et al.，2011），中华鲟幼鱼的食物种类大多属于沿岸带和亚岸带的底栖生物，并偶有浮游生物。中华鲟是典型的底栖性鱼类，口裂大，下位，适于捕食底栖生物。水位升高意味着河漫滩的面积增加，从而使适宜的索饵场的面积增加；索饵场的面积增加使中华鲟幼鱼更倾向于在河流中停留，从而使降河洄游的速度变缓。

表 8.3　中华鲟子代降河洄游历时与螺山站 3～4 月水位的相关分析 (*n*=11)

年份	3～4 月	3 月	4 月
1997	22.15	20.71	23.88
1998	23.18	23.31	23.05
1999	19.50	17.99	21.05
2000	22.38	21.60	23.06
2001	21.40	20.47	22.43
2002	22.14	21.72	22.56
2003	22.49	22.18	22.80
2004	21.08	20.50	21.68
2005	21.84	21.62	22.08
2006	22.61	22.57	22.66
2007	20.97	21.32	20.56
Max	23.18	23.31	23.88
Mean±SD	21.80±1.01	21.27±1.39	22.35±0.95
Min	19.50	17.99	20.56
相关系数 (P, 2-tailed)	**0.636*** (0.035)	0.429 (0.188)	**0.719*** (0.013)

＊相关性显著水平为 0.05 (2-tailed)。加粗数字表示相关性显著 ($P < 0.05$)

　　近年来的研究发现，螺山江段几乎全年都能误捕到中华鲟幼鱼，推测这可能是由于三峡水利枢纽工程运行以后，每年 4 月长江中下游的水位较以前高，导致中华鲟幼鱼在长江河流环境中长期停留，部分个体甚至丧失了降河洄游的动力。关于春季水位升高对中华鲟幼鱼降河洄游行为的影响，需要开展进一步的研究。

　　三峡水库是一个随季节调节性质的水库，其运行以来，长江中下游江段春季的水位较以前有所升高（中国科学院环境评价部和长江水资源保护科学研究所，1996），其对中华鲟子代降河洄游的直接影响是导致中华鲟子代在长江中栖息停留的时间延长。如果延长时间的变幅仍然在三峡大坝运行以前自然状况下的变幅之内，其应该不会对中华鲟子代的降河洄游产生不利影响。当这种延长的时间变幅超过了自然状况下的时间变幅时，则可能导致一些不利影响，如中华鲟子代进入海洋中的生活史过程推迟等。未来应特别加强三峡水利枢纽工程运行对中华鲟子代淡水生活史过程影响的相关研究。

8.2　中华鲟在海区的栖息和洄游

　　中华鲟在长江口完成从淡水向咸水的生理适应性调节过程后，进入海区开始生长育肥。中华鲟主要栖息于我国近海水域，少量分布于朝鲜和韩国近海。根据我们近年来在海区的卫星遥测和误捕资料，中华鲟栖息范围南至我国汕头海域，北至朝鲜东部海域，纬度跨越 15.905°；从经度上看，中华鲟均位于大陆架内，最远迁移距离为 350 km，大部分中华鲟分布在距离海岸线 15 km 范围内。中华鲟主要栖息水域为舟山群岛、泉州和温州附近海域。

　　中华鲟在海区的迁移速度较慢，平均速度为 4.03 km/天，少数个体迁移速度可以达到 25.73 km/天。对于同一尾中华鲟而言，其洄游总体方向与日迁移方向并非完全一致，经常出现短距离折返现象，推测可能与海洋水文及饵料分布密度有关（图 8.1）。

　　中华鲟在海区的平均栖息水深为 22.19 m (11.25～32.25 m)。中华鲟逐日栖息水深呈现出一定的波动趋势。中华鲟栖息水温随着环境水温变化而变化，卫星遥测显示，由春季至夏季的栖息水温呈逐渐上升的趋势。相反，一尾秋季放流的中华鲟栖息水温从 22.11℃逐渐降低至 16.17℃，50 天的平均栖息水温为 19.58℃。中华鲟栖息水温受栖息水深的影响较小（图 8.2）。

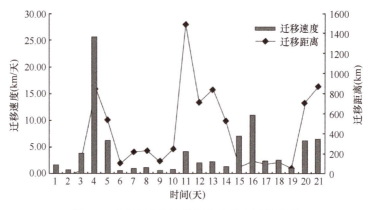

图 8.1　中华鲟在海区的迁移速度和迁移距离

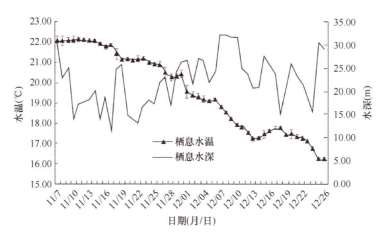

图 8.2　卫星标志中华鲟在海区的日栖息水深和栖息水温

8.3　中华鲟在长江中的生殖洄游

中华鲟在长江中完整的生殖洄游可分为 4 个过程，具体如下。①产卵洄游（spawning migration）：繁殖亲鱼从长江口开始的溯河洄游行为，涵盖从长江口至金沙江下游和长江上游（葛洲坝截流前）或至葛洲坝下产卵场（葛洲坝截流后）（图 8.3）长 2600 ~ 3400 km 或 1678 km 的长江江段。②产前栖息（pre-spawning holding）：繁殖亲鱼在繁殖期到来前的栖息和小范围运动，包含从繁殖亲鱼到达产卵场至第二年繁殖期约 12 个月的运动。③产卵迁移（spawning movement）：繁殖亲鱼在每年 10 ~ 11 月繁殖期的运动，这一时期的运动主要发生在产卵场附近江段。④产后洄游（post-spawning migration）：亲鱼产卵结束后的降河洄游行为，涵盖从葛洲坝产卵场至长江口的江段。以下具体介绍葛洲坝截流后中华鲟在长江生殖洄游的 4 个过程。

产卵洄游：在海区完成育肥的中华鲟到达长江口，并于 6 ~ 10 月开始溯河洄游，此时的中华鲟已完成体内脂肪的积累，停止摄食，性腺发育至III期。葛洲坝截流前，中华鲟洄游到金沙江下游和长江上游产卵，确认的产卵场数量达 16 个，江段跨度达 800 km。在洄游过程中，中华鲟并非一步洄游直接到达产卵场，而是时溯时停，有时甚至在河道坑洼处潜伏几天不动。根据渔民经验，南风伴随水位稍涨稍落，鲟鱼易上溯，北风伴随水位暴涨暴落，鲟鱼则不易上溯。一般情况下，6 ~ 7 月，中华鲟主要洄游至江苏和安徽江段，8 ~ 9 月开始到达江西九江江段，9 月下旬则洄游至湖北江段，10 ~ 11 月到达四川江段。葛洲坝截流后，中华鲟无法再洄游到金沙江下游和长江上游的原产卵江段，所幸在葛洲坝至庙咀江段形成了唯一已知的稳定产卵场（1982 ~ 2012 年发现连续在此产卵）。我们通过超声跟踪一尾溯河而上的中华鲟繁殖亲鱼（图 8.4），发现葛洲坝截流后的中华鲟亦不会直接洄游

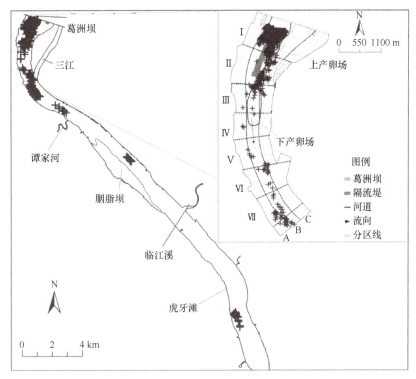

图 8.3　中华鲟在葛洲坝下产卵场的定位

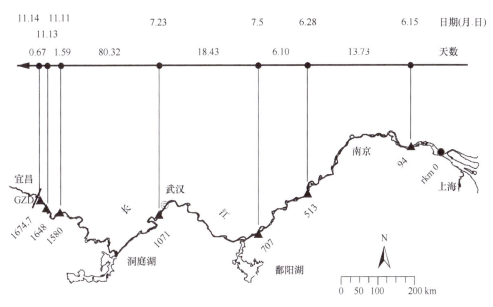

图 8.4　一尾中华鲟繁殖亲鱼的溯河迁移时间［rkm，距长江口的距离（km）］

至葛洲坝产卵场，而是在武汉至荆州之间的荆江江段停留几个月，再溯河至葛洲坝下产卵场江段。其洄游速度为 0.54 km/h（0.26 ～ 1.77 km/h）。洄游速度在下游江段（长江口至彭泽，距长江入海口 94 ～ 707 km）小于长江中游靠近产卵场的江段（枝江至葛洲坝，距长江口 1580 ～ 1678 km）。而长江中游的彭泽至枝江江段（距长江口 707 ～ 1580 km）洄游速度最慢，尤其在武汉至枝江江段（距长江口 1071 ～ 1580 km）更为明显。在洄游过程中，该尾中华鲟的栖息水深逐渐减小，平均水深为 28.32 m（0.61 ～ 58.20 m）。

　　产前栖息：葛洲坝截流前，产前中华鲟主要栖息在长江中上游江段，包括九江的张家洲头、湖北荆州境内的龙州（今称马羊洲）和耀新、枝城阮家湾、宜昌胭脂坝、合江、泸州和宜宾江段。这些栖息位置具有共同的特点，即一般均为深水区，有泥沙、砂砾或卵石底的滩沱或碛坝。葛洲坝截流后，

中华鲟的产前栖息地主要位于葛洲坝下至宜昌船厂江段约 3 km 的范围内，该处的隔流堤左侧有一水深达 40 m 的深潭，此外，坝下靠近水轮机区域的深水区也是中华鲟的重要栖息场所。大部分中华鲟会在此停留一年时间，完成性腺的最后发育成熟，直至第二年 10～11 月自然繁殖。

产卵迁移：在繁殖期，中华鲟的短距离迁移运动明显加剧。产卵前，中华鲟主要在葛洲坝大江电厂至隔流堤江段之间迁移和栖息，并且偶尔会向下游短距离迁移。根据我们的观察，中华鲟在产卵前平均约 8.57 天（1.20～21.70 天）时，开始向下平均迁移 18.21 km（3.93～24.64 km）后再返回产卵场江段。在此过程中，平均向下和向上迁移的速度分别为 3.94 km/h（2.04～5.36 km/h）和 1.98 km/h（0.86～2.77 km/h），雌、雄鱼在开始向下短距离迁移的时间和速度上没有差异。从横向上来看，中华鲟均沿着河流的深水槽位置迁移（所有鱼均位于靠近深泓线两侧 1/4.7 的横断面运动）。中华鲟在产卵迁移过程中的栖息水深为 9.71 m（3.00～36.30 m）（图 8.5）。在产卵日，具体的产卵位点决定了中华鲟的运动位置，其运动速度在产卵日明显大于其他时间。

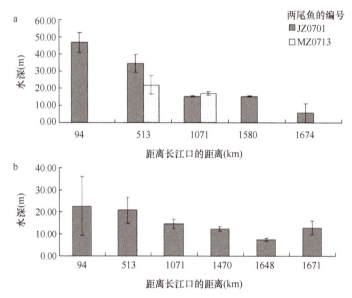

图 8.5 中华鲟经过固定监测站位置的栖息水深
a. JZ0701 和 MZ0713 溯河洄游时的鱼体水深；b. 降河洄游时的鱼体水深

产后洄游：产卵结束后，雌鱼和雄鱼离开产卵场的时间存在明显差异。产卵发生后，雌鱼在几小时内即离开产卵场开始降河洄游，雄鱼则在产卵场停留相当长的时间（平均 76.30 天，2.5～148 天），但均会在第一次洪峰到来前离开产卵场开始降河洄游。总体来说，雌鱼和雄鱼产后都选择在低水温、低水位和低流量时离开产卵场开始降河洄游。

中华鲟降河洄游的速度较快，只需花费约 15 天（13～17 天）的时间就可完成整个迁移过程到达海中，降河洄游速度为 4.87 km/h（0.68～7.60 km/h）（图 8.6），降河洄游速度在江段之间和性别之间没有显著性差异。中华鲟降河洄游过程中的平均栖息水深为 14.37 m（5.46～43.10 m），小于溯河洄游过程中的栖息水深。

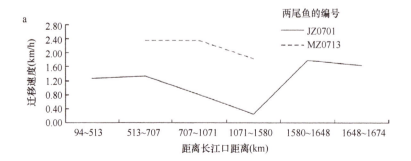

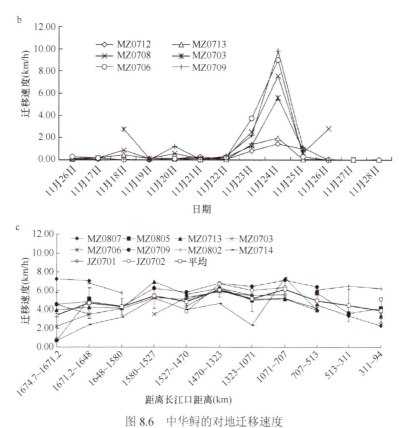

图 8.6 中华鲟的对地迁移速度

a. 两尾成鱼降河产卵洄游的迁移速度；b. 2007 年繁殖期 5 尾雄鱼在产卵前后的迁移速度（当年产卵时间为 11 月 23 日 23:00）；c. 10 尾成鱼降河洄游速度，其中包括：MZ0807、MZ0805、MZ0713、MZ0703、MZ0706 和 MZ0709 的产后降河洄游，MZ0802 和 MZ0714 产卵前即离开产卵场的降河洄游，JZ0701 和 JZ0702 非繁殖期放流后的降河洄游

9

自然繁殖

溯河生殖洄游是中华鲟重要的生活史特征。葛洲坝截流以前，中华鲟繁殖群体溯河洄游至金沙江下游和长江上游江段进行自然繁殖。繁殖季节一般从 10 月上旬延续至 11 月上旬，产卵高峰期为 10 月下旬，产卵场集中在四川合江至屏山江段（四川省长江水产资源调查组，1988）。根据中华鲟在长江上游及金沙江下游自然繁殖的历史资料，其历史产卵场范围、繁殖时间、产卵场物理形态及水文特征较为清楚，但是其历史繁殖规模、产卵批次、受精及孵化情况并不明确。

葛洲坝截流后，中华鲟的洄游通道被阻隔，中华鲟在葛洲坝下形成稳定的新产卵场，1981 年开始，中国水产科学研究院长江水产研究所、中国科学院水生生物研究所等科研单位通过持续的监测掌握了中华鲟在葛洲坝下产卵场的繁殖时间、产卵批次、受精率等情况，并对繁殖规模进行了估算。

9.1 自然繁殖时间与批次

9.1.1 时间

三峡蓄水前，中华鲟一般在每年的 10 月中旬至 11 月中旬产卵，在 10 月中下旬尤为集中。1983 ~ 2003 年发生的 36 次中华鲟自然产卵中，共有 24 次发生在 10 月，其中中旬 10 次，下旬 14 次；有 12 次发生在 11 月，其中上旬 8 次，中旬 4 次。最早的产卵发生在 1985 年和 1988 年的 10 月 13 日，最迟的产卵发生在 1997 年的 11 月 18 日。三峡蓄水后，中华鲟的产卵时间推后，一般在 11 月中下旬发生。2004 ~ 2017 年发生的 11 次中华鲟自然产卵中，11 月上旬 1 次，11 月中旬 2 次，11 月下旬 7 次，12 月上旬 1 次。

根据从江底直接采捞到受精卵的时间及其胚胎时序，结合渔获物中摄食中华鲟受精卵的食卵鱼类如铜鱼、圆口铜鱼肠道内出现中华鲟受精卵的捕获时间推算得知，中华鲟的自然产卵没有明显的昼夜选择性，无论白天还是黑夜均可自然产卵，但总体而言，其产卵繁殖的最适宜时间是晚上或凌晨，单批产卵时间持续约 12 h（危起伟，2003）。

9.1.2 批次

在 1983 ~ 2017 年的 35 年里，葛洲坝坝下江段共监测到 47 批次中华鲟的产卵活动。表 9.1 列出了这 47 批次产卵发生的具体日期和时间。由表 9.1 可知，各年份中华鲟产卵的批数不完全相同。在三峡蓄水之前，更多的年份则是 1 年产卵 2 批，三峡蓄水后，一般 1 年产卵 1 批或中断产卵。在每年产 2 次卵的 16 个年份中，中华鲟 2 次产卵的间隔时间为 2 ~ 27 天，但有 9 个年份超过 15 天以上，仅有 3 年不足 10 天（1986 年间隔 2 天、1994 年 4 天、1996 年 7 天）。

表 9.1　1983～2017 年中华鲟产卵日期和精确时间

年份	产卵日期（月-日）	产卵起始时间	产卵批次	年份	产卵日期（月-日）	产卵起始时间	产卵批次
1983	11-07		1	2001	10-20 11-08	23:00 15:00	2
1984	10-16 11-13		2	2002	10-27 11-09	0:00 7:00	2
1985	10-13 11-07		2	2003	11-06	5:00	1
1986	10-21 10-23		2	2004	11-12	7:00	1
1987	10-31 11-14		2	2005	11-09	—	1
1988	10-13 11-03		2	2006	11-12	1:00	1
1989	10-27		1	2007	11-23	23:00	1
1990	10-15 10-31		2	2008	11-26	21:00	1
1991	10-23		1	2009	11-23	20:00	1
1992	10-17		1	2010	11-21	—	1
1993	10-17 10-30		2	2011	11-20	—	1
1994	10-23 10-27	11:00 24:00	2	2012	11-22 12-01	— —	2
1995	10-19 11-06	24:00	2	2013	未产卵		0
1996	10-20 10-27	7:00 11:20	2	2014[*]	—	—	1
1997	10-22 11-18	4:00 3:00	2	2015	未产卵		0
1998	10-26	3:00	1	2016	11-24	2:00	1
1999	10-27 11-13	17:28 14:32	2	2017	未产卵		0
2000	10-15 11-01	22:00 23:00	2				

* 2014 年中华鲟有自然繁殖发生，但产卵时间和地点不详，未计入产卵统计

9.2　繁殖规模

9.2.1　理论产卵规模

依据参加繁殖的中华鲟亲鲟的总数量（表 9.2）和性比平均值（0.38），可估算各年参加繁殖的雌雄亲鲟尾数和理论产卵量（按每尾雌鲟平均怀卵量 40 万粒计算）。

表 9.2　推算的 1996～2017 年繁殖亲鲟尾数及理论产卵量

年份	参加繁殖亲鲟数量（尾）			理论产卵量（万粒）
	合计	雌鲟	雄鲟	
1996	426	309	117	12 360
1997	263	191	72	7 640
1998	320	232	88	9 280
2000	312	226	86	9 040
2001	310	225	85	9 000
2004	288	209	79	8 360
2005	369	267	102	10 680
2006	95	69	26	2 760
2007	180	130	50	5 200

续表

年份	参加繁殖亲鲟数量（尾）			理论产卵量（万粒）
	合计	雌鲟	雄鲟	
2008	71	51	20	2 040
2009	72	52	20	2 080
2010	188	136	52	5 440
2011	209	151	58	6 040
2012	165	120	45	4 800
2013	106	77	29	3 080
2014	57	41	16	1 640
2015	45	33	12	1 320
2016	48	35	13	1 400
2017	27	20	7	800

注：参加繁殖亲鲟总数量，1996～2001年为标志回捕法估算，2004～2017年为水声学探测估算

到达产卵场的中华鲟亲体，并不是全部都能够达到最终性成熟并产卵。每年参与产卵的中华鲟的真实数量，不仅受亲鲟个体性腺发育差异的影响，而且与当年长江的水文及产卵场条件有关。即使是性腺发育良好的个体，当产卵条件在一定时限内不具备时，亲鲟的性腺也将退化、吸收。

9.2.2 实际产卵规模

对1996～2016年21批次中华鲟的实际产卵规模进行分析，中华鲟单批产卵量平均为1813.6万粒，其中最少的为1996年的第一批产卵7.2万粒，最多的为2007年产卵7040万粒。年参加产卵的雌鲟平均47尾，最少为1尾，最多为2007年的176尾。

表9.3 推算的1996～2016年实际产卵规模推算

产卵批次	采卵网次	产卵量（万粒）	产卵雌鲟数（尾）
1996年第一批产卵	10	7.2	1
1996年第二批产卵	10	3716.9	93
1997年第一批产卵	26	726.3	18
1998年仅一批产卵	26	6151.7	154
1999年第一批产卵	38	2809.8	71
1999年第二批产卵	14	73.2	2
2000年第二批产卵	49	104.1	3
2001年第一批产卵	40	229.9	6
2001年第二批产卵	61	15.8	1
2002年第一批产卵	40	793.4	20
2002年第二批产卵	30	1348.2	34
2003年仅一批产卵	28	2406.6	60
2004年仅一批产卵	24	1508.7	45
2005年仅一批产卵	64	5744	159
2006年仅一批产卵	78	316.6	20
2007年仅一批产卵	113	7040	176
2008年仅一批产卵	40	1840	46
2009年仅一批产卵	141	1360	34
2010年仅一批产卵	30	40	1
2011年仅一批产卵	77	40	1
2016年仅一批产卵	155	< 200	< 5
平均		1813.6	47

116

9.2.3 产卵效果

1. 受精率

亲鲟性腺发育和产卵场及水文条件变化对受精率会有一定的影响。在中华鲟繁殖群体中，每年均有一定数量的个体不能完成产卵繁殖过程，或者由于环境条件不能完全满足产卵需求，部分个体难产、滞产或性腺退化，降低了产卵亲鲟的数量和产卵效果。

受精率受诸多因素的影响，主要包括亲鲟性产物质量、性比和产卵环境适合度。对采获受精卵的数量进行统计得出受精率，中华鲟自然繁殖卵具有较高的受精率。1996年用获卵最多的一网统计受精率，为94.1%。1997年受精率有所下降，统计的3个网次分别为65.4%、45.2%和76.2%，平均为63.5%；1998年有所回升，平均为77.2%；1999～2002年较高，到达了79.3%～93.4%的受精率。受精率年际变化如图9.1所示。

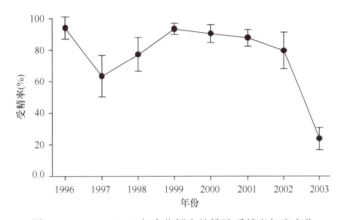

图 9.1　1996～2003年中华鲟自然繁殖受精率年度变化

与人工繁殖受精卵比较，自然繁殖的受精卵质量较好，尤其对恶劣环境的适应能力明显高于人工繁殖受精卵。孵化试验结果表明，在较差的野外试验条件下，自然繁殖受精卵的孵化率一般为70%左右，如1997年对其中3网次的受精卵进行孵化试验，其孵化率分别为74.5%、68.2%和68.6%。

但是，2003年发现中华鲟自然繁殖受精卵的受精率特别低，第一天采获的所有网次平均仅为23.8%（标准差为7.1%）。同时受精卵和鱼苗的质量较前7年采获的差，在孵化过程中不断死亡；虽然采获的鱼苗数量是1996年以来最多的，但是在正常试验条件下鱼苗几乎无存活。

食卵鱼类对中华鲟繁殖效果的影响，主要是圆口铜鱼、铜鱼、瓦氏黄颡鱼、粗唇鮠、长吻鮠等底层鱼类对中华鲟受精卵（包括部分刚孵化的幼苗）的吞食作用。

每年中华鲟自然繁殖期间，科研团队均分江段抽样采集流刺网渔船渔获物进行解剖观察，发现有多种底层鱼类均摄食自然繁殖的中华鲟受精卵，这些鱼类包括圆口铜鱼、铜鱼、瓦氏黄颡鱼、粗唇鮠、长吻鮠、长鳍吻鮈、宜昌鳅鮀、圆筒吻鮈等，其中尤以瓦氏黄颡鱼和两种铜鱼的食卵率最高，单位个体食卵量最大。常剑波（1999）曾就底层鱼类摄食中华鲟受精卵的情况进行过量化评估，并得出每次中华鲟繁殖后有90%以上受精卵被底层鱼类吞食。

2. 孵化

在产卵后的第4～6天（因水温高低而异），可以采集到部分中华鲟幼体（刚孵出的鱼苗），中华鲟鱼苗在孵出后很快离开产卵场，多数年份可采获鱼苗的时间仅仅持续1～2天，某些年份可持续3～4天（表9.4）。从采获鱼苗的持续时间和采获鱼苗的规格来看，中华鲟在孵出后即离开江底，随水漂流，这与Zhuang等（2002）在试验条件下得出的结果吻合。

中华鲟保护生物学

表 9.4　1996 ～ 2003 年部分产卵批次中华鲟幼体（鱼苗）采获结果

产卵批次	ST	LT	NN	NNE	NEC
1996 年第二批	11-02 13:45	11-02 15:50	2	1	7
1997 年第一批	10-26 11:26	10-26 13:25	10	2	43
1998 年第一批	10-30 09:46	11-01 11:29	5	3	48
1999 年第一批	10-31 11:49	11-02 16:14	18	4	19
2000 年第二批	11-07 12:51	11-07 16:55	11	3	54
2002 年第一批	10-30 09:14	11-04 17:54	27	15	523
2002 年第二批	11-14 08:48	11-15 12:53	11	3	39
2003 年第一批	11-10 08:58	11-12 19:11	33	27	1744

注：ST. 开始出现鱼苗的时间；LT. 最后采到鱼苗的时间；NN. 鱼苗出现后采卵网次；NNE. 采到鱼苗的网次；NEC. 采到鱼苗总数

长江葛洲坝下中华鲟自然繁殖受精卵可以顺利孵化、成活，说明葛洲坝下中华鲟产卵场是有效的。采获鱼苗的单位努力捕捞量（CPUE）高低，可能由两个主要因素决定：①中华鲟产卵量、受精率和孵化率；②产卵位点受精卵附着率和被水冲走的比例。前者由产卵亲鱼数量和水环境质量决定，后者由底质、卵石清洁程度和孵化期流速等决定。

10

产卵场及其微生境需求

10.1　分布

1981 年 1 月 4 日葛洲坝水利枢纽工程截流以前，长江中华鲟的产卵场分布于牛栏江以下的金沙江下游和重庆以上的长江上游江段（约 600 km），而其中主要的产卵场则集中于金沙江下游到长江上游的屏山—合江江段，已经报道过的产卵场约为 19 处（四川省重庆市长寿湖渔场水产研究所，1973；四川省长江水产资源调查组，1988）。另据张世光（1984，1987）的报道，在珠江流域柳江下游和黔江上游也发现有 2 个中华鲟产卵场。

葛洲坝截流以后，中华鲟原有的产卵洄游通道被阻断。所幸的是 1983 年在葛洲坝下发现了中华鲟的受精卵和刚孵出仔鱼，这证实了中华鲟能够在坝下进行自然繁殖活动（余志堂等，1983；周春生等，1985）。此后，许多学者（胡德高等，1983，1985，1992；余志堂等，1986；Deng et al.，1991）采用食卵鱼类解剖等方法确定中华鲟产卵场分布于坝下至古老背江段，长约 30 km。1993 年以后，危起伟（2003）采用超声波遥测追踪（Kynard et al.，1995；Wei and Kynard，1998；Yang et al.，2006）、江底直接采卵等技术（陈细华等，2004b；Wei et al.，2009），精确确定了中华鲟产卵场的位置为坝下至西坝庙咀江段，长约 4 km。而分布于珠江的 2 个产卵场由于中华鲟资源量的逐渐衰退，于 20 世纪 80 年代前后其功能逐步丧失。

10.2　环境条件需求概述

鲟鱼类进行自然繁殖活动，除了必要的生理条件外，还与非生物环境有较大的关系。鲟鱼类一般具有多处产卵场（Parsley and Kappenman，2000；Paragamian et al.，2002；Vassilev，2003），并对产卵地点有一定的要求。产卵的具体地点一般在流态复杂的河道急弯处，产卵场具有坚硬的底质，水深从数米至二三十米不等，流速为 0.5 ～ 2.2 m/s。产卵场的位置一般相对稳定，这可能与产卵场的特殊条件或鲟鱼具有的回归（homing）本能有关，但某一年份鲟鱼能否成功产卵与产卵季节产卵场的水流速度有很大关系。就整个鲟形目鱼类而言，产卵时的水温变幅较大，为 6 ～ 25℃；产卵季节几乎覆盖一年四季，但大多数鲟鱼的产卵季节在春季和夏季初（Billard and Lecointre，2001）。

从目前对鲟鱼类产卵条件的研究来看（Taubert，1980；Buckley and Kynard，1985；LaHaye et al.，1992；Parsley et al.，1993；McCabe and Tracy，1994；Kieffer and Kynard，1996；Schaffter，1997；Fox et al.，2000；Gessner and Bartel，2000；Paragamian et al.，2001；Kolman and Zarkua，2002；Kynard et al.，2002；Manny and Kennedy，2002；Vassilev，2003；Kennedy，2004；O'Keefe et al.，2007），与鲟鱼类自然繁殖活动密切相关的非生物环境因素可以概括为 5 个方面：①河床地形，主要包括产卵场所在的位置（深槽、浅滩或沿岸带）、产卵位置的水深及其变化幅度等；②河床质，主要包括产卵位置的河床质类型（沙砾、卵石或砾石）、卵石粒径、卵石层厚度和冲淤情况等；③流

速场，主要包括流速大小、方向及其变化幅度，流速场结构及水力学性质等；④水文状况，主要包括水位、流量和含沙量的多少及其变化节律特征等，一般将水温及其变化节律也纳入水文条件的范畴；⑤气象状况，主要包括降雨、光强和光周期等。

对于多数鲟鱼而言，诱发产卵的关键性环境因子（水温、流速等）尚不十分清楚。Veshchev（2002）研究表明，决定伏尔加（Volga）河闪光鲟自然繁殖规模的第一位因素是到达产卵场的闪光鲟亲鲟数量，其次是河水水量，当亲鲟数量相近时，高水位年份的闪光鲟仔鱼发生量高于低水位年份。水温是影响高首鲟产卵的主要因素，每次产卵活动都发生在水温稳定或水温升高期间，如果水温降低，并且降幅达 0.8℃ 以上，则高首鲟正在进行的产卵活动会终止（Paragamian and Wakkinen，2002）。在短吻鲟产卵活动中，水流速度（0.4 ～ 1.8 m/s，平均 0.7 m/s）比水深（1.2 ～ 10.4 m）似乎更重要（Kieffer and Kynard，2004）。

北美高首鲟在其分布的许多河流中已没有自然补充（recruitment）或存在明显的年度差异，但 Columbia 河的 Bonneville 坝下、Snake 河的 Hells Canyon 坝下、Fraser 河的下游及 Sacramento 河则是例外。据此，有学者提出了高首鲟的产卵场假说（Coutant，2004），认为季节性高水位期所形成的河流环境对高首鲟的早期发育是必需的。在有高首鲟自然补充的河流，河道复杂，可淹没性河流植被（floodable riparian vegetation）或多石底质丰富。高首鲟在位于被季节性淹没的河段上游 1 ～ 5 km 处的涌流区产卵，受精卵则向被淹没的河段散布，黏附在新形成的湿地区孵化，孵化出的卵黄囊期仔鱼则隐入石砾缝隙中发育，开始摄食仔鱼则在这种湿地区获得丰富的饵料。河流退潮时，仔鱼逐渐成长为稚鱼。在高首鲟自然补充率较低的河流，缺乏上述那种产卵场条件；而在偶有自然补充的河流，这种环境只在高水位的年份才出现。以上事实和假说可以作为人工模拟产卵场的依据（陈细华，2007）。

在伏尔加河，Volgograd 坝使俄罗斯鲟产卵场面积减少了 80%。现有产卵场位于坝下，总面积只有 415 hm²。在这里，俄罗斯鲟在水深 4 ～ 25 m、流速 1 ～ 1.5 m/s 的砾石质或岩石质河床上产卵。俄罗斯鲟大部分产卵活动在主河道河槽中进行，也有少数个体在涨潮区产卵。由于现存产卵场面积有限，产出的卵常常密集成簇，密度达 4000 ～ 5000 粒 /m²，从而使卵的死亡率高达 60%。为了改善 Volga 河中俄罗斯鲟的自然繁殖条件，20 世纪 80 年代建立了 6 个人工产卵场，总面积为 48.4 hm²，已经证明这些人工产卵场对俄罗斯鲟产卵是有效的，俄罗斯鲟受精卵在这些人工产卵场中的分布密度为 50 ～ 4200 粒 /m²（Holcik，1 989）。在美国 Wisconsin 河系、St. Lawrence 河投放干净的石块，发现可以吸引湖鲟产卵。水流速度、投放物表层粒径大小、投放深度、缝隙中保持干净无沉积物，对于湖鲟受精卵的成活率至关重要（Johnson et al.，2006）。为了改善闪光鲟的产卵条件，沿 Volga 河和 Kuban 河使用砾石及直径 3 ～ 10 cm 的卵石建立了人工产卵场，实践证明这种方法是行之有效的（Holcik，1989）。这些都是构建鲟鱼类人工产卵场较好的范例（陈细华，2007）。

10.3　水文学环境

已有研究表明，中华鲟自然繁殖的发生与产卵场的水文状况有密切关系（四川省长江水产资源调查组，1988；危起伟，2003；班璇和李大美，2007b；危起伟等，2007；Yang et al.，2007）。四川省长江水产资源调查组（1988）认为水温决定了中华鲟产卵的季节范围，水位和含沙量则决定了产卵季节范围内各批次产卵活动的具体日期，"退秋"水对于促进中华鲟自然繁殖活动具有重要作用。危起伟等认为水温是中华鲟产卵的必备条件，在水温适宜的情况下（17 ～ 20℃），水位、流速和含沙量出现从较高值逐渐下降的趋势，而且各水文要素值均达到其适宜范围时，中华鲟即产卵繁殖（危起伟，2003；Yang et al.，2007）。关于葛洲坝、三峡水库运行以后，水文状况的改变将会对中华鲟的自然繁殖活动产生何种影响，也有较多的分析和预测（危起伟，2003；班璇和李大美，2006，2007a；Yang et al.，2007）。

10.3.1　水文状况对自然繁殖的影响

　　针对葛洲坝下现存产卵场，张辉（2009）基于 4 个水文要素（水温、水位、含沙量和流量）和产卵适合度曲线建立了中华鲟产卵水文状况适合度模型，并采用此模型对三峡水库运行前后 8 个年份产卵季节（10 ～ 11 月）中华鲟产卵逐日水文状况适合度进行了定量分析。

　　图 10.1 分析了 1983 ～ 1986 年和 2002 ～ 2005 年 12 批次中华鲟产卵活动发生前后水文状况的最小和平均适合度情况。可以看出，整个产卵季节水文状况对于产卵的平均适合度都较高，但总体上呈现出先逐渐上升而后又逐渐下降的趋势。无论是第一批还是第二批产卵活动，它们不总是都发生在水文状况平均适合度最佳的时候，如图 10.1 中 1984-1 和 1984-2（分别指 1984 年第一批和第二批产卵活动），只要水文状况的平均适合度达到了一定的水平，中华鲟就有可能开始产卵。

　　1983 ～ 1986 年和 2002 年中华鲟产卵季节水文状况对于产卵的最小适合度波动较为剧烈，这说明各水文要素及其变动都有可能演变成为影响最小适合度的限制性因子，明显波动见图 10.1 中 1985-1 和 1986-1。

　　2003 ～ 2005 年中华鲟产卵季节水文状况最小适合度呈显著下降趋势，并且 10 月中旬以后波动都非常平缓，推测这主要是由于三峡工程蓄水运行以后含沙量显著下降，从而造成含沙量一直是决定水文状况最小适合度的限制性因子。研究发现，2003 ～ 2005 年 3 次产卵活动都发生在平均适合度逐

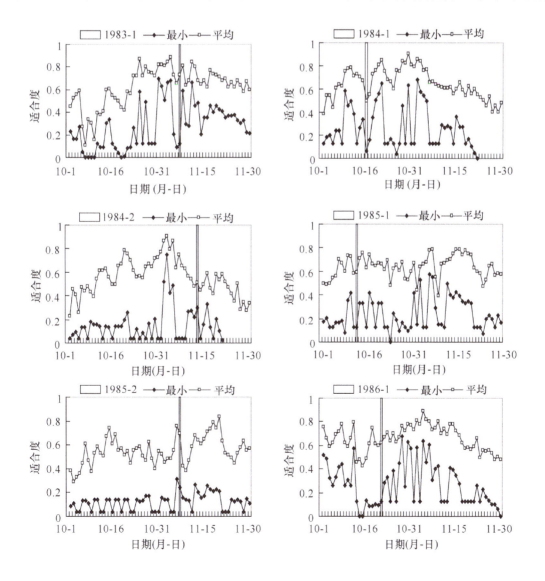

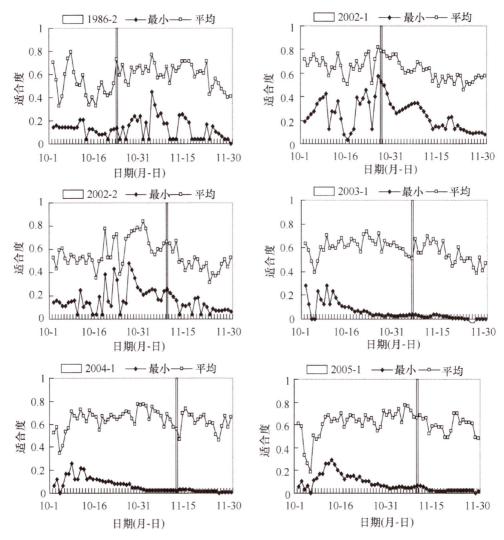

图 10.1　12 批次中华鲟产卵活动与产卵季节水文状况适合度之间的关系
竖直线表示产卵活动发生起始日。年份后的数字 1 或 2 分别表示第一批或第二批产卵活动

步下降但含沙量却稳中上升的阶段，这可能说明含沙量过低对中华鲟的自然繁殖活动不利，中华鲟有主动回避的行为。

10.3.2　三峡水库运行对自然繁殖的影响

葛洲坝是一个无调节能力的径流式水电站，其对长江宜昌站生态水文过程的改变并不明显（李翀等，2007）。但三峡水库是一个季调节性质的水库，虽然下泄的年径流量不变，但 10 ~ 11 月因水库蓄水，下泄水量有一定程度的减少（中国科学院环境评价部和长江水资源保护科学研究所，1996），而 10 ~ 11 月恰好是中华鲟的自然繁殖季节。由于三峡水库属典型的峡谷河道型水库，库容巨大，其运行以来，下泄径流水温已出现了"滞冷"（3 ~ 5 月）和"滞温"（10 月至次年 1 月）现象，并且宜昌站水温月平均变幅变窄（余文公等，2007a，2007b）。另外，由于大坝的拦蓄作用，部分泥沙在库内淤积，下泄水中还出现了含沙量显著降低的现象（中国科学院环境评价部和长江水资源保护科学研究所，1996）。

水位、流量和流速，三者相辅相成，都是影响中华鲟自然繁殖活动的重要因素。水位主要与水深密切相关，根据对其他鲟鱼类的研究，多数鲟鱼产卵位置水深变化范围较大（Billard and Lecointre，2001），并且由于中华鲟的产卵区域主要位于河槽中间部分，从这些方面考虑，水深不太可能发展成为影响中华鲟产卵活动的限制性因子。流量主要与流速密切相关（Moir et al.，2000），由于中华鲟卵径较大，产卵时需要比其他鲟鱼类更高流速的情况已在许多研究中得到了证实（危起伟，2003；Yang et al.，2007），因此流量对于中华鲟产卵活动的影响应该存在一个下限阈值。三峡工程蓄水运行以后，虽然流量下降的趋势比较明显，但 2002～2005 年产卵季节和产卵起始日的流量变动仍然在 1983～2002 年的变动范围之内，还未发展成为影响中华鲟自然繁殖活动的限制性因子。Veshchev（1998，2002）对 Volga 河闪光鲟（*Acipenser stellatus*）的研究表明，影响闪光鲟繁殖效果的主要因素为进入产卵场的亲鱼数量和夏季枯水期的水位。今后如果流量继续下降，则其对中华鲟自然繁殖活动的不利影响可能会逐渐显现出来（Friday，2004）。

中华鲟适宜的产卵水温为 17.0～20.0℃（Yang et al.，2007），相对于其他鲟鱼（Billard and Lecointre，2001），中华鲟适宜产卵水温的变幅较窄，这说明中华鲟对产卵水温有严格要求。从 2003 年开始，中华鲟的产卵活动呈现出逐年后移的趋势，这与三峡水库运行所导致的下泄水流"滞温"效应有密切关系（余文公等，2007a，2007b）。2003～2005 年产卵季节的平均水温比 1983～2002 年的要高 1.48℃，而产卵起始日的平均水温却只增加了 0.35℃，改变并不明显，这可能是中华鲟主动回避高水温从而推迟产卵时间的结果，这与水温影响大鳞大马哈鱼（*Oncorhynchus tshawytscha*）产卵地点类似（Connor et al.，2003）。今后如果产卵季节水温继续增加，可能会影响到中华鲟性腺发育成熟和精卵质量，Webb 等（1999）在对高首鲟（*A. transmontanus*）的研究中已经得到了此类结论。如果产卵活动继续推迟，那么流量发展成为中华鲟自然繁殖活动限制性因子的可能性就比较大，因为流量过小可能导致流速太低或活动空间太小（Rowe et al.，2002），从而不利于性腺发育成熟或产卵受精活动（易继舫等，1988）。

已有的研究表明，较低的含沙量（0.2～0.3 kg/m³）更适于中华鲟产卵，并且每次中华鲟产卵活动发生前，江水的含沙量均有一个较明显的下降过程（Yang et al.，2007）。而 2003～2005 年的分析结果却发现，中华鲟自然繁殖活动连续 3 次都是发生在含沙量稳中上升的时候。这可能是三峡水库运行以后，下泄水量含沙量显著降低，中华鲟选择相对较高含沙量的结果。产卵活动前含沙量这种相反的变动趋势可能说明含沙量过低对中华鲟的自然繁殖活动不利。含沙量在中华鲟自然繁殖活动中的作用可能是避免受精卵聚集成簇和防止紫外线伤害等（Perrin et al.，2003），因此需要适度的含沙量。但是，下泄水流含沙量降低使产卵场河床卵石间的藏匿间隙变多，这对中华鲟受精卵的发育是有利的（Johnson et al.，2006）。

在许多河流中，鲟鱼类的产卵场都是位于大坝下或电站尾水中，但是关于水利工程运行对鲟鱼类自然繁殖活动影响的研究还不够深入（陈细华，2007）。关于水电站运行对鲟鱼类产卵活动的短期影响在湖鲟（*A. fulvescens*）（Auer，1996）、高首鲟（Parsley and Beckman，1994）、短吻鲟（*A. brevirostrum*）（Kieffer and Kynard，2004）和一些里海鲟鱼类中有一些研究（Gertsev and Gertseva，1999），研究发现，调节后的径流过程不但影响鲟鱼类对产卵场的使用，甚至有可能阻止产卵活动的发生。但细微或者长期的影响在任何鲟鱼类中都还没有完全了解（Leman，1993）。三峡水利枢纽工程的运行，较大地改变了下游径流的自然水文节律，水位、流量、含沙量和水温等水文要素都发生了一系列的变化（中国科学院环境评价部和长江水资源保护科学研究所，1996），从对其他鲟鱼类的相关研究来看（Curry et al.，1994；Curry and Devito，1996；McKinley et al.，1998；Bevelhimer，2002；van Eenennaam et al.，2005；Goncharov and Polupan，2007；Hanrahan，2007a；Goncharov et al.，2009），这对中华鲟生殖洄游和自然繁殖活动所造成的影响可能也是长远而复杂的。

10.3.3 影响自然繁殖的关键水文因素

基于各水文要素适合度曲线提出的水文状况平均适合度模型能比较好地评价各种水文状况对中华鲟产卵的综合适合度，但是 1983～1986 年和 2002～2005 年产卵季节逐日水文状况的模型计算

结果表明（张辉等，2010），多数年份整个产卵季节水文状况对产卵的平均适合度都比较高，并且中华鲟并没有明显地选择适合度波峰值进行产卵活动的行为（Duncan et al.，2004）。这说明其他一些因素，如水文状况对洄游产卵时间的影响（Erickson et al.，2002；Paragamian and Wakkinen，2002；Firehammer and Scarnecchia，2007）、亲鱼在产卵场集群的时间或者是起主要作用产卵亲鱼的个体差异（Bruch and Binkowski，2002）、人类活动的干扰等，可能在大尺度上决定了一个产卵的时间范围。而水文状况在短期内的有利变化，只是作为触发产卵活动发生的最后一个因素而存在。

"滞温"效应可能是近年来促使中华鲟自然繁殖活动推迟的主要因素。如果不考虑中华鲟繁殖种群资源量和捕捞强度的年度差异，仅考虑捕捞活动和中华鲟繁殖活动时间上的先后关系，1983～2001年（1984年除外）中华鲟的自然繁殖活动应该没有受到科研捕捞活动的影响。但从2003年开始，繁殖活动都是在捕捞活动完成之后才进行的，除了"滞温"效应之外，可能与近年来中华鲟繁殖种群资源量的持续下降和捕捞时间的相对延长也有一定的关系（Qiao et al.，2006）。繁殖群体密度越低，人类活动越容易对中华鲟繁殖产生一些不利影响，因此，在这一方面也应给予一定的重视。

10.4 地形地貌

由于长期自然进化的结果，中华鲟在生理、生态上表现为性腺发育、自然受精和受精卵散播的需要，多数鲟鱼类对产卵场的河床形态和河床质有特定的需求（Billard and Lecointre，2001），对产卵地点具有选择性。显然，河流特殊的河床形态决定了特殊的水力学特征，产生了特殊的微生境，这可能是鲟鱼类产卵场条件的决定性因素。因此对中华鲟产卵场地形的研究，对维持、改良或人工建筑自然产卵场具有重要意义。

四川省长江水产资源调查组（1988）认为构成中华鲟产卵场的地形条件是：上有深水急滩，中有深洼的洄水沱，下为宽阔石砾或卵石碛坝浅滩；产卵场必在河流转弯或转向的外侧，必须具有使河流转向的峡谷、巨石或矶头石梁延伸于江中。胡德高等（1983，1985，1992）首先对葛洲坝下游新形成的中华鲟产卵场进行了描述，认为其与长江上游中华鲟产卵场有相似的地形特征。而在国外，由于多数鲟鱼产卵的河流较小，未见产卵场地形相关的详细研究（Billard and Lecointre，2001）。

10.4.1 葛洲坝下产卵场地形地貌

10.4.1.1 葛洲坝截流至河势调整工程前（1981～2004年）

中华鲟主要产卵场所在的葛洲坝至十里红江段，河道走势呈弧形，由西南方向逐渐转入东南方向（图10.2）。修建葛洲坝时的废石料在大江电厂和二江电厂出水口前（即Ⅰ2-Bb和Ⅰ2-Cb区）分别形成一个较平坦急滩，平均高程值分别为32.7 m和34.1 m，产卵期间平均水深约分别为8.7 m和7.3 m。急滩过后河床高程急剧下降形成一个陡坎，河床坡度值逐渐增大（Ⅰ3-Bc-Ca区），再加上受到大江电厂和二江电厂水流的强烈冲击，使此处的流态十分复杂，这里是中华鲟产卵前最主要的栖息地。

Ⅰ3-Bc-Ca区前方是一个长条形的卵石堆，其河床平均高程约为35.5 m，高程值最大处可达36.6 m以上，冬季低水位时经常有卵石堆露出水面，卵石直径为15～30 cm。卵石堆中部的左方（Ⅱ2-3-Bc-Db区）是一个由二江泄洪闸泄洪时冲刷形成的深潭，面积约为4.4 km²，河床高程值最小处约为2.5 m，中华鲟产卵期间水深可达35 m以上。从上述卵石堆尾部（Ⅱ3-B区）开始，河床高程值略有一定程度的波动（Ⅲ1-Ⅳ2-B区），但总体呈上升趋势，并逐渐向南转向进入Ⅳ3-B区。Ⅳ3-B区河床逐渐升高并形成一个较平坦的卵石滩，但随后Ⅴ1-B区河床高程陡降，从此向下游发生了河床结构的急剧变化，并形成一个较大的洄水沱（Ⅴ2-Ⅵ1-B区）。此后，河床向下逐渐形成一

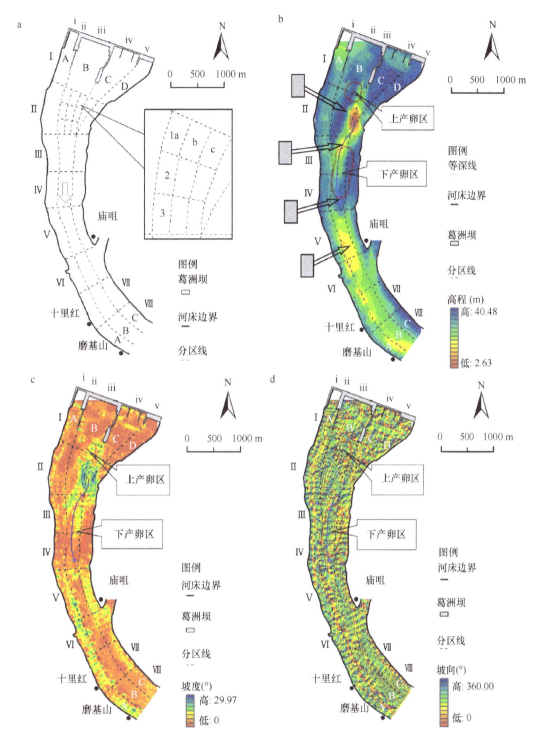

图 10.2　1999 年 12 月葛洲坝至磨基山江段河床高程（b）、坡度（c）和坡向（d）

i 为冲沙闸；ii 为 1 号船闸；iii 为大江电厂；iv 为二江泄水闸；v 为二江电厂；图中阿拉伯数字 1～3、大写罗马数字 I～Ⅷ、字母 A～D 和 a～c 皆为分区编号；箭头所示分别为播卵区（D）和孵化区（I）；1985 国家高程基准

个弯道，且弯道右侧区由于受到水流的冲刷，高程值较低，至十里红江段逐渐形成较宽阔的江面，江宽约 845 m。

根据 1983～2002 年中华鲟产卵当日的平均水位 44.01 m 来推算（Yang et al.，2007），葛洲坝至磨基山整个江段中华鲟自然繁殖期间的平均水深应为 14.55 m 左右（栅格大小为 8.0 m），而上产卵区和下产卵区的平均水深分别为 11.66 m 和 13.87 m，这可能就是中华鲟产卵所需要的最适水深。河床坡度值主要在深潭（Ⅱ 2-3-Bc-Db 区）和弯道（Ⅴ 2- Ⅵ 1-B 区）处较大，分别达到 27.9° 和 23.2°。

125

而此江段坡向的分布则较为均匀，受河道形状的影响，在88°和267°左右相对集中。

危起伟（2003）和Yang等（2006）根据产卵亲鲟的遥测追踪和江底直接捞卵得出的研究结果表明，"上产卵区"上界距葛洲坝大江电厂坝体约870 m，位于电厂尾水下游约150 m，面积约为0.1 km²，"下产卵区"位于下游河槽正中央，面积稍大，约为0.3 km²。从图10.2可以看出此江段河床的走向和高程变化，在"上产卵区"和"下产卵区"分布范围内有部分相似的特征。从总体上看，该江段上有深水急滩，中有深洼的洄水沱，江面由宽变窄，并具有河道转向的特征，与中华鲟历史产卵场的地形特征较为相似。

10.4.1.2 河势调整工程开始以后（2005～2008年）

2004年12月5日在葛洲坝下开始施工的河势调整工程是葛洲坝工程遗留的航道整治工程，其主要目的是提高大江船闸的最大通航流量，以使其与三峡工程的货运通过能力相匹配（王程等，2006；王改会和马虹，2006）。工程主要内容包括：①大江电站尾水渠下游兴建900 m长的砼江心堤；②开挖二江下槽；③清挖宜昌船厂侧水域。以二江下槽开挖为主的河床开挖工程共约1.17×10⁶ m³，其中二江下槽最大开挖水深13.3 m，最小开挖水深1～4 m。为了不影响中华鲟的自然繁殖活动，工程施工避开了中华鲟的自然繁殖季节（10～11月）。工程第一阶段于2004年12月5日开始施工，2005年4月23日结束，完成了葛洲坝下大江电站尾水渠下游砼江心堤的基础填筑和块石防护、宜昌船厂水域的水下开挖。第二阶段于2006年2月14日开始，2006年5月15日完成了900 m长江心堤的砼浇筑施工，二江下槽的开挖持续到7月底，整个现场施工于7月31日结束。虽然工程施工避开了中华鲟的自然繁殖季节，不会对中华鲟的自然繁殖活动产生直接影响，但主要施工内容却都位于中华鲟产卵场内，这无疑会使中华鲟的产卵环境发生一定程度的改变，从而间接影响中华鲟的自然繁殖活动。

河势调整工程建设的江心堤部分位于上产卵区内，而二江下槽的开挖则与Ⅲ-Ⅳ-B区的负坡地形密切相关，由此可见，工程将不可避免地对中华鲟产卵场的河床地形造成一定程度的影响。从施工前后6次地形实测结果来看（图10.3显示了5次测量结果），2004年河势调整工程开展前，河床地形基本与1999年的测量结果相同。2005年11月工程开展了一期之后，河床地形变化主要表现为大江电厂下约470 m（图10.3a中Ⅰ 3-Ⅱ 2-Bb区，参照图10.3分区示意图）处出现了一个长约920 m、宽约60 m、高程约41.3 m的堤坝，并且Ⅰ 3-Bc、Ⅲ 2-Cb-c区被挖低。2006年5月工程即将竣工时再次测量，堤坝所在的位置已经修建成江心堤（图10.3b中Ⅰ 3-Ⅱ 2-Bb区），堤顶高程为52.0 m，并且Ⅲ 3-Ⅳ 3-Ca-b区被挖低。河势调整整个现场施工于2006年7月31日结束。2006年11月中华鲟自然繁殖期间测量结果表明（图10.3c），Ⅲ 3-Ⅳ 3-Ca-b区由于开挖河床高程变得更低，但Ⅴ 3-Ba-c区作为弃渣区高程有所升高。2007年10月的地形测量结果表明（图10.3d），河床地形较2006年11月未有较大变化，只是工程所涉及区域部分的粗糙度要明显减小。2008年11～12月的地形测量结果表明（图10.3e），河床地形较2007年10月仍未有明显变化。结合图10.2和图10.3可以看出，河势调整工程使葛洲坝下游河道变成了双槽"W"体型河床，河床结构发生了较大的变化。

水下视频观察结果表明，葛洲坝至庙咀江段表层河床质主要由卵圆形、扁圆形卵石及沙粒组成（表10.1），张辉（2009）对部分样点进行了现场取样测量（表10.2）。其中卵石长径为20～50 cm的约占50%，卵石长径为10～20 cm的约占30%，卵石长径在10 cm以下的约占20%。卵石之间相互以立方体或四面体方式排列堆叠，形成了许多空隙、隙缝及卵石夹缝等。根据卵石大小、排列方式及是否含沙等状况，可将河床质表层结构划分为6种类型（杜浩等，2008）（表10.1，表10.2）。每个大的分区中都包含有几种模式类型，如Ⅱ-B区中具有1、3类模式。对产卵场江段主河槽B区的调查表明，从上游至下游主河槽（Ⅰ-Ⅴ 2-B区）河床质排列和分布特点主要表现为：粒径20～50 cm大卵石的比例逐步减小，而粒径20 cm以下小卵石的比例逐步增加。Ⅰ-Ⅴ 1-B区河床表面冲刷干净，无论

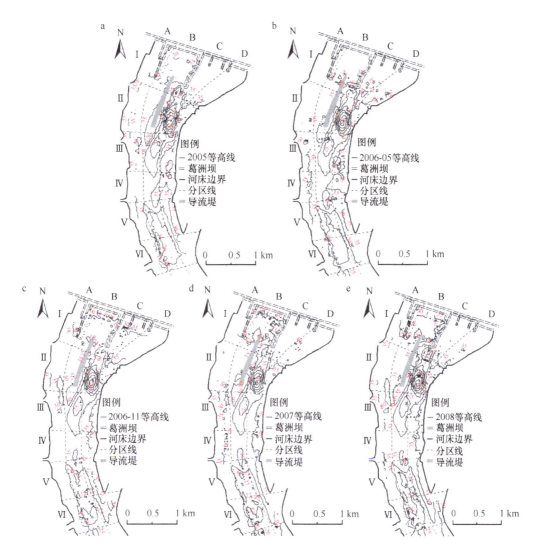

图 10.3　2005～2008 年中华鲟自然繁殖季节葛洲坝至庙咀江段河床地形
图中大写罗马数字 I～VI、字母 A～D 皆为分区编号；本图小写字母和阿拉伯数字分区未示出，
请参照图 10.3 分区示意图；1985 国家高程基准

卵石以何种方式排列，在卵石空隙及夹缝中均没有沙粒覆盖或填塞。在 V 2- VI 2-B 区出现沙粒沉积，并且沙粒填塞了部分卵石空隙和卵石夹缝，或全部覆盖该区域的卵石（杜浩等，2008）。

中华鲟受精卵在河床上的散播及黏附特征可以归为两种类型（杜浩等，2008）。一种是在大的卵石空隙中成团分布，受精卵以这种方式散布的河床一般由较大的卵石以立方体形式疏松排列而成，形成了较大的卵石间空隙，受精卵自身成团黏附在一起，依靠团块表面的黏性附着在空隙内部，受精卵团块和外界的黏附作用不强。另一种散布类型为受精卵在卵石夹缝中单粒或数粒分散分布，以这种方式散布的河床多由大小卵石以四面体形式精密排列，卵石间没有很大的空隙，但形成了很多卵石夹缝，受精卵以自身的黏力附着于 2～3 块卵石表面，并且黏附牢固。

10.4.2　虎牙滩产卵场河床地形

根据以往的调查，1986 年、1987 年和 1994 年在临江溪至虎牙滩江段发现了中华鲟的自然繁殖（Wei et al.，1997；危起伟等，1998b）。从图 10.4 可以看出，该江段河床地形的变化较为平缓，河床高程最小值为 19.05 m，最大值为 37.29 m，根据 1983～2002 年中华鲟产卵当日的平均水位 44.01 m 来推算（Yang et al.，2007），中华鲟自然繁殖期间的平均水深应为 13.64 m 左右（栅格大小为 8.0 m）。

从高程、坡度和坡向等地形因子分布图可以看出，临江溪至虎牙滩江段地形变化远不及葛洲坝至磨基山江段（图10.2）的地形复杂，与长江上游中华鲟历史产卵场的地形特征相比，也仅有部分相似的特征。

表10.1　据水下视频观测葛洲坝下中华鲟产卵场河床质的组成及结构比较（杜浩等，2008）

水下视频截取图	表层河床质组成及结构	描述	分布区
	1	由长径为 20～50 cm 的大卵石排列叠加而成，卵石间形成较大的空隙、隙缝和较松散的卵石夹缝，卵石间冲刷干净，没有细沙沉降	I -B II -B III -B IV -B
	2	由长径为 5～20 cm 的小卵石排列叠加而成，卵石间形成较小的空隙、隙缝和较紧密的卵石夹缝，卵石间冲刷干净，没有细沙沉降	IV -B V 1-B
	3	由 20～50 cm 大卵石和 5～10 cm 小卵石排列叠加而成，卵石间形成较大的空隙、隙缝和较紧密的卵石夹缝，卵石间冲刷干净，没有细沙沉降	II -B III -B IV -B
	4	由 20～40 cm 大卵石和 5 cm 以下小卵石排列叠加而成，卵石间形成较小的空隙、隙缝和较紧密的卵石夹缝，卵石间冲刷干净，没有细沙沉降	IV -B V 1-B
	5	由大小卵石及沙排列叠加而成，沙粒填塞了卵石间的部分空隙、隙缝，但没有完全覆盖卵石夹缝	IV 3-Ac V 2-B V 1-Ac VI 1-B
	6	沙粒填塞和覆盖了大部分的卵石间空隙、隙缝，将卵石大部分掩埋	V 2-B V 3-B VI 1-B VI 2-B

表 10.2　2007 ～ 2008 年葛洲坝至庙咀河床质现场取样颗粒级配

位置	小于某粒径沙粒的百分数（%）						平均粒径（mm）	最大粒径（mm）
	5.0 mm	10 mm	20 mm	50 mm	100 mm	200 mm		
庙咀处	39	51.2	63.4	89.0	98.7	100	22.3	182.0
二江下槽	0	0	0	0	62.0	100	95.6	153.0
大江船闸航道（Ⅳ -B）	0	2.6	15.7	52.6	81.5	94.7	65.6	244.2

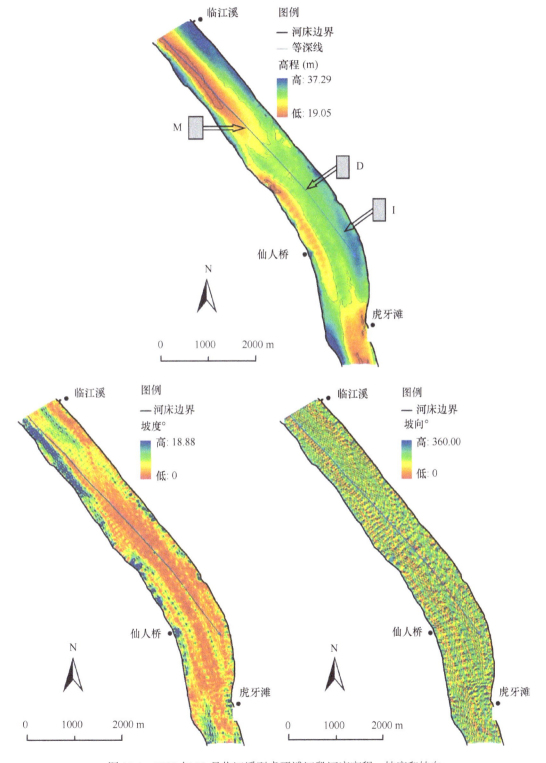

图 10.4　1999 年 12 月临江溪至虎牙滩江段河床高程、坡度和坡向

箭头所示分别为交配区（M）、播卵区（D）和孵化区（I）；1985 国家高程基准

中华鲟保护生物学

10.4.3　产卵场地形对自然繁殖的影响

不同鲟鱼的自然繁殖具有不同的限制性因素（Dettlaff et al.，1993）。中华鲟产卵繁殖是产卵场环境及水文条件共同作用的结果，根据目前的研究，认为河床地形、底质、流速、水温、水位、流量和含沙量等都是与中华鲟自然繁殖活动相关的因素。四川省长江水产资源调查组（1988）着重强调了水位的重要作用；易继舫等（1999）则认为河床底质对中华鲟的自然繁殖具有重要作用；并建议采用人工模拟底质和其他条件的方法为其提供更多适宜的繁殖场所；危起伟（2003）则认为影响中华鲟自然繁殖的主要因素是产卵场条件，各种水文条件均有阈值范围。综合以上分析，可以概括认为河床地形是决定产卵场条件和水文条件的首要因素（Geist and Dauble，1998；Viñas et al.，2002），因为河床形态决定了流速场特征，影响着流速，并在某种程度上决定水流对河床的冲刷，进而影响着河床质的组成（Coulombe-Pontbriand and Lapointe，2004）。

葛洲坝水利工程未修建以前，在宜昌江段并未发现中华鲟的产卵活动，而葛洲坝截流以后，在坝下即形成了新的中华鲟产卵场（胡德高等，1983；余志堂等，1983）。虽然新的产卵场可能是中华鲟无奈之下的一种次选择，但不可否认的是新产卵场的形成主要是产卵场江段地形和水流共同作用的结果。如果在葛洲坝下游再修建一座大坝，不排除在新大坝下重新形成产卵场的可能。另外，对长江口中华鲟幼鲟的监测发现，在葛洲坝下产卵场繁殖效果不是很好的情况下，次年长江口仍然发现了很多中华鲟幼鲟，因此有学者认为某些年份中华鲟可能在其他江段也进行了自然繁殖活动。

可以以现有研究归纳得出的中华鲟产卵场河床地形特征为基础，在金沙江下游和长江上游开展产卵场江段和非产卵场江段河床形态参数的对比分析，以对本章所得出的产卵场形态参数进行显著性检验，确定其适用性。然后对整个长江中下游的河床地形特征进行提取和筛选，如 Arndt 等（2006）对 Odra 河及其支流欧洲鲟产卵生境的研究，这可能是寻找其他中华鲟产卵场的一个较有效的办法。即便是找不到其他中华鲟产卵场，也可以筛选出与中华鲟产卵场地形特征最接近的江段，而这些江段则可以作为以后人工建造产卵场的首选地点。

10.4.4　河势调整工程对自然繁殖的影响

历史上黑板湾和腊子窝是有名的中华鲟产卵场，但河滩疏理使河床结构、水位、流态和流速均发生了变化，特别是腊子窝变化更大，葛洲坝尚未截流就几乎已消失（四川省长江水产资源调查组，1988）。葛洲坝下游河势调整工程总体上使产卵场江段河床地形复杂度增大，从而使流速空间复杂度也增大，这可能对中华鲟自然繁殖前期的栖息有利。从 2006～2008 年对中华鲟产卵亲鲟的追踪结果来看（林永兵，2008；危起伟等，未发表数据），产卵发生前中华鲟的栖息位置较河势调整工程进行以前没有发生明显的变化，这至少可以说明工程的进行没有对中华鲟自然繁殖前期的栖息产生较大的不利影响。

然而施工期间河床挖填、底质的重新分配，使原有的播卵区和孵化区（Ⅲ-Ⅴ-B 区）发生了一定程度的改变，这可能直接导致中华鲟受精卵具体散播位置的变化。河床地形的这种变化导致Ⅳ区水流从河道右侧转移至河道两侧，Ⅳ区中部的流速降低，特别是底层流速发生了较大变化，从而可能对中华鲟受精卵的散播产生较大影响。2005～2007 年采用江底流刺网对中华鲟受精卵进行采捞，结果也表明主要播卵位置有向下游迁移的迹象。

另外，施工期间的机械操作和噪声对中华鲟的繁殖群体也是极为不利的，如 2006 年 4～5 月施工期间，在葛洲坝下江段就发现 2 尾机械伤害致死的中华鲟。据中华鲟研究所（2008）的统计，2006 年 3 月至 2007 年 3 月，共接到 7 起中华鲟误伤报告，他们分析认为中华鲟误伤易发地点应该在葛洲坝坝下 3 km 左右的江段内，而此江段正是河势调整工程所开展的区域。从长远看，该工程对中华鲟自然繁殖所造成的影响还有待于进一步的研究。

10.5 水力学环境

许多研究表明（Billard and Lecointre，2001），流速是与鲟鱼类自然繁殖活动密切相关的另一个重要的非生物因素，多数鲟鱼类发生自然繁殖活动对流速均有特殊要求。水流在中华鲟自然繁殖过程中的作用主要表现在 3 个方面（危起伟，2003）：刺激中华鲟亲鲟的性腺发育和产卵排精行为的发生；促进受精卵的散播和清理产卵场环境从而有利于受精卵的黏附；维持水体保持较高的溶氧水平和较好的孵化环境。

四川省长江水产资源调查组（1988）认为，水位、流态和流速是影响中华鲟自然繁殖的决定性条件，对中华鲟历史产卵场三块石大沱上下主流区的流速进行了测定。危起伟（2003）也认为各种水文条件均有阈值范围，只有在这些阈值范围之内，中华鲟的自然繁殖才能顺利进行，并提出中华鲟产卵的适宜流速值为 1.07 ～ 1.65 m/s。然而由于流速观测仪器的限制，对中华鲟自然繁殖流速场的原型观测研究始终停留在较有限的水平上（四川省长江水产资源调查组，1988；危起伟，2003）。部分学者采用水力学模型的方法对产卵场江段的流速进行了计算分析（蔡玉鹏等，2006；付小莉等，2006a，2006b；金国裕等，2006；Fu et al.，2007；王远坤等，2007，2009；吴凤燕和付小莉，2007；杨宇等，2007a，2007b；Yang et al.，2008），然而由于初始条件、边界条件（如流动阻力、河床地形等）不够精确，或者计算网格不够小，仅能从中抽取到有限的生物学相关信息。

10.5.1 1996 ～ 2003 年产卵日流速场

用 River2D 套装软件（http://www.river2d.ualberta.ca）来计算和模拟 1996 ～ 2003 年中华鲟自然繁殖期间的流速场。River2D 模型是河道内流量增加法（instream flow incremental methodology，IFIM）决策支持体系中的一个河流水动力学和鱼类栖息地模拟软件，可以模拟流量和鱼类栖息地之间的定量关系。River2D 套装软件包括 4 个分开的子软件：R2D-Bed、R2D-Ice、R2D-Mesh 和 River2D。在本研究中，R2D-Bed 用于编辑河床地形特征，R2D-Mesh 用于生成计算的有限元网格，River2D 则用于计算水深和流速分布。本研究采用的计算网格约为 50 m，河床粗糙度指数约为 0.025，但不同的区域粗糙度略有差异，通常沿岸两侧河床的粗糙度要大于主河槽河床的粗糙度。在计算过程中，要不断地调整河床粗糙度以使计算结果尽可能地接近原型观测的结果。入口边界的初始流量和出口边界的水位由宜昌水文站的观测数据推导得到。

采用模型计算方法对 1996 ～ 2003 年 14 次自然繁殖活动发生时典型流量（最小流量、中值流量和最大流量）状态下流速场进行计算，结果表明（图 10.5），各批次产卵活动发生时产卵场流速值变化幅度较大，下产卵区流速变化尤其明显，深度平均流速为 1.0 ～ 2.2 m/s，这说明中华鲟自然繁殖活动能够适应的流速值范围较广。但从流速场结构，即流速大小分布的相对区域来看，并没有发生明显的变化。

10.5.2 2004 ～ 2008 年产卵期间流速场

采用 ADCP 对 2004 ～ 2008 年产卵活动发生当日或产卵发生后 2 ～ 3 日内流速场进行现场观测，结果如图 10.6 所示，可以看出，各年度的流速场从大尺度范围来看具有一定的相似性，Ⅰ - Ⅱ区等值线间距较密，流速梯度值较大，Ⅳ - Ⅴ区中部有一个流速值较大的区域。但从小的空间尺度来看，各年度之间的流速场也具有一定程度的差异。2005 ～ 2008 年的流速场结构较河势调整工程进行以前（2004 年以前）（图 10.5）有了较大的变化，主要表现为导流堤周围形成了一个流速较缓的区域。

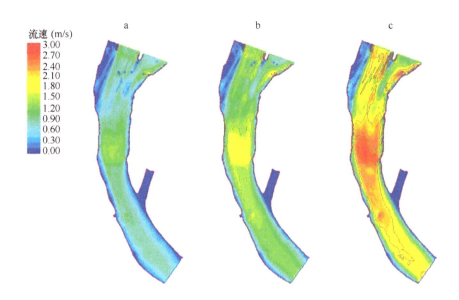

图 10.5　1996～2003 年产卵日典型流量状态下的深度平均流速分布

a. 1997 年 11 月 18 日，Q（流量）=7 170 m³/s；b. 1999 年 10 月 27 日，Q=14 100 m³/s；c. 2000 年 10 月 15 日，Q=23 800 m³/s

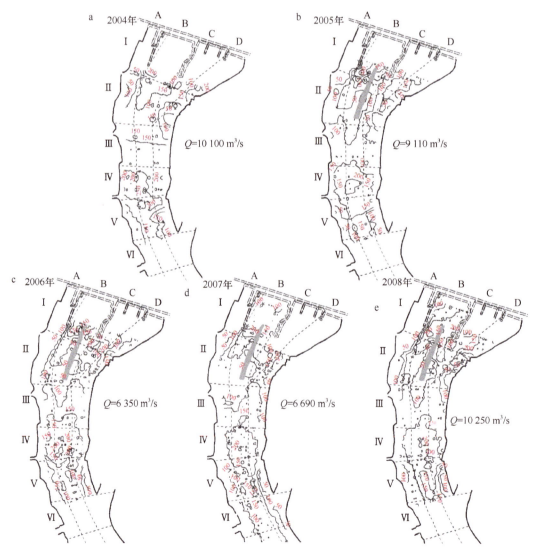

图 10.6　2004～2008 年产卵活动发生期间实测深度平均流速

中华鲟是一种底栖性鱼类，因此水体底层的流速与其产卵的关系更为密切。将产卵场最贴近河床约 2 m 厚度水层的流速数据导出，其分析结果见图 10.7 和图 10.8。从图 10.7 可以看出，从 11 断面到 18 断面，底层流速呈现逐渐增大的趋势，这主要是由于受到了负坡地形的影响。2004～2006 年 3 个年份中华鲟产卵当日下产卵区内底层流速值为 108.74～129.30 cm/s，这可能就是中华鲟产卵所需要的最适流速。从图 10.8 可以看出，底层流速的空间分布各年度之间差异较大，一般河槽中部等值线较为密集，流速梯度值较大，而下产卵区内底层流速空间变化尤为复杂。

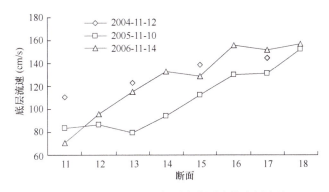

图 10.7 2004～2006 年下产卵区内的底层流速

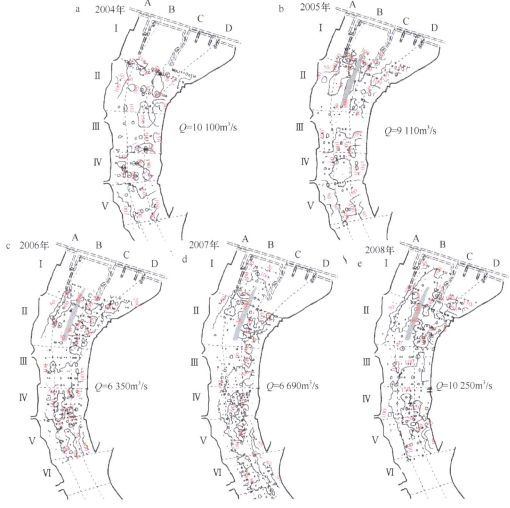

图 10.8 2004～2008 年产卵活动发生期间实测底层平均流速

贴近河床底部 2 m 水层内

10.5.3　流速场对自然繁殖的影响

对于鲟鱼类的自然繁殖，多数种类对产卵场的流速、水深、底质和水温等有特殊要求（Billard and Lecointre，2001），并且不同种类具有不同的限制性因素（Dettlaff et al.，1993）。中华鲟产卵繁殖是产卵场环境及水文条件共同作用的结果，目前的研究表明，流速、水位、流量、河床地形、底质、水温、含沙量等都是影响中华鲟产卵的相关因素（四川省长江水产资源调查组，1988；危起伟，2003）。虽然目前一致认为产卵场的流速具有十分关键的作用，并且中华鲟自然繁殖期间对流速的要求可能比其他鲟鱼类都要高（Billard and Lecointre，2001），但其自然繁殖各个阶段流速阈值范围、最佳值等问题，目前还尚未完全清楚。

从现有研究可以看出，各批次中华鲟产卵活动流速值变化幅度较大，适宜的产卵流速为 72.99 ～ 175.23 cm/s。从中华鲟每年都可以在葛洲坝下自然繁殖成功的事实可以看出，这一江段的流速还是满足中华鲟产卵需求的，这也可能是因为中华鲟对流速场的变化具有一定的适应性。中华鲟自然繁殖过程（包括前期的栖息）主要发生于葛洲坝至庙咀之间的江段，这可能与该江段具有较高的水流环境多样性有一定关系。今后应长时间、不间断地观测，并将流速场与中华鲟的产卵规模、自然繁殖效果等相联系，从而提出人工改良方案。

中华鲟自然繁殖活动与流速场的相互作用是一个动态的过程，仅从几个时间点的流速场分析其相互作用是不够的，如果能够建立中华鲟产卵场的流速场模型，不仅能分析其自然繁殖各个阶段与流速场的相互作用，还可模拟出因不同发电机组放水、泄洪等而流速场发生的短暂变化，从而得出更加精确的结果。

无论是历史产卵场还是葛洲坝下游目前存在的产卵场，中华鲟第一批产卵日的水位一般比第二批产卵日的水位要高 1 ～ 2 m（四川省长江水产资源调查组，1988；危起伟，2003；Yang et al.，2007），水位不同必将使流速场存在一定程度的差异，中华鲟分批产卵繁殖对这两种流速场的选择有何生态学上的意义可能还需要深入地研究。

目前，葛洲坝水利枢纽下游已经完成的河势调整工程较大地改变了其下游的流态，中华鲟上产卵区和下产卵区内的水力学特征都发生了较大的变化（王远坤等，2007），可以肯定的是，导流堤对上产卵区的破坏比较严重，有可能导致上产卵区的消失，对下产卵区的影响则相对较小，但有可能改变其具体位置。2005 ～ 2008 年江底采卵的结果恰好证实了这一点。从长远看，这项工程将会对中华鲟的自然繁殖造成何种影响，还需要开展长期的观测和研究。

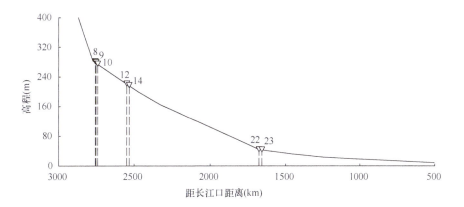

（11）

产卵场模型

　　基于数字高程模型（digital elevation model，DEM），对 1981 年 1 月 4 日葛洲坝截流以来（1981 ～ 2008 年）现存产卵场（葛洲坝坝下和虎牙滩）的河床地形变迁进行了详细分析。并结合对 5 个中华鲟历史产卵场河床地形的勘测调查，对比分析了历史产卵场和现存产卵场各地形因子的定量特征，以期探明中华鲟产卵场关键性的定量的河床地形特征。

　　研究对象包括生物调查资料相对较为丰富的 5 处历史产卵场和 2 处现存产卵场（四川省长江水产资源调查组，1988；危起伟等，1998b；常剑波，1999；危起伟，2003）（图 11.1）。历史产卵场包括位于金沙江下游的金堆子（rkm[①]2757）、偏岩子（rkm 2751）、三块石（rkm 2740）产卵场，以及位于长江上游的铁匠滩（rkm 2548）和望龙碛（rkm 2532）产卵场。现存产卵场包括长江中游的西坝（葛洲坝坝下，rkm 1675）和虎牙滩（rkm 1656）两个产卵场。

图 11.1　7 个选定作为主要研究对象的产卵场的高程及其距长江口的距离

11.1　历史产卵场地形

　　四川省长江水产资源调查组（1988）对 5 处中华鲟历史产卵场的地形有较为详细的描述，根据他们的描述及本研究所获取的地形图分述如下。三块石产卵场所在江段的南岸是陡峭的山岩（图 11.2c），因长年被水流冲击而崩塌，造成南岸大沱至三块石一带乱石较多，且分布较为杂乱。产卵场上段江底坡度较大，由断裂岩层和乱石组成。在大沱至老鸭石的水下，有从南岸伸向江心的断裂岩层，露于水表的老鸭石处是第二个伸向江心的断裂岩层，三块石则是伸向江心的第三个断裂岩层。在大沱至三块石以下有 3 个深水区，即大沱深水区、老鸭石附近的深水区和三块石以下的深水区。在

---

　　① rkm 指距离长江口的距离，河流生态学研究中常用的距离单位

中华鲟保护生物学

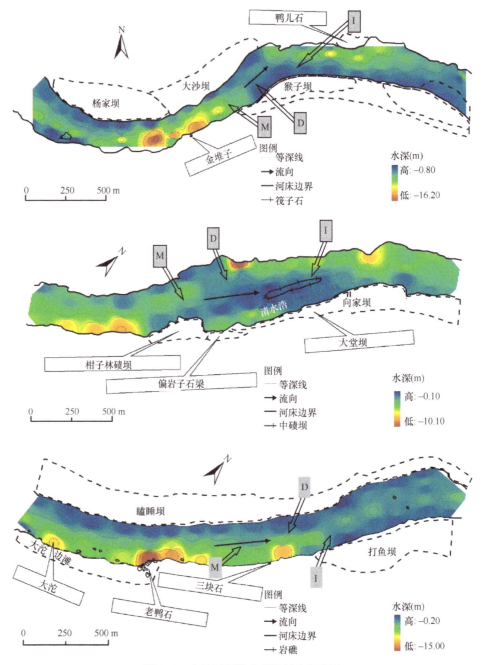

图 11.2　金沙江下游中华鲟历史产卵场
箭头所示分别为交配区（M）、播卵区（D）和孵化区（I）

三块石以下，由于南岸断裂岩层的阻挡，比较大的卵石在这里沉积，形成大面积的碛坝，此碛坝就是中华鲟受精卵主要黏着和孵化的场所。

在偏岩子产卵场（图 11.2b），从柑子林至清水浩，自然环境条件与三块石基本相似，主要区别是柑子林至偏岩子的乱石坡较短。偏岩子以下的碛坝直伸到清水浩以下，并且碛坝在清水浩江心隆起，水位低时可见鱼背形的碛滩顶。由于碛坝在江心隆起，江水分流，主流从南岸转向北岸，而靠南岸的水流则形成一个大的洄流。洄流处的水深值较大，是亲鲟在产卵前的栖息场所。

金堆子产卵场的环境条件也与三块石产卵场类似（图 11.2a），不同的是产卵场上段的乱石坡更短，而下游的碛坝很长。露于岸上的碛坝可分为 3 段，紧接乱石坡的一段为大卵石碛坝，第二段为沙坝，第三段为较小的卵石形成的碛坝。由于产卵场上段较短，产卵多在碛坝上段进行，其卵就黏着在碛坝上。

铁匠滩产卵场江中露有乱石堆积形成的小岛屿（图 11.3a），石屿顶部常年可见，并有断岩形成

136

的大石梁从岛屿延伸入主河道中。石梁上段有石槽急滩,下段有被江水冲击形成的断岩深潭或深沱,并使主流转向北岸。深沱之上的石槽急滩是亲鲟在产卵期间追逐、跳跃和产卵的场所,深沱为产卵亲鲟潜伏和休息之处。深沱下游的石砾和卵石碛坝较长,并且很宽,几乎占据整个江面,形成了良好的鲟卵黏着和孵化场所。

望龙碛产卵场的上段有与水流相垂直的石梁伸向江心(图11.3b),使江水主流转向南岸。石梁以下,有几乎占据整个江面的卵石碛坝。这样的环境条件,与三块石产卵场下段较为相似。从石梁至碛坝露出水面的位置,水深值逐渐变小,形成了一个较长的负坡地形构造。

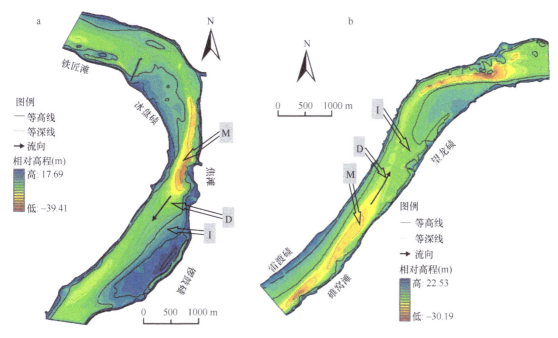

图11.3　长江上游中华鲟历史产卵场
a. 铁匠滩(12);b. 望龙碛(14)
箭头所示分别为交配区(M)、播卵区(D)和孵化区(I)

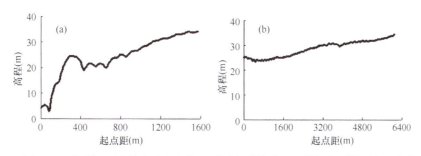

图11.4　葛洲坝至磨基山(a)和临江溪至虎牙滩(b)河道纵断面剖面高程变化
剖面线分别见图10.3和图10.5

11.2　产卵场地形的定量特征

对产卵场及产卵区江段地形空间分析的结果表明(表11.1),临江溪至虎牙滩江段河床高程的变异系数(CV)比葛洲坝至磨基山江段要小,平均坡度值和粗糙度则要小得多。从河道主槽纵向高程变化来看(图11.4),临江溪至虎牙滩负坡的坡度要远小于葛洲坝至庙咀江段。从整体上看,临江溪至虎牙滩江段河床地形复杂度较葛洲坝至磨基山江段要小。上产卵区和下产卵区内的平均高程和坡度相差不大,但下产卵区内高程的变异系数约为上产卵区的1.89倍。受河道形状的影响,下产卵区内的

平均坡向值较大,约为上产卵区的1.29倍。但上产卵区粗糙度较大,约为下产卵区的1.66倍。但从总体上看,上产卵区和下产卵区内地形复杂度都较高。

表 11.1　现存产卵场地形因子空间分析结果

区域	高程		坡度		坡向		粗糙度 (×10⁻³)
	Mean±SD (m)	CV (%)	Mean±SD (°)	CV (%)	Mean±SD (°)	CV (%)	
葛洲坝至磨基山	29.46±4.47	15.17	2.15±2.23	103.72	177.48±102.90	57.98	1.74
上产卵区	32.35±2.18	6.74	2.77±2.02	72.92	180.68±104.26	57.70	2.14
下产卵区	30.14±3.85	12.77	2.13±1.67	78.40	232.87±105.75	45.41	1.29
临江溪至虎牙滩	30.37±2.61	8.59	0.98±1.01	103.06	172.54±102.16	59.21	0.36

　　对中华鲟历史及现存产卵场地形空间分析的结果表明(表11.2),产卵场江段以顺直微弯河型为主,并且产卵场江段的河宽和水深变化幅度较大。葛洲坝下现存产卵场与历史产卵场相比,其最显著的差异就是现存产卵场的河宽要比历史产卵场的河宽大得多。此外,分析还发现,位于产卵场下段的负坡长度和坡度呈现出一定程度的负相关关系(图11.5),具有适宜负坡长度和坡度的产卵场往往具有较好的繁殖效果。

表 11.2　7个中华鲟产卵场的地形参数及其相关的繁殖表现

产卵场	河型 b	最大河宽 (B, m)	产卵场长度 (S, m)	转折角 (α, °)	曲折率 (S/L)	B/S	B− 最小河宽 (m)	负坡			繁殖表现 d
								高度差 (AD, m)	长度 (LA, m)	坡度 (AD/LA, %)	
金堆子 (8)	S	240	2202	34	1.06	0.11	104	12.6	929	1.36	++
偏岩子 (9)	B	418	1604	18	1.01	0.26	242	8.8	995	0.88	++
三块石 (10)	S	278	2574	20	1.03	0.11	94	12.9	879	1.47	+++
铁匠滩 (12)	M	388	4920	66	1.13	0.08	164	35.9	1405	2.56	+++
望龙碛 (14)	S	554	3029	18	1.02	0.18	234	14.0	2674	0.52	++
西坝 (22)	S	1348	4696	25	1.05	0.29	781	31.4	1568	2.00	++
虎牙滩 (23)	S	1129	—c	29	—c	—c	242	15.4	6124	0.25	+
最大值 a		554	4920	66	1.13	0.26	242	35.9	2674	2.56	
最小值 a		240	1604	18	1.01	0.08	94	8.8	879	0.52	
平均值 a		376	2866	31.2	1.05	0.15	167.6	16.8	1376.4	1.36	
加权平均 a		369	3013	33.2	1.06	0.14	161.2	18.1	1337.3	1.47	

a 不包括西坝 (22) 和虎牙滩 (23) 产卵场
b S. 顺直, B. 分汊, M. 弯曲
c 虎牙滩 (23) 的产卵活动较少,产卵场的范围并不十分明确
d "+++""++" 和 "+" 分别表示繁殖表现(基于产卵场亲鱼的尾数、胚胎和仔鱼数量与繁殖活动发生频率等)由好到差
S/L: 曲折率,产卵场实际长度与产卵场起止点直线距离之比

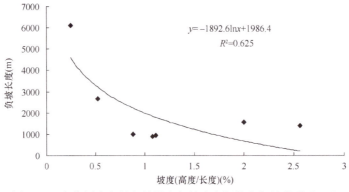

$$y = -1892.6\ln x + 1986.4$$
$$R^2 = 0.625$$

图 11.5　中华鲟产卵场负坡长度与坡度之间的负相关关系 (n=7)

综合各产卵场的繁殖表现来看，理想状态下中华鲟产卵场地形应该具备如下特征（表 11.2）：产卵场长度（S）为 3013 m，最大河宽（B）为 369 m，河道转折角（α）为 33.2°，曲折率（S/L）为 1.06，B/S 为 0.14，B 与最小河宽之差为 161.2 m，负坡高度差为 18.1 m，负坡长度和坡度分别为 1337.3 m 和 1.47%。

11.3 产卵场功能分区模型假说

危起伟（2003）根据对中华鲟产卵亲鱼的遥测追踪和江底直接采卵结果，定位了葛洲坝下中华鲟的产卵位置和产卵场范围，并结合原来金沙江下游和长江上游的中华鲟产卵场，提出了中华鲟产卵场的功能分区模型假说。该模型认为一个完整的中华鲟产卵场由 3 个功能不同但又相互联系的区域组成，分别称为交配区、播卵区和孵化区，这 3 个区域分别行使产卵、播卵和孵化功能，中华鲟产卵场必须同时具备这 3 个功能区。

通过对 5 处历史产卵场和 2 处现存产卵场河床地形进行定量分析，发现河道形状和河床高程变化均与这一理论较符合。研究还发现河道转向结构和河床负坡地形可能是形成这 3 个功能区的必备条件之一（Hanrahan，2007b；Hauer et al.，2007）。表 11.2 通过对 7 个产卵场的定量分析得出了一个理想状态下具有较优河床地形特征的中华鲟产卵场，这可以认为是对中华鲟产卵场地形功能分区模型假说的一个定量诠释。虎牙滩产卵场的河床地形与模型的相似度较低，这可能就是中华鲟为何不能每年在此产卵的重要原因。

第3部分

保护遗传学

12

鲟鱼类分类及系统发育关系

鲟形目鱼类是现生软骨硬鳞鱼类的代表类群，被誉为鱼类中的"活化石"。目前，全球现生的鲟形目鱼类共计 2 科 6 属 27 个有效种。鲟形目鱼类可以分为匙吻鲟科（Polyodontidae）和鲟科（Acipenseridae）。匙吻鲟科包括匙吻鲟属（Polyodon）和白鲟属（Psephurus）。鲟科包括 4 个属：鲟属（Acipenser）、鳇属（Huso）、铲鲟属（Scaphirhynchus）和拟铲鲟属（Pseudoscaphirhynchus）。

鲟形目鱼类被认为是最古老的鱼类之一，早在 18 世纪上半叶林奈等就开始了对鲟鱼类物种的描述研究（Linnaeus，1758）。鲟形目鱼类的形态学分类历史悠久，早期研究人员通过骨骼比较及形态分类描述了现生鲟鱼类的系统发育关系，但不同研究者的分类各有异同。尤其是鲟属和鳇属的属间、种间的系统发育关系一直没有得到统一的结论。近年来，分子系统发育生物学的发展为研究鲟形目鱼类的系统发育关系提供重要线索，受到研究者的广泛关注。

张四明等（1999a）采用线粒体 DNA *DN4L-ND4* 基因 703 bp 序列探讨了包括匙吻鲟科 2 种在内的 12 种鲟形目鱼类的分子系统发育，发现匙吻鲟（*P. spathula*）和白鲟（*P. gladius*）与鲟科其他种类的序列差异达到 11.2% ～ 14.2%，而鲟科鱼类的种间差异为 0.3% ～ 7.17%，差异最小的是中华鲟（*A. sinensis*）与长江鲟（又名达氏鲟）（*A. dabryanus*），为 0.3%。差异最大的是闪光鲟（*A. stellatus*）与中华鲟、长江鲟与俄罗斯鲟（*A. gueldenstaedtii*），差异均达到 7.17%。两种鳇属鱼类，达氏鳇（*H. dauricus*）和欧洲鳇（*H. huso*）与其他鲟属鱼类的差异介于鲟科种类中间，看不出鳇属与鲟属的明显差异。构建的系统发育树如图 12.1 所示。由此推测，分布于长江的纯淡水生活的长江鲟与中华鲟的亲缘关系最近，可能是中华鲟的陆封种类；鳇属不能独立为一属，应并入鲟属；环太平洋的鲟鱼种类具有共同的起源。

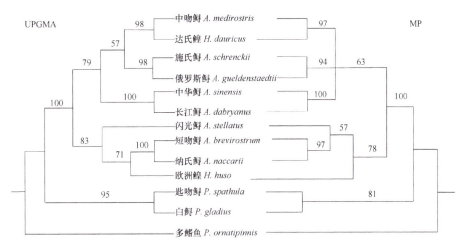

图 12.1 12 种鲟形目鱼类的 UPGMA 和 MP 分子系统发育树（依据张四明等，1999a 重绘）

Peng 等（2007）采用细胞色素 b 基因和部分物种的线粒体基因组序列进一步分析了鲟形目鱼类的系统关系和种间分化时间，结果显示鲟形目鱼类最早起源于 389.7 百万年前（95% 置信区间为 361.5 ～ 414.2 百万年）。基于大数据的真骨鱼类物种分化时间的最新研究显示（Betancurr and Wiley，

2017；Hughes et al.，2018），鲟形目鱼类最早起源时间在 300 ~ 350 百万年前，匙吻鲟科和鲟科的最早分化时间在 180 ~ 240 百万年前，基本支持 Peng 等（2007）的研究结果。

Peng 等（2007）将现生的鲟科鱼类分为 4 个单系群：①海洋性鲟鱼类，包括欧洲大西洋鲟（*A. sturio*）和美洲大西洋鲟（*A. oxyrinchus*）；②铲鲟属和拟铲鲟属鱼类；③太平洋类群，包括达氏鳇、中吻鲟（*A. medirostris*）、萨哈林鲟（*A. mikadoi*）、长江鲟、中华鲟、高首鲟（*A. transmontanus*）、施氏鲟（*A. schrenckii*）等 7 种；④大西洋类群，包括俄罗斯鲟、纳氏鲟（*A. naccarii*）、波斯鲟（*A. persicus*）、西伯利亚鲟（*A. baerii*）、短吻鲟（*A. brevirostrum*）、湖鲟（*A. fulvescens*）、裸腹鲟（*A. nudiventris*）、小体鲟（*A. ruthenus*）、闪光鲟和欧洲鳇。

海洋性鲟鱼类欧洲大西洋鲟和美洲大西洋鲟位于鲟科的基部，它们与其他鲟科鱼分开的时间约为 171.6 百万年前，早于铲鲟属和拟铲鲟属与鲟属鱼类的分化时间。鳇属的两个种分属于太平洋类群和大西洋类群，这两个类群分化的时间约为 121 百万年前。据此推测，鲟属鱼类祖先起源于古特提斯海，自侏罗纪至白垩纪，古特提斯海不断萎缩，逐渐形成黑海、里海和咸海，这一地质演化过程促进了大西洋和太平洋鲟鱼类型的分化。许多在海洋生活的鲟鱼类都有溯河产卵的习性，在繁殖季节洄游到淡水河流产卵，繁殖后亲鱼和幼鱼又返回海洋生长育肥。其栖息海洋范围一般都在繁殖河流附近，显示其长期演化的生态环境适应性。

中华鲟属于太平洋类群，是分布纬度最低的鲟鱼之一，分布于西太平洋中纬度的东海至日本海一带。与中华鲟最后分开的是分布于北太平洋高纬度的施氏鲟（亚洲沿岸）和高首鲟（北美洲沿岸），分化的时间约为 69.7 百万年前（图 12.2）（Peng et al.，2007）。根据历史记载，中华鲟在我国的河流分布，除了长江以外，也曾在珠江、黄河、辽河等发现过，可能由于气候的变化及人类活动的影响，目前只有长江还有发现。长江的形成在 3000 万 ~ 4000 万年前，中华鲟在进入长江后，可能随着长江生态环境的变化，部分个体逐渐适应纯淡水生活，不再洄游到海洋，演化成今天的长江鲟，线粒体 DNA 序列反映了这一历史进程，这两者间具有最小的序列差异及最近的亲缘关系，分化时间约为 10.8 百万年前。

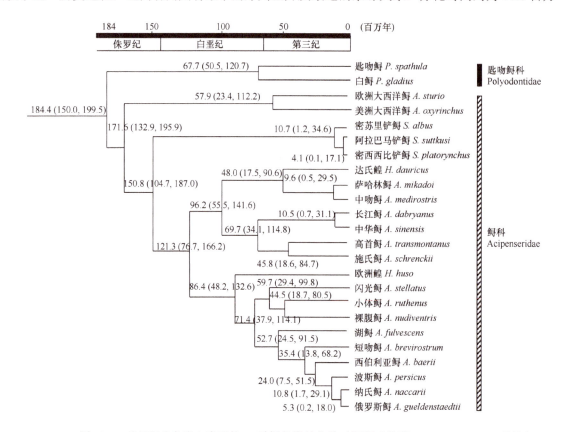

图 12.2　基于细胞色素 b 序列的 24 种鲟鱼类的分化时间图（依据 Peng et al.，2007 重绘）

染色体及遗传特征

13.1 染色体数目

鲟形目鱼类的细胞遗传学研究始于 20 世纪下半叶，铲鲟鱼类的高数目染色体的发现，促成了 Ohno(1970) 首次提出脊椎动物的基因组复制事件假说，他认为在脊椎动物的进化历程中曾发生了一次或多次的基因组复制事件。基因组复制加倍是大多数现生脊椎动物的重要进化机制，成为了生物学上普遍接受的观点。鲟鱼类作为多倍体起源的鱼类，以染色体加倍的方式进行，不同的鲟鱼物种染色体数目差异巨大。细胞遗传学的证据表明，鲟鱼类的细胞进化有别于其他鱼类：染色体由大染色体 (macrochromosome) 和微染色体 (microchromosome, mc) 两部分构成。大染色体的组型特征在各种鲟鱼类中都较相似，微染色体与鸟类、爬行类的微染色体类似。

鲟形目鱼类染色体数目众多，依据染色体的数目，可大致分为 3 种类型：①染色体数约为 120 条，范围在 110 ～ 130 条（代表种如匙吻鲟、小体鲟）；②染色体数在 250 条左右，范围在 220 ～ 276 条（代表种如中华鲟、长江鲟）；③染色体数在 360 条左右，如短吻鲟染色体数为 (372±6) 条。目前，已报道的鲟形目鱼类染色体数目见表 13.1。

表 13.1　鲟形目鱼类染色体数目及倍性简表［依据 Vasil' ev(2009) 及 Havelka 等 (2016) 整理］

物种名	染色体数目（条）	染色体倍性
匙吻鲟 P. spathula	120	$2n$
密西西比铲鲟 S. platorynchus	112	$2n$
裸腹鲟 A. nudiventris	116±4	$2n$
	118±2	$2n$
欧洲鳇 H. huso	116±4	$2n$
	118±2	$2n$
欧洲大西洋鲟 A. sturio	116±4	$2n$
	121±3	$2n$
小体鲟 A. ruthenus	118±2	$2n$
	118±4	$2n$
	118±2	$2n$
闪光鲟 A. stellatus	118±2	$2n$
	146±6	$2n$
美洲大西洋鲟 A. oxyrinchus	121±3	$2n$
	229 ～ 240	$4n$
	246±8	$4n$
西伯利亚鲟 A. baerii	246±10	$4n$
	249±5	$4n$
	～ 437	$7n$

物种名	染色体数目（条）	染色体倍性
	239±7	4n
纳氏鲟 A. naccarii	246±8	4n
	248±4	4n
	246±10	4n
高首鲟 A. transmontanus	248±8	4n
	256±6	4n
	271±2	4n
萨哈林鲟 A. mikadoi	247±33	4n
	262±4	4n
	249±2	4n
俄罗斯鲟 A. gueldenstaedtii	250±8	4n
	258±4	4n
中吻鲟 A. medirostris	249±8	4n
波斯鲟 A. persicus	258±4	4n
湖鲟 A. fulvescens	262±6	4n
中华鲟 A. sinensis	264±	4n
达氏鳇 H. dauricus	268±4	4n
短吻鲟 A. brevirostrum	372	6n
	372±6	6n

采用肾细胞体外培养法制备的中华鲟体细胞中，识别得到染色体数为 264 条左右，根据 Levan 等（1964）的染色体形态分类标准，按染色体臂比及相对长度把中华鲟染色体分为 3 组：中部着丝粒染色体 (m) 78 条，亚中部着丝粒染色体 (sm) 20 条，亚端部着丝粒染色体 (st) 和端部着丝粒染色体 (t) 26 条，微染色体 (mc) 为 140±。染色体臂数（NF）为 264±，其核型公式为 78m+20sm+26st，t+140±mc（余先觉和周敦，1989）。由此可见，中华鲟含有数目众多的微染色体（图 13.1）。

13.2 染色体倍性

继 Ohno（1970）提出多倍化事件在动物进化过程中起重要作用的假说后，随着分子生物学的发展，根据对鱼类系统发生学和比较基因组学的研究，科学家提出硬骨鱼还发生了第 3 次基因组复制事件，即真骨鱼类特异的基因组复制（teleosts genome duplication，TGD）事件。基因组复制可能对脊椎动物的进化及多样性的发生具有重要的作用（van de Peer et al.，2003；Dehal and Boore，2005）。基因组复制产生重复的染色体和基因，随后通过染色体或基因丢失、基因沉默和假基因化、功能差异化等方式，形成功能二倍化（functional diploidization）。

通常，硬骨鱼类中体细胞染色体数目在 50 条左右的种类为二倍体，数目在 100 条左右的为四倍体。现存的硬骨鱼类中多倍体并非普遍现象，主要存在于 3 个类群：鲑科、亚口鱼科和鲤科中。分布于雅鲁藏布江的鲤科鱼类双须叶须鱼（Ptychobarbus dipogon）染色体数目约 446 条，是迄今为止发现的染色体数目最多的鱼类（Havelka et al.，2016）。鲟形目中，Ohno 等（1969）首先发现密西西比铲鲟（Scaphirhynchus platorynchus）体细胞完整染色体数目为 116 条，随后 Dingerkus 和 Howell（1976）在 Science 杂志上发表了有关匙吻鲟（Polyodon spathula）染色体研究的论文，发现匙吻鲟染色体数目为 120 条，并推测为四倍体，其二倍体祖先已经灭绝。

Ludwig 等（2001）及 Peng 等（2007）提出，鲟形目鱼类中，除早期独立分化开的匙吻鲟科外，鲟科鱼类至少经历了 3 次独立特有的鲟鱼类基因组加倍事件。第 1 次全基因组重复事件发生在太平洋类

10 μm

图 13.1   中华鲟染色体图谱
引自国家标准《中华鲟》(GB/T 32781—2016)

群的鲟鱼物种中，这些鲟鱼均有约 250 条染色体。第 2 次全基因组重复事件发生在大西洋类群的鲟鱼物种中，大约在 50 百万年前出现了四倍体谱系。第 3 次全基因组重复事件发生在最近的大西洋类群的短吻鲟中。

然而一些学者采用不同的方法提出了新的观点。Fontana(1994)采用染色体核仁组织者染色方法分析了 4 种鲟鱼的染色体，首次提出了鲟形目鱼类染色体数目在 120 条左右的是二倍体，240 条左右的是四倍体。利用一些特殊位点，如端粒序列 (TTAGGG)n、Hind Ⅲ卫星 DNA 家族、28S rDNA 和 5.8S rDNA 等，通过染色体原位杂交方法，进一步证实了 Fontana(1994)的观点 (Fontana et al.,1998，1999；Chicca et al.，2002)。Ludwig 等 (2001)采用 6 个微卫星位点对包括中华鲟在内的 20 种鲟鱼进行了倍性分析，结果同样显示染色体数在 120 条左右的为功能二倍体，240 条左右的为功能四倍体。其中，中华鲟的 6 个微卫星位点中，有 4 个显示为四倍体，1 个为二倍体，还有 1 个位点能推出高于四倍体的倍性。Rajkov 等 (2014)采用更多的微卫星位点对 10 种鲟鱼更多样本的倍性开展了深入分析，尽管部分种类存在一定比例位点上的不一致性，但总体上得出的结论与 Ludwig 等 (2001)

得出的结论是吻合的。在 Rajkov 等（2014）的研究中，中华鲟有 12% 的位点表现为二倍体，82% 的位点为四倍体，另有 6% 的位点表现出高于四倍体的特征。长江鲟微卫星位点的结果与中华鲟相似，二倍体、四倍体及高于四倍体的比例分别是 19%、75% 和 6%。低比例的二倍体位点，可能是基因组复制后的基因沉默（Rajkov et al.，2014），而高于四倍体的位点暗示鲟鱼部分基因位点的功能二倍化的过程还没有完成。目前多数学者认为，120 条染色体的鲟鱼可能是四倍体起源的功能二倍体，约 250 条染色体的鲟鱼可能是八倍体起源的功能四倍体，约 360 条染色体的鲟鱼可能为十二倍体起源的功能六倍体。但这些假说或推测需要更多的证据，尤其需要借助全基因组序列图谱及染色体图谱来进行验证。

鲟形目鱼类是非常古老的物种，分子进化研究表明，鲟形目鱼类的基因进化速率比其他硬骨鱼类，如鲑科、鲤形目、鲈形总目（Percomorpha）、海鲢总目（Elopomorpha）鱼类等慢很多（Krieger and Fuerst，2002）。

依据鲟鱼类的功能染色体倍性假说，中华鲟和长江鲟可能均为功能四倍体物种。目前，在自然状态下，有个别鲟鱼物种存在染色体多态性现象，即种内存在染色体数目不等的个体（表 13.1），并且养殖后发现染色体数增加，如西伯利亚鲟（Havelka et al.，2016），在中华鲟和长江鲟中还没有发现，但随着中华鲟和长江鲟人工养殖的持续发展，今后需要引起必要的关注。

14 中华鲟基因组研究

中华鲟是一种江海洄游性鲟鱼，主要分布于太平洋西岸的中国和朝鲜半岛。长江是其主要的洄游河流，洄游距离超过 2800 km。目前，涉水工程建设等人类活动造成的大尺度生态环境破坏是导致中华鲟自然资源锐减的主要原因。中华鲟人工养殖已经突破，但仍存在一些瓶颈，如性成熟雌性个体性腺发育。面对这些问题，需要加快对中华鲟基因组的研究，在基因组学层面上为解释中华鲟环境适应性进化的分子机理和保护其种质资源提供帮助与指导。然而由于鲟鱼自身的复杂特性，至今我们对中华鲟乃至鲟鱼基因组学的了解仍知之甚少，急需进一步研究。许克圣等（1986）利用细胞遗传学方法进行了研究，结果表明，中华鲟含有 240 条左右染色体。张四明等（1999b）利用显微分光光度计测定中华鲟基因组大小为 9.07 pg（1 pg 约为 978 Mb）。

14.1 线粒体基因组

线粒体（mitochondrion）是一种存在于大多数真核细胞中由两层膜包被、通过氧化磷酸化合成腺苷三磷酸（ATP）为细胞活动提供能量的细胞器，并拥有自身的遗传物质和遗传体系，但因其基因组大小有限，需要来自核 DNA 编码的蛋白质，所以线粒体是一种半自主细胞器。线粒体 DNA（mitochondrial DNA，mtDNA）是位于线粒体内且呈共价闭合环状，包括一条重链、一条轻链，具有自主复制、转录和翻译能力的遗传因子。与核 DNA 相比，mtDNA 具有分子量小、结构简单、无组织特异性、母系遗传、进化速度快、不同区域进化速度存在差异等特点，是一个相对独立的复制单元。

我们采用全基因组鸟枪法（whole genome shotgun，WGS）策略构建文库，利用第二代测序技术（next generation sequencing，NGS），基于 Illumina MiSeq 测序平台进行线粒体基因组测序。中华鲟的线粒体基因组总长为 16 524 bp，序列已上传至 GenBank，其收录号为 MK078261。包含了 13 个蛋白质编码基因、22 个 tRNA 基因、2 个 rRNA 基因（16S RNA 和 12S RNA）和一个非编码的控制区（D-loop）（图 14.1）。线粒体基因组的 GC 含量为 45.98%。重链的碱基 A、C、G、T 含量分别为30.17%、16.47%、29.51%、23.85%。13 个蛋白质编码基因分别为烟酰胺腺嘌呤二核苷酸脱氢酶亚基 1（NADH dehydrogenase subunit 1，*ND1*）基因、*ND2* 基因、细胞色素氧化酶亚基Ⅰ（cytochrome c oxidase subunit Ⅰ，*COX*Ⅰ）基因、*COX2* 基因、*ATP8* 基因、*ATP6* 基因、*COX3* 基因、*ND3* 基因、*ND4L* 基因、*ND4* 基因、*ND5* 基因、*ND6* 基因和细胞色素 b（cytochrome b，*Cytb*）基因。其中 12 个蛋白质编码基因均以正常的起始密码子 ATG 开始，只有 *COX*Ⅰ基因以 GTG 起始；其中 10 个蛋白质编码基因以完整的终止子结束，*ND1* 基因、*ND2* 基因、*COX*Ⅰ基因、*ND3* 基因、*ND6* 基因以 TAG 结束，*ATP8* 基因、*ATP6* 基因、*COX3* 基因、*ND4L* 基因和 *ND5* 基因以 TAA 结束；其余 3 个蛋白质编码基因以不完整的终止子结束，*ATP6* 基因、*COX2* 基因和 *Cytb* 基因以 T（AA）结束。除了 8 个 tRNA（tRNA-Gln、tRNA-Ala、tRNA-Asn、tRNA-Cys、tRNA-Tyr、tRNA-Ser、tRNA-Glu 和 tRNA-Pro）与 ND6 在轻链上编码外，其余基因都在重链上编码。

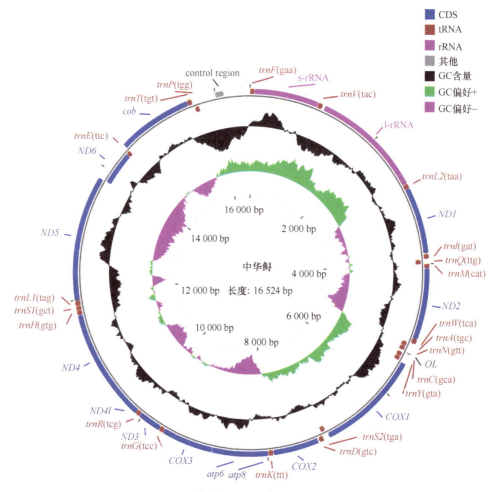

图 14.1　中华鲟线粒体全基因组结构图

张四明等（1999c）通过 PCR 和 DNA 测序技术发现了中华鲟的线粒体 D-loop 区域不仅存在重复序列，而且 D-loop 区域的重复序列造成了中华鲟个体内 mtDNA 长度异质性和个体间的长度多态现象。

14.2　全基因组

通过高通量测序的方法，我们对中华鲟全基因组的基本特征进行了初步的了解。采用全基因组鸟枪法测序策略，通过提取中华鲟的基因组 DNA，构建 180 bp 和 500 bp 的测序文库，并在 Illumina Hiseq 2500 测序平台测得 237.81 Gb 原始数据。利用 180 bp 文库和 500 bp 文库数据构建了 $K=21$ 的 Kmer 分布图（图 14.2）；图 14.2 表明，平均 Kmer 深度即主峰对应的 Kmer 深度为 75。因为 Kmer 深度出现在主峰对应深度 2 倍以上的序列为重复序列，所以在图 14.2 中深度大于 150 的 Kmer 序列为重复序列。Kmer 深度出现在主峰对应深度 0.5 倍处的序列即为杂合序列。根据总 Kmer 数目除以平均 Kmer 深度即为基因组大小，估计中华鲟基因组大小约为 1846.8 Mb。根据张四明等（1999b）研究测定的中华鲟基因组为 9.07 pg（约为 8870.5 Mb）。依据 Kmer 分布情况，估计重复序列含量约为 53.1%，杂合率约为 1.1%。另外，根据组装结果，中华鲟基因组中的 GC 含量约为 43.1%。

中华鲟性成熟晚，雄性个体一般需要 8 龄以上，雌性个体需要 14 龄以上，并且生殖周期较长（2～7 年）。人工养殖的中华鲟性腺发育往往仅停留在 II 期，很难向 III 期或 IV 期过渡。对于雌性而言，初级卵母细胞难以进入大生长期，养殖中华鲟的性成熟问题成为其全人工繁殖的主要障碍（危起伟等，2013）。因此，全面了解配子形成中的调节通路将为全人工繁殖提供理论帮助与支持。

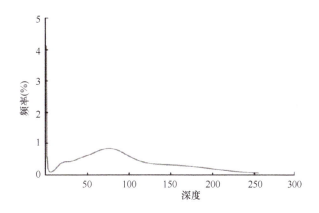

图 14.2　中华鲟基因组测序数据 Kmer 值分布图

随着测序技术的发展，通过高通量进行转录组测序已经成为研究基因表达及调节重要而有效的手段。通过 Illumina Hiseq 2000 测序平台对 3 龄雌雄各 1 尾中华鲟的性腺进行高通量测序，以期为了解精子和卵子发生的机制提供分子基础（Yue et al., 2015）。分别从精巢和卵巢样品获得了 47 个、333 个、701 个和 47 个、229 个、705 个高质量测序片段，并提交至 NCBI GenBank（收录号：SRP035284）。经混合拼接共获得 176 434 个转录本（平均长度为 950 bp）和 86 027 个 Unigene（706 bp）。

为了了解中华鲟性腺发育涉及的调节通路，将 86 027 个 Unigene 进行 KEGG（Kyoto encyclopedia of genes and genomes）代谢通路注释。12 557 个 Unigene 被定位到 231 条通路，可以分为 5 大类：代谢（metabolism）、遗传信息处理（genetic information processing）、环境信息处理（environmental information processing）、细胞过程（cellular processes）和有机系统（organismal systems）。其中定位到最多 Unigene 的 30 条通路如图 14.3 所示，其中涉及生殖发育的通路有：Progesterone-mediated oocyte maturation（160）、GnRH signaling pathway（160）、Oocyte meiosis（170）、Regulation of actin cytoskeleton（341）。而这些调节通路可以为今后探讨中华鲟甚至其他鲟鱼生殖发育相关问题提供帮助和奠定基础。

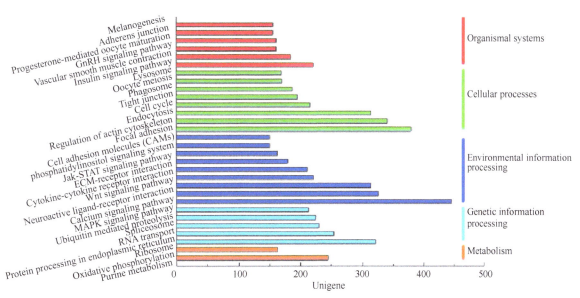

图 14.3　中华鲟性腺转录组 KEGG 通路分布图

分子标记在中华鲟物种保护中的应用

近 30 年来，分子标记等分子生物学的应用使生态学研究发生了革命性的变化。分子标记已广泛应用于个体、种群和物种的鉴定；还可定量遗传多样性、追踪个体的迁移路径、测量近交的程度、鉴定个体与群体的遗传关系、定义新物种及追踪物种的历史迁移途径等。近年来，功能强大的基因组分析技术的出现，使人们不仅能够洞察不同基因的功能，而且能够解决实际的生态学问题，如哪些濒危的种群处于近交的风险、基因改良的作物遗传特性，以及杂交种群与野生种群的关系等。

随着中华鲟自然资源的急剧下降，人工养殖中华鲟已经成为物种保护的重要途径。无论是在中华鲟自然资源的调查方面还是人工养殖群体的遗传管理等方面，分子标记都发挥着越来越重要的作用。

15.1　分子标记在中华鲟种群遗传研究中的应用

随着分子标记技术的不断进步，其在中华鲟物种保护中的应用越来越广泛，主要包括用于野生种群、人工养殖群体及繁殖亲本的遗传多样性研究、亲子鉴定等。张四明等（1999a）采用 PCR 技术扩增了 47 尾中华鲟线粒体 DNA（mtDNA）控制区（D-loop），发现中华鲟天然群体内存在个体间和个体内的 mtDNA 长度变异现象。张四明等（2000）采用随机扩增多态性 DNA（RAPD）技术对连续 3 年（1995～1997 年）共 70 尾来源于长江水系的中华鲟样本进行了遗传分析，结果显示，26 个引物中只有 6 个引物 RAPD-PCR 产物有多态性，野生中华鲟种群的遗传多样性指数为 0.0334，比较而言，中华鲟天然群体核 DNA 水平的遗传多样性较低。邵昭君等（2002）采用 21 对密西西比铲鲟（*Scaphirhynchus platorynchus*）微卫星引物在中华鲟基因组 DNA 中进行验证，发现其中 4 对引物可作为分子标记应用于相关研究。该研究结果证明了近缘物种中微卫星引物的通用性，为获得微卫星标记提供了简捷有效的途径。Zhao 等（2005）应用 4 个微卫星标记对 1999～2001 年的 60 尾中华鲟进行了遗传多样性研究，结果表明，中华鲟等位基因数和杂合度均较低，这 60 尾中华鲟之间并未发生大的遗传分化。Zhu 等（2006）应用 6 个微卫星标记对 1999～2001 年共 60 尾中华鲟进行了分析，结果表明，这 3 年的中华鲟遗传多样性差异不显著，也未发现严重的近交现象，但建议在人工繁殖时尽量明确亲鱼来源，以免近亲繁殖造成种群衰退。曾勇等（2007）采用 RAPD 技术对 2000 年共 30 尾中华鲟幼鲟遗传多样性进行了分析。在 25 个可分析的引物中，只有 5 个引物的 RAPD-PCR 产物有多态现象，结果表明，其遗传多样性明显低于葛洲坝截流以前。祝长青等（2011）根据 NCBI 上已公布的中华鲟 D-loop 基因、细胞色素 b 基因、12S rRNA 基因的核酸序列设计出 4 对引物，经 SYBR Green 实时荧光 PCR、熔解曲线分析和扩增片段克隆测序后，发现针对 D-loop 基因的 F2-R1 引物能够高效、特异地对靶序列扩增，选择其作为中华鲟基因特异性扩增引物，建立中华鲟基因 SYBR Green 实时荧光 PCR 检测方法特异性好、可操作性强，具有较高的应用价值。向燕等（2013）利用线粒体控制区部分序列对 49 个鲟鱼亲鱼进行了遗传多样性分析。结果表明，鲟鱼亲鱼可划分为三大类：达氏鲟、中华鲟、史氏鲟，分别包括 3 个、2 个、13 个单倍型，多态性位点分别有 13 个、15 个、30 个，单倍型多样性分别为 0.417、0.200、0.853，核苷酸多样性分别为 0.005 41、0.007 28、0.013 14，平均核苷酸差异数分别为 2.222、3.000、5.520。同类鲟鱼各单倍型之间的遗传距离为 0.002 39～0.059 44，不同类鲟鱼单倍型之间的遗传距离为 0.045 72～0.221 27，表明，3 类鲟鱼亲鱼群体遗传多样性均较丰富。辛苗苗等（2015）应用荧光引物和自动测序技术，采用 10 个微卫星分子标记建立了中华鲟亲子鉴定体系（表 15.1）。

表 15.1　24 个中华鲟微卫星标记特征

位点名称和登录号	重复单元	引物序列	退火温度（℃）	片段大小（bp）
Asi-72632 KM379071	$(GT)_7\cdots(GT)_6$	F：AGGGCACTCACCTGGGAACT R：AGACCTGGAGAAAGCGAGACAC	62	296
Asi-66034 KM379072	$(CGA)_7$	F：CCTACGCCAAGCTCAACCAG R：ACCGCAGAGTCACGGAGTTG	56	309
Asi-46902 KM379073	$(TG)_8\cdots(TG)_6$	F：GGGTGTGTGTGTTTGTTTTGTTT R：ACACTCCCACACACCTCTTCATT	58	313
Asi-55961 KM379074	$(AG)_7\cdots(AG)_7$	F：AAGTTCGGGCTCAACCTTGC R：CTCTTCACATCCCCTTCTCCAG	62	294
Asi-68191 KM379075	$(CTG)_7$	F：ATTATCACCAGCAGCAGCAGG R：AAGGAGAGGCAGAGCTTCAGG	52	302
Asi-48230 KM379076	$(CTA)_7$	F：TTAGTAGTTTCCTGGTCTGCTTGTC R：AAGTCACACATTTTCTGGCGG	46	298
Asi-65194 KM379077	$(ATT)_5\cdots(CA)_6$	F：TACAAAATCGGCAGAAAGGCT R：GCAGGCATGATGAGAATAGGC	58	296
Asi-52396 KM379078	$(CTG)_7$	F：CGGCGACTCTGTTCCTCATC R：CTCTAGCGTCAGCATGCACC	58	299
Asi-75067 KM379079	$(TG)_7\cdots(AG)_8$	F：AGAGTTCTCGAAGCGGAAACAG R：CTGGTTCAAACTGGGAGCGAT	60	293
Asi-75905 KM379080	$(TA)_8\cdots(CA)_7$	F：GCATACTTTTTTGTCAGTGCGTT R：TAATGACAACTTTTTGCTGGGAAT	60	306
Asi-71347 KM379081	$(AC)_6\cdots(AT)_6$	F：AAGGAATACAAACACTGCAATGG R：AGGAAAAGGGATGTGTGTATTGTT	62	298
Asi-67123 KM379082	$(AC)_8\cdots(CA)_8$	F：AGCTAACAGCAGTGCATGGTATTT R：CTTGAGATAAAAGGCGCTGTAGAG	62	276
Asi-71954 KM379083	$(AG)_6\cdots(AG)_7$	F：CTACCTGTCCAAGTGCTCCG R：TCTTCCTCCTCTCTGCTCACC	48	303
Asi-73843 KM379084	$(AGC)_7$	F：GGTGTTTGAAAGACAGCGAGAA R：TTCCTCCAGGACAGAGTTTGC	58	292
Asi-74654 KM379085	$(TA)_6\cdots(AT)_6$	F：ATGCAAAACGAGTGCCTGTG R：TAAGTGTGCCCTAGTGACGATTC	56	290
Asi-68632 KM379086	$(TA)_{10}$	F：AGTGTCAATCATACCCCTGCTG R：CGACACGCTGGAATGTTTTG	58	287
Asi-77057 KM379087	$(TG)_6\cdots(TG)_8$	F：GGGTCCCGCACAGTTTAAAG R：GACGGCAAGGCAAGATAGGT	56	300
Asi-76964 KM379088	$(AGC)_7$	F：GGACAAAGGACAGCCAAAGC R：CATTTTTGTCACAATCGGCAG	58	299
Asi-72040 KM379089	$(CTT)_5\cdots(TGC)_5$	F：AGCAGAGTCCACATCCCCCT R：GAGTGTCGCTCGAAAGCCCT	62	306

续表

位点名称 和登录号	重复单元	引物序列	退火 温度（℃）	片段大小 （bp）
Asi-67648 KM379090	$(GGA)_6\cdots(GGT)_5$	F: TCCGGTACTGGAAACCCTTG R: ATTCGCCTGGAAGAGCACAC	60	302
Asi-74518 KM379091	$(TA)_9(AGC)_5$	F: GCATTCCACTTAAATTAGGATTGC R: TATTGAGGCAGGCATGGAGC	46	297
Asi-70421 KM379092	$(TGA)_8$	F: TGCCACAAATAAGATGCAGGAG R: TTTTGCTTTGGAAACTGTACTGC	56	309
Asi-62964 KM379093	$(CT)_{11}$	F: CGATGAACCCAAACCCACAC R: ACAAACTGCACCAATCCCCTT	50	288
Asi-56700 KM379094	$(GA)_7\cdots(GA)_7$	F: CAACCTCTTCACTACCGCAAAC R: TGCAAAAAGGAATTGGAATCG	50	295

15.2 外来鲟对中华鲟基因渗入的监测

我国人工养殖鲟鱼的历史可追溯到 20 世纪 90 年代，最初养殖的目的是在长江和黑龙江开展鲟鱼的增殖放流（Wei et al.，1997；孙大江等，2003）。随着商业的需求增加和人工养殖技术的日益成熟，1990 年之后陆续引进了匙吻鲟、俄罗斯鲟、小体鲟、西伯利亚鲟及一些杂交鲟等（Wei et al.，2004）。自 1998 年开始，我国鲟鱼养殖业开始飞速发展。据统计，截至 2006 年，鲟鱼人工养殖总产量为 17 424 t，达到世界鲟鱼人工养殖总产量（21 319 t）的 82%，到 2009 年增长至 21 000 t，养殖企业主要集中在四川和重庆（约占全国鲟鱼人工养殖总产量的 20%）、北京（18%）、湖北（17%）、山东（15%）、湖南（9%）、广东（8%）、河北（6%）、江苏（3%）等省（直辖市）。

由于鲟鱼不同种间均可杂交，杂交技术操作简便，亲本的选择范围广，繁殖时间灵活，可以满足不同的市场需求，优良的杂交后代具有生长速度快、饲料利用率高、抗病等杂种优势，因此杂交鲟的养殖种类和比例逐年增加，既有直接引进的杂交种类，也有养殖户人工繁育的杂交品种。目前，我国人工养殖的鲟鱼有 13 个纯种和一些杂交种类，其中纯种主要为西伯利亚鲟和施氏鲟，分别占养殖总产量的 42% 和 15%，杂交鲟占 38%，其他种类占 5%。目前，杂交鲟主要养殖的种类有：施氏鲟（♀和♂）和达氏鳇（♂和♀）、西伯利亚鲟（♀）和施氏鲟（♂）、达氏鳇（♀）和小体鲟（♂）等（Wei et al.，2011b）。在人工繁育过程中，由于纯种亲本数量和种类有限，因此选择杂交鲟作为雌雄亲本进行人工繁殖，反复杂交导致繁殖的后代种质退化、遗传背景复杂化等。

人工养殖杂交鲟是一把双刃剑，达到规模化的同时，衍生出一系列社会和生态问题。2006 年，江苏省常熟市中华鲟应急中心获得 221 尾来自长江的鲟鱼，通过鉴定发现 153 尾是杂交鲟，占 69.2%，68 尾是中华鲟（陈细华，2007），说明逃逸至长江的杂交鲟已经占有很大比例。清江库区是近年来我国鲟鱼养殖品种最多、规模最大的网箱养殖基地。至 2013 年，网箱养殖面积达 37.9 万 m^2，养殖产量达 1.5 万多吨，总产值约 45 亿元，占全国鲟鱼养殖总产量的 1/3。2016 年 7 月开闸泄洪导致清江隔河岩和高坝洲库区网箱养殖遭受重创，养殖产量下降约 9000 t，近 200 万尾养殖鲟鱼损失，除去因灾死亡的个体及已捕捞的个体，仍有大量逃逸个体在长江中下游及附属水体中存在。逃逸鲟鱼主要为外来品种，包括达氏鳇、施氏鲟、俄罗斯鲟、西伯利亚鲟、匙吻鲟及系列杂交鲟鱼品种，仅有少量的长江自有种中华鲟和达氏鲟。事件发生后，通过密集监测，发现逃逸鲟鱼已在长江宜昌至长江口的多个江段及通江湖泊和支流中出现，包括葛洲坝下中华鲟产卵场。逃逸鲟鱼中大规格个体 [达氏鳇、施氏鲟（♂）和达氏鳇（♀）杂交种] 性腺已发育至Ⅲ期，可观察到明显的卵粒。人工养殖外来鲟及杂交鲟逃逸将对我国本土鲟鱼物种的自然栖息及繁殖产生影响。2016 年在葛洲坝下中华鲟产卵场中华鲟自然繁殖监测中获得了 400 余粒卵和 22 尾幼鱼个体，目前仅采用线粒体的 *COX I* 基因和 D-loop

序列进行分子鉴定，确定是中华鲟的卵和个体（吴金明等，2017），然而不能排除外来鲟鱼和杂交鲟参与的可能性。逃逸鲟鱼出现的水域与中华鲟的生态位重叠，逃逸数量之大已经远远超过长江中华鲟自然存在的数量，且一些逃逸个体的性腺已经发育，因此迫切需要开展逃逸鲟鱼的分子鉴定，进一步评估逃逸鲟鱼对中华鲟可能造成的基因污染（genetic pollution）。

一些纯种的鲟鱼可以通过线粒体的基因序列进行种间鉴定（Boscari et al.，2014）。然而，亲缘关系较近的物种和杂交鲟种类很难通过线粒体基因序列进行分子鉴定（Ludwig，2008）。特别是，线粒体是母性遗传，精子进入卵子后，精子的线粒体随着受精卵的发育而降解，线粒体的 DNA 序列仅显示用于杂交的雌性亲本的遗传信息，无法得到用于杂交的雄性亲本的种类。早期开发了一系列 RAPD 和扩增片段长度多态性（amplified fragment length polymorphism，AFLP）分子标记用于鲟鱼的种间鉴定（Congiu et al.，2000，2002）。董传举等（2014）采用 PCR-RFLP 方法实现了对中华鲟、小体鲟、达氏鳇和欧洲鳇的种间鉴定。近年来，辛苗苗等（2015）采用 11 个多态微卫星分子标记，实现了对中华鲟、达氏鲟和施氏鲟的种间鉴定，结果显示，中华鲟与达氏鲟的遗传距离 F_{st} 为 0.100，中华鲟与施氏鲟的遗传距离 F_{st} 为 0.202，达氏鲟与施氏鲟的遗传距离 F_{st} 为 0.224（表 15.2）。Boscari 等（2014，2017）在鲟鱼的 S7 和 S6 核糖体蛋白的内含子中发现了 2 个 SNP 多态位点，结合线粒体控制区 D-loop 和波形蛋白基因序列可将中华鲟与其他 4 个纯种鲟鱼（*A. naccarii*、*A. fulvescens*、*A. stellatus* 和 *A. transmontanus*）进行种间鉴定；并将 2 个欧洲常见的杂交种（*H. huso*♀×*A. ruthenus*♂ 和 *A. naccarii*♀×*A. baerii*♂）进行区分。该方法具有操作简便快速、价格低廉、结果科学可靠、可重复等优点，可作为标准的方法用于鲟鱼的种间鉴定和杂交鲟鉴定。尽管开展了一些中华鲟与其他鲟鱼的种间鉴定的研究，但是目前尚未建立中华鲟与其他鲟鱼杂交后代检测的准确方法。

表 15.2　3 个鲟鱼种群间的遗传分化

统计数值	达氏鲟	中华鲟	施氏鲟
达氏鲟	—	0.001	0.001
中华鲟	0.100	—	0.001
施氏鲟	0.224	0.202	—

注：下三角为种群间配对 F_{st}，上三角为 t 检验 P 值

15.3　分子标记应用于中华鲟性别鉴定

中华鲟野生资源量急剧下降，性别比例失调。1981～2006 年，野生中华鲟监测发现性成熟个体雌雄性比逐渐升高，到 2006 年达到 7.40∶1。另外，中华鲟亲本性成熟时间长，而且鲟鱼雌雄个体没有明显的第二性征，在其发育早期从形态上无法辨别雌雄，一般在鲟鱼 3～5 龄时通过腹腔外科手术等方法鉴定（陈细华等，2004a）。通过腹腔外科手术进行性别鉴定会造成鲟鱼个体伤害，不利于对野生中华鲟种群性别比例监测，也不能按照雌雄性别分别进行集约化养殖或一定性别比例进行饲养或增殖放流，进而影响了鲟鱼人工繁育及野生鲟鱼资源的保护。

目前，利用 RAPD、AFLP 和微卫星分子标记［microsatellite，又称简单重复序列（simple sequence repeat，SSR）］等分子标记技术，已在大鳞大马哈鱼、虹鳟、非洲鲇、尼罗罗非鱼、鲤、黄颡鱼、半滑舌鳎、圆斑星鲽、马口鱼和乌鳢等鱼类中找到了相应的性别特异性分子标记。但是，通过 ISSR（inter-sample sequence repeat）、AFLP 和 RAPD 等不同分子标记技术检测西伯利亚鲟、俄罗斯鲟、小体鲟、纳氏鲟、湖鲟、波斯鲟、欧洲鳇、施氏鲟和中华鲟等物种的雌雄个体基因组差异，都没有检测到鲟鱼的性别特异性 DNA 分子标记（Wuertz et al.，2006；Keyvanshokooh et al.，2007；McCormick et al.，2008；Yarmohammadi et al.，2011；刘翠，2011；刘雪清等，2015）。这可能是因为雌雄鲟鱼的基因组本身差异就微小；另外，鲟鱼与高等硬骨鱼类不同，在其进化过程中经历了多次基因组加倍过程（张四明等，1999b；Ludwig et al.，2001），其多倍性和染色体数量较多的特点，加大了鲟鱼性别

特异相关基因或标记的鉴定难度。另外，也可能由于鲟鱼性染色体还处于分化初期，其非重组片段较少或在群体个体中不稳定，因此需要能够提供更高标记密度、更准确的和更能代表样品基因组特征的检测技术来鉴定鲟鱼性别特异性标记。

目前，我们通过低覆盖度全基因组测序方法对雌雄中华鲟个体进行了高通量测序，以分析雌雄两组之间的序列差异，并通过后期引物设计和 PCR 验证找到了 2 个中华鲟雌性特异性 DNA 分子标记（尚未发表），这为今后中华鲟种群性别比例监测，以及按照雌雄性别分别进行集约化养殖等提供了一种快捷、准确的检测方法。

15.4 分子标记应用于中华鲟遗传研究中的困难及展望

现存的鲟鱼大多是多倍体鱼类。多倍体个体在一个位点上有超过 2 个等位基因。例如，一个三倍体物种在一个位点上最多有 3 个不同的等位基因，四倍体物种在一个位点上最多有 4 个等位基因。与二倍体祖先相比，多倍体物种一般有更高水平的遗传变异，更能快速适应环境和栖息地的改变，很少出现近交衰退（Freeland et al.，2011）。参考二倍体物种，多倍体物种遗传多样性也能用分子标记计算遗传参数进行解释。然而，没有标准的方法比较二倍体和多倍体的遗传多样性，因为多倍体遗传多样性的期望水平在很大程度上依赖遗传的模式。通过分子标记进行遗传分析时，会发现一些多倍体标记偏离哈迪 - 温伯格平衡（Hardy-Weinberg equilibrium，HWE），拥有更高水平的期望杂合度，即使发生了几次近亲交配，在一个位点上仍然有 2 个或者更多的等位基因存在（Freeland et al.，2011）。与二倍体物种遗传分析软件相比，可用于多倍体遗传分析的软件数量有限，无法实现对数据的深入挖掘。因此，开发基于多倍体物种的遗传分析软件将极大地促进分子标记在中华鲟遗传研究中的应用。

随着分子生物学技术的发展及高通量测序技术的普及，分子标记在中华鲟物种保护中的应用将更加广泛而深入。

16

生殖调控及生殖细胞早期发育相关基因

与其他脊椎动物类似，鱼类的生殖活动受到下丘脑 - 垂体 - 性腺（HPG）神经内分泌轴的调控（Peter and Marchant，1995）。在此调控轴中，下丘脑合成并分泌促性腺激素释放激素（gonadotropin-releasing hormone，GnRH），刺激脑垂体分泌促性腺激素（gonadotropin，GTH），通常包括促卵泡激素（follicle-stimulating hormone，FSH）和黄体生成素（luteinizing hormone，LH）。FSH 和 LH 通过血液循环作用于性腺，诱导类固醇激素的合成，进而实现对繁殖活动的调节。目前，中华鲟的全人工繁殖技术已经突破，但规模较小，而且有许多亟待解决的问题，如人工养殖中华鲟的个体偏小，怀卵量少；性腺难以发育成熟且雌雄鱼发育不同步等；对于雌性而言，其性腺发育障碍主要为初级卵母细胞难以进入大生长期，这可能是由于养殖环境不利于刺激内分泌及旁分泌系统发挥作用，导致性腺发育很难启动或不能发育成熟（Webb Doroshov，2011）。为了研究中华鲟的生殖发育调控机理及生殖细胞早期发育机理，研究者对一批中华鲟生殖调控及生殖细胞早期发育相关的基因开展了研究，如 *GTHs*（Cao et al.，2009）、*ZP*（Li et al.，2011a；Yue et al.，2014）、*nanos*（Ye et al.，2012a）、*POU*（Ye et al.，2012b）、阿黑皮素原 *POMC*（曹宏等，2011）、*dnd*（Yang et al.，2015）、*dazl* 及 *boule*（Ye et al.，2015）、*piwi*（李创举等，2016）、*dmrt1*（Leng et al.，2016）等。

16.1 生殖调控相关基因

为了研究中华鲟性腺发育启动及成熟的机理，研究者对下丘脑 - 垂体 - 性腺（HPG）神经内分泌轴中重要的调控激素 GnRH 及 GTH 基因的分子和表达特征进行了研究。首先，研究者鉴定了两种 GnRH 前体基因（*AsGnRH1* 和 *AsGnRH2*）的全长 cDNA 序列。GnRH 基因系统发生分析发现，*AsGnRH1* 与四足动物的亲缘关系更近，而 *AsGnRH2* 较为保守，与硬骨鱼类聚为一支。组织表达分布研究发现，*AsGnRH2* 仅在脑中有转录，而 *AsGnRH1* 则具有更为广泛的组织分布，包括脑、肝、脾和性腺等。雌激素（雌二醇，E2）埋植实验证明，E2 处理可诱导中华鲟脑中 *AsGnRH1* 和 *AsGnRH2* 转录水平显著升高（图 16.1）。这说明 E2 对两种 GnRH 基因具有正反馈调控作用（Yue et al.，2013）。

鱼类 GTH 包括 FSH 和 LH，二者均由共同的 GTHα 亚基和激素特异的 β 亚基构成。研究者首先通过基因同源克隆的方法获得了中华鲟 *GTH-α*（Ⅰ型和Ⅱ型）、*FSHβ* 及 *LHβ* 的 cDNA 全长序列；随后，原核表达各亚基并分别制备了高特异性的多克隆抗体，研究了各亚基在性成熟及未成熟中华鲟垂体中的表达特征差异（Cao et al.，2009）。免疫印迹研究结果表明，*As*GTH-α Ⅰ、*As*FSHβ 及 *As*LHβ 在性成熟中华鲟垂体中都检测到有蛋白质表达，而 *As*FSHβ 仅在早期未成熟中华鲟（4 龄雄鱼及 5 龄雌鱼）的垂体中有表达。免疫荧光定位研究发现，在 24 龄性成熟的雌性中华鲟垂体中，*As*GTH-α Ⅰ 主要分布在中间部（pars intermedia）、前外侧部（rostral pars distalis）及近端部（proximal pars distalis）；而 *As*FSHβ 主要分布在近端部的中间。*As*LHβ 被检测到位于近端部、中间部及前外侧部附近的外围细胞中。进一步的免疫共定位研究发现，*As*FSHβ 和 *As*LHβ 在近端部的蛋白信号位于不同类型的细胞中，

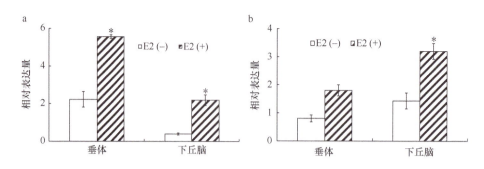

图 16.1 采用荧光定量 PCR 检测雌二醇埋植对中华鲟 *AsGnRH1*(a) 和 *AsGnRH2*(b) 转录水平的影响

β-actin 作为内参，结果采用 3 次重复实验的平均值 ±SD 表示。* 代表显著性差异（$P < 0.05$）

暗示这两种激素可能在不同的细胞中合成。在未成熟 4 龄雄性中华鲟垂体中，只检测到 *As*FSHβ 的蛋白分布，其位于前外侧部和近端部附近的外围细胞中（Cao et al.，2009）。*As*FSHβ 和 *As*LHβ 结构及不同发育时期的差异表达暗示二者在促进中华鲟性腺发育功能方面的差异性，阐明 GTH 的功能对调控人工养殖中华鲟的发育具有重要的指导意义。

鱼类发育中的卵母细胞外周包被有一层主要由糖蛋白构成的卵壳，称为卵壳蛋白，卵壳蛋白在卵子发育、受精过程及胚胎发育保护等过程中发挥着重要作用。研究者在中华鲟中鉴定得到 5 个 *ZP* 基因，分别命名为 *AsZP3.1*、*AsZP3.2*、*AsZP3.3*、*AsZPAX* 及 *AsZPB*（Li et al.，2011a；Yue et al.，2014）。RT-PCR 研究表明，*AsZP3.1* 在很多组织中都有分布，如肝、肾、脾、心脏及卵巢等；而 *AsZP3.2* 和 *AsZP3.3* 转录本仅出现在性腺中。在胚胎发育及早期幼苗阶段都没有检测到 3 个 *AsZP3* 基因的表达；而且，在 1 龄、2 龄中华鲟的精巢和卵巢中也没有检测到 *AsZP3* 转录本的存在；但在 3 龄中华鲟的精巢及 4 龄、5 龄中华鲟的卵巢中有转录，这暗示 3 个 *AsZP3* 可能在性腺发育启动及成熟过程中合成并发挥作用（Li et al.，2011a）。*AsZPAX* 主要在肝脏和卵巢中转录，而 *AsZPB* 只在卵巢中转录，这暗示它们在中华鲟中发挥不同的生物学功能（Yue et al.，2014）。中华鲟的精子有顶体，卵子表面分布有 15 个左右的受精孔，对卵壳蛋白的研究将为中华鲟受精机制研究提供基础。

dmrt1 基因作为重要的转录因子，参与众多物种的性别分化，已被证明在多种动物雄性性别分化过程中起重要作用。研究者鉴定了中华鲟 *dmrt1* 基因；组织表达特征研究表明，*dmrt1* 在精巢中的转录水平显著高于卵巢；而且，随着精巢的发育，其转录水平逐渐升高。采用特异的中华鲟 Dmrt1 抗体进行亚细胞定位发现，Dmrt1 仅在生殖细胞中表达，在体细胞中没有表达。这些结果暗示，*dmrt1* 基因在中华鲟的精巢发育及精子发生过程中发挥重要作用（Leng et al.，2016）。

阿黑皮素原（proopiomelanocortin，POMC）是一种蛋白前体，可以加工成多种不同功能的肽类激素，包括促肾上腺皮质激素（adrenocorticotropic hormone，ACTH）、脂肪酸释放激素（lipotropic hormone，LPH）和 β- 内啡肽（β-endorphin）等。这些激素已被证实参与机体多种生物学过程，如应激、镇痛、学习、记忆、摄食、能量平衡调控等，同时还与生殖内分泌、免疫功能调节等密切相关。研究者从中华鲟垂体 SMART（switching mechanism at 5′-end of RNA transcript）cDNA 文库中克隆得到两个POMC 基因：*AsPOMC-A* 和 *AsPOMC-B*。通过构建鱼类 POMC 系统发育树发现，包括中华鲟在内的进化上比较原始的物种的 POMC 聚类在一组；进化上更加高等的辐鳍亚纲种类的 POMC 聚类成另外一组。这暗示 *AsPOMC* 可能是一种进化上更原始的基因（曹宏等，2011）。

在脊椎动物中，第 V 类 *POU* 基因家族成员包括 *pou5f1* 和 *pou2*，其编码的转录因子起着维持胚胎干细胞和生殖干细胞多能性的作用，因此，通常把它作为未分化细胞的标记基因。*POU* 基因家族以其都含有一个保守的 POU 结构域而著称。我们在中华鲟中也克隆得到一个 *pou2* 基因的同源基因——*Aspou2*。RT-PCR 研究发现，*Aspou2* 的 mRNA 在除肝脏外的多种组织中都有分布；进一步的胚胎发育时序研究表明，*Aspou2* 为母源表达，且表达量随着胚胎发育逐渐降低。另外，在 1 ～ 5 龄未成熟中华鲟性腺中，*Aspou2* 的 mRNA 转录水平随着其年龄的增长而逐渐升高。这些结果暗示 *Aspou2* 可能参与了中华鲟多能干细胞的形成及维持、性腺发育调控等过程（Ye et al.，2012b）。

16.2 生殖细胞早期发育相关基因

nanos 基因最初是在果蝇中发现的，编码一种含有锌指结构域的 RNA 结合蛋白，与体轴的形成相关；进一步的研究表明，nanos 是果蝇生殖质的重要成分，在生殖细胞的迁移、分化和维持生殖干细胞自我更新的过程中起着关键的作用。随后，在多个物种中发现 *nanos* 基因，该基因对于原始生殖细胞（PGC）的存活及后续生殖细胞的发育起着关键作用。本研究发现，中华鲟的 *nanos1* 基因（*Asnanos1*）在多种组织中都有表达，如肝、脾、肾、心脏、肠、肌肉、卵巢、脑等；蛋白表达特征研究表明，其与 mRNA 分布不一致，在肌肉和肠中没有检测到蛋白表达条带。冰冻切片免疫组化分析发现，*Asnanos1* 在初级卵母细胞和初级精母细胞的细胞质中表达（Ye et al.，2012a）（图 16.2）。

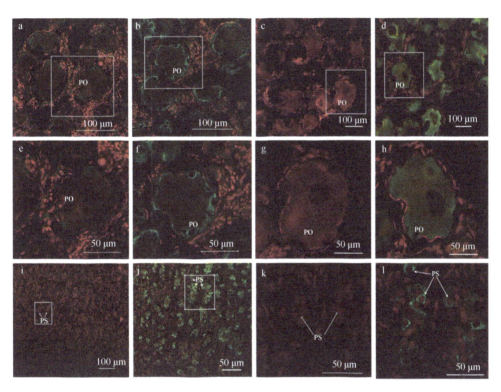

图 16.2　中华鲟 *As*Nanos1 蛋白在性腺中的免疫荧光定位

绿色荧光为 *As*Nanos1 信号；红色荧光为 PI 染细胞核；a 和 b 分别为免疫前血清和抗血清在 2.5 龄中华鲟卵巢中的免疫荧光定位；c 和 d 分别为免疫前血清和抗血清在 4.5 龄中华鲟卵巢中的免疫荧光定位；e、f、g 和 h 分别为 a、b、c 和 d 中矩形区域的放大；i 和 j 分别为免疫前血清和抗血清在 4.5 龄中华鲟精巢中的免疫荧光定位；k 和 l 分别为 i 和 j 中矩形区域的放大；PO 为初级卵母细胞；PS 为初级精母细胞

Dead end（*dnd*）基因对于脊椎动物原始生殖细胞（PGC）的迁移及配子发生都具有十分重要的作用。对中华鲟的 *dnd* 同源基因 *Asdnd* 进行研究发现，*Asdnd* 为母源表达的基因，其只在中华鲟的精巢和卵巢组织中有表达。在精巢中，*Asdnd* 只在生殖细胞中分布，且在精原细胞中表达量最高，随着精子发生过程其表达量逐渐减弱。而在卵巢中，其在初级卵母细胞中表达量最高。显微注射实验表明，*Asdnd* 的 3′-UTR 具有保守的生物学功能，其可以标记斑马鱼的 PGC（Yang et al.，2015；图 16.3）。随后的实验也证明，将 *Asdnd* 3′-UTR 的 mRNA 显微注射入中华鲟的一胞期胚胎，其同样可以标记中华鲟的 PGC。这表明 *Asdnd* 可以作为中华鲟 PGC 的标记基因。

DAZ 基因家族包括 *boule*、*dazl* 及 *DAZ*，它们在动物的生殖细胞发育及受精过程中发挥着较为保守的作用。在中华鲟中，我们同样克隆得到了 *dazl* 和 *boule* 的同源基因。序列分析发现，*dazl* 基因起源于软骨鱼与硬骨鱼分化之前，但是早于腔棘鱼的出现。组织表达分析结果表明，*Asboule* 和 *Asdazl*

只在精巢和卵巢中有表达，并具有不同的组织表达特征。另外，研究还首次证实中华鲟的巴氏小体（Barr body）/线粒体云在细胞质中分散存在，而不是聚集在一起，并且其与*As*Dazl 的蛋白信号相互重叠（图16.4）。*Asboule* 可能在卵子发生过程中发挥其原始功能。这些结果为研究 *DAZ* 基因家族的进化、表达特征及其在动物繁殖中的功能提供了一定的数据参考（Ye et al.，2015）。

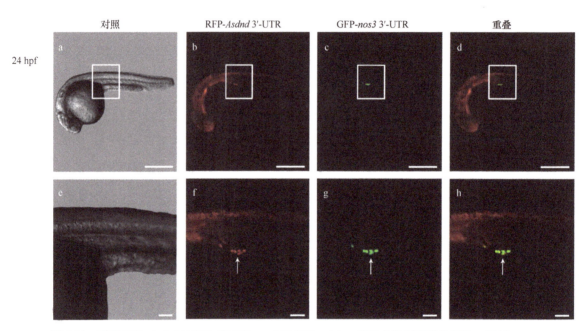

图 16.3　采用 RFP-*Asdnd* 3′-UTR 和 GFP-*nos3* 3′-UTR mRNA 显微共注射斑马鱼胚胎，标记 PGC

e～h 为 a～d 中方框区域的局部放大图。箭头指示 PGC。a～d 图标尺为 500 μm，e～h 图标尺为 50 μm

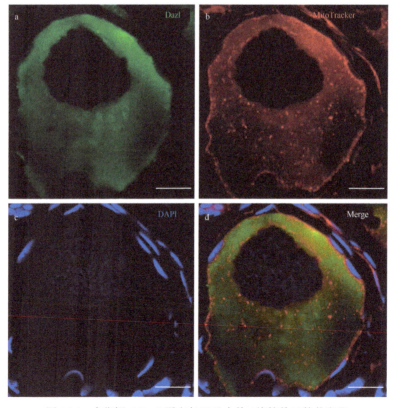

图 16.4　中华鲟 *As*Dazl 蛋白与巴氏小体／线粒体云的共定位

a. 中华鲟初级卵母细胞中 *As*Dazl 蛋白的定位；b. 巴氏小体／线粒体云在初级卵母细胞中的定位；c. DAPI 染细胞核；d. a 图、b 图和 c 图叠加。

标尺为 20 μm

  piwil 是鱼类配子发生和性腺发育的重要调控因子。对中华鲟 *piwil1* 基因的氨基酸序列研究表明，其与其他鱼类 piwil 具有较高的同源性。荧光定量 PCR 研究表明，*Aspiwil1* 为母源表达，且其表达量随着胚胎发育逐渐降低；*Aspiwil1* 在性腺中大量表达，在脑组织中也有较低水平的表达。对其 RNA 进行亚细胞定位研究发现，*Aspiwil1* 仅在生殖细胞中表达，且其杂交信号随着卵子发生逐渐增强、精子发生逐渐减弱。这些数据为中华鲟配子发生过程中 *Aspiwil1* 的功能研究奠定了基础（李创举等，2016）。

  以上研究大多局限于对单个基因的表达定位研究，相关功能研究也较为单一。中华鲟性腺发育及生殖细胞发育调控是多个基因或信号分子协同作用的复杂调控网络，因此从蛋白质组、基因组层面开展相关功能研究显得十分必要。

第 4 部分

物种保护与管理

17 中华鲟种群延续的致危因素

长江独有的生态环境维持着中华鲟种群的自然繁衍，然而，随着长江流域经济社会的不断发展，筑坝、航道建设及航运、水污染和城市化等各种人类活动对其种群延续构成了威胁，中华鲟繁殖群体规模急剧下降，物种延续面临严峻挑战。本章围绕对长江流域相关人类活动情况的分析，结合人类活动对中华鲟种群影响的典型案例分析，阐述人类活动对中华鲟的潜在胁迫，为中华鲟的保护对策提供参考。

17.1 长江大型水利工程

长江大型水利工程建设为经济建设、社会发展、防洪灌溉等方面做出了积极贡献，但其带来的长江宏观生态格局的改变对物种生存的影响也不能忽视，对于中华鲟来说，长江大型水利工程建设是其自然资源衰退和种群日渐濒危的主要原因之一。

17.1.1 大型水利工程对中华鲟种群影响的典型案例分析

17.1.1.1 大坝的阻隔作用导致了中华鲟栖息地的严重丧失和资源量的显著下降

1. 大坝的阻隔作用导致中华鲟洄游受阻和产卵场丧失

葛洲坝截流前，长江中华鲟的产卵场分布于牛栏江口以下的金沙江下游和重庆以上的长江上游江段（约 600 km），已经报道过的产卵场有 19 处之多。水温是中华鲟产卵的必备条件，水温适宜的情况下，水位、流速和含沙量等各水文要素值均达到其适宜范围时，中华鲟即产卵繁殖。葛洲坝截流以后，葛洲坝下形成了中华鲟产卵场，主要集中在葛洲坝坝下至磨基山约 5 km 江段。中华鲟产卵洄游的距离由原来的 3000 余千米下降到不足 1800 km。葛洲坝的阻隔作用使中华鲟丧失了大量的产卵栖息地，进而使其自然群体也受到影响。

2. 葛洲坝截流后中华鲟资源量锐减

从中华鲟繁殖个体数量估算结果来看，20 世纪 70 年代繁殖群体数量据推测在 1 万尾左右（四川省长江水产资源调查组，1988），80 年代为 1000 ~ 2500 尾（柯福恩等，1992；常剑波，1999；黄真理，2013；黄真理等，2017），90 年代为 400 ~ 700 尾（常剑波，1999；危起伟，2003），20 世纪初则为 200 ~ 400 尾（Qiao et al.，2006；陶江平等，2009；Zhang et al.，2013a），2009 ~ 2013 年，资源量继续下降到约 200 尾（中华人民共和国环境保护部，2010，2011，2012，2013，2014）。2014 ~ 2016 年，估算的繁殖群体数量仅在 50 尾左右（中华人民共和国环境保护部，2015，2016，2017）。其中，根据 Zhang 等（2013a）的研究，2004 年以后，中华鲟繁殖群体数量年际之间的变幅较大，并且当年繁殖群

中华鲟保护生物学

体规模与次年长江口中华鲟幼鱼补充量大小密切相关。

17.1.1.2 大坝导致的"滞温效应"导致中华鲟自然繁殖的推迟和停止

1. 大坝的滞温效应

葛洲坝截流以后,宜昌江段水温的变化可以分为3个时期(图17.1,图17.2,表17.1)。1981～2002年为葛洲坝独立运行期间,由于葛洲坝为径流式水电站,故其对宜昌江段原有水温节律的改变不明显,但较之中华鲟原历史产卵场所在的屏山江段,水温节律具有一定差异,主要表现为冬春季水温偏低,夏秋季水温偏高。三峡水利枢纽工程试验性蓄水运行以后,水温节律发生复杂变化,冬季水温增高,春季水温降低,夏季水温变化不明显,秋季水温增高,出现了滞温和滞冷效应(余文公等,2007a,2007b)。2009年,三峡水利枢纽工程转入正式运行后,滞温和滞冷效应进一步加剧(图17.2,表17.1)。

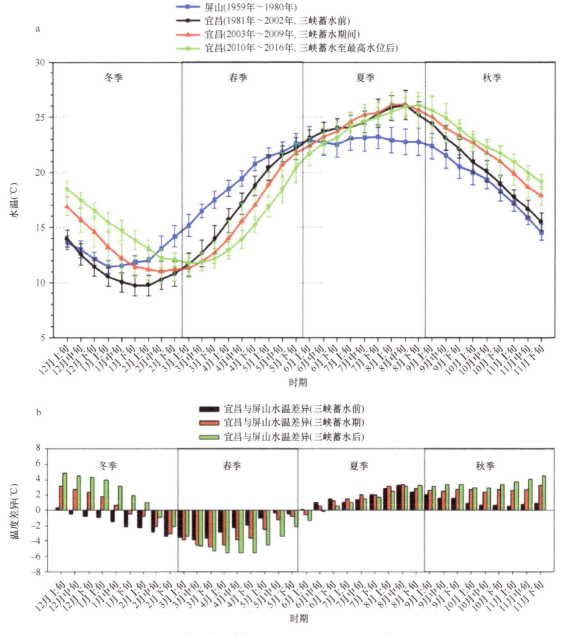

图 17.1　中华鲟现存产卵场与历史产卵场水温节律的比较

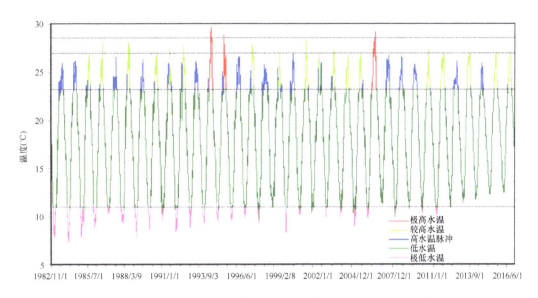

图 17.2　1982 ～ 2016 年葛洲坝下中华鲟产卵场水温的逐日变化

2. 水温节律变化对中华鲟繁殖群体性腺发育的影响

为了分析水温节律变化对中华鲟繁殖群体性腺发育的影响，借鉴水文变化分析中常用的 IHA（indicators of hydrologic alteration）方法（TNC，2009），定义了六大类指标用于描述水温节律特征（表 17.2）：月均水温、高温、低温、积温、极值出现时间和相对温差。中华鲟繁殖群体性腺发育状况的数据分别来自于 Wei 等（1997）和 Xiao 等（2006）的研究。相关分析表明，一段时期的低水温、较高的积温和稍高的相对温差对中华鲟繁殖群体的性腺发育具有一定的促进作用（表 17.3）。

3. "滞温效应"导致中华鲟产卵时间的严重推迟、甚至中断

统计 10 次中华鲟历史产卵场和 20 次现存产卵场共 30 次各年度第一批产卵活动时的水温，做出相应的频数分布图（图 17.3）。将频数最高的水温范围的适合度定义为 1，进行归一化处理，得出其他各水温范围的适合度值。并基于此对 2003 ～ 2016 年逐日的水温进行产卵适合度评价（图 17.4），发现自 2003 年三峡水利枢纽工程试验性蓄水运行以来，适合中华鲟产卵的水温出现逐年推迟的趋势。2013 年和 2016 年，适合产卵水温出现的时间基本一致，但 2013 年无产卵活动，而 2016 年有产卵活动，暗示水温可能并不是决定产卵活动能否顺利进行的唯一因素。2013 年和 2015 年中华鲟自然繁殖的中断，可能与"滞温效应"有密切关系。

17.1.1.3　大坝导致的清水下泄降低了中华鲟的产卵场适合度

四川省长江水产资源调查组（1988）认为水温决定了中华鲟产卵的季节范围，水位和含沙量则决定了产卵季节范围内各批次产卵活动的具体日期，"退秋"水对于促进中华鲟自然繁殖活动具有重要作用。除"滞温效应"外，三峡大坝蓄水带来的另一方面明显的环境改变就是使得水体含沙量降低，三峡蓄水后的下泄清水使葛洲坝下中华鲟自然产卵场河床不断被冲刷，从而导致产卵场河床质分布格局发生改变，进而对中华鲟自然繁殖产生影响。

已有的研究表明，较低的含沙量（0.2 ～ 0.3 kg/m³）更适于中华鲟产卵，并且每次中华鲟产卵活动发生前，江水的含沙量均有一个较明显的下降过程（Yang et al.，2007）。而 2003 ～ 2005 年的分析结果却表明，连续 3 次中华鲟自然繁殖活动都发生在含沙量稳中上升的时候。这可能是因为三峡水库运行以后，下泄水中含沙量已显著降低，不能满足中华鲟自然繁殖的需求，中华鲟被迫选择在含沙量上升的时候发生自然产卵（张辉，2009）。图 17.5 和表 17.4 分析了 1996 ～ 2016 年中华鲟产卵场月平

表 17.1　葛洲坝下中华鲟产卵场水温变化

月份	屏山（1959～1980年）				宜昌（1981～2002年，三峡水利枢纽工程运行前）				宜昌（2003～2009年，三峡水利枢纽工程试验性蓄水运行期间）				宜昌（2010～2016年，三峡水利枢纽工程正式运行后）			
	n	Min(℃)	Max(℃)	Mean±SDV(℃)	n	Min(℃)	Max(℃)	Mean±SDV(℃)	n	Min(℃)	Max(℃)	Mean±SDV(℃)	n	Min(℃)	Max(℃)	Mean±SDV(℃)
12	21	11.70	14.10	12.90±0.49[ab]	22	11.41	14.16	12.61±0.78[ab]	7	14.38	17.20	15.68±1.07[c]	7	16.62	18.47	17.46±0.70[d]
1	20	10.90	12.60	11.61±0.44[ac]	22	8.47	11.90	10.06±0.84[b]	7	10.85	13.77	12.24±1.21[ac]	7	13.67	16.08	14.64±0.87[d]
2	20	11.30	14.70	13.02±0.90[ad]	22	8.02	11.75	10.22±0.91[b]	7	9.54	12.19	11.11±0.95[cd]	7	11.44	13.49	12.47±0.74[ad]
3	20	15.50	17.70	16.43±0.62[a]	22	10.77	15.30	12.79±1.10[b]	7	11.12	13.67	12.00±0.86[cd]	7	10.59	12.80	11.93±0.80[cd]
4	21	18.20	20.40	19.52±0.56[a]	22	15.69	18.80	17.17±0.75[b]	7	13.88	18.07	15.54±1.46[c]	7	12.93	14.85	14.02±0.72[d]
5	21	20.70	23.80	21.98±0.75[a]	22	19.96	22.73	21.38±0.73[b]	7	18.75	21.27	20.47±0.94[c]	7	17.21	20.03	18.64±1.08[d]
6	21	20.70	24.80	22.70±0.95[aad]	22	22.67	24.47	23.59±0.56[bc]	7	22.29	23.70	23.10±0.57[abcd]	7	21.51	23.53	22.45±0.79[aad]
7	21	21.10	24.20	23.12±0.91[a]	22	23.45	26.43	24.67±0.93[bcd]	7	24.15	26.42	25.06±0.76[bcd]	7	23.31	26.25	24.61±1.06[bcd]
8	21	20.90	24.60	22.80±0.92[a]	22	24.14	28.70	25.67±1.09[bcd]	7	25.10	28.23	25.94±1.10[bcd]	7	24.69	26.54	25.84±0.67[bcd]
9	21	19.90	24.10	21.46±1.00[a]	22	22.07	24.76	23.20±0.85[b]	7	22.99	26.69	24.11±1.27[cd]	7	23.15	26.16	24.82±1.11[cd]
10	21	18.00	20.90	19.19±0.87[a]	22	18.85	21.52	19.93±0.79[b]	7	20.38	22.99	21.78±0.98[cd]	7	21.39	23.24	22.31±0.65[cd]
11	21	14.90	17.30	15.88±0.58[a]	22	15.10	17.65	16.65±0.67[b]	7	17.96	20.21	18.80±0.87[c]	7	18.91	20.79	20.00±0.68[d]

注：同一列不同上角小写字母表示有显著差异（P＜0.05，双尾检验）

表 17.2 用于描述中华鲟产卵场水温节律特征的指标（基于 IHA 方法）

指标类别	水温节律指标	指标选用原因
月均水温	每月平均水温，从 11 月至次年 12 月，共 12 个指标	中华鲟繁殖群体需要约一年才能性腺发育成熟，具体哪个月对中华鲟性腺发育起主导作用尚不清楚
高温	年最高水温：1 日均值、3 日均值、7 日均值、30 日均值、90 日均值	用于分析高温及其持续时间对性腺发育的影响
低温	年最低水温：1 日均值、3 日均值、7 日均值、30 日均值、90 日均值	用于分析低温及其持续时间对性腺发育的影响
积温	完整水温年的积温	用于分析积温对中华鲟性腺发育的影响
极值出现时间	极高温和极低温出现的时间	用于分析最高水温和最低水温出现的时间对中华鲟性腺发育的影响
相对温差	相对温差指数：7 日最低水温 / 年均水温	用于分析相对温差对中华鲟性腺发育的影响，借鉴 IHA 中基流的概念

注：完整的水温年是指从 11 月 1 日至次年 10 月 31 日

均含沙量的变化（以黄陵庙水文站所测数据为基础），可以看出，三峡工程试验性运行和正式运行以后，产卵场江段的含沙量下降非常明显。综合分析来看，含沙量的明显下降可能会对中华鲟繁殖群体的性腺发育及产卵活动带来一些不利影响。

杜浩等（2015）研究了三峡蓄水以来中华鲟产卵场河床质特征变化。河床硬度回声水声学数据分析表明，三峡蓄水以来，葛洲坝下中华鲟产卵场硬度呈整体上升的趋势，2004 ～ 2012 年整个产卵场江段的硬度均值未有显著差异，但局部区域河床硬度有较大差异，主要表现在Ⅵ区和Ⅶ区（图 17.6）。比较不同年份下产卵区位置的河床质硬度发现，随着三峡蓄水的冲刷作用，下产卵区河床硬度值增加，2004 年和 2008 年的硬度值显著低于 2012 年（$P < 0.05$）。而上产卵区的河床硬度值则为 2004 年最大，2008 年和 2012 年显著降低（$P < 0.05$）。在相同年份，上产卵区的硬度值均显著大于下产卵区的硬度值（$P < 0.05$）。

河床粗糙度回声水声学数据分析表明（图 17.7），三峡蓄水以来，葛洲坝下中华鲟产卵场粗糙度呈整体上升的趋势，2004 年、2008 年和 2012 年整个产卵场江段的粗糙度均值显著增加（$P < 0.05$）。其中Ⅵ区和Ⅶ区河床粗糙度变化明显。其中下产卵区粗糙度 2004 年和 2008 年未有显著增加，2012 年显著增加。各年际间上产卵区的粗糙度无显著差异（$P > 0.05$）。相同年际间比较发现，2004 年和 2008 年下产卵区所在位置的河床粗糙度要显著低于上产卵区河床粗糙度，2012 年二者无显著差异（表 17.5）。

从水下视频观测数据可以直观获得中华鲟产卵场河床质的布局状态，依据水下视频对各采集点的表观充塞度进行观测，结果表明，2008 年度Ⅴ、Ⅵ和Ⅶ区的卵石缝隙充塞度达 30% 以上，明显有细砂和粗砂填充，在Ⅵ区部分江段其至全部为细砂（图 17.8），而在 2008 ～ 2012 年逐年调查中，Ⅴ～Ⅶ区的河床细砂和粗砂明显被冲刷，卵石河床暴露。2008 ～ 2012 年整个区域河床平均充塞度由 0.15 下降到 0.06。2008 ～ 2012 年，各年际间上下产卵区的充塞度均无显著差异。但 2008 年和 2012 年下产卵区大部分区域均为被冲刷洁净的卵石河床（图 17.8），卵石缝隙中很少有砂填充，充塞度明显低于上产卵区（图 17.8，图 17.9）。

三峡蓄水以来中华鲟产卵场河床质特征变化呈现以下几个特点：①中华鲟产卵场整个区域内河床质的硬度呈局部上升的趋势，但整个区域内未有明显的增加。下产卵区河床质硬度明显增加，2012 年显著高于 2008 年和 2004 年。上产卵区的硬度呈下降趋势。②中华鲟产卵场整个区域内河床质的粗糙度呈显著上升的趋势。随着三峡蓄水冲刷的持续，下产卵区 2012 年粗糙度显著高于 2008 年和 2004 年。上产卵区无显著差异。③中华鲟产卵场整个区域内河床质充塞度呈显著下降的趋势，产卵场区域内的沉积细砂和粗砂明显减少。下产卵区随三峡蓄水冲刷作用，无任何填塞，卵石缝隙增大。上产卵区河床充塞度无显著变化。④中华鲟自然产卵发生位点在 2004 ～ 2012 年有较大的变化，2004 ～ 2007 年均发生在下产卵区，而 2008 ～ 2012 年均发生在上产卵区。上产卵区繁殖的规模和效

中华鲟 保护生物学

表 17.3　中华鲟繁殖群体性腺发育状况与水温节律特征的相关性分析

指标类别[a]	具体指标	1982~2001年, 2003年[b] (n=21)				1984~1993年[c] (n=10)				2010~2016年 (n=7)		
		Min	Max	Mean±SDV	相关性 (P, 双尾检验)	Min	Max	Mean±SDV	相关性 (P, 双尾检验)	Min	Max	Mean±SDV
月均水温 (℃)	11月	15.10	17.52	16.60±0.65	0.429(0.053)	15.60	16.96	16.33±0.49	0.298(0.403)	18.91	20.79	19.85±0.61
	12月	11.41	14.16	12.60±0.79	0.602**(0.004)	11.49	13.27	12.38±0.65	-0.288(0.419)	16.62	18.47	17.27±0.71
	1月	8.51	11.90	10.07±0.82	0.528*(0.014)	8.51	10.76	9.79±0.73	-0.441(0.202)	13.67	16.08	14.64±0.87
	2月	8.02	11.75	10.21±0.93	0.580**(0.006)	8.02	11.23	9.85±0.96	-0.605(0.064)	11.44	13.49	12.47±0.74
	3月	10.77	14.50	12.66±0.97	0.514*(0.017)	10.77	13.82	12.29±1.04	-0.595(0.069)	10.59	12.79	11.93±0.80
	4月	15.69	18.80	17.09±0.68	0.362(0.107)	16.33	17.54	17.00±0.43	-0.468(0.172)	12.93	14.85	14.02±0.72
	5月	19.96	22.73	21.43±0.70	0.205(0.373)	19.96	22.16	21.20±0.67	0.186(0.607)	17.21	20.03	18.64±1.08
	6月	22.65	24.47	23.55±0.56	0.326(0.149)	22.65	24.47	23.73±0.65	-0.591(0.072)	21.51	23.53	22.45±0.79
	7月	23.45	26.43	24.57±0.88	0.158(0.494)	23.53	26.43	24.66±0.87	-0.001(0.998)	23.31	26.25	24.61±1.06
	8月	24.14	28.70	25.73±1.05	0.348(0.123)	24.14	26.43	25.43±0.84	0.285(0.425)	24.69	26.54	25.84±0.67
	9月	22.06	24.64	23.16±0.78	0.381(0.088)	22.06	24.23	22.80±0.65	-0.411(0.239)	23.15	26.16	24.82±1.11
	10月	18.85	21.52	19.95±0.77	0.470*(0.031)	18.85	20.00	19.33±0.40	-0.628(0.052)	21.39	23.24	22.31±0.65
高温 (℃)	1日极值	25.80	29.70	27.28±1.03	0.302(0.196)	26.20	28.20	27.10±0.76	-0.217(0.547)	26.00	27.40	26.84±0.53
	3日极值	25.57	29.50	27.07±1.00	0.275(0.241)	25.87	28.07	26.88±0.79	-0.155(0.669)	25.93	27.33	26.80±0.52
	7日极值	25.29	29.34	26.86±1.03	0.294(0.208)	25.46	27.87	26.61±0.83	-0.090(0.805)	25.87	27.17	26.70±0.51
	30日极值	24.56	28.82	26.09±1.00	0.307(0.188)	24.56	26.79	25.77±0.73	0.106(0.770)	25.30	26.76	26.13±0.60
	90日极值	24.07	26.76	24.89±0.62	0.320(0.169)	24.07	25.50	24.76±0.44	-0.027(0.940)	23.94	26.15	25.16±0.81
低温 (℃)	1日极值	7.40	10.90	9.05±0.96	0.584**(0.007)	7.40	10.30	8.67±0.90	-0.499(0.142)	10.20	12.50	11.37±0.89
	3日极值	7.53	10.97	9.15±0.94	0.568**(0.009)	7.53	10.40	8.79±0.88	-0.478(0.162)	10.20	12.50	11.44±0.88
	7日极值	7.64	11.04	9.29±0.92	0.559*(0.010)	7.64	10.56	8.95±0.87	-0.475(0.166)	10.29	12.53	11.55±0.85
	30日极值	7.88	11.55	9.67±0.93	0.575**(0.008)	7.88	10.76	9.32±0.87	-0.531(0.114)	10.58	12.78	11.78±0.79
	90日极值	9.26	12.09	10.69±0.75	0.670**(0.001)	9.26	11.21	10.31±0.63	-0.740*(0.014)	11.41	13.58	12.64±0.76
积温 (℃)	周年积温	6392.7	6844.6	6637.7±145.8	0.830**(0.000)	6446.7	6672.9	6551.7±77.7	-0.891**(0.001)	6782.7	7250.6	6980.0±158.9
极值出现时间 (h)	极高温出现时间 (h)	62	128	85.55±16.69	0.348(0.132)	62	122	83.20±17.43	-0.364(0.301)	48	86	66.14±12.67
	极低温出现时间 (h)	249	289	273.55±13.08	0.312(0.181)	249	289	271.30±16.75	-0.364(0.301)	228	253	239.00±8.94
相对温差	相对温差指数	0.43	0.59	0.51±0.04	0.459*(0.042)	0.43	0.59	0.50±0.05	-0.398(0.254)	0.55	0.64	0.60±0.03

a 完整的水温年是指从11月1日至次年10月31日
b 2002年中华鲟科研捕捞停止。中华鲟繁殖群体性腺发育成熟个体比例数据来自 Xiao 等 (2006)
c 中华鲟繁殖群体性腺退化个体比例来自 Wei 等 (1997)
* 在0.05水平上显著相关 (双尾检验)
** 在0.01水平上极显著相关 (双尾检验)

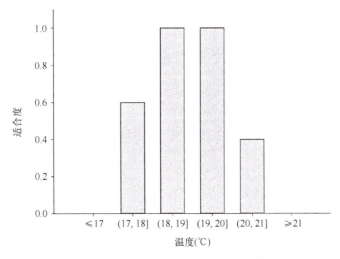

图 17.3　中华鲟自然产卵水温适合度频数分布图

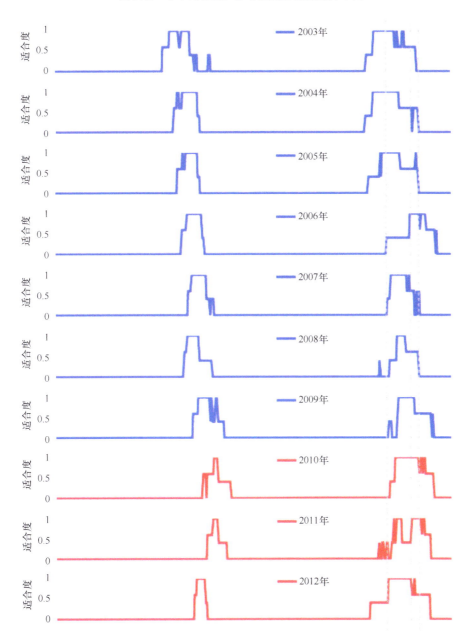

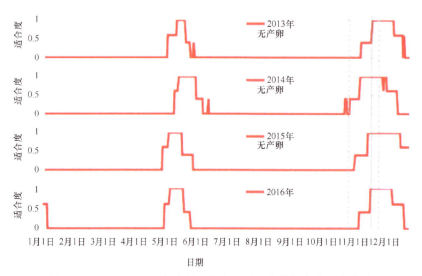

图 17.4　2003～2016 年宜昌江段水温对于中华鲟产卵适合度的评价

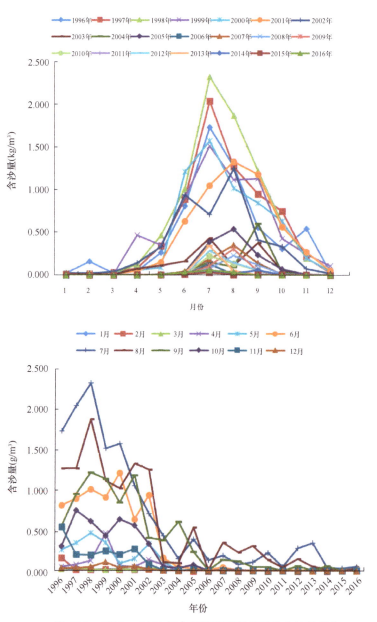

图 17.5　1996～2016 年中华鲟产卵场月平均含沙量变化

表 17.4　1996～2016 年中华鲟产卵场月平均含沙量在三峡工程运行前后的比较　（单位：kg/m³）

月份	三峡工程蓄水运行前（1996～2002 年）					三峡工程试验性蓄水运行期间（2003～2009 年）					三峡工程正式运行后（2010～2016 年）				
	n	Min	Max	Mean	SD	n	Min	Max	Mean	SD	n	Min	Max	Mean	SD
1	7	0.016	0.026	0.021	0.004	7	0.002	0.016	0.004	0.005	7	0.002	0.005	0.003	0.001
2	7	0.017	0.160	0.039	0.053	7	0.002	0.014	0.004	0.004	7	0.002	0.003	0.003	0.000
3	7	0.013	0.042	0.025	0.010	7	0.002	0.009	0.004	0.002	7	0.003	0.004	0.003	0.000
4	7	0.052	0.467	0.141	0.148	7	0.003	0.077	0.014	0.028	7	0.003	0.006	0.004	0.001
5	7	0.091	0.467	0.287	0.129	7	0.004	0.118	0.023	0.042	7	0.003	0.008	0.005	0.002
6	7	0.635	1.210	0.915	0.176	7	0.010	0.164	0.047	0.054	7	0.009	0.036	0.017	0.010
7	7	0.708	2.320	1.562	0.552	7	0.081	0.436	0.213	0.142	7	0.032	0.350	0.150	0.134
8	7	1.020	1.870	1.303	0.272	7	0.014	0.540	0.238	0.180	7	0.008	0.151	0.066	0.057
9	7	0.411	1.220	0.900	0.316	7	0.014	0.606	0.222	0.209	7	0.004	0.064	0.030	0.028
10	7	0.309	0.746	0.519	0.164	7	0.008	0.075	0.031	0.026	7	0.003	0.009	0.006	0.002
11	7	0.081	0.546	0.251	0.144	7	0.004	0.015	0.007	0.004	7	0.002	0.006	0.004	0.001
12	7	0.022	0.112	0.051	0.030	7	0.002	0.005	0.003	0.001	7	0.001	0.004	0.003	0.001

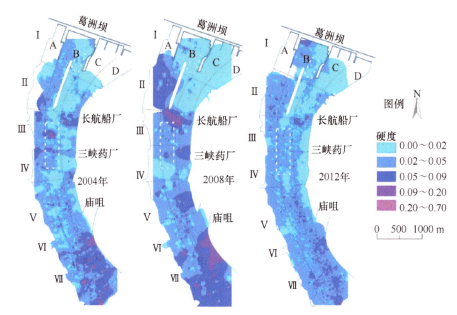

图 17.6　中华鲟自然产卵场河床硬度回声强度值分布状况

图中Ⅰ～Ⅶ、大写英文字母 A～D 为分区编号

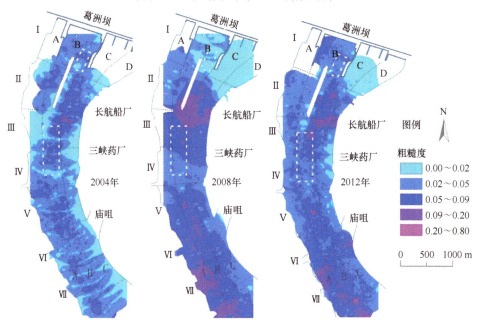

图 17.7　中华鲟自然产卵场河床粗糙度回声强度值分布状况

图中Ⅰ～Ⅶ、大写英文字母 A～D 为分区编号

表 17.5　2004 年、2008 年和 2012 年中华鲟自然产卵场河床质粗糙度回声强度值

区域	2004 年	2008 年	2012 年
上产卵区	0.05 ± 0.07^{bcd}	0.06 ± 0.06^{d}	0.06 ± 0.07^{cd}
下产卵区	0.02 ± 0.07^{a}	0.01 ± 0.02^{a}	0.04 ± 0.03^{bc}
整个区域	0.04 ± 0.06^{b}	0.05 ± 0.07^{bcd}	0.06 ± 0.08^{bcd}

注：未标注相同字母实验组间存在显著性差异（Duncan 多重比较，$P < 0.05$）

果明显低于下产卵区，因此初步推断，河床硬度和粗糙度的增加对中华鲟自然繁殖不利，可能是导致中华鲟产卵位点发生改变的原因。综合分析表明，三峡蓄水冲刷作用导致的产卵场功能的下降是中华鲟产卵位点发生改变和产卵场自然繁殖效果下降的原因。

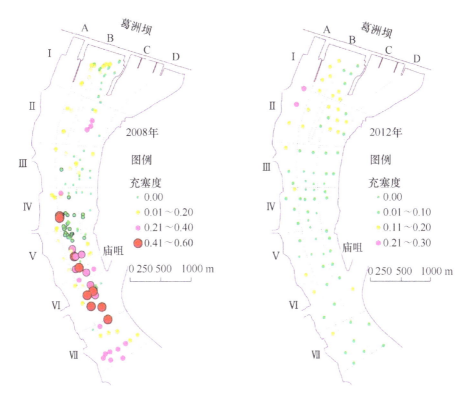

图 17.8 中华鲟自然产卵场河床充塞度状况

图中 I～Ⅶ、大写英文字母 A～D 为分区编号

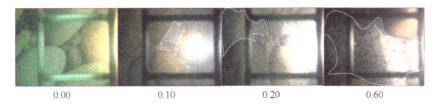

图 17.9 典型河床质充塞度视频图像（白色虚线示砂填塞区域）

17.2 长江航运相关工程

长江是横贯我国东西的水运大动脉，素有"黄金水道"之称，长江干线航道上起云南水富港，下至长江入海口，全长 2838 km。相比其他运输方式，长江航运具备运能大、成本低、能耗少等优势，2016 年《长江经济带发展规划纲要》强调以长江黄金水道为依托，发挥上海、武汉、重庆的核心作用，以沿江主要城镇为节点，构建沿江绿色发展轴。然而，对于中华鲟等鱼类的栖息生存来讲，长江航运的发展、航道疏浚、挖石采砂、航道整治、护岸固坡及航运发展带来的相关港口码头建设等，不可避免地对河道的自然环境产生影响，进而对物种延续产生影响。

17.2.1 长江航运及航道整治工程实施现状

17.2.1.1 长江航道整治工程

航道整治工程是为保障通航能力并确保船舶安全，通过人工措施对河道形态及水文条件进行调整和调节，以维持一定的河道宽度及水深的航道维护手段（刘怀汉，2014）。长江干线航道上起云南水富港，下至长江入海口，全长 2838 km，流经七省二市，是我国长江流域综合运输体系的主骨架。

20 世纪 50 年代初至 90 年代的 40 多年里，国家重点对上游航道进行堵口复堤、加固与新建堤防等系统治理，实施中游下荆江中洲子和上车湾两处人裁弯工程；20 世纪 90 年代，国家加大了对长江中下游航道治理的力度，上游兰家沱至巴东河段、中游界牌、下游太子矶航道整治工程取得了成功。

"十五"期间整治嘉鱼至燕子窝、张家洲、碾子湾、马家咀、东流、陆溪口、罗湖洲等水道，建设了长江航道清淤应急工程、马当河段沉船打捞工程，总投资约 6.59 亿元。

"十一五"期间进行了 10 余项航道整治项目，规划目标：宜宾至重庆河段：航道尺度将从 1.8 m×40 m×400 m（水深×航宽×弯曲半径，下同）提高到 2.7 m×50 m×560 m，实现全面夜航。宜昌至城陵矶河段：可初步控制重点水道由于二峡工程清水下泄所造成的洲滩变化。城陵矶至武汉河段：航道尺度将从 3.2 m×80 m×750 m 提高到 3.7 m×150 m×1000 m。武汉至安庆河段：航道水深将从 4 m 提高到 4.5 m。安庆至芜湖河段：航道水深将从 5 m 提高到 6 m（藩庆燊，1992；王克雄，2015）。

"十二五"期间规划实施了 19 个航道整治项目，中期调整 5 项，合计 24 项。其中上游 4 项，中游 11 项，下游 9 项，整治所在水道里程：上游河段 191.3 km，中游 500.5 km，下游 240 km，合计 931.8 km。规划目标：水富至宜昌：使水富至重庆、重庆至宜昌分别达到规划的内河Ⅲ级、Ⅰ级航道标准。宜昌至湖口：规划宜昌至城陵矶河段航道为内河Ⅰ级、水深为 3.5 m；城陵矶至武汉河段的航道水深为 3.7 m；武汉至江西湖口河段的航道水深为 4.5 m。湖口至长江口：湖口至安庆段航道为内河Ⅰ级、水深为 4.5 m；安庆至南京段航道内河Ⅰ级、水深为 6.0 m；南京至太仓段航道逐步改善通航条件，适应大型海船运输需要，太仓至长江口段航道水深 12.5 m，实现 5 万 t 级集装箱船全天候双向通航（《长江干线航道建设规划（2011～2015 年）环境影响评价信息公告》）。

"十三五"规划实施 32 个航道整治项目，上游 17 个项目，中游 6 个，下游 9 个。宜宾至重庆段，航道水深自下而上逐步由 2.9 m 提高至 3.5 m，航宽由 50 m 提高至 60 m，基本实现全年通航 2000 t 级船舶；重庆至宜昌段，航道等级维持Ⅰ级。重庆至涪陵段，航道水深维持 3.5 m、航宽由 100 m 提高至 150 m；涪陵至宜昌段，航道水深维持 4.5 m；宜昌至城陵矶段，航道水深由 3.5 m 提高至 4.0 m；城陵矶至武汉段，航道水深由 3.7 m 提高至 4.5 m；武汉至安庆段，航道水深由 4.5 m 提高至 6.0 m、航宽 100 m，实现 6.0 m 航道深；安庆至芜湖段，航道水深 6.0 m 提高至 7.0 m，实现通航 5000 t 级海船和 1 万 t 级江海船；芜湖至南京段，航道水深由 9.0 m 提高至 10.5 m，航宽 200 m（《长江干线"十三五"航道治理建设规划环境影响报告书》）（表 17.6，表 17.7）。

表 17.6 2015 年长江干线航道维护尺度标准

河段	里程（km）	里程最小维护标准尺度（水深×航宽×弯曲半径）(m)	保证率（%）
宜宾至重庆	384.0	2.7×50×560	98
重庆至涪陵	112.4	3.5×100×800	98
涪陵至宜昌	547.6	4.5×150×1000	98
葛洲坝三江航道	—	4.0×100×1000	98
宜昌至下临江坪	28.0	4.5×100×750（试运行）	98
下临江坪至城陵矶	368.0	3.5×100×750（试运行）	98
城陵矶至武汉	227.5	3.7×150×1000（试运行）	98
武汉至安庆	402.5	4.5×200×1050（试运行）	98
安庆至芜湖	204.7	6.0×200×1050	98
芜湖至南京	101.3	9.0×500×1050	98
南京至南通	227.0	10.5×500×1050	—
南通至太仓	56.0	12.5×500×1050（试运行）	—
太仓至长江口	168.0	12.5×500×1050	—

注：引自《长江干线"十三五"航道治理建设规划环境影响报告书》

表 17.7 "十三五"长江干线航道建设标准

河段	里程 （km）	建设标准		
		航道尺度（水深 × 航宽 × 弯曲半径）(m)	保证率 (%)	通航代表船舶（队）
宜宾至重庆	384.0	3.5×60×800	98	全年通航 2000 t 级船舶
重庆至宜昌	660	重庆至涪陵 3.5×150×1000	98	通航由 2000～3000 t 级驳船组成的 6000～
		涪陵至宜昌 4.5×150×1000	98	10 000 t 级船队
宜昌至城陵矶	396	3.0×100×1050	98	初步实现通航 3000 t 级货船和由 3000 t 级驳船 组成的 1 万～2 万 t 级船队
城陵矶至武汉	227.5	4.5×100×1050	98	通航 3000 t 级货船和由 3000 t 级驳船组成的 2 万～3 万 t 级船队
武汉至安庆	402.5	6.0×100×1050	98	初步实现通航 5000 t 级江海船
安庆至芜湖	204.7	7.0×200×1050	98	通航 5000 t 级海船和 1 万 t 级江海船
芜湖至南京	101.3	10.5×200×1050	98	通航 1 万～3 万 t 级海船
南京至浏河口	312	12.5×500×1050（其中，福姜沙北水道、中水道 航道宽度为 260 m，口岸直鳗鱼沙左汉航道宽 度为 230 m，畅洲左汉、右汉航道宽度为 250 m）	—	全天候双向通航 5 万 t 级海船

17.2.1.2 长江河道采砂状况

长江河道采砂一方面是为了维护下游河道的河势稳定，保障防洪和通航安全；另一方面江砂是长江沿岸带经济建设和城市发展的重要物料资源。长江中下游河道内使用机械采砂始于 20 世纪 70 年代，至 80 年代后期，国民经济飞速发展，国家加大对基础建设的投入，建筑市场空前繁荣，江砂需求量猛增，由于采砂投入少、产出大、利润高、资金回收周期短等，长江河道内采砂规模日益增大，21 世纪初期，长江中下游河道内年采砂量已达 4000 万～5000 万 t（曾令木，2006）。由于对河道内采砂的管理混乱，非法采砂泛滥，滥采乱挖现象严重，对河势稳定、防洪工程、航运安全及周围环境均产生了严重危害。

2001 年 10 月 25 日，国务院颁布了《长江河道采砂管理条例》，标志着长江河道采砂管理步入了法制化的轨道。2002 年条例正式实施以来，水利部为了规范采砂秩序、推进有效管理、有力维护长江中下游河道的河势稳定、保障防洪和通航安全，先后于 2003 年和 2011 年批复了两轮采砂规划。第一轮采砂规划的规划期为 2002～2010 年，规划对象为建筑砂料开采，共规划可采区 33 个，范围为长江中下游干流宜昌至长江口 1893 km 的河段，年度采砂控制总量为 2914 万 t。第二轮采砂规划的规划期为 2011～2015 年，为适应吹填等其他非建筑砂料管理的需要，规划对象既包括建筑砂料开采，也包括吹填等其他砂料开采。建筑砂料共规划可采区 41 个，年度控制开采总量为 1940 万 t，其他砂料年度控制开采总量为 7780 万 t（表 17.8）。

据不完全统计，截至 2015 年底，水利部长江水利委员会和有关省（直辖市）水行政主管部门共许可建筑砂料可采区 70 余个，许可采砂总量约 6600 万 t，平均每年许可规划可采区约 6 个，许可采砂量约 600 万 t。建筑砂料开采于 2005 年达到峰值 1700 万 t，之后呈逐年减小的趋势。2011 年后，许可可采区数量和许可采砂量明显减少，年均许可可采区不足 4 个，许可采砂量不足 300 万 t。其他砂料主要用于吹填和大型基础工程建设，随着经济的快速发展，长江中下游沿江地区对其他砂料的需求一直呈旺盛之势。水利部长江水利委员会和有关省（直辖市）水行政主管部门共许可吹填等其他砂料开采项目 160 余个，许可采砂总量约 6.2 亿 t，主要集中在经济较发达的长江下游，其中江苏省许可其他砂料开采项目 84 个，许可采砂量 5.1 亿 t，超过长江中下游许可采砂量的 80% 以上（表 17.9）。

表 17.8　第一、二轮采砂规划的可采区数量及采砂控制总量

省（直辖市）	第一轮采砂规划		第二轮采砂规划		
	建筑砂料可采区数量（个）	建筑砂料年度控制开采总量（万 t）	建筑砂料可采区数量（个）	建筑砂料年度控制开采总量（万 t）	其他砂料年度控制开采总量（万 t）
湖北	9	1040	10	660	850
湖南					100
江西	4	390	4	200	210
安徽	10	930	16	580	820
江苏	5	500	7	300	3500
上海					2200
省际边界重点河段	5	54	4	200	100
合计	33	2914	41	1940	7780

注：建筑砂料开采以安徽以上河段为主，其他砂料开采主要集中在江苏、上海两地

表 17.9　长江中下游各年采砂总量记录表

年份	采砂项目数量（项）	实际完成采砂总量（万 t）
2000～2005	22	7310
2006		（采砂控制量）2595
2007		（采砂控制量）2240
2008		（采砂控制量）5600
2009		7294
2010	6	4430
2011	16	4407
2012	31	5203.56
2013	37	8055
2014	26	4816
2015	77	4150
2016	41	3195
2017	45	5074

数据来源：曾令木，2006；《长江泥沙公报》

17.2.1.3　长江航运的发展情况

　　长江黄金水道的建设促进了长江航运迅猛发展，长江已经成为目前世界上运量最大、航运最繁忙的通航河流。据统计，1949 年，长江干线客、货轮仅 813 艘，16.5 万载重吨，且大多是小木船，运力匮乏，技术落后，而 2008 年底，长江水系沿江航运涉及 14 个省（自治区、直辖市），拥有运输船舶 15.62 万艘，净载重量 8836.4 万 t，载客量 70.35 万客位，标准箱位 95.75 万 TEU，总功率 3293.14 万 kW（长江航务管理局，2008）。2017 年，长江拥有内河货运船舶 11 万艘、省际危险品运输船舶 3000 余艘、旅游客船 40 余艘和商品车滚装运输船舶 38 艘；长江干线货物通过量达 25 亿 t，同比增长 8.0%；规模以上港口货物吞吐量达 24.4 亿 t，同比增长 7.5%。目前，随着长江黄金水道的建设，长江航运船舶不仅数量剧增，而且吨位逐渐增大，长江中下游货运船舶已达万吨级，长江上游已达 8000 t 级，川江及三峡库区航行的主力船型均在 3000 t 级以上。

　　据 2008 年统计结果（图 17.10），长江沿岸主要城市的每日船舶通过量，三峡水库以上低于 300 艘，受三峡通航能力的影响，葛洲坝以下江段是船舶密集分布区，城陵矶至九江江段断面每日船舶通过量在 400～1000 艘，南京以下江段每日船舶通过量均已超过 1000 艘。而且，据不完全统计，至 2018 年，各通航断面的船舶流量与 2008 年相比翻了两番。特别是南京以下 12.5 m 深水航道二期工程交工试运行以后，船舶数量和吨位明显增加。

17.2.1.4 长江港口、码头、桥梁等建设情况

随着长江流域经济建设发展，特别是长江黄金水道航道建设能力的提升，长江沿岸的货运码头和港口建设也蓬勃发展。据统计，长江上游的重庆市、四川省，长江中游的湖北省，长江下游的江苏省和安徽省的港口货物吞吐量于2003年后均快速增长，反映出长江整个流域港口建设和货运的繁忙（图17.11）。同时，长江两岸的桥梁建设也在20世纪90年代快速增长，目前长江上游的跨江桥梁已达130余座（图17.12），在桥梁建设和运行过程中产生噪声、震动和光照，影响了水生生物正常栖息和繁殖。

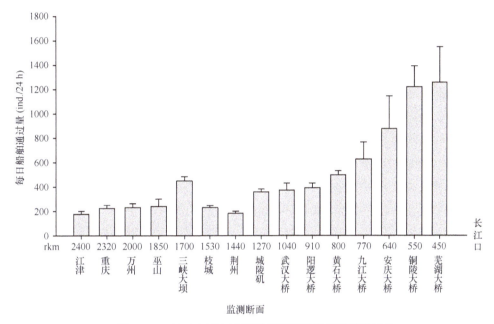

图 17.10 2008年长江主要监测断面的每日船舶通过量

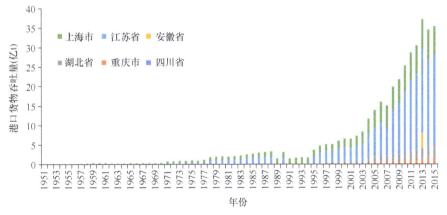

图 17.11 长江六省市港口货物吞吐量历年变化
数据来源：CNKI中国经济与社会发展统计数据库

17.2.2 长江航运及航道整治工程对中华鲟自然种群影响的典型案例分析

17.2.2.1 航运发展加重了水生生物赖以生存的环境负担

蓬勃兴起的长江航运在为经济社会发展提供巨大支撑的同时，船舶尾气排放、突发事故、污水

中华鲟保护生物学

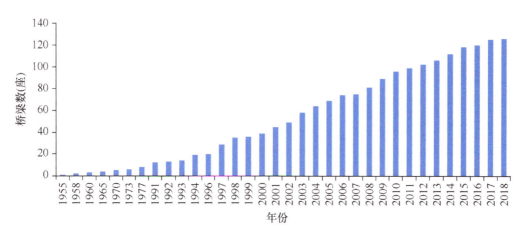

图 17.12　长江干流桥梁数量历年变化

数据来源：CNKI 中国经济与社会发展统计数据库

和垃圾直排及搅动重金属底泥等"四大污源"问题日益凸显，对长江流域生态环境造成了严重威胁。

燃烧重油排放的尾气。据湖北省宜昌市往年监测，葛洲坝两个船闸区，因为不少船舶烧的是劣质柴油，相关污染因子同比市内高 8%～10%。环境保护部（现为生态环境部）数据显示，内河船舶 60% 分布在长江流域中下游地区，其中大部分使用船用燃料油，尾气成为沿江城市的重要污染源。

突发事故造成的污染。据水利部长江水利委员会透露，长江江面天气变幻莫测，一场大风就能使船舶移出一两千米，船只相撞事故很容易发生。"十二五"期间，长江平均每年发生 3 起较大突发性水污染事件。据江苏海事部门透露，以长江江苏段为例，2001 年危险货物运输量为 5052 t，至 2015 年达到 1.5 亿 t，而这片区域有取水口 83 个，一旦发生较大污染泄漏事故，若不能及时应急处置，后果将不堪设想。

船舶倾倒的生活污水。由于船舶污水处理装置价格昂贵，船舶和码头未经处理的生活污水直排问题比较多。据一些基层海事部门官员透露，虽然国家规定从 2016 年 1 月 1 日起，苏赣等地对不少船舶上马污水处理设施实施补贴，但污水直排问题依然屡禁不绝。相关研究认为，长江上有约 20 万条船舶常年运营，每年产生的含油废水、生活污水达 3.6 亿 t，生活垃圾 7.5 万 t，如果不遏制直排，将对水环境构成严重威胁。

船底搅动重金属底泥。湘江是湖南最大河流和长江主要支流之一，也是汞、铅等重金属和砷污染非常严重的河流。湖南一位从事相关领域研究的专家发现，含有重金属的底泥被船只螺旋桨搅动产生的污染在环境中难以降解，对包括人类在内的各类生物神经、排泄、运动、生殖等系统造成损害。而长江流域干流和支流很多河段都有底泥重金属污染问题，航运则是底泥污染的最大诱因。

17.2.2.2　船舶是导致中华鲟受伤、死亡的重要原因

中国水产科学研究院长江水产研究所与日本学者合作开展了中华鲟游泳行为的研究工作，借助可以记录鱼体倾角、鱼类摆尾速度、游泳加速度、水深和水温等特征参数的数据记录仪（data logger）（图 17.13），首次发现并解释了中华鲟周期性上浮到水面的行为（图 17.14，图 17.15）。

结果显示，中华鲟所有个体都有垂直游泳行为，平均每小时到达水面或者出水 0.35 次（0.13～0.81 次）；平均水深 9.9 m；垂直游泳时间所占比例为 64%，持续 100～1000 s；游泳速度为 1.1 m/s；尾摆频率为 0.77 Hz。在 2006～2008 年中华鲟科研捕捞中，捕获的 30%～40% 的中华鲟野生亲体均出现了不同程度的外部伤痕。通过中华鲟周期性上浮到水面的行为特征（图 17.15）研究，找到了船舶螺旋桨导致野生中华鲟身体背部、头部及尾部等出现伤痕的原因（图 17.16），解释了中华鲟意外死亡的原因。

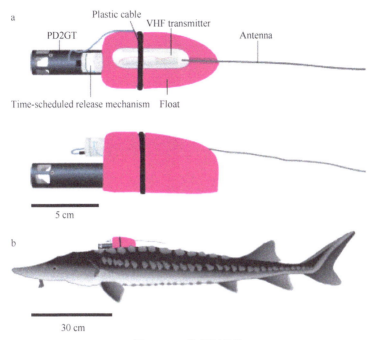

图 17.13　数据记录仪

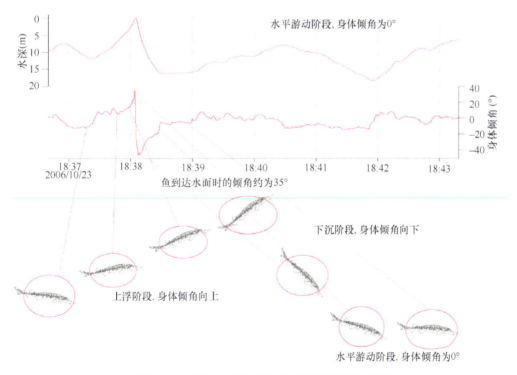

图 17.14　数据记录仪的身体倾斜角揭示鱼体的姿态

17.3　长江及近海污染

17.3.1　长江及近海污染状况

近年来，随着长江流域工业化、城市化进程不断加快，用水总量逐年增长，废污水排放量也呈逐年增长趋势；据统计，长江流域废污水排放量由 1980 年不足 100 亿 t 增加至 2014 年的 338.8 亿 t。

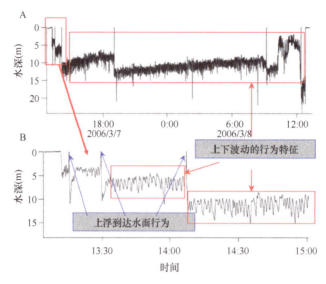

图 17.15 数据记录仪显示中华鲟的上浮行为特征

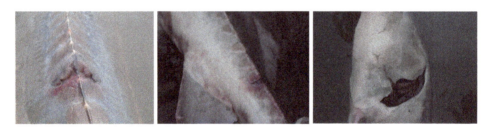

图 17.16 中华鲟背部、尾部和头部被螺旋桨致伤致死的直接证据

长江水质虽然总体良好，但局部水域污染较严重，嘉陵江、岷江、沱江等部分支流水污染问题突出，湘江等部分河流遭受重金属污染，干流多个城市江段存在岸边污染带，湖库富营养化程度未有效缓解，部分水源地水质安全保障不足，水污染风险隐患大。2014 年评价的 60 个重要湖泊中，有 48 个处于富营养化状态；评价的 229 座重点水库中，有 100 座处于富营养化状态；评价的 329 个水源地中，少量水源地部分时段存在部分指标超标的情况（长江保护与发展论坛，2016）。

　　我国海水总体质量较好，且近几年状况稳定。绝大部分海域符合一类水质要求，每年均达到 94% 左右，二类、三类和四类水质近几年较稳定，受污染程度不大，但是劣于四类水质面积能占到一定比例，说明海水受到了一定程度的污染，而且近几年污染面积有变大的趋势，急需采取措施控制和治理措施。渤海、黄海、东海海域劣于四类水质的面积逐年减小，但南海劣于四类水质的面积有增加趋势。劣于四类水质主要分布于辽东湾、渤海湾、莱州湾、长江口、杭州湾、珠江口等近岸海域（《中国海洋环境质量公报》，2011 ～ 2014 年）。作为污染汇集区，我国近海海域总体污染形势也较为严峻，根据《中国海洋环境质量公报》，具体表现为：①污染物种类增加，形成复合污染。2006 年首次开展的对排海污水中特征污染物的检测表明，对海洋生态环境和人类健康威胁较大的多环芳烃、有机氯农药和多氯联苯类等持久性有机污染物，以及铊、铍、锑等重金属普遍被检出，而且 2006 ～ 2008 年入海排污口特征污染物（持久性有机污染物、环境内分泌干扰物、国际公约禁排物质及剧毒重金属等）的超标排放状况及邻近海域沉积物的污染状况呈现出逐年加剧的趋势。②每年通过主要河流携带入海的污染物总量持续高居不下，河口生态环境受损较为严重。入海排污口超标排放污染物现象严重，部分排污口邻近海域环境污染严重，对周边海洋功能区的损害加剧，如 2008 年实施监测的入海排污口中，污水排海总量约为 373 亿 t，主要污染物总量约为 836 万 t，约 88.4% 的排污口超标排放污染物。③大部分海湾、河口、滨海湿地等生态系统仍处于亚健康或不健康状态，其服务功能下降，主要表现为水体富营养化及营养盐失衡、赤潮频发、河口产卵场退化、生境丧失或改变、生物群落结构异常等。

④近海海域沉积物质量及海水增养殖区环境状况存在潜在风险，部分贝类体内污染物（石油烃、砷、重金属、滴滴涕、多氯联苯类等）残留水平较高，对食品安全造成一定隐患。

近年来，我国每年增加的污水排放量呈上升趋势，每天将近 1.54 亿 m³。其中 75% 的全国生活污水及工业废水未经处理直接排入水域。据监测，几乎所有污染物在大连湾中全部超标。渤海锦州湾底泥中重金属 Zn、Pb、Cd 和 Hg 等超标达 150 倍以上，导致底栖生物体内有毒重金属含量严重高出国家食品卫生标准。重金属与鱼类的生长发育有着密不可分的关系，一些重金属离子是鱼体所必需的微量金属元素，在多重代谢过程中起着重要作用，一旦缺乏会引发各种病症。但是由于重金属可以在鱼类体内蓄积，水体中的重金属 Zn、Cu、Mn、Hg、Cd、Pb 等剂量超过标准会对机体产生毒害作用（蔺丽丽等，2018）。2016 年，我国近岸海域开展了冬季、春季、夏季和秋季的海水质量监测，近岸以外海域开展了春季和夏季的海水质量监测，海水中无机氮、活性磷酸盐、石油类和化学需氧量等要素的综合评价结果显示，近岸局部海域海水环境污染依然严重，近岸以外海域海水质量良好，冬季、春季、夏季、秋季劣于四类海水水质标准的近岸海域面积分别为 5.12 万 km²、4.21 万 km²、3.71 万 km² 和 4.28 万 km²，各占近岸海域面积的 17%、14%、12% 和 14%，污染海域主要分布在辽东湾、渤海湾、莱州湾、江苏沿岸、长江口、杭州湾、浙江。监测 68 条河流入海断面水质，枯水期、丰水期和平水期劣于第 V 类地表水水质标准的比例分别为 35%、29% 和 38%。陆源入海排污口达标排放次数比率为 55%。监测的河口、海湾、珊瑚礁等生态系统 76% 处于亚健康和不健康状态。赤潮灾害次数和累计面积均较上年明显增加，绿潮灾害分布面积为近 5 年最大。渤海滨海平原地区海水入侵和土壤盐渍化依然严重，砂质海岸局部地区海岸侵蚀加重（《中国海洋环境质量公报》，2016 年）。

17.3.2 长江及近海污染状况对中华鲟自然种群影响的典型案例分析

17.3.2.1 水体污染对鱼体和渔业资源的损害

污染水体中可蓄积性污染物在鱼体中的积累和残留可引起鱼类慢性中毒而产生长效应的污染影响，这种影响不仅会引起鱼类资源的变动，还会引起鱼类种质的变异。陈家长等（2002）通过对长江下游安庆、南京、镇江和长江口 4 江段水质及其对鱼类毒性影响的调查发现，长江下游江段主航道的水质良好，但近岸的污染带水质受到一定程度的污染，其主要污染物为石油烃类和挥发酚等，这些污染物对鱼类有一定的毒性影响，可引起鱼类的急性中毒，并可诱导鱼类产生微核。

研究表明，石油烃类、挥发酚、Cu、Pb 和 Cd 等 5 种污染物中，安庆、南京、镇江、南通等江段 10 种鱼类体内石油烃类和挥发酚的残留量均超标，超幅最大者分别为 3.36 倍和 15.35 倍；Cu 和 Pb 重金属污染物在鱼体残留量也均超标。鱼体残留量测定结果表明，长江下游 4 个江段鱼类受石油烃类和挥发酚的污染较为严重，与水质分析的结果相吻合。不同毒物在不同生态习性和年龄组成的鱼体中均有一定的蓄积残留。表明这些可蓄积性污染物可对长江下游的鱼类产生比较明显的污染影响（陈家长等，2002）。

崔志鸿等（2007）对 2004 ～ 2005 年度重庆市主城区大溪沟（嘉陵江）和寸滩（长江）水中有机污染物的组成和对斑马鱼胚胎、仔鱼的毒性进行了研究，结果显示，4 个水样中均可检出有机污染物，污染物的种类以酞酸酯类和多环芳烃类为主；污染物可导致斑马鱼胚胎孵化率降低及仔鱼畸形率增加，其毒性呈现出时间和剂量依赖性；同一采样点中，枯水期水样毒性大于丰水期水样。研究结果表明，重庆市主城区嘉陵江和长江水中有机污染物对斑马鱼具有降低胚胎孵化率及增加仔鱼畸形率的毒性作用。

吴玲玲等（2007）以低分子量多环芳烃和有机氯农药为研究对象，分析了其在长江口水 - 沉积物两相介质中的含量和分布特征；在此基础上，选取长江口水体中两类持久性有机污染物污染较严重的菲和林丹，在实验室进行鱼类毒理学试验，结果表明，长江口水体中萘、芴、菲、蒽 4 种低分子量多

环芳烃的污染与国内外重要河流相比处于中等偏下水平；菲是长江口水体中多环芳烃污染的重要组分，实验结果表明，长江口水体中菲的污染水平已经对斑马鱼的鳃和肝组织产生了一定的毒害，对黄颡鱼肝脏中的抗氧化酶活性也产生了影响，从长江口沉积物中萃取出的有机污染物已经对斑马鱼胚胎产生了致死和致畸效应。

张秀荼等（1984）根据电离辐射对水生生物作用的大量实验资料及数据指出，在被放射性废物污染的某些水域中，鱼类受到的辐射剂量等于或高于有效剂量，其生命力会下降，再生功能遭到破坏。因而造成生活在这些水域中的鱼的种类减少，对放射性敏感的鱼类绝迹。当污染海区是开阔海域的一部分时，要使较清洁海区的鱼类不进入污染海区是不可能的，所以不仅仅是局部鱼群受到污染。

袁骐和王云龙（1998）研究了东海区沿岸水域主要海洋生物体内石油烃含量的分布和变化后得出鱼体中的总石油烃含量为 1.40 ~ 21.84 mg/kg（干重，下同），污染海区与其他海域的生物体内总石油烃的含量相差极大。外海采集的鱼类样品总石油烃平均含量为 3.41 mg/kg，而在西沪港下山所采集的鱼类样品的总石油烃平均含量为 17.58 mg/kg。通过分析调查海域中几种主要生物的石油烃富集系数，富集系数最高可达 794.3。

东海区目前大部分水域中总石油烃含量尚低于渔业水质标准，调查海域的平均含量为 0.1144 mg/L（已超过二类海水水质标准），这主要是由于某些水域中总石油烃含量较高，如西沪港码头附近水域中总石油烃含量为 0.116 mg/L，而在长江主航道附近的水域中总石油烃含量最高可达 0.243 mg/L。虽然这些地区对整个东海来说仅是局部性的，但是其中许多地区均是重要的渔业生产基地，如庙子湖地区。东海沿岸石油污染可能主要是由船舶排放的含油废水造成的，并且在局部地区污染已相当严重。石油污染对海洋生物及渔业生产的危害是相当严重的，并且这种影响可能是长期的（袁骐和王云龙，1998）。

17.3.2.2　水体重金属等污染物对中华鲟的影响监测

近年来随着工农业发展，长江某些局部水域受到严重污染，给中华鲟造成了很大的伤害。姜礼燔（1996）以 1988 ~ 1993 年南京至江阴江段为重点调查江段，对水体污染及其对中华鲟的影响进行调查，调查发现，在长江下游某江湾局部严重污染水域中有化工、造纸、灰渣等未经完全处理的废水、废渣排入，致使表层江水出现大量泡沫、灰渣等污染物，尤其在夏季高温季节，常可见漂浮死鱼；经过测定发现，该江段总磷、大肠杆菌等许多指标严重超标，就镇江江段来看，每年仅排入工业废水量就达 6550 万 t，其中化工废水 276 万 t、化肥废水 217 万 t、印染废水 92 万 t、造纸废水 1223 万 t、制药废水 75 万 t，以及炼焦的焦化、化纤、染织、生活污水等 466 万 t，且有逐年增加的趋势。检测中华鲟幼鱼共 513 尾（活中华鲟幼鱼），将检测的幼鱼体表情况按 Bucke 等（1983）方法划分病鱼为一至三级的占 7.9%，这些病鱼主要来源于长江镇江至扬中江段的污染江段内。该水底沉积有约 30 cm 厚的残渣和纤维等污染物。由于中华鲟属于底层鱼类，喜栖底游或觅食，易发生慢性中毒。进一步调查表明，不少中华鲟已患有慢性病，生化、生理及组织病理学检查表明，肝脏组织已坏疽、肿大、有结节，甚至有发生癌变，红细胞、血小板和血红蛋白含量降低，鱼体内重金属含量较高（如铜、锌含量分别达到 1.48 mg/L 与 10.16 mg/L）等，常表现为鱼体色素加深、体表或鳍条部腐蚀、坏死、血斑、淤血、鳃瓣充血及肝脏呈淡黄色或深棕色肿大等（姜礼燔等，2014）。

姚志峰等（2010）采用静水生物测试法研究了铜（Cu^{2+}）对中华鲟幼鱼的急性毒性并进行了安全评价，结果表明，Cu^{2+} 浓度升高对中华鲟幼鱼产生了较大的毒性。有毒物质对鱼类的毒性作用可根据鱼类急性中毒试验的 96 h LC_{50} 分为 4 级，我国《渔业水质标准》对铜的最高容许质量浓度为 0.01 mg/L，而本实验所得铜对中华鲟幼鱼的安全浓度为 0.002 17 mg/L，远低于我国《渔业水质标准》，可见中华鲟幼鱼对铜的耐受性较低，我国的《渔业水质标准》是否可以作为保护中华鲟的安全浓度值有待考虑。陈家长等（2002）对长江下游安庆、南京、镇江和长江口 4 个江段水质污染状况的监测结果表明，南京与长江口江段的重金属铜污染物超标，超标倍数分别为 1.5 倍和 0.4 倍，沿江的其他江段也可能有其他污染带存在。这表明中华鲟自然繁殖幼苗及人工繁殖放流幼鱼降河洄游到长江口的过程中可能受到此类污染物的威胁。

张慧婷等（2011）测定了 2009 年春季采集的长江口中华鲟幼鱼 5 种主要饵料生物及水体中重金属 Cu、Cd 和 Hg 的含量，并结合历史资料比较研究了长江口中华鲟幼鱼主要饵料生物的这 3 种重金属积累特征，评价了饵料生物受重金属污染的程度。结果显示，它们均不同程度地受到重金属污染，虾类的重金属污染程度比鱼类严重。与历史资料比较发现，长江口鱼虾的重金属污染存在加重趋势，重金属污染已对洄游入海的中华鲟幼鱼构成威胁。

17.3.2.3 水体内分泌干扰物对中华鲟的影响监测

1. 长江水体内分泌干扰物现状

内分泌干扰物是一类干扰内分泌系统发挥正常作用，影响动物生殖、生长和发育，可以阻断、刺激或抑制自然激素生成的化合物。内分泌干扰物大多数是合成化学品，如药物、酞酸酯、烷基酚、双酚 A、二噁英、杀虫剂和菊酯类农药等。一般情况下，内分泌干扰物会长期存在于环境中，并能产生生物积累。

长江中存在大量的内分泌干扰物，天然水体中往往同时存在着两种或两种以上的雌激素类化合物，这时可能表现各种各样的混合效应，如何判断其内分泌干扰活性，是目前该领域需要解决的问题。朱毅等（2003）对长江、嘉陵江（重庆段）源水有机提取物的类雌激素活性进行了评价，结果显示，长江、嘉陵江（重庆段）源水有机提取物具有明显的刺激 MCF-7 细胞增殖的类雌激素活性。丰水期各断面源水有机提取物的类雌激素活性大于枯水期。重庆市主城区工业废水、生活污水中有机污染物对两江水中有机物污染有明显影响，并且具有类雌激素活性。在世界各地主要水系中广泛存在着邻苯二甲酸酯类、双酚 A、壬基酚、有机氯杀虫剂和除草剂等，这些均为已确定的内分泌干扰物。当内分泌干扰物单独存在时，在竞争性受体结合实验、基因重组测评系统及细胞增殖实验中均显示出类雌激素活性。邵兵等（2002）实验结果也证实了长江中存在内分泌干扰物，他们利用固相萃取-气相色谱-质谱法（SPE-GC-MS）对嘉陵江和长江重庆段河流及以这两条河流为水源的 5 个自来水厂水样中壬基酚（NP）进行了检测，河流水样中，4 月 NP 的浓度为 0.02～1.12 μg/L，7 月为 1.55～6.85 μg/L，自来水厂的水样中，4 月 NP 浓度为 < 0.01～0.06 μg/L，7 月为 10～2.73 μg/L，自来水厂中的加标回收率大于 90%，环境水样中的加标回收率大于 80%，检测限为 0.01 μg/L。

程晨等（2002）对上海市主要饮用水源地黄浦江上游干流河段表层水体、表层沉积物和支流表层水体及其周边表层土壤中有机氯类内分泌干扰物的含量进行了检测。结果表明，黄浦江干流 1～6 号采样点，表层水体中六六六含量为 0.1～0.12 μg/L，滴滴涕（DDT）含量为 0.02～0.03 μg/L；表层沉积物中六六六含量为 1.0～7.0 μg/kg，DDT 含量为 3.0～32.0 μg/kg；支流 7～15 号采样点表层水体中只有六氯环己烷（HCH）检出，含量为 0.02～0.03 μg/L。支流周边土壤中 DDT 含量为 2～8 μg/kg，根据表层水体和表层沉积物中滴滴涕类内分泌干扰物的含量检测结果判断，某些采样点附近有新的 DDT 污染物排入河道。

烷基酚聚氧乙烯醚（APEO）已经使用了 40 年。广泛用于纺织、塑料、橡胶、日用化工、医药、造纸等工业，用作洗涤剂、乳化剂、润湿剂、扩散剂、稳定剂等。烷基酚聚氧乙烯醚产品中，80% 是壬基酚聚氧乙烯醚，剩下 20% 是辛基酚聚氧乙烯醚。壬基酚聚氧乙烯醚和辛基酚聚氧乙烯醚通过生物降解去除乙氧基，最终降解物为毒性更大的壬基酚和辛基酚，研究发现这类化合物降解很慢。烷基酚作为广泛存在的持久性有机物具有内分泌干扰物的特性。尽管如此，由于烷基酚聚氧乙烯醚类产品具有廉价的特点和较佳的洗涤效果，很多国家还在大量使用。烷基酚能够干扰鱼的正常繁殖，据报道，即使含有很低剂量（pg/

L) 烷基酚的水体也能诱导虹鳟肝细胞产生卵黄蛋白原。研究表明，与长江相连通的大月湖水体、悬浮物和沉积物中壬基酚的浓度分别为 2.40 ～ 26.36 μg/L、3.26 ～ 23.65 μg/L 和 4.08 ～ 14.84 μg/g dw，辛基酚的浓度分别为 0.043 ～ 1.124 μg/L、0.014 ～ 1.084 μg/L 和 0.157 ～ 1.245 μg/g dw；小月湖水体、悬浮物和沉积物中壬基酚的浓度分别为 1.94 ～ 2.02 μg/L、0.876 ～ 2.364 μg/L 和 4.49 ～ 5.03 μg/g dw，辛基酚的浓度分别为 0.027 ～ 0.040 μg/L、0.008 ～ 0.052 μg/L 和 0.107 ～ 0.248 μg/g dw；大莲花湖水体、悬浮物和沉积物中壬基酚的浓度分别为 14.21 ～ 32.85 μg/L、19.31 ～ 31.13 μg/L 和 10.97 ～ 32.43 μg/g dw，辛基酚的浓度分别为 0.617 ～ 1.44 μg/L、1.161 ～ 1.777 μg/L 和 0.091 ～ 0.827 μg/g dw；小莲花湖水体、悬浮物和沉积物中壬基酚的浓度分别为 2.71 ～ 3.68 μg/L、2.86 ～ 3.25 μg/L 和 3.54 ～ 5.05 μg/g dw，辛基酚的浓度分别为 0.080 ～ 0.112 μg/L、0.041 ～ 0.09 μg/L 和 0.058 ～ 0.192 μg/g dw。邻苯二甲酸二 (2- 乙基己基) 酯 (DEHP) 作为最经济有效并且广泛使用的增塑剂之一，它的作用在于使聚氯乙烯 (PVC) 具有柔软性和易弯曲性。武汉地区墨水湖酞酸酯类化合物邻苯二甲酸二丁酯 (DBP) 和邻苯二甲酸二 (2- 乙基己基) 酯含量分别为 244.8 ng/L 和 669.3 ng/L。长江下游宁波市丰水期和枯水期采集的 36 个样品中有 30 个水样检出邻苯二甲酸二 (2- 乙基己基酯，其中丰水期和枯水期各 15 个；有 27 个水样检出 DBP，丰水期 13 个，枯水期 14 个。DEHP 在水源水、出厂水和管网水中最高含量分别为 0.043 mg/L、0.034 mg/L 和 0.031 mg/L。DBP 在水源水、出厂水和管网水中最高含量分别为 0.106 mg/L、0.033 mg/L 和 0.029 mg/L。1990 年上海市环境科学研究院等单位对黄浦江杨树浦水厂的内分泌干扰物进行了检测，苯并芘、2,4- 二氯酚、五氯酚、邻苯二甲酸二甲酯、邻苯二甲酸二乙酯在进水中含量分别为 0.12 μg/L、0.4 μg/L、227.6 μg/L、353.4 μg/L 和 207.4 μg/L，尤其需要引起重视的是，在自来水厂出水中邻苯二甲酸二丁酯和六氯苯高于进水中的浓度，分别为 224.9 μg/L 和 0.03 μg/L。

五氯酚钠是我国血吸虫流行地区常用的杀灭血吸虫中间宿主钉螺的药物，大量喷洒会污染了土壤、水源及动植物，并可通过食物链进入人体。近年来，有关五氯酚及其钠盐的内分泌干扰作用的研究逐渐增多，整体动物试验研究表明，五氯酚钠可以干扰机体甲状腺激素的正常功能。我国年产五氯酚钠数千吨，长江流域 13 个省市血防区曾使用 30 年，其残渣中二噁英含量高达 10%。再如造纸业和氯碱工业废水，我国众多小造纸厂和占世界产量第二位的氯碱工业排放的废水中，也含有二噁英。随着我国城市人口的急剧增加和土地资源的减少，我国部分大城市用垃圾焚烧技术取代了垃圾填埋，产生了大量二噁英。二噁英污染对健康的危害是我国不可回避的问题（吴文忠，1998）。

有些重金属是环境内分泌干扰物的重要组成部分。我国各水系中普遍存在着重金属类内分泌干扰物的污染现象，更值得注意的是，饮用水源地重金属类内分泌干扰物污染也较为常见。朱红云等 (2004) 对江苏长江干流的 26 个饮用水源水质的调查结果表明，在统计的 23 个水源地中检出含 Cd 的水源地占 73.9%；含 Hg、Pb 的水源地占 91.3%；个别水源地还出现超标现象。

溴代阻燃剂的塑料大量用于电源、电路、发热体等的生产和使用已经有 30 多年的历史，其中最主要的是多溴二苯醚用于与家庭装修材料和商业装饰材料密切相关的电子电器设备、轿车、公共汽车、火车和飞机等中。此外，溴代阻燃剂还大量应用于家用电器、室内装潢中的泡沫塑料、地毯和布料之中。溴代阻燃剂在给人类带来众多益处的同时，不可避免地带来了一系列的环境问题。陈社军等 (2005) 研究珠江三角洲及南海北部海域表层沉积物中的溴代阻燃剂情况表明，东江和珠江是多溴二苯醚的高污染区，含量为 12.7 ～ 7361 ng/g，是目前世界上已报道沉积物中含量最高的区域之一。目前长江水域溴代阻燃剂的污染状况缺乏相关报道。

有机锡污染可能是水生生物污染的主要来源之一，在个别严重污染区域甚至存在着引起突发性公害事件的潜在危险性。有机锡的广泛使用造成了水生态系统的环境污染，对鱼类产生很强的毒理作用，破坏鱼体组织，改变鱼的表现、行为等，这种污染通过食物链传递，具有明显的生物放大作用，这必将影响人类的正常生活和健康。我国近海、港湾和河流港口等许多水域都发现了有机锡及其降解产物的污染。江桂斌等 (2000) 首次对我国部分内陆水域有机锡水污染状况进行了研究，其中长江江阴轮渡口三丁基锡和一丁基锡的含量分别为 10 ng/L 和 132 ng/L，长江三峡巫山码头三丁基锡、二丁基锡和一丁基锡的含量分别为 0.8 ng/L、1.5 ng/L 和 85.7 ng/L；长江黄浦江复兴东路轮渡码头水样中三丁基锡含量高达 425.3 ng/L，这已远超过某些敏感的淡水生物如腔肠动物水螅（Hydra sp.）的耐受程度，从而对水生态系统造成危害。三丁基锡是一种雄性激素，当浓度达到 50 ng/L 时，雌性蜗牛的卵子发生被抑制，取而代之的是精子发生与精子形成，换句话说，三丁基锡使雌性真正地变为雄性，而且这种变化是不可逆的。

如上所述，长江水体中数量众多的内分泌干扰物势必影响到长江中生活的鱼类。中华鲟研究所于 2006 年在宜昌江段捕捞的 19 尾野生中华鲟中，仅发现 2 尾雄鱼。雄性比例持续减少，中华鲟性别比例失调问题日益严重。

2. 三丁基锡对中华鲟的毒性效应

氯化三丁基锡（TBT）对鱼类免疫能力具有抑制作用，这些化合物在鱼体内富集会影响体内吞噬细胞的活性，破坏其免疫能力。此外，鱼和哺乳动物体内富集的 TBT 对细胞色素酶 P450 的活性有抑制作用，而酶系统的破坏会加速丁基锡在体内的富集。由于较高浓度的 TBT 污染，德国北海沿岸的海螺已基本灭绝，英国一些河口港湾蛤蜊种群已开始消失。Harino 等（1999）对日本几个海湾贝类和鱼中有机锡浓度进行了测定，结果表明，不同采样点贻贝中 TBT 浓度相差较大，浓度范围为 0.023 ～ 1.10 mg/kg 湿重。长江三峡库区大溪沟和晒网坝分别检测到 33.4 ng Sn/L 和 68.9 ng Sn/L 的 TBT，高于保护淡水生物的水质标准。

为评估这种内分泌干扰物对中华鲟的毒性作用，长江水产研究所开展了氯化三丁基锡的毒性暴露实验，设置暴露浓度为 1 ng/L、10 ng/L、100 ng/L、300 ng/L 和 500 ng/L。中华鲟在不同浓度的氯化三丁基锡中暴露 20 天和 40 天后，全长和体重差异不显著，但肝脏显示出了病理变化。正常鱼肝脏是腺体结构，其中包括极多细胞索，呈密集网状，排列均匀有规则，肝细胞轮廓清晰，呈多边形，内有细胞质，细胞核大，呈圆形或椭圆形，核仁居中。细胞质染色深，其肝小叶不明显，但仍可观察到肝细胞由中央静脉向四周呈放射状排列（图 17.17）。

暴露 30 天后，由于所用药物剂量较低，三丁基锡和佳乐麝香处理组的鱼未表现出游动缓慢、摄食量减少、反应迟钝等急性中毒症状。但是表现出肝脏受损且随着暴露剂量增大受损症状加重的迹象。

1 ng/L 三丁基锡组暴露中华鲟肝细胞细胞核在细胞中明显偏移并挤成一团，细胞变形，由相对均匀的网状结构变为大小不规则的网状结构，肝细胞由多角状变为肿大、发泡，排列不规则

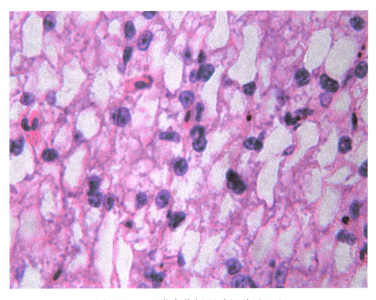

图 17.17　正常中华鲟肝脏切片（40×）

（图 17.18）。

10 ng/L 三丁基锡组暴露中华鲟肝细胞细胞核部分变形，在细胞内偏向一侧，发生拥挤，出现空泡化现象（图 17.19）。

中华鲟在高浓度三丁基锡中暴露后，肝细胞出现明显的空泡化或肿大现象（图 17.20 ～图 17.22），病理变化随暴露剂量的增加而加剧。肝细胞已出现颗粒变性，空泡化，细胞核被挤向边缘或消失，肝细胞显著肿大；500 ng/L 三丁基锡处理组空泡化程度严重，可以见到明亮的脂滴，细胞核溶解、消失，并出现坏死区。三丁基锡处理组鱼的肝细胞空泡化和细胞核的消失反映了三丁基锡的毒性效应，相关研究也表明，肝脏脂肪变性和细胞变性是鱼体对毒物的常见响应。TBT 对肝脏组织的毒理作用具有明显的剂量 - 效应关系。结果表明，中华鲟肝脏组织可作为鱼体对外界毒物慢性长期作用的响应组织，通过它们可以较灵敏地监测水环境的污染状况。

肝体指数（HSI），是指肝脏的湿重与体重的比值，即 HSI ＝（肝重 / 体重）×100%。图 17.23 为对照组中华鲟和用三丁基锡染毒 30 天后的中华鲟的 HSI。与对照组相比，三丁基锡暴露组中华鲟肝体指数都增大，表明中华鲟对三丁基锡的暴露存在应激反应。1 ng/L 和 10 ng/L 三丁基锡暴露组与对照组相比，中华鲟肝体指数增加不显著（$P > 0.05$）。100 ng/L、300 ng/L、500 ng/L 三丁基锡暴露组与对照组存在显著性差异（$P < 0.05$）。

肝脏是重要的消化器官，是脂肪代谢、蛋白质代谢和糖代谢的重要场所，血浆蛋白全部由肝脏

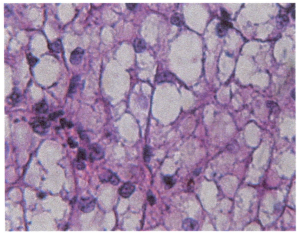

图 17.18　1 ng/L 三丁基锡组肝细胞光镜切片（100×）

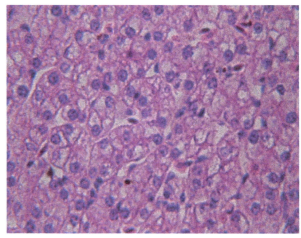

图 17.19　10 ng/L 三丁基锡组肝细胞光镜切片（40×）

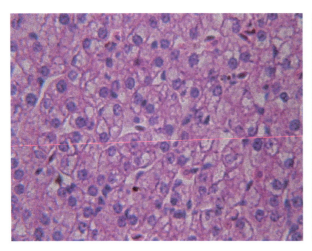

图 17.20　100 ng/L 三丁基锡组肝细胞光镜切片（40×）

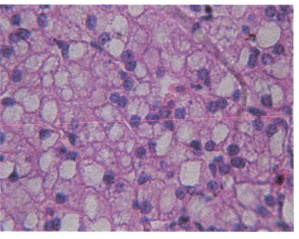

图 17.21　300 ng/L 三丁基锡组肝细胞光镜切片（100×）

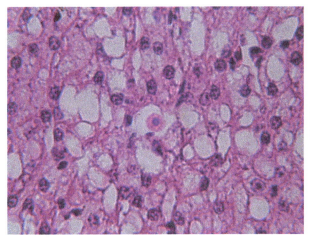

图 17.22　500 ng/L 三丁基锡组肝细胞光镜切片（100×）

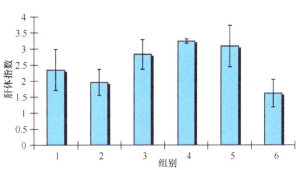

图 17.23　三丁基锡暴露后中华鲟肝体指数变化

组别 1 ～ 6 分别为 1 ng/L、10 ng/L、100 ng/L、300 ng/L、500 ng/L 处理组及对照组

制造。机体中的细胞凋亡和再生保持着一个动态的平衡过程。如果机体受到环境应激，这一平衡过程会紊乱，组织细胞再生速度低于凋亡速度，组织功能的行使能力受到影响。对于肝组织而言，同样会面临这一问题。肝脏的再生能力非常强，并且再生过程受到神经内分泌系统的影响，甲状腺激素可以促进肝脏再生，致使肝体指数（HSI）发生变化。

中华鲟暴露于 1 ng/L 的三丁基锡溶液中时（图 17.24），睾酮水平升高，随后降低。LS7 统计分析表明，对照组与 1 ng/L、500 ng/L 处理组睾酮含量有明显差异；1 ng/L 组和其他各组具有显著性差异；10 ng/L 组和 300 ng/L、500 ng/L 组也有显著性差异；500 ng/L 组与 100 ng/L 组相比，睾酮含量显著降低。

即使是很低剂量的三丁基锡也能引起雌二醇含量的升高（图 17.25），随着三丁基锡暴露浓度的升高，雌二醇含量也随之升高，至 100 ng/L 达到最高，随后逐步降低。统计分析表明，各暴露组与对照组之间均有显著性差异。1 ng/L 组与其他暴露组之间雌二醇含量也有显著性差异。10 ng/L 组与其他暴露组（除 300 ng/L 外）之间雌二醇含量也有显著性差异。

即使是很低剂量的三丁基锡也会引起 T3 含量的升高（图 17.26），随着三丁基锡暴露浓度的升高，T3 浓度也随之升高，至 100 ng/L 达到最高，随后逐步降低。统计分析表明，各暴露组与对照组之间均有显著性差异。1 ng/L 组与 10 ng/L 组和 100 ng/L 组之间 T3 含量也有显著性差异。10 ng/L 组与 300 ng/L 组和 500 ng/L 组之间 T3 含量也有显著性差异。

三丁基锡引起了中华鲟 T4 浓度的升高（图 17.27），1 ng/L 暴露组 T4 浓度最大，10 ng/L 组和 100 ng/L 组与 1 ng/L 组 T4 浓度持平，300 ng/L 组和 500 ng/L 组 T4 浓度逐步降低。统计分析表明，除 500 ng/L 组外，各暴露组与对照组之间均有显著性差异。500 ng/L 暴露组与其他暴露组之间 T4 浓度也有显著性差异。

与对照组相比（图 17.28），三丁基锡暴露组中华鲟 FT3 浓度降低，1 ng/L 暴露组下降明显。统计分析表明，各暴露组与对照组之间均有显著性差异。1 ng/L 暴露组与 500 ng/L 暴露组之间 FT3 浓度也有显著性差异。

3. 三苯基锡直接导致中华鲟幼鱼畸形和性比失调的原因

近海海域有多种化学品如二氯联苯二氯乙烯（DDE）、高含量二噁英的五氯酚钠、船舶涂料中的有机锡化合物等的污染威胁。在船体油漆中广泛使用了三丁基锡（TBT）和三苯基锡（TPT），防止螺类、藻类附着在船体上，腐蚀船体，增加船只阻力。TBT 和 TPT 都是添加到船舶涂料内防止一些海洋生物附着在船体上的有毒化合物。此前科学家就已经发现，TBT 能够导致贝类的雄化，使海洋动物的性成熟和繁殖推迟，是目前公认的具有明确证据的、能够通过影响生物体内分泌系统从而影响生

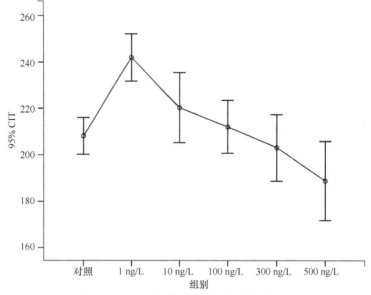

图 17.24　三丁基锡对中华鲟睾酮的影响

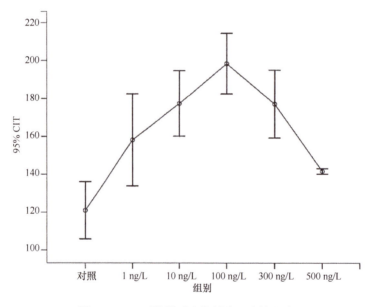

图 17.25　三丁基锡对中华鲟雌二醇的影响

物体繁殖等生物效应的物质之一，是公认的内分泌干扰物。虽然 TPT 也同样可以用于船舶涂料，但由于其使用量远低于 TBT，科学界对于它的生物影响并没有特别关注过。从我国企业登记的情况来看，有七八家企业是许可生产 TPT 的。除了船舶涂料，我国每年仅用于农药生产的 TPT 就达 200 t 左右。

　　春夏季正是航运的黄金季节。在葛洲坝下游 7 km 处的宜昌长江段，水下是中华鲟仅存于世的产卵场地。而在水面上，这里每天都有许多航运船只通过，许多船只的底部都涂满了防腐蚀的黑色或墨绿色的油漆。按中华鲟物种安全性要求，雌雄的比例应该是 1 : 1，但这几年雄鱼越来越少，雌雄性比有时达到 10 : 1，2004 年秋季甚至达到了 18 : 1。2007 年雌雄性比为 2.75 : 1，虽然比例不再悬殊，但并不意味着雄鱼的数量回升，反倒是雌鱼的数量减少了，整个中华鲟的种群处在衰退之中。还有专家认为，野生雄性中华鲟持续减少，可能是发生了性逆转，即变性。1993 年，专家就曾发现过雌雄同体中华鲟。2005 年，对中华鲟体内监测试验表明，中华鲟体内内分泌干扰物质含量非常高。中国水产科学研究院长江水产研究所危起伟教授研究团队设法对中华鲟各组织中的有毒有害物质的浓度进行了检测。结果发现，中华鲟各组织和鱼卵中的确存在着较高浓度的 TPT，TBT 却不见踪影。

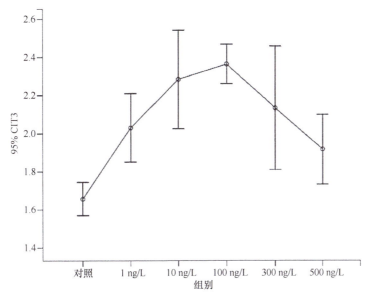

图 17.26　三丁基锡对中华鲟 T3 的影响

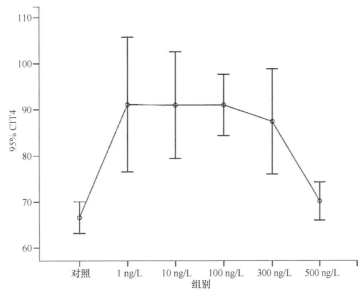

图 17.27　三丁基锡对中华鲟 T4 的影响

北京大学胡建英教授和她的课题组证明了一种名为 TPT 的含锡有机物可以进入鲟的卵,而且造成了眼畸形和骨骼缺损。

　　研究发现,雌性鲟可以把 TPT 转移到它们的卵中,其浓度对在长江受精或孵化的幼鱼造成了显著的风险。从长江中捕获的 7.5% 的中华鲟幼鱼有眼或骨骼畸形,他们把 3000 多个西伯利亚鲟鱼卵暴露于 3 种不同的 TPT 浓度之下,取得了翔实的幼鱼畸形数据,从而验证了 TPT 导致的致畸现象。在实验中让中华鲟和西伯利亚鲟接触较高浓度 TPT 导致了畸形发生率的增加,畸形发生率符合在接触类似浓度的该化合物的野生种群中见到的发生率。然而,研究表明,接触了类似于在中华鲟卵中发现的含锡有机物的西伯利亚鲟卵并没有导致显著数量的畸形。TPT 很可能是导致中华鲟畸形的原因,而且可能影响了这一物种的迅速衰退。通过实验发现,目前富集在中华鲟鱼卵中的 TPT 在野生中华鲟胚胎发育过程中产生的致畸毒性已经使幼鱼眼部畸形发生率达到 1.2%,躯干畸形发生率达到 6.3%(图 17.29)。TPT 虽然在水体中含量极低,但是通过食物链放大,可以在鱼体中富集到较高的浓度水平,并通过母子传递过程,使中华鲟鱼卵中的浓度达到 7.8 ~ 53.5 ng/g。最终在胚胎发育过程中致毒,导致身体畸形和眼睛缺失。胡建英及其团队还发现,环境浓度水平的 TPT 可能还会导致鱼类

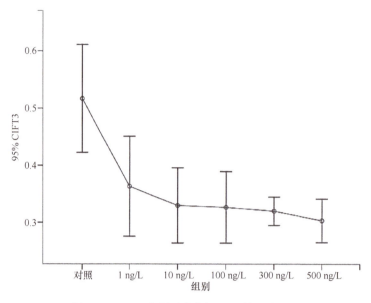

图 17.28　三丁基锡对中华鲟 FT3 的影响

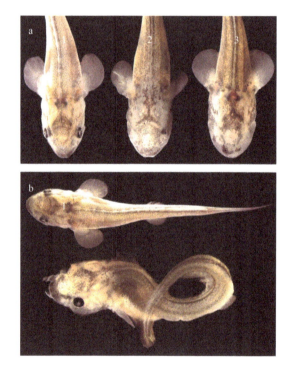

图 17.29　TPT 导致中华鲟眼睛缺失（a）及身体畸形（b）的直接证据
a：1. 正常鱼的双眼；2. 单眼缺失的鲟鱼；3. 两眼缺失的鲟鱼
b：1. 正常鱼的体干；2. 身体畸形弯曲

的产卵力和繁殖力下降。

17.4　长江及近海捕捞作业与非法捕捞

17.4.1　长江及近海捕捞作业与非法捕捞状况

新中国成立之后，我国渔业捕捞不断发展的各个阶段与社会经济发展和人们生活需求密切关联。

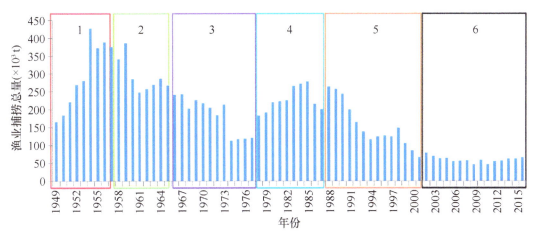

图 17.30　长江渔业捕捞总量变化趋势表

张辉等（未发表数据）系统归纳了长江流域渔业捕捞总量的变化趋势（图 17.30），不同时期渔业捕捞能力和渔业生产力均有不同的特点。①战后恢复期。抗日战争时渔业资源受保育，战后增船添网恢复生产，渔业资源得到迅速开发利用。②"大跃进"生产激进期。其间渔船机帆化、渔机渔具革新。过度捕捞后果隐现。③"文革"生产混乱期。钢质渔船及化纤网具开始生产应用。不合理捕捞。④改革开放解放生产力时期。捕捞机械化。⑤捕捞业现代化时期。木帆船全部过渡到机动船。过度捕捞，资源衰竭。⑥长江禁渔期制度实施时期，开始实施渔业资源和生态养护。

　　自新中国成立以来，海洋捕捞量不断增长，特别是 20 世纪 80 年代初期和 90 年代中期两次投资热潮，使海洋捕捞能力大大提高。1989～2015 年，海洋机动渔船总功率山 629.2 万 kW 增加到 1732.28 万 kW，增长了 175%，年均增长 6.7%；海水产品捕捞产量山 503.6 万 t 增加到 1314.78 万 t，增长了 161%，年均增长 6.2%。我国近海捕捞能力已远远超过了可持续渔业所能够承受的水平，大部分海洋渔业种群已被充分利用，有的甚至已经枯竭。

　　我国海区的捕捞设施和方式仍然落后于发达国家，主要作业方式有拖网、围网、流刺网、钓、定置网等。其中利用拖网与定置网作业方式获得的产量约占总产量的 2/3，这两种作业方式对渔业资源及其渔场环境的破坏极其严重，拖网作业还对底栖生物及产卵场、育幼场的生态环境产生极大的破坏，严重影响渔业生物的繁殖、生长和索饵。而且我国 70%～80% 的机动渔船都是小型渔船，且数量庞大，其作业范围局限于近岸海域，对近岸渔业的破坏极大。近岸主要是一些渔业生物的产卵场、育幼场和索饵场，这破坏了渔业资源的补充，对海洋渔业的可持续发展是非常不利的。我国自"八五"以来实施了海洋捕捞渔船数量和功率总量控制的"双控制度"，但这种控制作用有限，2013 年，捕捞船数量比要求的控制数多了 4400 多艘，功率也比 2002 年多了 220 万 kW。

　　电捕、药捕和炸捕等是长江非法捕捞的主要方式。长江中电捕占到所有采取禁用方法捕捞案件的 85% 以上，被电流击中的鱼非死即伤，侥幸存活的鱼无论是成体还是幼体，基本都失去了交配、产卵、孕育等繁殖能力，电捕易使鱼类遭遇灭顶之灾。药捕农药中的有毒污染物沾染、沉积在水生植物和底泥上不易分解，易使水体长时间受到二次污染，严重破坏水域生态环境，降低水体质量，被污染的水体从上游顺流而下，形成有毒有害水体带，危及沿途生产生活用水安全。炸捕是非法捕捞者将雷管等爆炸物品投入水中，利用爆炸形成的冲击波将鱼震死震晕。爆炸冲击波还会降低堤岸的稳定性，影响河道蓄水行洪安全，操作不慎甚至危及炸鱼者的自身安全。

　　长江及近海捕捞作业及非法捕捞的总体现状是捕捞强度居高不下，非法捕捞行为又屡禁不止。渔民生活困难与养护措施深化的矛盾尚未妥善解决。水工建设增多，同时资源衰退，渔民作业水域萎缩，正常捕捞产量减少，违法捕捞行为增多。形成资源越少，价格越高，非法捕捞越多，资源进一步减少的恶性循环。

17.4.2 长江及近海捕捞作业与非法捕捞状况对中华鲟自然种群的影响

17.4.2.1 捕捞直接减少了中华鲟的资源量

1983 年中华鲟的商业捕捞被国家立法禁止，根据 1972 ～ 1982 年中华鲟亲鱼捕捞统计，每年中华鲟的商业捕捞量接近 400 余尾，均为中华鲟的繁殖群体，对资源的损伤严重。自葛洲坝截流后，中华鲟繁殖群体数量变化经历了 3 个阶段：①在葛洲坝截流后，随着两年的过量捕捞，繁殖群体剧减，两年内损失繁殖群体数量超过 2000 尾。② 1983 年禁止商业捕捞后，葛洲坝下的繁殖群体数量也仅有 2000 余尾，明显低于历史分布于金沙江的中华鲟繁殖群体数量（约 1 万尾）。③ 1990 ～ 2010 年，中华鲟繁殖群体数量迅速下降，由 2000 余尾逐步降至 170 尾左右。最新监测结果显示，2015 ～ 2018 年，洄游到葛洲坝下的中华鲟繁殖群体数量已不足 50 尾（表 17.10）。

表 17.10　1972 ～ 1982 年葛洲坝上游和下游中华鲟亲鱼捕捞统计

年份	坝上作业船只数（艘）	坝上捕捞量（尾）	坝上单船捕捞量（尾/船）	坝下作业船只数（艘）	坝下捕捞量（尾）	坝下单船捕捞量（尾/船）	总捕捞量（尾）	平均捕捞量（尾）
1972	91	168	1.85	665	233	0.35	401	
1973	92	199	2.16	672	192	0.29	391	
1974	91	227	2.49	683	188	0.28	415	
1975	92	296	3.22	685	212	0.31	508	
1976	92	313	3.40	684	283	0.41	596	
1977	95	292	3.07	686	269	0.39	561	517
1978	98	311	3.17	635	302	0.48	613	
1979	104	355	3.41	634	281	0.44	636	
1980	106	201	1.90	643	327	0.51	528	
1981	108	161	1.49	649	1002	1.54	1163	
1982	0	0	0	649	642	0.99	642	

注：1972 ～ 1980 年为稳态，1981 ～ 1982 年变化剧烈为非稳态

17.4.2.2 误捕和非法捕捞导致中华鲟幼鲟大量死亡

中华鲟幼鲟在长江降河洄游期间，不仅要抵御复杂多变的自然环境，而且很多幼苗会在电渔、毒渔、迷魂阵捕捞等非法捕捞中死亡。中华鲟幼鲟 4 月中旬至 10 月初出现在长江口并逗留的数月间，正是滩涂捕捞作业的旺季，6 ～ 8 月在插网、深水张网和流刺网等作业中，偶有入网被误捕的幼鲟，一般体长为 20 ～ 25 cm。对长江及河口幼鲟的保护，是中华鲟资源数量增长的根本保障。

17.5　人类活动胁迫下中华鲟自然种群延续的危机

物种的自然延续是保护物种的最终目标，这取决于物种自身的资源量和生存繁衍能力，以及物种赖以生存的自然环境。根据中华鲟的物种生存现状，影响中华鲟物种延续的人类活动主要集中在大型水电工程建设、航运及相关工程建设、环境污染，以及过度捕捞和非法捕捞等方面（图 17.31）。这些人类活动也是通过两种途径对中华鲟的生存构成压力的，一方面，有些人类活动直接造成中华鲟的资源损失，导致繁殖群体和补充群体数量下降，或者直接、间接影响其繁殖力，最终造成资源量方面的胁迫；另一方面，有些人类活动直接破坏中华鲟赖以生存的栖息地环境，导致栖息地的丧失或者功能下降，从而导致中华鲟生存环境适合度的下降，最终影响物种的生存。聚焦这几个人为影响因素，

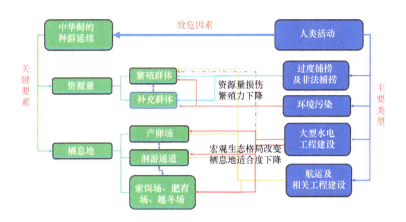

图 17.31　中华鲟物种延续的主要致危因素分析

大型水电工程建设导致的宏观生态格局的改变对中华鲟的影响最大，如葛洲坝、三峡大坝的建设，不仅直接导致其大量栖息地的丧失，而且，滞温作用、清水下泄、水文节律改变等使得其上下游区域很大范围内的生态格局发生了不可逆转的改变，而且这种改变会形成积累效应，对物种的生存构成严重威胁。航运发展及其相关的航道疏浚、港口、码头和桥梁建设等，也会导致中华鲟自然栖息地的功能下降和丧失，而且，这种改变的程度和范围巨大，使得中华鲟很难在短期内适应而造成资源的损伤。污染和非法捕捞及过度捕捞等可通过相关制度建设和管理决策等方式加以约束和调控，因此，它们的影响具有一定的可控性。

必须认识到中华鲟的物种资源衰退、栖息地丧失和功能下降的状况是多种人类活动综合影响的结果。在这些因素的胁迫下，中华鲟目前面临的生存危机主要体现在：①中华鲟自然繁殖活动出现不连续趋势，栖息地环境急剧恶化。目前，中华鲟自然种群衰退的趋势仍在急速加剧中，现存唯一产卵场的面积逐渐缩小，适宜性下降，中华鲟繁殖规模逐年缩减，种群延续正面临严峻考验。三峡水利枢纽工程自 2003 年蓄水运行以来，对产卵场环境的不利影响逐步加剧。同时，长江上游梯级水电开发带来的叠加效应使得产卵场条件更加恶化。2013 年和 2014 年连续两年在现有唯一产卵场内均未发现中华鲟的自然繁殖活动。虽然 2015 年在长江口重新监测到中华鲟幼鲟，表明 2014 年中华鲟可能在其他江段形成新的产卵场或产卵时间延迟，但未来产卵活动能否延续仍未可知。②各种环境胁迫影响随着人类活动的加剧而凸显，使得中华鲟自然群体规模急剧缩小。当前水电工程建设、航运、捕捞、环境污染等各种人类活动的影响不断加剧，中华鲟资源量持续下降。长江中华鲟繁殖群体规模已由 20 世纪 70 年代的 10 000 余尾下降至目前的不足 100 尾。葛洲坝截流至今，中华鲟繁殖群体年均下降速率达到约 10%，情况令人担忧。若不采取有效措施，中华鲟自然种群将迅速走向灭绝。此外，目前对于我国近海中华鲟的资源和分布状态尚不清楚，严重影响了有关保护对策和措施的制定。③人工保种群体规模有限，面临难以持续健康发展的困境。尽管目前人工保种群体已具有一定的数量，但目前性成熟个体数量有限，后备亲体来源单一，全人工繁育仍不成规模，且子二代个体的种质质量呈严重下降趋势。因此，如果自然种群衰退，通过人工群体来实现对自然群体的补充，或实现人工群体的自维持，仍存在较大困难。

目前，为了保护和拯救中华鲟，延续中华鲟种群繁殖，针对中华鲟产卵频率降低、洄游种群数量持续减少、自然种群急剧衰退的现状，农业部已发布《中华鲟拯救行动计划（2015—2030 年）》。该计划按照自然种群保护为主、人工种群为辅的原则设立了近期和中远期目标，提出了就地保护、迁地保护、遗传资源保护和支撑保障的总体行动方案，以期缓解不利影响、减缓中华鲟的衰退趋势、实现物种延续。该计划的总体目标是到 2020 年，初步实现中华鲟人工养殖群体资源的整合，探索完成中华鲟在淡水海水中交替生活的养殖模式；到 2030 年，中华鲟自然种群得到有效恢复，关键栖息地得到有效保护，人工群体资源得到扩增和优化，实现人工群体的自维持和对自然群体的有效补充；到 21 世纪中叶，中华鲟自然种群得到明显恢复，栖息地环境得到明显改善，人工群体稳定健康。

18 保护政策概述

　　鲟形目鱼类起源于白垩纪，是一种古老的类群，在世界范围内均呈不同程度的资源衰退、栖息地丧失。中华鲟隶属于鲟形目鲟科鲟属，为我国国家一级保护水生野生动物。它拥有独特的生物学特性（寿命长、体形巨大、性成熟晚）和生活史特征（长距离江海洄游），是濒危水生动物的旗舰物种。我国关于濒危水生动物保护出台了一系列法律条文和政策措施，对于中华鲟物种保护起到了重要作用。本章对涉及中华鲟的保护政策进行时间序列方面的概述。

　　关于水生野生动物保护的法律规定，在我国宪法、刑法、环境保护法及单行发布的法律、法规、规章中都有涉及。

　　《中华人民共和国宪法》（简称《宪法》）作为国家的根本大法，对生物资源保护作了规定。1982 年《宪法》第 9 条规定："国家保障自然资源的合理利用，保护珍贵的动物和植物。禁止任何组织或者个人用任何手段侵占或者破坏自然资源。"

　　1986 年第六届全国人民代表大会常务委员会第十四次会议通过《中华人民共和国渔业法》（简称《渔业法》），《渔业法》是涉及我国水域开发、利用、保护、增殖渔业资源过程中所产生的各种社会关系的基本法律。之后对《渔业法》进行了多次修订。《渔业法》明确规定"国家保护水产种质资源及其生存环境，并在具有较高经济价值和遗传育种价值的水产种质资源的主要生长繁育区域建立水产种质资源保护区。""国家对白鳍豚等珍贵、濒危水生野生动物实行重点保护，防止其灭绝。禁止捕杀、伤害国家重点保护的水生野生动物。因科学研究、驯养繁殖、展览或者其他特殊情况，需要捕捞国家重点保护的水生野生动物的，依照《中华人民共和国野生动物保护法》的规定执行。"

　　1988 年 12 月 10 日国务院批准颁布了《国家重点保护野生动物名录》，中华鲟被列为国家一级重点保护物种。

　　为保护、拯救珍贵、濒危野生动物，保护、发展和合理利用野生动物资源，维护生态平衡，《中华人民共和国野生动物保护法》于 1988 年 11 月 8 日第七届全国人民代表大会常务委员会第四次会议修订通过，自 1989 年 3 月 1 日起施行。2016 年 7 月 2 日第十二届全国人民代表大会常务委员会第二十一次会议通过了第 3 次修订。修订中特别强调了"为了保护野生动物，拯救珍贵、濒危野生动物，维护生物多样性和生态平衡，推进生态文明建设"，删除了对野生动物"利用"的描述。

　　1993 年 9 月 17 日国务院批准，《中华人民共和国水生野生动物保护实施条例》于 1993 年 10 月 5 日由农业部发布，是一项关于保护水生野生动物的行政法规，其内容主要包括水生野生动物的保护、水生野生动物的管理及奖励与惩罚制度。

　　国务院于 1994 年 10 月 9 日发布《中华人民共和国自然保护区条例》，是为加强自然保护区的建设和管理、保护自然环境和自然资源制定的。自 1994 年 12 月 1 日起实施。

　　1994 年完成了《中国生物多样性保护行动计划》，确定了中国生物多样性优先保护的生态系统地点和优先保护的物种名录，明确了 7 个领域的目标，提出了 26 项优先行动方案和 18 个需立即实施的优先项目。其中濒危水生野生动物保护是生物多样性保护的重要组成部分。中华鲟为鱼类优先保护物种。

1995 年《长江渔业资源管理规定》由农业部发布（1995 年 9 月 28 日农渔发〔1995〕29 号发布，2004 年 7 月 1 日农业部令第 38 号修订），对长江渔业资源的保护、增殖和合理利用，保障渔业生产者的合法权益和相关法律责任做出规定。明确国家一、二级保护水生野生动物：白鳍豚、中华鲟、达氏鲟、白鲟、胭脂鱼、松江鲈鱼、江豚、大鲵、鳗鱼、细痣疣螈、川陕哲罗鲑等为重点保护对象。联合国环境规划署（United Nations Environment Programme，UNEP）参与制定了《濒危野生动植物种国际贸易公约》（CITES），目前有 172 个国家和地区加入了该公约。自 1994 年第九届缔约国大会以来，CITES 正越来越多地关注水生物种的保护。中华鲟被列为附录 II 保护物种。世界自然保护联盟（International Union for Conservation of Nature，IUCN）于 1996 年成立了鲟鱼专家组，对全球鲟鱼资源保护问题给予了关注，中国有关专家也参加了相关工作。中华鲟被列为 IUCN 红色目录极危级（CR）物种。1996 年，湖北省人民政府批准建立了长江湖北宜昌中华鲟省级自然保护区。

1997 年 10 月 17 日《中华人民共和国水生动植物自然保护区管理办法》由农业部发布，包含了对水生动植物自然保护区的建设，水生动植物自然保护区详细的管理、罚则和附则。

在 1998 年出版的《中国濒危动物红皮书·鱼类》中，中华鲟被列为濒危级别。

1999 年 6 月 21 日农业部常务会议审议通过《中华人民共和国水生野生动物利用特许办法》，1999 年 9 月 1 日起施行。

2002 年，上海市人民政府批准建立了上海长江口中华鲟自然保护区。

2003 年 3 月世界鲟鱼保护学会（World Sturgeon Conservation Society，WSCS）在德国成立。该机构的成立用于指导国际鲟鱼保护和研究工作，我国相关科研人员参与了该组织工作。

2006 年 2 月 14 日国务院颁布了《中国水生生物资源养护行动纲要》（简称《纲要》），为全面贯彻落实科学发展观，切实加强国家生态建设，依法保护和合理利用水生生物资源，实施可持续发展战略提供了指导方针。《纲要》提出"内陆水域以资源增殖、自然保护区建设、水域污染防治及工程建设资源与生态补偿为重点，保护水生生物多样性和水域生态的完整性。""建立救护快速反应体系，对误捕、受伤、搁浅、罚没的水生野生动物及时进行救治、暂养和放生。根据各种水生野生动物濒危程度和生物学特点，对白鳍豚、中华鲟、水獭等亟待拯救的濒危物种，制定重点保护计划，采取特殊保护措施，实施专项救护行动。对栖息场所或生存环境受到严重破坏的珍稀濒危物种，采取迁地保护措施。""对中华鲟、大鲵、海龟和淡水龟鳖类等国家重点保护的水生野生动物，建立遗传资源基因库，加强种质资源保护与利用技术研究，强化对水生野生动植物遗传资源的利用和保护。建设濒危水生野生动植物驯养繁殖基地，进行珍稀濒危物种驯养繁育核心技术攻关。建立水生野生动物人工放流制度，制订相关规划、技术规范和标准，对放流效果进行跟踪和评价。"

2007 年 10 月 24 日，国家环境保护总局发布了《全国生物物种资源保护与利用规划纲要》，指出"进一步加强生物物种资源保护，使绝大多数的珍稀濒危物种种群得到恢复和增殖，生物物种受威胁的状况进一步缓解；自然保护区及各类生物物种资源保护、保存设施的建设与管理质量得到进一步提高，资源保存量大幅度增加；相关法律制度和管理机构、生物遗传资源获取与惠益分享制度进一步完善；进一步健全国内相关传统知识的文献化编目和产权保护制度，并与国际接轨；完成一系列持续利用各类生物物种资源的技术开发，基因鉴别和分离技术逐步完善，并发掘更多的优良基因，用于农业生产和医药保健等；形成公众参与生物物种资源保护的长效机制。"

2010 年 9 月 17 日，环境保护部发布《中国生物多样性保护战略与行动计划》（2011-2030 年），强调"在长江流域及大型湖泊建立水生生物和水产资源自然保护区，加强对中华鲟、长江豚类等珍稀濒危物种的保护，加强对沿江、沿海湿地和丹顶鹤、白鹤等越冬地的保护，加强对华南虎潜在栖息地的保护。"

2015 年 9 月 28 日，为保护和拯救中华鲟，延续中华鲟种群繁殖，针对中华鲟产卵频率降低、洄游种群数量持续减少、自然种群急剧衰退的现状，农业部组织编制了《中华鲟拯救行动计划（2015—

2030年）》（以下简称《行动计划》）。《行动计划》就2015～2030年中华鲟保护的指导思想、基本原则、行动目标提出了意见，制定了具体的就地保护行动、迁地保护行动、遗传资源保护行动和支撑保障行动措施，是下一阶段农业部实施中华鲟保护工作的指导性方针和行动纲领。

长江禁渔期制度经国务院批准，自2003年实施以来，取得了良好的生态和社会效益。为进一步贯彻落实党中央国务院《中共中央国务院关于加快推进生态文明建设的意见》，更好地养护水生生物资源，保护水域生态环境，推动渔业绿色发展，根据《中华人民共和国渔业法》，农业部决定对现行长江禁渔期制度进行调整完善。2015年12月23日农业部发布《农业部关于调整长江流域禁渔期制度的通告》，将禁渔期调整为每年3月1日0时至6月30日24时，由3个月延长至4个月。

2018年9月24日，国务院办公厅印发《关于加强长江水生生物保护工作的意见》（国办发〔2018〕95号），对切实做好长江水生生物保护工作，特别是珍稀濒危物种保护工作，保护和修复长江水域生态环境提出了新的更高要求，这些都为中华鲟的保护工作奠定了好的基础。

在有关保护政策的基础上，在中华鲟增殖放流、科学研究方面也取得了重要的进步。1982年国家有关部门组建了专门的机构中华鲟研究所，开展中华鲟人工增殖放流方面的工作，以弥补葛洲坝建设对中华鲟自然繁殖所造成的不利影响。1983年在葛洲坝下取得人工繁殖成功并开始进行增殖放流（傅朝君等，1985）。1996年开始尝试利用化学标记、物理标记和遗传标记等多种技术手段进行人工放流效果评价（常剑波，1999），随着1997年大规格苗种培育技术的突破，放流规格和放流数量逐渐加大。随着2012年中华鲟全人工繁殖实现一定规模，开始进行子二代的增殖放流。中国水产科学研究院长江水产研究所也陆续开展了30多年的中华鲟人工增殖放流工作。此外，宜昌和上海两个中华鲟保护区及有关企业和科研单位等也放流了部分中华鲟。截至目前，相关单位在长江中游、长江口、珠江和闽江等水域共放流各种不同规格的中华鲟700万尾以上，对补充中华鲟自然资源起到了一定作用。同时，在长期的增殖放流实践和误捕误伤个体救护等工作中，有关科研机构和企业蓄养了一批不同年龄的中华鲟群体，早在20世纪70年代，就利用捕捞产卵期成熟野生亲体实现了人工催产，取得了人工繁殖初步成功（四川省长江水产资源调查组，1988）。但一直没有开展人工保种。1997年之后才突破中华鲟大规格苗种规模化培育问题（肖慧等，1998）。自1997年起逐渐进行人工群体建设，至2009年，初次实现全人工繁殖的成功，至2012年，中华鲟全人工繁殖规模实现突破，2016年中华鲟养殖群体批量成熟，全人工繁殖技术基本成熟，实现了淡水人工环境下中华鲟种群的自我维持，这为中华鲟人工种群的扩增和自然种群的保护奠定了物质基础。另外，在科学研究方面的积累为中华鲟保护提供了科技支撑。自20世纪70年代以来，通过近50年的研究，比较清楚地掌握了中华鲟的洄游特性和生活史过程，在繁殖群体时空动态及自然繁殖活动监测、产卵场环境需求、人工繁殖和苗种培育、营养与病害防治等方面均具有比较深入的研究。1971～1980年对长江中华鲟自然种群特征、资源量和栖息地进行了系统研究和调查。1981～1986年围绕葛洲坝水利工程建设，开展了中华鲟救鱼问题的系统研究，发现了葛洲坝下新形成的中华鲟自然产卵场（余志堂等，1986），长江宜昌段中华鲟自然保护区（省级）于1996年批准建设；上海长江口中华鲟自然保护区于2002年批准建设（省级）。自20世纪末，借鉴国际先进研究手段，采用超声波跟踪、水声学等技术对中华鲟的自然繁殖、栖息地分布和洄游行为等进行了深入系统的研究（Kynard et al.，1995；危起伟等，1998b；Yang et al.，2006），为中华鲟自然产卵场保护及保护区建设和管理提供了重要支撑。此外，在生殖细胞保存和移植等生物工程技术领域也取得了明显进展。其中"中华鲟物种保护技术研究"成果还获得了2007年度国家科学技术进步奖二等奖。这些研究成果为中华鲟的物种保护提供了较好的理论基础和技术支撑。

19

就 地 保 护

19.1 自然保护区的建设和管理

19.1.1 长江湖北宜昌中华鲟省级自然保护区的建设和管理

19.1.1.1 保护区的建设

1. 保护区建设历程

为保护葛洲坝截流后在坝下形成的中华鲟唯一已知产卵场，减少中华鲟自然繁殖活动免于密集的人类活动的干扰，1996 年，湖北省人民政府根据湖北省水产局的请示，批复同意建立了长江湖北宜昌中华鲟省级自然保护区。保护区的范围为葛洲坝至芦家河浅滩，全长 80 km，水域面积约 80 km²。保护区的主要目标为保护中华鲟的正常自然繁殖。

为加强对中华鲟唯一已知产卵场的保护，减缓三峡大坝蓄水等人类活动导致的中华鲟自然种群衰退进程，2004 年，湖北省水产管理办公室成立了"湖北宜昌中华鲟自然保护区项目建设领导小组"，组织开展将该省级自然保护区升级为国家级自然保护区的工作，并已完成了自然保护区的前期申报工作，后因故未完成最后的申报程序。

2008 年，湖北省人民政府对保护区范围和功能区进行了调整，将原来约 80 km 的保护区范围调减为 50 km，并对功能区进行了调整。调减的 30 km 江段作为保护区的外围保护地带。

为适应新形势下对中华鲟产卵场的保护，2017 年，湖北省环境保护厅根据湖北省人民政府的指示，对保护区范围和功能区再次进行了调整，调整后的保护区范围为葛洲坝至枝城镇杨家溪江段，调整后保护区的总长度从调整前的 50 km 增加至 60 km，总面积从调整前的 5143.80 hm² 增加至 6735.88 hm²。保护区终点至罗家河 20 km 江段作为保护区外围保护地带。调整后的保护区范围和功能区划更科学、合理，对中华鲟繁殖群体和产卵场将起到更有效的保护。

2017 年，同期开展了保护区的晋升工作，目前，保护区已顺利通过湖北省自然保护区评审委员会的评审，并于 2017 年 12 月 12 日呈报国务院，待国家级自然保护区评审委员会的最终评审。

2. 保护区主要保护对象

保护区的主要保护对象为：中华鲟繁殖群体及其产卵场与栖息环境；白鲟、达氏鲟、胭脂鱼等国家重点保护鱼类及"四大家鱼"等重要经济鱼类的栖息地和产卵场；江豚个体。

3. 保护区功能区划

（1）保护区范围

保护区范围为葛洲坝至杨家溪江段，上游起点：右岸为 30°44.468′N，111°15.784′E，左岸为 30°44.147′N，111°16.743′E；下游终点：右岸为 30°20.415′N，111°29.782′E，左岸为 30°20.213′N，

111°30.668′E。全长约 60 km，面积约 6735.88 hm²（以十年一遇洪水位计算）。

（2）功能区范围

核心区：核心区分为两部分，上核心区为多年平均水位（2006～2016 年）以下的葛洲坝（右岸坐标：30°44.468′N，111°15.784′E；左岸坐标：30°44.147′N，111°16.743′E）至宜昌长江公路大桥（右岸坐标：30°34.127′N，111°23.189′E；左岸坐标：30°34.220′N，111°23.750′E），下核心区为多年平均水位（2006～2016 年）以下的梅子溪左岸长 4000 m、宽 500 m 的水域。胭脂坝多年平均水位（39.98 m，1985 年黄海高程）以上区域、核心区江段公务执法与公益服务类码头、三峡客运中心码头和临江坪锚地不在核心区范围内。核心区长度为 24 km，面积为 2265.62 hm²。

缓冲区：缓冲区分为两部分，上缓冲区为多年平均水位（2006～2016 年）以下的宜昌长江公路大桥（右岸坐标：30°34.127′N，111°23.189′E；左岸坐标：30°34.220′N，111°23.750′E）至宜都孙家溪江段（右岸坐标：30°32.309′N，111°23.744′E；左岸坐标：30°32.414′N，111°24.490′E），长度为 3.5 km，面积为 351.39 hm²。下缓冲区为多年平均水位（2006～2016 年）以下的枝江白洋镇（右岸坐标：30°24.633′N，111°30.345′E；左岸坐标：30°25.136′N，111°30.607′E）至枝城镇杨家溪江段（右岸坐标：30°20.415′N，111°29.782′E；左岸坐标：30°20.213′N，111°30.668′E）（不包括梅子溪左岸长 4000 m、宽 500 m 的水域），长度为 10.5 km，面积为 780.22 hm²。以上缓冲区总面积为 1131.61 hm²。

实验区：实验区分为三部分，第一部分为宜都孙家溪江段（右岸坐标：30°32.309′N，111°23.744′E；左岸坐标：30°32.414′N，111°24.490′E）至枝江白洋镇江段（右岸坐标：30°24.633′N，111°30.345′E；左岸坐标：30°25.136′N，111°30.607′E），长度为 22 km，面积为 2721.63 hm²。第二部分为核心区和缓冲区江段两岸的多年平均水位（2006～2016 年）至十年一遇洪水位之间的消落区（包括胭脂坝 39.98 m 以上区域），面积为 547.70 hm²。第三部分为公务执法与公益服务类码头、三峡客运中心码头、临江坪锚地和少量企业码头（保护区调整前位于保护区外且环保手续齐全），面积为 69.32 hm²。以上实验区总面积为 3338.65 hm²。

外围保护地带：外围保护地范围为枝城杨家溪江段（右岸坐标：30°20.415′N，111°29.782′E；左岸坐标：30°20.213′N，111°30.668′E）至枝城跨宝山江段（右岸坐标：30°18.383′N，111°37.326′E）/枝江罗家河江段（左岸坐标：30°18.613′N，111°36.716′E），长度为 20 km，面积为 2898.64 hm²（图 19.1）。

19.1.1.2 保护区的管理

1. 机构设置

根据中共宜昌市委机构编制委员会文件《关于市农业局所属事业单位类别及有关机构编制事项

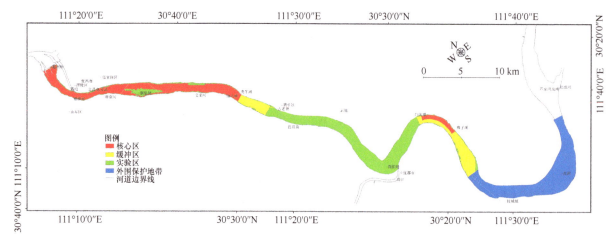

图 19.1　长江湖北宜昌中华鲟省级自然保护区功能区划图

的批复》（宜编〔2014〕87号），长江湖北宜昌中华鲟自然保护区（省级）的管理由湖北省宜昌中华鲟自然保护区管理处负责，该机构与宜昌市渔政船检港监管理处一套班子，两块牌子，合署办公。机构级别为正科级公益一类事业单位，核定事业编制25名，包括执法人员编制20名、专业技术人员编制5名。内设渔政管理科、船检港监科、综合科、资源保护科，下设两个保护站，即设在宜昌城区的核心区保护站、设在宜都市的缓冲区和实验区保护站。

2. 主要职责

保护区管理处的主要职责包括：①贯彻执行国家、省有关水生野生动物保护的法律、法规、方针和政策，制止破坏水生野生动物资源的活动，开展中华鲟、白鲟和胭脂鱼等珍稀鱼类及保护区生态环境的保护工作，救治被误捕误伤的中华鲟、白鲟和胭脂鱼等珍稀鱼类；②组织或协助有关部门开展保护区的科学研究和监测，包括中华鲟的产卵与栖息地的变迁、中华鲟数量监测等；③组织或协助进行中华鲟、胭脂鱼等鱼类人工增殖放流工作；④进行自然保护区的宣传教育等。

3. 管理办法

保护区主要管理办法有《长江湖北宜昌中华鲟自然保护区管理办法》，主要内容摘录归纳如下。

1）任何单位和个人都有保护中华鲟资源及其生存环境的义务，有权监督、检举和控告一切破坏中华鲟资源及其生存环境的行为。长江湖北宜昌中华鲟自然保护区管理机构负责保护区的建设和管理，并对中华鲟资源及其生存环境进行监督检查。环保、交通、工商、港务监督、航运等管理部门应按各自职责密切配合，共同做好中华鲟的保护工作。

2）保护区应当组织对中华鲟资源的调查，建立资源档案，制定保护规划，实施保护区的建设和各项管理制度。组织科学研究和学术交流等活动，组织实施中华鲟人工放流、人工繁殖等工作，组织开展经过批准的旅游、参观和考察活动，接受、抢救和处置伤病、搁浅或误捕的中华鲟。各县市渔政管理部门应加强中华鲟相关法律法规的宣传，普及有关中华鲟的科学知识及救助措施。

3）禁止在保护区范围进行捕捞、采石、挖沙、爆破、水利施工等破坏中华鲟的活动。禁止向保护区江段排放污染物，其污水排放必须达到国家规定的排放标准。除航行外，未经批准，禁止任何人进入中华鲟保护区的核心区，禁止一切可能对自然保护区造成破坏的活动。确因科学研究需要，必须进入核心区从事科学研究、调查活动的，应当事先向保护区提交申请和活动计划。

4）任何单位及个人发现受伤、搁浅和误捕被困的中华鲟后，应当及时采取紧急救护措施，并及时报告，发现已经死亡的中华鲟应当及时报告。禁止捕捞、杀害中华鲟。为对中华鲟进行科学研究、资源调查必须捕捞的，以及为中华鲟人工繁殖须从自然水域中获取种源的，应依法按程序办理特捕证，并接受渔政管理部门监督。禁止出售、收购、运输和携带野生中华鲟或其产品。禁止电、炸、毒等破坏中华鲟资源及其环境的行为。

5）在保护区进行活动，应遵守下列规定：江上船舶除执行紧急任务或抢险救灾、救护等特殊情况外，在核心区航速不得超过15 km/h；禁止8号钩以下的滚钩渔业捕捞；禁止以娱乐或盈利为目的的高速摩托艇和体育赛事活动；设置排污口，应当进行环境影响评价，报有关部门批准；进行水下施工、爆破、钻探等水下活动，施工单位必须采取措施防止或减少对中华鲟的损害，同时报渔政部门审核，方可办理施工手续，并承担恢复性补偿费。

4. 保护和管理措施

（1）基础设施和执法能力建设

保护区自成立以来，国务院三峡工程建设委员会、国家和省渔业主管部门、宜昌市政府高度重视保护区的建设和管理，共投入基础设施建设资金1500余万元。第一，建成了中华鲟自然保护区救治监测中心，共完成救治车间、培育车间、蓄养池、水塔、仿真系统、实验办公楼等32个子项目。

第二，在城区中心江段新建了渔政专用码头，配备了一艘 320 hp[①]的渔政执法船、一艘巡逻艇、一辆执法车。在保护区核心区和缓冲区设立 4 处标志牌。第三，在枝江和宜都建立了两个工作站。这些基础设施的建设，为保护区的执法和管理工作提供了必要的条件和手段。

（2）渔船控制和安置

在保护区内设立禁渔区和禁渔期，在保护区全段，除国家规定的春季禁渔外，每年 9 月 30 日至 11 月 10 日实行禁渔；在禁渔期之外，禁止可能伤害中华鲟的滚钩作业。2000 ～ 2015 年，对保护区核心区内的渔民采取多种方式安置转产就业，由政府发最低生活补助等措施，共转产渔船 242 条，安置渔民 500 余人。2017 年 12 月 31 日，取缔了保护区内剩余的全部渔船，并正采取措施对转产渔民进行妥善安置。

（3）中华鲟等珍稀水生动物救护

自保护区成立以来，共救治救护中华鲟 86 尾，救护存活并放归长江 78 尾，死亡 8 尾，成活率 91%；救治救护胭脂鱼 125 尾，救护存活并放归长江 113 尾，死亡 12 尾，成活率 90%；救治救护达氏鲟 5 尾，成活率 100%。

（4）创新执法手段和增强执法力度

第一，整合全市优秀渔政执法人员，适时开展异地执法。针对渔政机构、执法人员不平衡，以及人情执法等问题，2011 年，保护区管理处抽调辖区各渔政机构 10 名业务骨干，成立了全市渔政执法特别行动队。整合资源异地执法，在重、难案件的查处，渔业秩序整治专项工作中取得了重大进展，更凝聚了队伍战斗力，展示了队伍形象。

第二，加强联合执法，提高执法效果。为解决行政执法手段弱的问题，应对暴力抗法案件的发生，近年来保护区管理处与宜昌长航公安、宜昌水陆公安局建立了常态化联系机制。每次邀请公安人员参加打击非法捕捞的行动，并将重大违法案件现场移交给公安侦察。渔政、公安、检察院、法院四位一体联合执法机制的形成，禁渔期非法捕捞案件处置变得更为通畅高效。对每起案件的判决通过宜昌报纸进行了宣传报道，有力地震慑了违法分子，在广大市民中引起了强烈反响。

第三，依托地方政府，强化综合防治力度。在宜昌市综合治理办公室的协调下，保护区管理处先后与伍家区、点军区政府综治办联系，就部分村民违法捕捞现象进行了沟通，利用市直部门在地方综合治理考核上的否决票，调动了地方综治办的积极性。地方政府综治办召集当地派出所，乡、村地方行政部门，就如何教育、引导、警告沿江村民发挥了非常重要的作用。

第四，创新抓捕方法，提高打击力度。在打击非法电捕鱼的专项工作中，保护区管理处坚持边打击边总结的思路，总结了 4 种打击手段。一是江上围追法：主要针对船速慢的电捕鱼船。发现电捕鱼船，则两只执法船前后隐蔽拉开，伺机合围。二是江边伏击法：主要针对电捕鱼点固定及船速快的船。在电捕鱼多发区域设 3 个埋伏点，其中两艘执法船相距 800 m 上下蹲守，岸边一组侦察指挥。三是岸边蹲守法：在江上水流大、打击安全系数低时采用，即在电捕鱼船上岸拖工具及渔获物时突然抓获。四是乔装打扮法：利用收缴的电捕鱼船扮成渔船靠近违规船只。

（5）科研捕捞控制和管理

第一，每年的捕捞工作，由保护区管理处统一组织，统一安排，各相关单位必须服从管理处的统一指挥，不经批准，不得擅自组织渔民捕捞。

第二，召开协调工作会议，明确各单位负责人，明确实施程序。

第三，按照每年下达的捕捞计划任务严格落实，不得超出指标数。

第四，严格制定捕捞科研用价格。

第五，加强实施过程中的监督检查工作，发现有违规行为的，一律严肃处理。

---

① 1 hp=745.700 W

(6) 科学研究

保护区管理处自成立以来，参与了多项科学研究工作，主要有以下几项。

第一，参与对中华鲟产卵场自然繁殖监测研究。

第二，参与 1993 年、2004 年、2013 年长江江豚的同步监测工作。

第三，参与中华鲟子一代、子二代不同环境下的蓄养研究。

第四，组织了近年来保护区经济鱼类捕捞渔获物的种类、数量、规格等基本资料的研究工作。

第五，组织了对保护区水质、排污口的监测研究工作。

(7) 增殖放流

多年来保护区管理处一直高度重视增殖放流工作，特别是珍稀鱼类的放流，自 1996 年以来，共放流大规格中华鲟（重 40 kg 以上，体长 150 cm 以上）1716 尾；放流小规格中华鲟 2 356 179 尾，放流产后中华鲟亲鱼 18 尾。

19.1.2 上海长江口中华鲟自然保护区的建设和管理

19.1.2.1 保护区的建设

1. 保护区建设历程

长江口是中华鲟幼鲟降海洄游过程中重要的索饵场。幼鱼到达长江口后，在此停留 4 ～ 8 个月，进行渗透压适应性调节和摄食生长。为保护中华鲟这一重要的育幼场，1988 年，上海市政府在崇明东滩建立了中华鲟暂养保护站。1992 年，上海市政府在崇明东滩建立了中华鲟抢救中心。2001 年，上海市商业委员会向上海市政府提交了《关于建立上海市长江口中华鲟幼鱼自然保护区的请示》（沪商委 [2001] 137 号），申请建立保护区。2002 年，上海市政府发布《关于同意建立上海市长江口中华鲟自然保护区的批复》（沪府 [2002] 28 号），正式批准建立了该保护区。并相继设立保护区管理处和颁布《上海市长江口中华鲟自然保护区管理办法》。2008 年，保护区水域被列入《关于特别是作为水禽栖息地的国际重要湿地公约》（简称《湿地公约》）的重要湿地名录，成为我国水生野生动物保护区中的第一块国际重要湿地。

2. 保护区主要保护对象

保护区的主要保护对象为以中华鲟为主的珍稀水生野生动物及其栖息地。

3. 保护区功能区划

(1) 保护区范围

根据上海市长江口中华鲟自然保护区的自然地理特征、自然资源分布、中华鲟幼鲟的生物学习性、土地使用现状和地区发展前景，依据规划原则和规划目标，《上海市长江口中华鲟自然保护区管理办法》做出了规定，保护区北起八滧港，南起奚家港，由崇明岛东滩已围垦的外围大堤与吴淞标高 –5 m 等深线围成，总面积约 696.46 km^2。

(2) 保护区功能区划

功能区划分为核心区、缓冲区和实验区。核心区位于保护区的中心，为缓冲区和实验区所包围，缓冲区主要位于保护西侧的滩涂湿地，实验区分为南北两块，邻近长江口南北的航道（图 19.2）。3 个功能区布置合理紧凑，功能区分明确。

核心区：面积为 209.22 km^2，占总面积的 30%。核心区以崇明浅滩为西边界，界线曲折，另三边分别被缓冲区和实验区包围。

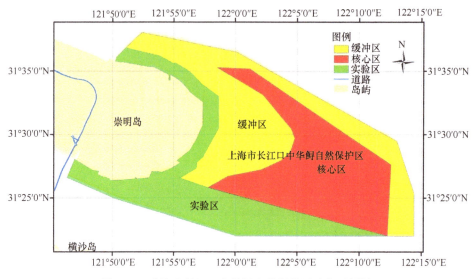

图 19.2 上海市长江口中华鲟自然保护区功能区划图
本图由上海市长江口中华鲟自然保护区管理处提供

缓冲区：面积为 294.56 km², 占总面积的 42.3%。缓冲区以保护区西侧的滩涂湿地为主，通过核心区南侧的长条区域与保护区东侧的缓冲区连为一体。

实验区：面积为 192.68 km², 占总面积的 27.7%。实验区分为南北两块，邻近长江口南北的航道。

19.1.2.2 保护区的管理

1. 机构设置

2003 年 5 月 28 日，上海市机构编制委员会发文《关于同意建立上海市长江口中华鲟自然保护区管理处的通知》（沪编〔2003〕49 号），设立保护区管理处，编制 20 人，隶属于上海市农业委员会，独立法人，市一级财政预算单位，市财政全额拨款，行政许可法律授权组织，行政执法事业单位。保护区管理处内设一室两科，包括行政办公室、监督检查科和业务科，目前共有在编人员 13 人。

2. 主要职责

保护区管理处的主要职责包括：①贯彻执行国家及上海市有关自然保护的法律、法规、规章和方针、政策；②制定自然保护区的各项管理制度，统一负责自然保护区日常管理；③依法开展行政审批和执法，对进入自然保护区的科学研究活动进行审批，依法查处自然保护区内及与其相关的违法行为，并做好相应的行政救济工作；④保护自然保护区的自然资源和生态环境，组织生态环境监测，调查与自然保护区相关的自然资源并建立档案，对自然保护区内已经受到破坏的自然环境做好修复工作；⑤组织和协调长江口以中华鲟为代表的珍稀濒危水生野生动植物的保护、增殖放流、抢救救护及人工繁殖等工作；⑥组织或协助开展以中华鲟及其他珍稀濒危水生野生动植物及其栖息地为主要研究对象的科学研究工作；⑦开展保护长江口中华鲟及其他珍稀濒危水生野生动植物及其栖息地的宣传教育工作。

3. 管理办法

2005 年 3 月 15 日，上海市政府第 48 号令颁布《上海市长江口中华鲟自然保护区管理办法》，并于 2005 年 4 月 15 日实施，为保护区依法管理、科学保护提供了法律保障。该办法就保护区的性质和范围、封闭管理、禁止从事行为、科研活动申请和审批、进入人员总量控制和行政处罚等作了明确规定。赋予保护区管理处行政许可和行政处罚的权利，完善了保护区功能，使保护区进入了长效管理和有效保护的阶段。2018 年，上海市人大启动了《上海市长江口中华鲟国家级自然保护区管理条例》的立法程序。

4. 保护和管理措施

(1) 基础设施建设

保护区自 2002 年成立至今，已经过 17 年的建设和发展，目前已经具备一定的工作条件。保护区现有市区办公楼约 508 m²。崇明和嘉定临时基地约 4 hm²，其中实验室、职工宿舍和职工餐厅等约 1000 m²，暂养池塘 2.7 hm²，室内抢救车间 1000 m²。已经拥有能够满足常规工作的设备和满足开展科研工作的一些重要仪器设备。

(2) 科学保护

保护区以 "科学保护" 为原则，开展物种保护、资源环境监测、栖息地保护等工作。主要工作内容包括：中华鲟幼鲟搜救、大型中华鲟抢救、中华鲟增殖放流、增殖放流跟踪监测和效果评估、水生生物资源动态监测、长江口重大涉水工程对水域生态环境影响的专项调查等。

(3) 依法管理

依据《中华人民共和国自然保护区条例》和 《上海市长江口中华鲟自然保护区管理办法》，保护区依法开展综合管理、保护区封区管理和监督检查等工作。2002 ～ 2009 年，共出航 236 航次，航程 4 968 n mile，驱赶船只 477 艘，登临检查 448 艘，有效地管理了保护区水域。

(4) 科学研究

保护区始终致力于同国内外科研院校的合作，努力构筑中华鲟及长江珍稀水生野生动物科研和交流平台。按照保护区的功能，与科研机构和高校合作开展了涉及物种保护、资源和环境监测、执法和综合管理 4 个方面共计 19 项科研项目。取得了一系列科研成果，获授权专利 12 项，出版专著 2 本，发表论文 50 余篇。

(5) 制度建设

保护区建立了按制度办事、靠制度管人的机制，并以 ISO9000 认证体系建设为主线，不断充实完善各项管理机制，开展 ISO9000 质量管理体系相关的标准培训，编写管理质量文件，全员参与内审员培训，成为率先通过 ISO9000 认证的保护区之一。

(6) 科普教育

保护区开展了中小学生与市民共同参与中华鲟增殖放流活动、万人百校共祝中华鲟早日康复系列活动、湿地保护和长江口生态保护的宣传活动等，还举办了中华鲟征文、绘画比赛等活动，共收到作品千余份。通过媒体宣传国家相关法律、法规、方针、政策，宣传中华鲟等珍稀水生野生动物保护知识，宣传保护区的各项建设工作，引起了社会的共鸣和反响，取得了良好的科普宣传效果。中华鲟志愿者人数达上千人，发放《了解、认识中华鲟》《中华鲟国际重要湿地》等宣传手册 50 000 余册。

19.1.3　湖北长江天鹅洲白暨豚国家级自然保护区的建设和管理

19.1.3.1　保护区的建设

1. 保护区建设历程

由于水利工程、航运发展、酷渔滥捕等日益增多的人类活动及水域污染的影响，白暨豚、长江江豚、中华鲟、白鲟、达氏鲟等珍稀水生野生动物失去了产卵场和栖息场所，已濒临灭绝。据此，1985 年 10 月，国务院环境保护委员会第二次会议提出了 "有必要抓好白暨豚自然保护区的规划和建设" 的要求。在湖北省水产局和中国科学院水生生物研究所的共同努力下，经过反复调查研究，湖北省政府于 1987 年批准成立天鹅洲省级白暨豚自然保护区（图 19.3）。1992 年 10 月 27 日，国务

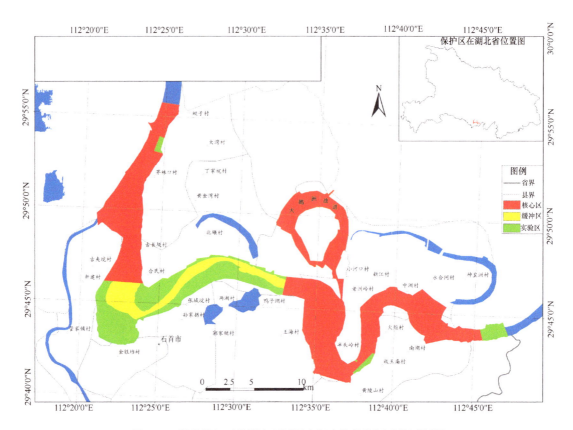

图 19.3 湖北长江天鹅洲白鱀豚国家级自然保护区功能区划图

院以国办函〔1992〕166 号文批准其晋升为湖北长江天鹅洲白鱀豚国家级自然保护区。1993 年 7 月，该保护区被接纳为首批中国"世界生物圈保护区"网络成员。

2. 保护区主要保护对象

保护区的主要保护对象为白鱀豚、中华鲟、长江江豚、胭脂鱼等国家和省重点保护物种及其生存环境。

3. 保护区功能区划

根据农业部批复，湖北长江天鹅洲白鱀豚自然保护区所辖范围包括石首市境内 89 km 长江江段及 21 km 天鹅洲故道水域。由于本保护区建区历史较早，有关保护区的范围、坐标、面积等并不十分明确。根据中国水产科学研究院长江水产研究所编制的《湖北长江天鹅洲白鱀豚国家级自然保护区范围与功能区报告》（送审稿）的方案，保护区的范围与功能区划分如下。

4. 保护区范围

长江干流的保护范围为新厂镇至五马口河段十年一遇洪水位以下的水域和洲滩，总长度 89 km，总面积为 196.84 km²。

1）上端起点：左岸为 29°55′39.33″N，112°25′53.48″E；右岸为 29°55′45.75″N，112°24′44.07″E。

2）下端止点：左岸为 29°44′43.37″N，112°46′47.91″E；右岸为 29°43′59.04″N，112°47′10.84″E。

天鹅洲故道的保护范围包括故道两岸堤防以内 36.5 m 高程以下的全部滩涂和水域（不含麋鹿保护区）。总长度 21 km，总面积为 24.17 km²（不含麋鹿保护区）。

5. 功能区范围

长江干流保护范围划定 2 个核心区、1 个缓冲区和 1 个实验区。核心区范围分为上核心区（新厂至三义寺汽渡）和下核心区（新洲口至五马口），总面积为 139.08 km²，总长度为 67 km。缓冲区（三义寺汽渡至石首城区）总面积为 12.71 km²，总长度为 10 km。实验区（石首城区至新洲口）总面积为 45.05 km²，总长度为 12 km。

天鹅洲故道以 34.5 m 高程线以下水域和滩涂为核心区，34.5～35.5 m 高程线内的水域和滩涂为缓冲区，35.5～36.5 m 高程线内的水域和滩涂为实验区。核心区面积为 23.84 km²，缓冲区面积为 0.17 km²，实验区面积为 0.16 km²。

19.1.3.2 保护区的管理

1.机构与人员

2006 年，在农业部、湖北省委省政府领导的关注下，湖北省机构编制委员会以鄂编发［2006］82 号、鄂编办［2008］8 号文确定保护区管理处为正处级事业单位，定编 15 人，经费纳入省级部门预算，归口湖北省水产局领导。目前保护区设办公室、技术监测科、渔政科 3 个科室，现有人员 15 人，其中研究生 1 人，本科生 4 人，大专生 6 人，中专生 4 人；有高级职称 1 人，中级及初级职称 12 人，中共党员 15 人。

2.基础设施建设

1992 年保护区成立以来，依托农业部有关部委的项目支持，保护区基础设施逐步改善，目前有土地 38 亩①，已建成办公楼、科研楼、检测楼、渔政监测点场所 5 栋 5800 m²，建防逃工程 4372 m，建永久性警示牌（碑）4 座，配备了巡护车 2 辆，巡护艇 4 艘，修建了 10 km 巡护道路，安装了故道电子监控系统 1 套，专业摄像机 2 部，数码照相机 3 部，对讲机 4 部，水质分析仪 2 台，复印机、打印机、传真机共 15 套，另添置网箱 8 口，近 600 m²，购置网具 12 000 余米。

3.管理与保护工作

（1）强化江豚迁地保护、总群数量稳步增长

2010 年天鹅洲故道普查江豚为 28 头，2015 年故道普查江豚 60 头，目前数量已超过 80 头，年稳定增长 8 头以上，是目前长江流域江豚种群数量稳定增长的区域。保护区在近两年救治了武汉天兴洲汉弯和监利江段受伤江豚合计 6 头，救护救治成活率 100%。2015 年和 2016 年先后与江西鄱阳湖、安庆西江江豚自然保护区等地开展了江豚的交换工作。在中国科学院水生生物研究所的大力支持下，2016 年 5 月 22 日，保护区网箱豢养的江豚人工繁育成功，属国内首例，全球首创。

（2）强化故道生态修复，恢复湿地生态环境

累计投入增殖放流资金 180 万元，每年在故道及长江增殖放流"四大家鱼"、细鳞斜颌鲴 2000 万尾以上。利用湿地保护等项目向故道开展底栖生物底播，累计投放铜锈螺蚌 60 余吨。坚持种植水生植物，通过社区共建方式在洲滩引入苦草、香莲及芦苇种植，面积达千亩以上。开展故道水质监测及水量调节。

（3）强化资源环境保护，实施环境综合整治

一是保护区管理处联合派出所、乡镇共拆除周边肉牛养殖围栏一处，清除肉牛 30 余头，清除养殖网箱二十余口，清除养殖鹅鸭 15 000 余只。二是清查长江岸线违规码头。保护区与环保部门、港航管理处配合，积极开展长江岸线违规码头清理工作。

（4）强化巡查巡护监管，开展环境资源监测

天鹅洲故道实行日巡制，每周进行两次船艇巡护，网箱豢养平台 24 h 巡护。开展长江江段联合

---

① 1 亩≈666.7 m²

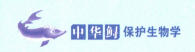

巡护，与地方渔政、航道、海事、公安、水利等部门联动每月开展联合巡护两次以上。

（5）强化科研合作，提升科学保护能力

深入推进网箱江豚繁育研究工作，与中国科学院水生生物研究所开展故道江豚声学、行为学、繁殖学等方面研究。通过搜集整理保护区江豚分布动态、鱼类资源、地理信息及水质变化等数据信息，建立保护区数据库，制定保护区江豚种群管理目标；积极与相关单位和组织合作。保护区先后同香港海洋公园、世界自然基金会、白鱀豚基金会、湖北省湿地办公室等开展交流合作，提升保护工作的影响力。

（6）强化执法监督管理，共护长江生态环境

与地方渔政联合开展长江禁渔期综合执法，2011～2017年年均清理回笼200多条、丝网160条，收缴电瓶捕鱼器12套，查获违法捕鱼案件6起，刑拘6人。与水利部门清理长江停靠码头的非法采砂船6艘，及时驱逐。保护区与社区加强联防联治，设立民警室，组建治安联防队，加强巡查，联合地方渔政、公安，针对违法违规行为打早打小，促进社区稳定和保护区和谐发展。保护区积极争取项目筹措资金，投入200多万元，购置巡逻艇4艘，巡护车辆1台，建立视频监控中心室1个，监控点25个，视频监控覆盖天鹅洲故道面积80%以上。

（7）强化项目支撑，推进快速发展

保护区先后争取国家发展和改革委员会湿地恢复项目资金1152万元，三峡补偿项目资金1168万元，合计2320万元。建设内容为基础设施、管护能力、植被恢复、宣传教育等。目前救护中心、综合楼、监测塔、巡护道路、巡护码头、水质监测、水电增容项目及设备等全部建成，对保护区管护能力、提升综合实力和水平、整体形象发挥了极大作用。

（8）强化科普宣传教育，贯彻法律法规

为了加强《中华人民共和国自然保护区管理条例》《中华人民共和国水生野生动物保护实施条例》等法律法规的贯彻落实，通过多种形式宣传。利用网箱豢养平台、标本展示室开展宣传，近年来发放编印宣传册2万余份，接待国内参观团体50余个，参观人员5万人次。

19.1.4　湖北长江新螺段白鱀豚国家级自然保护区的建设和管理

19.1.4.1　保护区的建设

1. 保护区建设历程

1985年10月，国务院环境保护委员会第二次会议提出了"有必要抓好白鱀豚自然保护区的规划和建设"的要求。在湖北省水产局和中国科学院水生生物研究所的共同努力下，经过反复调查研究，湖北省政府于1987年10月批准成立洪湖省级白鱀豚自然保护区，1992年4月，通过农业部组织的国家级自然保护区评审，并以农（计）字〔1992〕第22号文批准湖北长江新螺段白鱀豚国家级自然保护区项目建设的投资计划，1992年国务院以国办函〔1992〕166号文批准其晋升为湖北长江新螺段白鱀豚国家级自然保护区（图19.4）。

2. 保护区主要保护对象

保护区的主要保护对象为白鱀豚等国家Ⅰ级和长江江豚、中华鲟等国家Ⅱ级保护水生野生动物及其生境。

3. 保护区功能区划

保护区上起洪湖市螺山镇，下至洪湖市新滩镇，范围为29°37′14.59″N～30°13′6.93″N，113°17′19.14″E～114°6′37.69″E。保护区河流总长度为128.5 km，面积为413.87 km²。

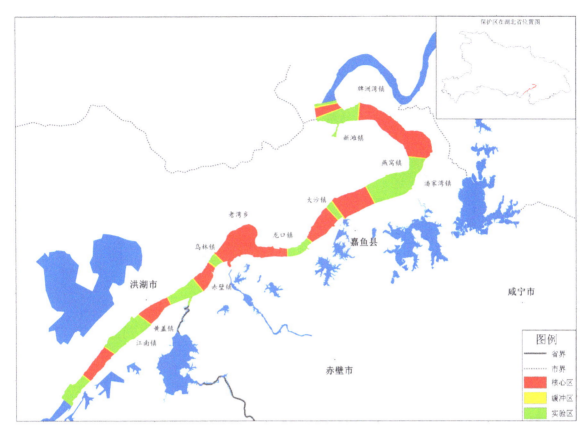

图 19.4 湖北长江新螺段白鱀豚国家级自然保护区功能区划图

保护区分为 8 个核心区、16 个缓冲区和 9 个实验区。8 个核心区从上而下依次为螺山核心区、南门洲核心区、腰口核心区、中州核心区、护县洲核心区、复兴州核心区、土地州核心区和团州核心区。核心区外围 200 m 为缓冲区,核心区和缓冲区以外的河段为实验区。核心区总面积为 236.60 km^2,总长度为 69.5 km;缓冲区总面积为 11.04 km^2,总长度为 4.4 km;实验区总面积为 166.23 km^2,总长度为 54.6 km。核心区、缓冲区、实验区占保护区总面积的比例分别为 57.17%、2.67% 和 40.16%

19.1.4.2 保护区的管理

1. 资源监测与调查

1)建立“两豚”监测站。根据“两豚”活动规律,先后建立了 6 个核心区监测站和 1 个流动站,这 7 个监测站既突出重点,又辐射全区。并聘请监测员认真做好《渔获物统计表》《长江豚类观测统计表》《珍稀水生野生动物救护统计表》的填报工作,保护区管理处监测科定期将各类表格进行汇总。近几年来,“两豚”监测员为管理处和科研部门提供了近千份有价值的原始观察记录,得到了有关部门的高度评价。2012 年,保护区还在每个季度分晴天和雨天进行长江新螺江段船舶流量统计。

2)摸清本底资源。1997 年、2012 年配合华中师范大学生命科学学院,2005 年配合湖北省渔业环境监测站进行了本底资源调查。2006 年,7 国专家开展了长江淡水豚考察活动,保护区管理处“中国渔政 42003”执法船全程参与考察,在保护区陆溪口江段发现本次考察的最大江豚群体 15 头。2012 年长江淡水豚类考察在保护区江段监测到长江江豚 19 头次,在南门洲江段发现的群体(6 头)为这次考察中发现的最大江豚群体。

3)常态化监测水质。2012 年,保护区管理处与湖北省水产科学研究所签订了《水质监测合同》,每年取 4 次水样进行监测。2012 年的监测数据表明,保护区水质依然符合国家 II 类水质标准。

2. 建立管护机制

1）完善联动执法机制。通过多年的长江渔政管理工作，保护区管理处已将公安、海事、航道等涉江部门纳入长江管理成员单位，每年组织涉区四县市渔政部门开展 2 次或 3 次联合执法。2012 年，组织涉区渔政、公安联合执法 4 次，查处电捕鱼船 4 艘，取缔迷魂阵 23 部。

2）建立救治救护奖励机制。凡是误捕中华鲟和胭脂鱼的渔民报保护区后，经鉴定放生后奖励 200 元 / 尾；凡是发现长江豚类的，视情况给予 1000 ～ 2000 元的奖励。据统计，1996 年至今，保护区管理处共救治救护长江江豚 3 头，野生成体中华鲟 3 尾、亚成体幼体中华鲟 579 尾，胭脂鱼 34 尾，保护区管理处共发放近十万元的奖励资金。

3）强化社区共建机制。2012 年，保护区管理处成员先后拜访荆州、咸宁两市的分管领导，与临湘市、赤壁市、洪湖市、嘉鱼县党政一把手进行了多次当面交流和沟通，获得了地方领导的理解和支持。同时，将涉保护区社区分为五大块，由 5 位成员分别带领两名工作人员各负责一块。5 位成员分别与各自负责的社区签订了《社区共建责任书》，并且不定期地与社区领导和群众座谈，进行标本、图片展览，在各大社区内已经形成"保护工作人人有责"的良好氛围。涉江工程有社区群众帮助监管；非法捕捞有社区渔民进行监督；救治救护野生动物全体群众共同参与。

4）实施学习培训机制。为提升保护区工作人员管护能力，保护区管理处制定了人员轮训机制，保护区管理处每年安排 5 ～ 6 人参加由农业部组织的渔政工作、豚类救治救护等各类培训班。2012 年，保护区还专门组织全体人员脱产学习法律法规和党规党纪一周。2012 年 6 月，保护区管理处聘请中国科学院水生生物研究所梅志刚博士进行了长江豚类知识讲座，参加人员包括保护区涉江工程的业主方和管理处工作人员。

3. 涉水工程监管

1）依法介入涉渔工程。2010 年 4 月，依法查处了手续不完善的湖北省重点项目咸宁核电码头工程，直到其完善所有环评手续，才准许其开工。2011 年 7 月叫停了岳阳港临湘区鸭栏长江货运码头工程，并上报农业部，农业部办公厅以农办渔函〔2011〕76 号文下达了处理意见。自 2008 年以来，保护区内所有涉江工程项目都纳入了农业部组织的专题环境评价，并严格按批准后的专题评价意见执行。

2）加强对涉江工程监管。保护区管理处对已完工的方圆船厂码头、葛洲坝水泥厂码头和在建的洪湖新港综合码头等工程进行不定期的巡查，并定期监测工程的水样、噪声，确保所有涉江工程在建设和运营过程中均未发生违规现象。2012 年上半年，岳阳港临湘区鸭栏长江货运码头工程有开工的迹象，保护区管理处"中国渔政 42003"执法船进驻该水域两个月，工作人员分为两班，24 h 轮流监控，严禁其开工。

3）严厉打击非法采砂行为。2010 ～ 2012 年，保护区管理处先后驱逐 3 批次采砂船队，共计采砂船 20 余艘；清理采砂管道 6 条。

4. 宣教工作

1）做到社区宣传"四个一"。2012 年，保护区管理处拿出近 100 万元，完成了社区宣传"四个一"。①一部宣传片。保护区管理处聘请湖北电视台专业人士制作了一部介绍保护区发展历程、宣传水生野生动物保护的专题宣传片。②一本宣传画册。画册内容主要以保护区开展水生野生动物保护工作情况为主。③宣传图片一条街。在洪湖市新滩工业园主干道两边电线杆上，制作了 36 块长 1.2 m、宽 0.6 m 的宣传图片。④宣传灯箱一条街。在洪湖市城区人流密集的文泉大道电线杆上，制作了 48 个有关水生野生动物保护知识的灯箱。

2）常年开展宣传工作。近几年来，保护区连年在沿江县市举办以"国宝就在家门前""保护长江水、拯救白鱀豚""洪湖环境文化园"等为主题的宣传活动。保护区还制作了"SOS，东方美人鱼"宣传片和"赤壁雄风在，白鱀逐浪高"纪录片，在电视台反复播放，并刻制成光盘赠送有关单位和个人。

19.2 产卵场保护

19.2.1 产卵场的现状

19.2.1.1 产卵场位置

1981 年葛洲坝水利枢纽工程截流后，葛洲坝至古老背长约 30 km 的江段内存在中华鲟的产卵场，其中葛洲坝至十里红长约 7 km 的江段为固定产卵场江段，其余江段在少数年份有零星产卵发生，1996 年以后不再利用。2004 ~ 2006 年开展的葛洲坝下游河势调整工程占据了部分中华鲟的产卵场，随后中华鲟的产卵场逐渐被压缩至葛洲坝大江电厂下游近坝处，有效产卵场面积仅约 0.1 km²。2008 ~ 2012 年及 2016 年的自然繁殖均在此发生（图 19.5）。

图 19.5 葛洲坝下产卵场卫星图

19.2.1.2 产卵场周边社会环境条件

产卵场周边为葛洲坝工程所在地及宜昌市区，人类活动密集。其中左岸为宜昌市西陵区，沿江分布沿江大道及滨江公园，车流量及人流量巨大。三江为船闸航道，往来船只密集，西坝为江中岛，在西坝上分布有中国长江三峡集团有限公司、宜昌达门船舶有限公司、民康药厂等企业及居民区。产卵场右边为大江船闸，右岸点军区紫阳村分布有机电、制药、塑料制品等企业及居民区（图 19.6）。

19.2.2 产卵场的受威胁因素

19.2.2.1 水文条件的改变

受上游梯级蓄水的影响，目前产卵场的水温较梯级运行之前发生了较大的改变，中华鲟适宜产卵水温出现的时间比以前推迟了大约 40 天，水位及流量在中华鲟繁殖季节波动较大，以 2016 年繁殖期为例，流量波动可达 8530 m³/s，水位波动可达 7.39 m。受葛洲坝 26 台发电机组交替运行的影响，产卵场的流场极不稳定，靠近发电机组运行的区域水流量增加，而发电机组停机的区域为缓流

图 19.6　产卵场江段沿岸城市

或回水区，且经常出现变动（图 19.7）。目前，产卵场水文条件的波动性增加了中华鲟自然繁殖的随机性。

19.2.2.2　航运

长江是我国的黄金水道。中华鲟产卵场正处于长江航道的关键节点葛洲坝船闸附近。葛洲坝船闸通航量巨大（图 19.8），1981～2013 年，累计通过货物近 10 亿 t，2014 年，葛洲坝船闸货物通过量突破 1 亿 t，随着长江经济带等战略的实施及长江黄金水道的建设，通过宜昌航道运输的物资将继续增长，预计近期（2020 年以前）过闸运量年均增长率为 6%～8%，中期（2020～2030 年）过闸运量年均增长率为 3%～5%，远期（2030～2050 年）年均增长率为 0.5%～1%。频繁的航运活动将给中华鲟的自然繁殖造成较大的影响，具体表现为船舶噪声影响中华鲟产前栖息及自然繁殖活动，螺旋桨击伤击死中华鲟的概率增加。

19.2.2.3　捕捞

中华鲟的产卵场位于长江湖北宜昌中华鲟省级自然保护区的核心区。根据《中华人民共和国自然保护区条例》，在保护区内禁止商业捕捞行为，但由于渔民转产涉及资金安排、社会稳定等众多客观因素，2018 年以前中华鲟产卵场内仍然存在商业捕捞行为，核心区内还有祖辈延续下来的专业渔船42 艘，专业渔民 100 余人。在产卵场右岸紫阳村河段长期停靠有渔船 20 余艘（图 19.9）。网具放置、渔船行驶等捕捞作业干扰中华鲟的自然繁殖活动，另外也增加了中华鲟亲本的误捕概率。为切实保护长江水生生物资源，修复水域生态环境，宜昌市政府决定自 2018 年 1 月起，率先在长江湖北宜昌中华鲟自然保护区实施全面禁捕。

19.2.3　保护措施建议

尽管 2013～2015 年在葛洲坝下产卵场没有中华鲟自然繁殖发生，但葛洲坝产卵场仍然是中华鲟

图 19.7　葛洲坝下水流状况

图 19.8　葛洲坝下航运

长期利用的繁殖场所，并且未来还将可能继续利用。为了保障中华鲟的产卵活动，需进一步加强宜昌葛洲坝下产卵场的保护。

1）加大产卵场的管护力度。具体措施包括产卵场内禁止船舶航行、禁止捕捞（包括垂钓）作业、禁止改造或占据产卵场底质条件的工程项目、减少水体污染、规范科研监测方法及调查网具数量等。

2）提升长江湖北宜昌中华鲟省级自然保护区为国家级。该保护区作为省级自然保护区，常常在协调地区经济发展过程中不断让步，保护效力有限，此外，该保护区相关的配套能力建设和管理制度均需要进一步加强，需要及时提升为国家级自然保护区，提高保护效果。

3）推进产卵场及邻近区域的全面休渔工作。加快推进长江湖北宜昌中华鲟省级自然保护区的休渔工作，通过降低中华鲟关键栖息地的捕捞压力，减小中华鲟误捕概率，保障中华鲟自然种群能够顺

图 19.9　葛洲坝下捕捞渔船

利完成产期栖息和自然繁殖过程，促进中华鲟自然种群的维持及增殖。

4）开展产卵场的修复及再造研究。通过现有产卵场或潜在产卵场的河床地形、河床质改良或修缮工程，改善现有中华鲟产卵场的流场、河床质等条件，扩大现有中华鲟自然产卵场繁殖容量，提高自然繁殖规模和效果；有条件地筛选合适江段进行中华鲟产卵场和产前栖息地的修复与改良。

5）开展葛洲坝水工设施布局优化调整研究。根据交通运输部和国务院三峡工程建设委员会办公室提出的"三峡航运新通道和葛洲坝航运扩能工程"，建议开展葛洲坝水工设施布局优化调整研究。分析关闭葛洲坝下 1 号船闸、移除葛洲坝下隔流堤以恢复中华鲟产卵场地形和河床底质的可行性。

6）开展三峡等梯级电站的生态调度研究。针对中华鲟自然繁殖的水温、流量、含沙量、透明度等环境需求，结合三峡等长江上游梯级水电站的运行方式，开展蓄水周期、下泄流量、下泄方式等优化调整的相关研究和试验，建立有助于恢复和促进中华鲟自然繁殖的生态调度方式。同时对葛洲坝 26 台水电机组在中华鲟繁殖期的运行方式进行优化调整研究，恢复葛洲坝下中华鲟产卵场的水文过程和流态，促进中华鲟自然繁殖的发生。

19.3　增殖放流及其效果

为了保护中华鲟这一物种，包括人工驯养、栖息地保护、增殖放流等多项措施开始实施。自从 1983 年长江水产研究所、湖北省水产局、宜昌市水产研究所等单位组成的中华鲟人工繁殖协作组取得了葛洲坝下中华鲟人工孵化的成功，此后不久便开始向长江增殖放流中华鲟鱼苗。据不完全统计，截至 2013 年，共向长江中下游放流各种规格的中华鲟超过 700 万尾。中华鲟的放流主要集中在宜昌、荆州和上海 3 个江段。放流时间一般集中在 4～6 月和 9～11 月。

19.3.1　历年的增殖放流情况

1. 1983～2001 年

中华鲟研究所和长江水产研究所共增殖放流各种规格中华鲟鱼苗约 601 万尾。均为 90 cm 以下幼体，其中 95.8% 的个体为 2.5～3.5 cm 的"水花"（危起伟，2003）（表 19.1）。

表 19.1 1983 ～ 2001 年中华鲟人工增殖放流情况

时间	规格（cm）	中华鲟研究所（尾）	长江水产研究所（尾）
1983 ～ 1998 年	50 ～ 87	443	100
	10 ～ 15	62 500	26 500
	2.5 ～ 3.5	4 260 000	1 496 000
1999 ～ 2001 年	50 ～ 90	0	300
	10 ～ 15	150 000	15 000
合计		4 472 943	1 537 900

　　为研究中华鲟的放流效果及幼鲟的迁移规律，从 1998 年开始，长江水产研究所对人工放流的部分中华鲟幼鲟采用数码线形标记（coded wire tag，CWT）和外挂银制标志牌的方法进行双重标记放流和回捕试验。进行标记放流试验所采用的幼鲟与放流的其他幼鲟来源相同，标记时随机选择进行。标志鱼的规格主要有两种：一种是培育约 2 个月的幼鲟，一般全长达 10 ～ 15 cm、体重 5 ～ 10 g 者居多；另一种是前 1 年人工繁殖，经大约 14 个月养殖的大规格幼鲟，从人工养殖群体中随机标记，一般以全长 70 ～ 80 cm、体重 1500 ～ 2000 g 者居多（危起伟，2003）（表 19.2）。

表 19.2 标记放流中华鲟幼鲟性状

年份	2 月龄			14 月龄		
	全长（cm）	体长（cm）	体重（g）	全长（cm）	体长（cm）	体重（g）
1998	14.5 (11.8 ～ 17.0)	11.5 (9.5 ～ 13.5)	8.7	78.0 (59.0 ～ 90.0)	62.3 (47.0 ～ 73.0)	1854.6 (650 ～ 3100)
1999	11.0 (7.9 ～ 12.9)	8.5 (7.2 ～ 9.5)	6.4 (2.3 ～ 9.7)	71.8 (68.0 ～ 87.0)	58.1 (48.0 ～ 71.0)	1362.0 (900 ～ 2450)
2000	12.9 (10.7 ～ 14.9)	9.6 (7.5 ～ 11.0)	8.7 (4.9 ～ 12.3)	86.2 (73.0 ～ 98.0)	69.5 (61.0 ～ 81.0)	3336.0 (2150.0 ～ 4500.0)
2001	11.1 (7.5 ～ 14.5)	8.3 (7.0 ～ 11.0)	5.1 (1.9 ～ 10.2)	63.5 (55.0 ～ 70.0)	50.6 (44.0 ～ 57.0)	1118.6 (720.0 ～ 1410.0)

注：括号外为平均值，括号内为范围

2. 2002 ～ 2009 年

　　2002 ～ 2009 年，在宜昌、荆州、上海等地举办了多次放流活动，较 2000 年以前每年的放流数量大幅减少，但放流规格有了很大的提高。累计放流中华鲟近 90 万尾（表 19.3）。

表 19.3 2002 ～ 2009 年中华鲟人工增殖放流情况

年份	时间	放流江段	数量（尾）	规格	标志
2002	1 月 8 日	荆州	50 100	5 000 尾平均全长 11.1 cm；100 尾平均全长 63.5 cm	
2004	1 月 7 日	宜昌	41 200	平均体长 13 ～ 15 cm、体重 9 ～ 13 g	
2005	4 月 28 日	宜昌	10 202		
2005	6 月 1 日	荆州	47 000	40 000 尾体长 30 ～ 50 cm；7 000 尾体长 50 ～ 80 cm	CWT/ 锚标
2005	9 月 19 日	上海	1 512		挂牌 /CWT
2006	5 月 20 日	荆州	66 000	60 000 尾体长 30 ～ 50 cm；6 000 尾体长 50 ～ 80 cm	PIT/CWT/ 锚标
2006	春季	宜昌	60 000	全长 30 cm 以上	
2006	8 月 6 日	上海	3 349		
2007	4 月 22 日	荆州	51 012	50 000 尾全长 25 ～ 45 cm；1 000 尾全长 65 ～ 85 cm；12 尾 50 kg 以上	PIT/CWT/ 锚标 / 声呐
2007	4 月 22 日	宜昌	65 000	体长 30 cm 以上	
2007	4 月 22 日	上海	2 006	2 000 尾 1 龄幼鱼；6 尾平均全长约 1.3 m	
2008	4 月 22 日	荆州	52 800	52 000 尾全长 25 ～ 45 cm；800 尾全长 65 ～ 85 cm	PIT/CWT/ 锚标
2008	4 月 22 日	宜昌	68 000	体长 20 ～ 36 cm	
2009	3 月 6 日	荆州	161 200	全长 12 ～ 20 cm	CWT

中华鲟保护生物学

续表

年份	时间	放流江段	数量（尾）	规格	标志
2009	3月12日	宜昌	120 000	平均体长16 cm	
2009	4月26日	武汉	10 020	全长30 cm左右	
2009	6月21日	荆州	63 600	60 000尾全长25~50 cm；3 600尾全长65~85 cm	CWT/PIT
2009	6月30日	宜昌	70 000		
2009	10月30日	荆州	200	全长60~80 cm	PIT/锚标

3. 2010~2018年

2010~2018年，在宜昌、荆州、上海等地举办了多次放流活动，累计放流中华鲟近10万尾（表19.4）。

表19.4　2010~2018年中华鲟人工增殖放流情况

年份	时间	江段	数量（尾）	规格	标志
2010	6月22日	宜昌	1 006	平均体重5 kg	PIT
2010	7月	荆州	1 800		PIT/锚标
2011	4月15日	宜昌	1 092	其中300尾体重大于13 kg	PIT
2011	4月	宜昌	512		PIT/锚标/超声波
2011	6月16日	上海	42	平均全长1.5 m	PAT/PIT
2011	9月19日	宜昌	10		
2011	11月	荆州	860		
2012	4月8日	宜昌	1 066	其中200尾体重大于20 kg	
2012	6月29日	荆州	1 460	平均全长125 cm	PIT/锚标
2013	4月17日	宜昌	8 000	全长20~200 cm	PIT
2013	4月23日	宜昌	500		
2013	6月1日	荆州	10 000		
2013	12月8日	上海	129		
2014	6月10日	荆州	400	全长120~200 cm	PIT/锚标
2015	6月9日	宜昌	40	平均全长160cm	PIT/锚标
2016	12月24日	荆州	55 072	全长30~40 cm的5 692尾，规格10~20 cm的49 380尾	CWT/PIT
2017	3月2日	汉口	1010	平均全长184 cm的10尾，全长平均35 cm的1000尾	PIT/锚标/超声波
2017	4月9日	万州	122	平均全长180 cm的12尾，平均全长86 cm的10尾，平均全长40 cm的100尾	PIT/锚标/超声波
2017	12月19日	宜昌	305	平均全长72 cm	PIT/锚标
2018	4月21日	汉口	50	平均全长79 cm	PIT
2018	5月29日	汉口	183	平均全长35 cm的108尾，平均全长78 cm的75尾	PIT/锚标
2018	6月29日	宜昌	505	平均全长48 cm	PIT

19.3.2　增殖放流效果

我国早期人工放流的中华鲟，由于技术和条件的限制，基本没有标记。1996~1998年，常剑波（1999）曾采用茜素络合物浸泡的方法标志了放流的部分中华鲟稚鲟，但规模相对较小。1998年，长江水产研究所引进了一套数码线形标记（CWT）系统，同时还设计制作了适于外挂标志的标志牌，建立了适于不同规格和研究目的的中华鲟稚鲟和幼鲟标志技术。

每年标志放流后，通过定点采集和动态的方式回收标志鱼样本或数据。1998～2002年共回收稚鲟样本6400尾，从中检测发现带CWT标志的稚鲟有13尾；回收携带外挂标志的幼鲟13尾。根据标志放流稚鲟和幼鲟的回收数据，对人工放流中华鲟稚鲟、幼鲟的洄游特性及中华鲟人工增殖放流的效果进行了初步的分析。

人工放流的中华鲟稚鲟与自然繁殖群体有相似的洄游习性。在回收长江口的稚鲟样本中发现了13尾携带CWT标志的个体，已初步证实放流体长10 cm左右的稚鲟对中华鲟幼鲟资源有一定的补充作用。而从这些个体在长江口出现的日期来看，放流个体的洄游时间也与自然繁殖群体没有明显差异。

人工放流稚鲟和幼鲟的降河洄游速度有较大的差异。根据2000年的数据，2月龄稚鲟到达溆浦江段的时间是5～7月，其洄游速度为8.5～11.3 km/d，平均为9.8 km/d。而14月龄幼鲟的洄游速度为7.1～100.2 km/d，平均为28.6 km/d，有8尾达到20 km/d以上，其中一尾编号为No.181的幼鲟，13天洄游1302 km，降河速度达到100.2 km/d。在回收的13尾标记幼鲟中，回捕时距离放流地点最近者346 km，最远者2459 km，平均1600 km。

人工放流的中华鲟稚鲟的降河洄游过程也存在一些新的变化。例如，近几年的春季，洞庭湖区及湖北省长江故道水域常可发现一些体长超过10 cm的中华鲟稚鲟，这在以前较少见。葛洲坝截流后，由于距离缩短、同期江水水温较人工环境水温低，以及自然环境饵料生物的相对缺乏，到达荆江江段的自然繁殖中华鲟体长一般小于10 cm，而近几年实施放流的时间一般是每年的12月下旬或1月上旬，放流时稚鲟的体长多为10 cm以上，因此可推测这些稚鲟应属于人工放流的个体。出现这种现象有几种可能原因：一是稚鲟的种质资源量上升，种群数量增加，其分布水域范围扩大，发现机会增多，这需要更多的证据来证实；二是由于放流的稚鲟已经具备了一定的主动活动能力、觅食等行为，其可在这些水域停留。是否存在部分放流稚鲟在长江水域滞留的现象，还需要进一步深入研究，这对于中华鲟幼鲟资源的保护提出了新的要求。而放流的14月龄幼鲟表现出较明显的急切降海洄游趋向，而且放流的规格越大，其降河洄游速度越快，如2000年放流的14月龄幼鲟，放流的平均规格较前两年大，其降海洄游速度均较快，在较短的时间内即进入海区生活，这是否与中华鲟的海淡水洄游习性有关尚需要进一步研究。

稚鲟放流后，在长江常熟溆浦和长江口采集的稚鲟样本中，2000年和2001年发现携带CWT标志的个体所占比例分别为0.475%和0.205%，根据标志个体占放流总数的比例推算，人工放流个体在自然种群的贡献率分别为2.281%和0.997%。2002年由于春季禁渔，仅采样347尾，降低了获得标志个体的概率。这些结果初步说明，人工放流3～10 g的中华鲟稚鲟，可以对中华鲟资源起到一定的补充作用，但在目前情况下，自然繁殖的中华鲟仍是补充自然种群资源的主要来源。

目前，无法准确统计到所有水域（主要是海区）相近规格幼鲟的总误捕数据，因此，人工放流幼鲟在自然种群中的总贡献率尚无法计算。从标志放流14月龄中华鲟幼鲟回捕个体数占标志放流幼鲟总数的3.25%，2月龄稚鲟回捕个体数仅占标志放流稚鲟总数的0.017%，以及渔政部门对误捕幼鲟的粗略统计推断，放流14月龄幼鲟较2月龄稚鲟成活率高是毫无疑问的。

20 迁地保护

迁地保护是濒危物种保护的一种重要方式。为达到迁地保护的目的，实现该物种在迁地保护下的驯养、繁殖便成为该物种迁地保护能否成功的关键（杨德国等，2006）。30 多年来，长江水产研究所围绕不同养殖模式的中华鲟驯养和繁殖技术、医疗和保健措施、水质和设施管理、产后康复、救助、科学管理等进行了研究，取得了一系列成果，为中华鲟驯养、繁殖奠定了科学和技术基础。

20.1　中华鲟的应急救护

中华鲟应急救护网络的建设主要是围绕"点-线-面"相结合的技术路线。其中"点"是快速反应网络体系的根基，主要包括沿江救护站点和渔民。其主要功能是误捕信息的收集反馈及误捕中华鲟的现场及时处理，是中华鲟救护最重要的环节。"点"的建设主要通过基层渔政人员培训指导和渔民的宣传教育实现。应急救护网络体系中"线"主要是信息快速传递网络，包括"渔民—地方渔政—省渔政—关键技术人员""沿江站点—地方渔政—省渔政—关键技术人员"等信息传递线路，其中关键技术人员获得信息的速度是反映整个快速反应网络信息传递效果的关键指标。

中华鲟应急救护网络的运行主要是确保沿江救护站点的信息收集与反馈及救护站点的日常维护。沿江救护站点日常负责应急救护器材和药品的保管，在收到误捕信息后及时反馈并立即携带救护器材和药品赶赴现场，对误捕中华鲟作初步救治、暂养，等待专业技术人员到来（图 20.1，图 20.2）。

图 20.1　被渔民误捕的中华鲟

图 20.2　白鲟科考艇船舱救护的中华鲟

20.1.1　应急救护设备及药品

陆上运输救护平台为中华鲟专用救护车，配置有大型一体化密封式活鱼运输箱、维生系统和水环境监测系统。其中活鱼运输箱长 4.5 m、宽 3 m、高 3 m，配置有液氧系统、造流系统，可以实现全长 4 m、体重 500 kg 左右的中华鲟运输，确保运输期 48 h 内中华鲟健康成活。

水上运输救护平台为白鲟科考艇（图 20.2），2006 年 3 月建造购置，总长 19 m，279 hp×2 柴油双发动机，船速约 40 km/h。设有 11 座会议室一间（有空调和电视），有活鱼暂养水箱、维生系统（长江水产研究所设计）、吊车，并配备有担架（长江水产研究所设计制作）、测深仪、全球定位系统、雷达等。配备 3 名船员、两名船长和一名轮机长。活鱼运输箱长 3.5 m、宽 1.6 m、高 0.8 m，配置有液氧和水流营造系统，可实现连续运输作业。

沿江固定站点配备的应急救护设备主要有：不同规格护套、调运担架、帆布水箱及支架等（图 20.3 ～图 20.5）。

沿江固定站点配备的应急救护器材主要有：缝合弧形针、医用缝合线、剪刀、手术刀、手术钳、注射器、解剖刀（剪）、针头等（图 20.6）。

图 20.3　帆布水箱

图 20.4　担架

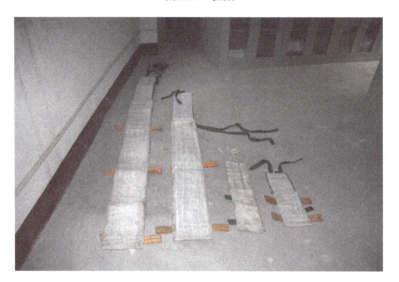

图 20.5　护套

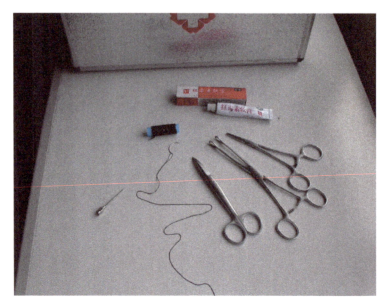

图 20.6　手术工具

沿江固定站点配备的应急救护药品主要有：鱼类麻醉剂 MS-222、Jungle Hypno（加拿大）等。消炎杀菌药：红霉素软膏、云南白药、硫酸庆大霉素、Baytril（德国）、Catosal（德国）、氨苄西林钠等。还有能量补充剂 ATP、辅酶 A、生理盐水、维生素 C、维生素 B_{12}，以及水质改良剂等（图 20.7）。

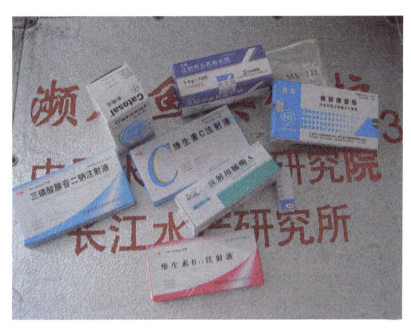

图 20.7　救护用药品

20.1.2　应急救护设备及药品的使用方法

帆布水箱：主要用于鱼的暂养。由于误捕渔船附近往往没有适合用于暂养的地方，常采用拴养的方式拴于江边或放入船体网箱中，鱼体挣扎及碰撞很容易使鱼受伤，有了帆布木箱，可以将误捕鱼及时转移到柔软的帆布水箱中，帆布水箱有排水口，可以保证水体的循环。另外，中华鲟运输专用车船不能到达或尚未到达误捕地点时，帆布水箱可以起运输箱的作用。

护套：小规格护套主要用于误捕鱼尾部的拴养，防止绳索对鱼体的伤害。大规格护套主要用于固定鱼体胸部，因为从水中将鱼转运到帆布水箱或从帆布水箱中转移出时需要固定鱼体，而护套的作用就是便于固定鱼体、增加着力点而不伤害鱼体。护套在不便使用担架的时候有重要的作用。

担架：搬运、调运鱼体时使用。

对中华鲟的救护一般采用麻醉、伤口缝合、内外药剂综合处理等。中华鲟康复剂一般是多种药物的配合：Baytril+Catosal+ 鱼蚌康复剂 +ATP+ 辅酶 A+ 维生素 C 等，依据鱼体状态适当调整剂量。Baytril 和 Catosal 由德国 Bayer 药厂生产，前者为抗菌剂，有效成分为恩诺沙星，后者为代谢刺激剂，主要有效成分为 1-(n- 丁氨基)-1- 甲基乙基磷酸和维生素 B_{12}。硫酸庆大霉素、氨苄西林钠、维生素 C 等也主要起消炎、杀菌、抗病毒的作用。红霉素软膏、云南白药为鱼体外伤的常用药，为了使其发挥好的作用，常用少量凡士林将两者混合涂抹在外伤伤口处。ATP、辅酶 A 及生理盐水等为鱼体康复、补充体能的补充剂。

20.1.3　中华鲟救护的一般步骤

①中华鲟被误捕后，沿江救护站点迅速反馈信息，及时准备救护设备赶赴现场进行必要处理。②接到中华鲟误捕信息后，迅速调集专业技术人员，携带必备的器具和药品及时赶赴现场。迅速调配

车船赶往误捕现场。③根据中华鲟应急反应情况，决定是否采取抗应激处理。若中华鲟运动剧烈、腹部充气、鳍条发红，应分别采取麻醉、人工辅助排气或注射抗应激针剂等措施。④检查中华鲟全身的外伤情况，若发现较大外伤，应立即进行外科缝合手术，对于小外伤，应涂抹龙胆紫或红霉素软膏。⑤经初步处理后的中华鲟应快速转移至中华鲟专用生态养殖池。⑥蓄养观察，中华鲟刚进池时应连续3 h观察中华鲟的活动情况，如身体是否侧卧或仰卧等，是否不定期跃出水面，呼吸频率的变化情况，游动水层及速度等，发现不正常情况及时处理。连续监测中华鲟蓄养池的水质变化情况，重点监测水温、溶氧、pH等，根据中华鲟的康复情况，继续定期进行护理，如内外伤的消炎处理、能量补充等，待中华鲟基本康复后，开始进行中华鲟人工条件下的摄食训练。

20.2 中华鲟的水族馆保育

水族馆拥有先进的硬件设施和丰富的养殖经验，具有大型可控循环水体养殖的基础。随着野生动物保护理念的提升，现代意义的水族馆已成为集收集、研究、饲养、展示和保护于一体的机构，成为濒危物种迁地保护的基地。长江水产研究所与北京海洋馆合作，于2005年开始采用大型循环池体进行中华鲟驯养试验，开启了国内大型循环水体驯养成体中华鲟的历史，至今已饲养14年。中华鲟驯养池的水体达1400 m³，配备了先进的维生设备，可以实时监测水质，规格为20.0 m（长）×3.0 m（高）的展示观察窗可实现近距离观察中华鲟的行为。14年来，采用本驯养池先后驯养成活子一代中华鲟近400尾，其中，1997年和1998年生的10尾雌性中华鲟全部达性成熟，一尾2001年生子一代产后康复雌性个体，于2016年（与初次繁殖相隔3年）性腺再次发育。10尾在此康复的野生成体中华鲟多次性腺再次发育，其中2尾产后康复成功的野生雌性中华鲟被放归长江。

20.2.1 运输维护

20.2.1.1 捕捞

对于驯养于大型水体的中大型个体，可采用潜水员水下捕捞的方法。对于体长小于1.5 m的个体，潜水员可直接使用渔网捕捞。潜水员接近目标个体，直接用渔网罩住中华鲟头部，然后将渔网口收紧，将中华鲟头部及躯体前部紧密控制在渔网内，潜水员执渔网带动中华鲟游往目的地。渔网要求网目适中，一般20～40目，以潜水员水下捕捞操作时不因网目过密阻力大影响操作或者网眼过大造成中华鲟外伤为原则。

对于体长超过1.5 m的中华鲟，一般潜水员使用担架进行诱导捕捞。如图20.8所示，担架前端设排水孔，前后缘打孔可结扎绳索，担架杆上设吊环，吊挂绳索后可悬挂于升降机吊钩上。捕捞前将担架铺放于驯养池体的底部，扎紧前端绳索，使担架前端密闭。将担架前端通过快扣固定于池体底部，避免因中华鲟挣扎使担架位置变动大而影响起吊，也避免了中华鲟因带动担架挣扎而体力消耗过大。确认担架固定牢固及内部无异物后，1名潜水员将待捕个体诱导至担架内，使其静止停留在担架上，另外2名闭合担架人员迅速闭合担架，将担架后端绳索快速扎紧，避免中华鲟游出。待中华鲟少许挣扎停止后，解开固定于池底的环扣，将吊机吊钩挂于担架杆上的吊环上，通知陆上升降机控制人员，将中华鲟吊出养殖池。采用水下担架捕捞，中华鲟捕捞应激小，可避免中华鲟在捕捞过程中受伤，提高了捕捞安全性。

20.2.1.2 运输

仔鱼由于腹部容易擦破，运输宜用尼龙袋或光滑的水桶装贮。幼鱼还可采用帆布鱼篓运输。长

图 20.8 大型驯养池水下捕捞中华鲟的担架

图示担架布参数：材质为帆布，规格为 3.75 m（长）×2 m（宽），前端抗撕扯能力≥1 t，关键部位承重能力≥2 t

途运输多采用帆布鱼篓和尼龙袋充氧，可使用飞机、火车、汽车等多种运载工具。短途少量运输可使用内壁光滑的水桶，采用汽车作为运载工具，运输途中根据情况及时换水。

亚成鱼及成鱼运输采用大型活鱼箱运输较为适宜。长江水产研究所为长途运输成体中华鲟，特定制专用活鱼运输箱。首次运输野生成体中华鲟使用的箱体规格为 4.8 m（长）×2.0 m（宽）×0.9 m（高）；箱体框架用国际槽钢、角钢制作，箱体四周为双层结构，内壁采用 3.5 mm 厚不锈钢板材，外覆 60 mm 厚泡沫板，箱体外壁用 3.0 mm 厚不锈钢板材密封成型。箱体顶部中部位置设进、出鱼口，规格 4.0 m（长）×1.4 m（宽），进、出鱼口共设 3 块门，可密封。第一块门（靠箱体前部）上设 400 mm×400 mm 规格观察窗，便于沿途观察中华鲟活动情况。箱体前部预留纯氧供气管、溶氧仪探头等设备出入口 4 个。箱体底部设 3 个排水阀门（直径为 50 mm）。

通过在箱体底部垫橡胶垫、用螺栓将箱体与运输车辆固定达到减震效果；通过活鱼箱的密封，使活鱼箱的水位始终处于满罐状态，可减轻箱内水体因车辆加速、减速涌动而使中华鲟受到冲击。另外，箱体内壁采用不锈钢使其保持光滑，在箱体内壁四周铺设 100 mm 厚的海绵层，共同防止运输时中华鲟头部与箱体的撞击和内壁对鱼体的擦伤。

采用纯氧供养方式，配备 chart200Ml 液氧罐及气化装置一套，满罐时可保证连续供气 36 h。液氧经气化装置气化后经过减压阀减压，由输氧管输送至分布于箱体底部四周的微囊气泡石后溶入水体，增氧效果明显。另外配备氧气瓶 2～3 个作为备用纯氧气源，便于出现危急情况时使用。配备 YSI500 型溶氧仪实时监测活鱼箱水体溶氧情况。另外，准备记录本、下水裤、雨伞、手电筒、普通急救药品、备用手提测氧仪、温度计等。

20.2.1.3　护理

运输途中护理人员密切观察中华鲟的行为。操作细则如下。

1）所有操作必须小心谨慎，计划周详。

2）运输途中每 3 h 停车检查 1 次，检查内容包括鱼情况（鱼体位状况、呼吸频率变化情况、行为状况等）和设备运行情况（水温、水色及浑浊度、溶氧及供气情况、减压阀压力、箱体、水位等）。

3）运输途中换水 1 次，使用预演时确定的水源。

4）使用溶氧仪实时监测活鱼箱内溶氧量。

5）详细记录运输过程。

制定应急预案，以备出现紧急情况。

1）公路事故或交通堵塞：尽早寻求当地渔政、公安、交警部门的帮助，开通绿色通道。

2）途中观察中华鲟出现体位不正常、呼吸紊乱等现象：注射腺苷三磷酸（ATP）高能合剂和 Catosal 镇静剂。

3）液氧系统工作不正常：马上更换备用纯氧，检修并排除故障。

4）车辆故障：起运前运输车进行全面检修，确保全程安全无故障，如果出现小故障，司机可进行快速检修；中故障，在交警配合下利用随行小车就近购买配件或接当地汽车维修人员进行抢修；大故障，在交警配合下，约请一辆 20 t 大吊车和一辆车厢 7.4 m 长的运输车，将特制运输箱和中华鲟一起吊装转移，快速安装好充氧设备和实时监测设备，然后继续行进。

5）到达目的地后中华鲟复苏缓慢或复苏后行为不正常：需 2～3 名潜水员下水人工助游，促进其机能尽快恢复。如果中华鲟复苏后体力不支导致侧卧或仰卧，潜水员及时恢复其体位，水下护理直至中华鲟能正常游动。

20.2.2　亲和训练

中华鲟引入人工可控环境后，多会对新环境产生应激反应。另外，对于伤、病等需要救治的野生中华鲟及个体较大的成体、亚成体中华鲟，人工养殖方式多存在以下不利因素。

1）用于养殖亚成体、成体中华鲟的池体规格大，采用直接投洒方式给饵容易引起中华鲟摄食不均或者一次性投料过多造成水质污染，对中华鲟健康生长隐患大。

2）人工环境救治的野生个体多数情况下不会主动摄食，采用陆上直接投洒饵料的方式也不能训练其主动摄食，容易延误救治时机。

3）不能对即将性成熟个体开展促进性腺发育的针对性投饵，难以推进饵料技术实施。

4）对于定期进行捕捞体检的中华鲟，如果直接捕捞，容易引起中华鲟较强的应激反应，引起中华鲟血液值波动，干扰健康判断准确性。

5）对于新迁入的救治个体，需要通过捕捞进行检查及治疗，技术实施容易引起中华鲟应激反应，不利于其康复，易致疾病加重。

6）适应性差的新迁入个体由于长期不能适应新环境容易引发疾病。

建立对中华鲟应激小的水下技术开展救助、护理，帮助中华鲟快速适应新环境，有助于提高驯养成活率。中华鲟成体及亚成体对其他不具攻击性鱼类躲避少，应激小（这可能与其体形大，属于食物链顶端生物有关），在大型养殖水体中多在一定水层范围内水平游动，在 21～25℃养殖条件下，中华鲟的正常游泳速度多为 0.2～0.6 m/s，与潜水员水下正常行进速度相仿，这为建立潜水员水下训练技术提供了可能性。另外，中华鲟视觉能力弱，主要以侧线确定邻近生物运动速度和方向，感受还没有触及鱼体的任何物体的位置，侧线包括躯干部侧线和头部侧线。触觉感受器主要分布在口部和唇部，痛觉点主要在头部，身体其余部位较少。根据对中华鲟感受器生理和行为特点的分析，建立了潜水员贴近伴游、接触躯体、按压头部及吻端的一套水下亲和训练方法，降低了中华鲟对潜水员的应激反应，使其可与潜水员亲密接触，为潜水员进一步开展水下喂食、捕捞训练和水下护理、救治操作奠定了基础。训练方法总结如下。

a. 为要实施训练的中华鲟编号。

b. 中华鲟应激行为程度的判定：对进入养殖池 3 天或者需要开展亲和训练的已有中华鲟，潜水员于水下逐渐靠近，以距离目标鱼尾部 1～2 m 处为干扰源和观察点，通过观察行为反应进行初期应激行为程度判定。对每尾鱼评价 3～5 次，以平均行为表现记录行为评价结果。

应激行为程度判定指标：强——目标鱼泳速增速 ≥ 1 倍，游泳方向快速改变或不变，游离距离 ≥ 3 倍体长；中——目标鱼泳速增速为 0.5～1 倍，游泳方向改变或不变，游离距离为 1～3 倍体长；弱——目标鱼泳速增速 ≤ 0.5 倍，游泳方向略有改变，慢速改变或不变，游离距离 ≤ 1 倍体长。

c. 目标鱼的亲和训练：每天固定时间，在 30 min 内完成对目标鱼的亲和训练。

（a）近距离伴随游动训练：初次设定的潜水员伴游距离以目标鱼应激反应弱时的距离为基准，逐渐缩小距离，当目标鱼应激反应加强时加大伴游距离，待目标鱼行为稳定后重新开始。每次训练 5～10 min，每天连续训练 3～5 次。此阶段训练目标为潜水员可靠近目标鱼身边（潜水员距离目标鱼侧面 ≤ 50 cm），以接近目标鱼的泳速共同游动，而目标鱼应激反应弱。

（b）体躯接触训练：依次对目标鱼开展体躯的背部、腹部接触训练。贴近中华鲟伴游，采用单手触摸体表，按触摸面积从少到多、触摸延时从短到长的原则开展。先触摸背部中部，待中华鲟应激反应弱时，增加触摸延时和背部触摸面积。目标鱼对背部触摸应激反应弱后，开始腹部触摸训练。潜水员调整游姿，以略低于鱼体侧面贴近游动，采用单手从腹部中部开始，待中华鲟应激反应弱时，增加腹部触摸面积和触摸延时，至目标鱼应激反应弱。训练过程中如果目标鱼应激反应加强，则暂停接触，保持贴近伴游，待目标鱼应激反应弱时重复接触训练。每次训练持续 5～10 min，每天训练 3～5 次。以潜水员贴近伴游，采用单手对目标鱼触摸躯体（背部、腹部）时，目标鱼应激反应弱表示体躯亲和训练的结束。

（c）头部、吻端按压训练：目标鱼躯体接触应激反应弱后，对其开始头部、吻端按压训练。潜水员在目标鱼侧面以相同泳速游动。对目标鱼重复躯体触摸，待目标鱼应激反应弱后，进入按压头部训练。以按压头背部、侧面为刺激源，从头背面后部向嗅窝及侧面按压，待目标鱼应激反应弱时按压头侧面陷器较集中的部位至目标鱼应激反应弱。继续吻端按压训练：潜水员先将手掌按在目标鱼吻端，侧身与目标鱼共游，逐渐延长按压共游时间至 10～30 s，至目标鱼应激反应弱。训练过程中如果目标鱼应激反应加强，则停止按压，待其稳定后保持贴近伴游，目标鱼应激反应弱时重复按压训练。每次训练 3～5 min，每天训练 2～3 次。

中华鲟亲和行为稳定后，采用周期 ≥ 1 次 /（1～2 周），每次 2～5 min，以步骤（b）、步骤（c）重复训练，巩固训练效果。

通过亲和训练，中华鲟对潜水员及环境的应激反应明显降低，降低了摄食训练的难度。

20.2.3 摄食训练

初引入人工环境的中华鲟，主动摄食是非常重要的一关。可采用陆上撒食、潜水员水下投喂和灌食促进主动摄食方式喂食。撒食不宜准确控制中华鲟食量，因此，在大型池体驯养中华鲟，可先采用潜水员水下直接投递饵料的方法喂食（刘鉴毅等，2006a，2006b）。喂食方法如下：潜水员在中华鲟游动路线的固定位置等候，待其游至身边，将饵料放于中华鲟嘴边，或者将饵料轻微塞入中华鲟口内。刚开始训练时，每天潜水员水下训练一次，以投递 3～5 次较好。随着训练时间延长，可逐步增加投递饵料的次数。待中华鲟习惯投喂可以摄食饵料后，就要定量给食，以每天给 200 g 为宜，以后逐渐增加食量。如果中华鲟 1 周以后还不开食，就要采取强迫进食的方法（张晓雁等，2007）。潜水员通过长 90 cm、直径 1 cm 稍有弧度的硬塑料管（图 20.9）将套在顶端的天然饵料（小管枪乌贼 *Loligo oshimai*）送入中华鲟口内，随着中华鲟吞咽，待塑料管深入食道中、下段后迅速抽出，这样中华鲟会自动吞咽饵料。同时，可根据情况将必要的药物和食物放入小管枪乌贼体内（图 20.10），使中华鲟一并摄入。多数中华鲟经过 20 天左右的灌食就可主动摄食潜水员直接投递的饵料（表 20.1）。

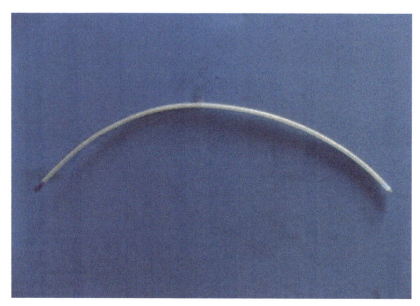

图 20.9　灌食的塑料管

图 20.10　塞入虾肉和维生素的小管枪乌贼

表 20.1　野生成体中华鲟灌食促进主动摄食的时间

编号	灌食训练时间（天）
1#	21
2#	21
3#	300
4#	19

　　对中华鲟摄食行为认真观察和记录，分析行为变化的规律，有助于摄食训练顺利开展，促进中华鲟尽早开食，恢复健康。摄食行为观察项目包括：潜水员潜入水底喂食前后中华鲟的游泳区域、游泳水层、游泳平稳性、摄食积极性、吞咽饵料行为过程、摄食量等。各项目的计算方法如下（张晓雁等，2015）。

　　游泳区域：中华鲟在观察时段内经常游动的区域。可对池体区域进行划分，顺序标记，如记为1～6，3～4为中华鲟的日常水下投食区；从池底向池水表面垂直划分水层，如分为4个水层，

1.1 m/ 层，从水体底部向表面顺序记为底层、下层、中层、上层（接近水体表面记为表层）。在池内外设置区域和水层划分记号。

游泳平稳性：通过观察中华鲟游动时躯体左右摇摆程度及上浮和下潜的平稳性确定。平稳性好——游动时身体平稳，可自如下潜或上浮；平稳性较好——游动时身体左右摆动，但不明显，可自如下潜或上浮；平稳性较差——游动时身体左右摆动较明显，下潜或上浮时不仅尾部摆动幅度明显加大，身体左右摆动也较明显；平稳性差——游动时身体左右摆动明显，下潜或上浮时尾部摆动幅度大，且下潜或上浮困难。

摄食积极性：以潜水员投递饵料时口的伸展程度表示。强——口完全伸展，伸展长度 ≥ 10 cm；较强——口伸展长度为 5～10 cm；较弱——口伸展长度 ≤ 5 cm；弱——口不主动伸展。

吞咽饵料过程：观察吞咽行为，以及每次喂食时中华鲟吞吐和吞咽饵料的平均用时。

摄食量：记录中华鲟每次所摄食种类和摄食量。

20.2.4 食性和食量

根据以往的研究，人工繁育的中华鲟可摄食人工合成饲料和天然饵料，而驯养的野生中华鲟对饵料表现出不同的选择性（张晓雁等，2015；刘鉴毅等，2006a）。野生中华鲟倾向于选择鲜活的饵料鱼，不喜食死亡和冷冻的饵料鱼。对不同的活饵料也有明显的选食差别。喜食程度：牙鲆（*Paralichthys orivaceus*）、鲫（*Carassius auratus*）和鲤（*Cyprinus carpio*）＞大泷六线鱼（*Hexagrammos otakii*）、青石斑鱼（*Epinephelus awoara*）＞黄鳝（*Monopterus albus*）、南美白对虾（*Penaeus vannamei*）、长吻鮠（*Leiocassis longirostris*）＞中华绒螯蟹（*Eriocheir sinensis*）、泥鳅（*Misgurnus anguillicaudatus*）、鲇（*Silurus asotus*）、章鱼（*Octopus variabilis*）、赤贝（*Anadara uropygimelana*）。野生中华鲟偶尔也会摄食刚死亡的牙鲆、鲫、鲤、鲢、大泷六线鱼。但随着摄食训练时间的延长，多数中华鲟可摄食毛鳞鱼（*Mallotus villosus*）、混合鲜饵料（张晓雁等，2015）。

中华鲟的日食量随个体大小、健康条件、养殖方式而变化。例如，产后康复的中华鲟，每日摄食量可达体重的 2% 以上，而我们曾经制定的野生成体中华鲟、子一代中华鲟（1998 年生、2001 年生、2005 年生）每日饵料量分别为体重的 0.8%、1.3%、3%。对不同年龄、不同发育程度、不同水体条件要综合探索，少食或过食均对生长和健康不利（杨德国等，2006；张晓雁等，2011）。

20.2.5 中华鲟产后亲鱼的康复和护理

产后中华鲟身体虚弱，应尽早开食，为其提供营养均衡的饵料，有利于促进其快速康复（张晓雁等，2015）。养殖个体类似于天然水域野生个体，在性腺发育过程中停食或少食，依靠体内的脂肪完成性腺的最后成熟，但是由于缺少野生中华鲟繁殖洄游前的育肥阶段，性腺发育过程又要消耗大量营养物质（特别是雌性），其产后体内营养物质积累不足，体质会更加虚弱。另外，在人工繁殖过程中，中华鲟会受到应激和损伤，容易内分泌紊乱和行为异常。因此，提供稳定的养殖环境条件，以及营养丰富的适口饵料和促进摄食的方法可以提高养殖亲本（特别是雌性）的产后恢复效果（图 20.11）。康复驯养的产后中华鲟我们采用灌食促进主动摄食的训练成功后，采用混合饵料和毛鳞鱼结合喂食，11 个月后康复效果明显。康复的雄性和雌性个体分别于 1 年和 3 年后再次达到性成熟。野生成体中华鲟也多在产后 2～3 年性腺再次发育（表 20.2）。

产后中华鲟胃肠功能紊乱，还可喂给酵母片，补充食物中的 B 族维生素，调整食欲。在恢复投喂的初始 3～6 天，应在食物中添加吗丁啉，促进胃肠蠕动，提高消化功能。

中华鲟摄食训练过程中同时开展亲和训练，这样，待中华鲟摄食恢复正常后，就可以进一步开展捕捞训练，定期捕捞，进行生理项目的检查。

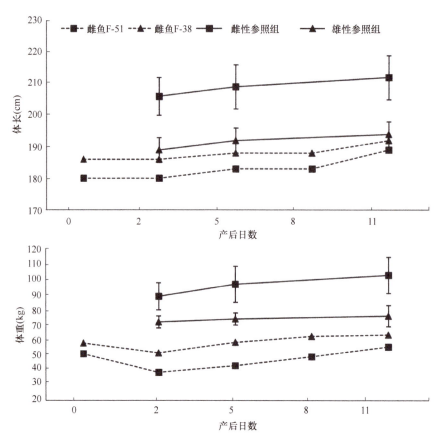

图 20.11　产后培育期间亲本体长和体重的变化

表 20.2　野生雌性性成熟中华鲟性腺再次发育的信息

鱼编号	捕捞时间	性腺再次发育的时间和形态	性腺再次发育的间隔时间	性腺快速发育经历的时间
W1#	2004 年 10 月	2006 年 8 月开始拒食，腹部逐渐膨大，2007 年 8 月性腺发育至接近Ⅳ期初（卵长径 3.2 mm），2007 年 10 月恢复摄食，至 2008 年 5 月腹围平稳，6 月腹围减小，性腺退化；2009 年 9 月底腹部开始膨大，2009 年 12 月性腺发育至Ⅱ期末，2010 年 8 月性腺发育至Ⅲ期初，12 月Ⅳ期初（卵长径 3.3 mm），2011 年 3 月开始退化	第一次：2 年 第二次：1 年	第一次：21 个月 第二次：18 个月
W29#	2005 年 11 月	2008 年 8 月腹部开始膨大，2009 年 7 月性腺发育至Ⅲ期初，12 月性腺发育至Ⅳ期中（卵径 4.97 mm×4.37 mm）	3 年	16 个月
W31#	2006 年 10 月	性腺一直没有再次发育		
W42#	2008 年 10 月	2011 年 8 月性腺发育至Ⅱ期末	3 年	
W43#	2008 年 10 月	2010 年 8 月性腺发育至Ⅱ期末，腹部逐渐膨胀，2011 年 8 月性腺发育至Ⅲ期初	2 年	＞12 个月

繁育与人工保种

21.1 人工保种

国内首次人工培育中华鲟始于 20 世纪 70 年代,我国科技工作者在金沙江江边拴养野生中华鲟亲鱼,人工繁殖成功后,将中华鲟苗种在水库、池塘等水体进行小规模移养,这是我国最早的中华鲟养殖试验(袁大林,1975;四川省长江水产资源调查组,1988)。1997 年,随着中华鲟幼鲟大规模培育技术的实现,长江水产研究所开始了人工后备亲鱼的培育试验,于湖北、福建、北京等省(直辖市)实现了不同养殖模式后备亲鱼梯队的规模化驯养。

21.1.1 养殖方式

目前淡水养殖中华鲟成鱼主要有工厂化养殖、网箱养殖和池塘养殖 3 种方式。工厂化养殖是进行中华鲟成鱼养殖的一种主要方式,根据其运行的方式可分为 2 种基本形式。一种是全封闭、全循环的工厂化养殖,这种养殖方式建有完善的水处理、增氧、调温系统,具有占地少、产量高、节约水资源、养殖周期短、自动化程度和可控程度高的特点,但前期投入和养殖生产成本均较高(邵建刚和岳永瑞,2002),如北京海洋馆即采用这种形式。另一种是流水或微流水集约化养殖,这种养殖方式一般利用各种水库下泻的自流水,以及采用机械从江河、湖泊、水库等水域抽提的表层自然水或地下深井水作为养殖水源(林金忠等,1999;郭忠东和连常平,2001;何群益,2001),使用过的水体一般不再重复利用,部分系统配备有增氧设备。这 2 种养殖形式的共同特点是,养殖池基本都采用各种规格的水泥池或玻璃钢等工业材料制造,鱼池形状多为圆形、椭圆形,池中央设排水、排污口,池底呈锅底形,坡比一般达 5% ~ 8%,以利于污物向排污口集中。鱼池面积从 30 m² 到数百平方米不等,以 50 ~ 200 m² 规格的圆形鱼池(直径 8 ~ 16 m)较为常见,水深多保持在 1.2 ~ 1.8 m,鱼池水位可自动控制,排水、排污等日常生产管理较为方便。后一种形式因投资和运行成本相对较低而被较多的采用,长江水产研究所位于荆州的中华鲟保育和增殖放流中心(荆州基地)进行的中华鲟养殖都采用这种形式。

21.1.2 养殖调控

21.1.2.1 水流调控

荆州基地室外水流主要靠调节进水口的大小来控制水流,但无法实现定量调控水流,室内生态车间具备水下水泵,可以调节水流,最大水流可以达到 0.5 m/s。另外,还可调节进水口和增氧机实

现水流调控。北京海洋馆总流量一定，可通过调节系统管路球阀实现水流局部调控或池内水流的分配。

21.1.2.2 水温调控

水温调控主要是根据养殖场所的水源、控温设施及控温能力设置的。荆州基地室外场所的水温随自然环境的变化而变化幅度很大，但根据实际水温的变化采取深井供水和直接水库供水2种方式，7月水温最高，月平均水温（28±1.5）℃；1月最低，为（7±2.0）℃（图21.1）。室内生态车间常年采用深井供水，同时具备2台地源热泵系统，可以实现水体6～28℃自动调温，24 h可调温2℃，72 h可以降温6℃（图21.2）。北京海洋馆的水体采用人工控温设备，使水温常年保持在（22.3±0.4）℃。

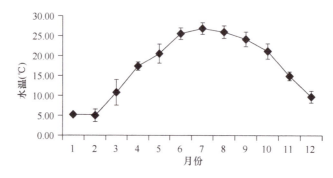

图 21.1　荆州基地室外养殖池月平均水温变化

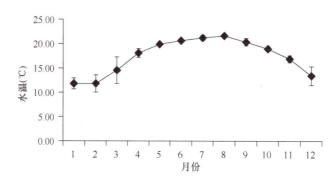

图 21.2　荆州基地生态车间月平均水温变化

21.1.2.3 中华鲟后备亲鱼的生态调控

人工养殖可控条件下中华鲟性腺发育多停留在Ⅱ期，很难或很少有中华鲟亲鱼性腺自然地向Ⅲ期或Ⅳ期推进。有研究表明，养殖中华鲟在不同的水温节律下，生长状况不同，也可能最终导致性腺发育速度及成熟度存在差异。为此，中华鲟养殖基地实现了在室外室内水温不同的条件下分开培育中华鲟后备亲鱼（水温终年变化如图21.3～21.5所示）。后备亲鱼的培育是中华鲟全人工繁殖非常重要的一个环节，通过良好的饲养及管理，可能会促进亲鱼的性腺发育成熟，培育出成熟率高的亲鱼，从而直接影响繁殖效果。表21.1是4种不同养殖背景下成熟中华鲟出现的比例，其中地点1、2是在室外亲鱼培育池采用井水加湖水的方式培育的，流速相同，地点1中14尾后备亲鱼中有2尾发育成熟，其中，雌雄各1尾，并作为2016年的繁殖亲鱼使用，地点1中水温≤10℃有25天，10～20℃有86天，20～25℃有136天，≥26℃有27天；地点2中水温≤10℃有23天，10～20℃有79天，20～25℃有88天，≥26℃有85天，地点2中66尾后备亲鱼中有3尾发育成熟，其中，雌鱼0尾，雄鱼3尾，并作为2016年的繁殖亲鱼使用，地点2与地点1的水温差别主要在于高温持续的时间（≥26℃）不同。

地点 3 中水温 ≤ 10℃ 有 8 天，10 ～ 20℃ 有 165 天，20 ～ 26℃ 有 101 天，地点 3 与地点 1、2 的水温差别在于地点 3 没有 ≥ 26℃ 的高温诱导中华鲟后备亲鱼发育，同时地点 3 的低温（10 ～ 20℃）时间也比地点 1、2 的持续时间长，这与地点 3 所使用的地下水特点及冬季采用降温措施有关。地点 4 采用粗放型养殖模式，水温的升降与一年四季的气候变化相关。上述不同水温养殖模式下均能培育出性腺发育成熟的中华鲟后备亲鱼，只是各地点培育出的后备成熟亲鱼的比例不同，再次说明了人工养殖可控条件下适合中华鲟生长的水温范围内，水温高低及其变化可能并不是中华鲟性腺发育启动的决定性因素。

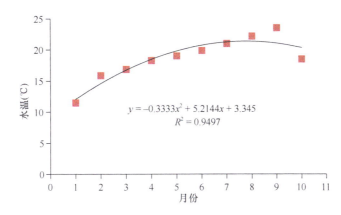

图 21.3 2016 年 1 ～ 10 月室外亲鱼培育池月平均水温曲线图（地点 1）

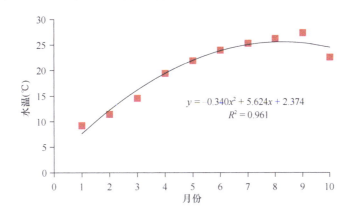

图 21.4 2016 年 1 ～ 10 月室外亲鱼培育池月平均水温曲线图（地点 2）

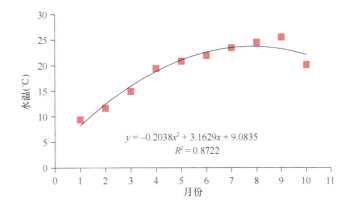

图 21.5 2016 年 1 ～ 10 月室内亲鱼培育池月平均水温曲线图（地点 3）

21.1.2.4 营养调控

成体中华鲟对蛋白质含量高的鲜活鱼饵选择性较好，但是鲜活鱼饵含水量高，不同饵料鱼体成

中华鲟保护生物学

表 21.1　10 月不同养殖背景下成熟中华鲟出现比例

地点	水温（℃）	流速（m/s）	后备亲鱼数量（尾）	出生年份	成熟鱼（性腺发育至Ⅳ期）比例	饵料
1	7.90～26.73	0～0.5	14	1999～2000	2/14	海鱼及饲料
2	7.90～28.30	0～0.5	66	1999～2005	3/66	海鱼及饲料
3	8.88～23.99	0～0.5	66	1998～2007	2/66	海鱼及饲料
4	5.0～33.0	0～0.5	44	1998～2007	2/44	饲料
5	21～22.5	0～0.5	4	1998～2001	4/19	自制饵料

分比例差别大（表 21.2），这也使养殖工作中营养调控的难度增大。配方饲料可以提供更加均衡、高质的营养。而当前商品饲料制料粒径小，直接撒喂，会延长中华鲟的摄食时间，易引起水质污浊。商品饲料市场中成体中华鲟的饲料研究由于制粒工艺的局限也进展缓慢。鉴于此，我们对不同饵料鱼营养成分进行了测定（表 21.3，表 21.4），以市场获得性较高的饵料鱼为主要原料制作混合饲料，根据中华鲟具体生理情况调整饵料配比，以提供更加优质的蛋白质及均衡的营养。例如，以毛鳞鱼、蓝点马鲛（*Scomberomorus niphonius*）、中国枪乌贼（*Loligo chinensis*）、南美白对虾（*Penaeus vannamei*）等为主要原料，混合豆粕、面粉、螺旋藻等，添加适量维生素，搅拌均匀后黏合成混合鲜饵结合冰鲜毛鳞鱼投喂，中华鲟生长和发育效果较好（表 21.5）。毛鳞鱼和混合饲料的营养成分见表 21.6（张晓雁等，2015）。

表 21.2　饵料鱼不同体组成分的干物质含量比较

饵料鱼	体干物质比例 (%)	各体组成分占体干物质比例 (%)		
毛鳞鱼全鱼（内脏不计）	21.2	头 20.0	脊骨 50.0	鱼肉 21.3
鲅鱼全鱼（内脏不计）	23.4	头 23.2	脊骨 51.0	鱼肉 22.2
小鱿鱼全鱼	16.1	头 10.3	内脏 24.1（含性腺）	胴部 12.5
大鱿鱼全鱼（去除内脏）	13.2	头 13.5	性腺 25.0	胴部 12.5

注：数据获取方法：将定量饵料生物清洗干净，切分，部分种类去除内脏，每次处理后均进行称重；采用普通电磁炉蒸熟（蒸约 15 min），置于室温（18℃）下晾干；对处理后的各加工样品称重

表 21.3　饵料鱼不同部位基础营养值

样品名称	水分 (%)	粗灰分 (%)	粗蛋白 (%)	粗脂肪 (%)	能量 (MJ/kg)	总磷 (%)	钙 (%)
鲅鱼头	9.12	16.08	47.33	21.7	21.011	3.54	8.78
鲅鱼鱼肉	11.79	6.11	78.72	6.18	21.483	0.93	0.36
鲅鱼头/脊骨	7.6	18.78	49.98	20.47	20.131	3.8	9.01
毛鳞鱼	7.8	8.76	60.59	21.49	24.071	1.51	2.53
南美白对虾虾头/壳	8.16	24.71	44.55	6.55	16.811	2.17	12.05
小鱿鱼头	9	3.47	75.16	9.53	22.981	0.7	0.21
小鱿鱼内脏	11.79	5.27	63.96	4.05	20.818	0.98	0.27
大鱿鱼头	8.99	3.73	79.23	9.81	23.411	0.57	0.13

表 21.4　饵料鱼不同部位 17 种氨基酸组成

检测项目	鲅鱼头	鲅鱼鱼肉	鲅鱼头/脊骨	毛鳞鱼	南美白对虾虾头/壳	小鱿鱼头	小鱿鱼内脏	大鱿鱼头
精氨酸 Arg(%)	2.88	4.64	3.02	3.71	3.10	5.63	3.59	5.94
组氨酸 His(%)	0.87	1.81	1.02	1.23	1.40	1.52	1.08	1.66
亮氨酸 Leu(%)	3.32	6.22	3.35	4.89	2.58	5.07	4.82	6.14
异亮氨酸 Ile(%)	1.74	3.38	1.70	2.36	1.21	2.83	3.13	4.05
赖氨酸 Lys(%)	2.95	6.95	3.38	4.79	2.07	4.72	4.28	6.10
甲硫氨酸 Met(%)	0.90	2.41	0.87	1.03	0.41	3.31	1.11	2.71

续表

检测项目	鲅鱼头	鲅鱼鱼肉	鲅鱼头 / 脊骨	毛鳞鱼	南美白对虾 虾头 / 壳	小鱿鱼头	小鱿鱼内脏	大鱿鱼头
苯丙氨酸 Phe(%)	1.86	3.09	1.78	2.47	2.08	3.25	2.21	3.01
苏氨酸 Thr(%)	1.96	3.48	1.94	2.64	1.63	2.88	3.22	3.43
缬氨酸 Val(%)	2.16	3.71	2.10	3.01	1.94	2.71	3.10	3.23
色氨酸 Try(%)	5.13	5.70	7.20	6.42	8.21	6.21	11.62	5.87
天冬氨酸 Asp(%)	4.14	7.70	4.21	5.61	3.91	7.99	5.29	8.02
丝氨酸 Ser(%)	1.91	3.03	1.91	2.54	1.81	3.05	2.26	2.26
谷氨酸 Glu(%)	5.49	11.26	6.05	8.52	4.87	9.28	6.47	11.32
脯氨酸 Pro(%)	2.27	2.62	2.25	2.02	1.97	2.59	2.54	3.98
甘氨酸 Gly(%)	4.01	3.65	4.23	3.08	2.67	4.05	2.16	4.66
丙氨酸 Ala(%)	2.95	4.52	3.09	3.40	2.29	3.21	2.41	4.22
半胱氨酸 Cys(%)	1.44	2.00	0.56	0.78	0.84	2.91	2.59	1.67
酪氨酸 Tyr(%)	1.35	2.55	1.32	2.09	1.56	3.95	2.08	0.96
氨基酸总量 (%)	47.33	78.72	49.98	60.59	44.55	75.16	63.96	79.23
必需氨基酸总量 (%)	23.77	41.39	26.36	32.55	24.63	38.13	38.16	42.14
非必需氨基酸总量 (%)	23.56	37.33	23.62	28.04	19.92	37.03	25.80	37.09
必需氨基酸 / 总氨基酸 (%)	50.22	52.58	52.74	53.72	55.29	50.73	59.66	53.19
非必需氨基酸 / 总氨基酸 (%)	49.78	47.42	47.26	46.28	44.71	49.27	40.34	46.81

表 21.5　12 龄雌性中华鲟摄食混合饲料 1 年的发育效果

鱼编号	使用饲料初始			使用饲料 1 年		
	体长 (cm)	体重 (kg)	肥满度	体长 (cm)	体重 (kg)	肥满度
F1	204	99.5	1.17	208	113	1.26
F2	225	112.5	0.99	227	126.5	1.08
F3	215	91	0.92	220	104	0.98
F4	220	84	0.79	222	89.5	0.82

表 21.6　毛鳞鱼和混合饵料的营养成分

饵料	水分 (%)	粗蛋白 (%)	粗脂肪 (%)	粗灰分 (%)	总磷 (%)	钙 (%)
毛鳞鱼	75.20	14.39	7.68	2.55	0.37	1.36
混合饵料	64.01	24.44	5.73	2.49	0.31	0.66

21.1.3　中华鲟体检

对中华鲟定期检查，有助于及时了解中华鲟的身体状况及性腺发育状态，为中华鲟健康驯养和亲鱼培育提供技术支持（危起伟等，2013；Zhang et al.，2014）。为了降低中华鲟捕捞应激对血液指标和健康的干扰，需要对待检中华鲟在体检前开展 1 个月的捕捞训练。为了降低摄食对血液指标的影响，采血前停食 3 天（Zhang et al.，2011）。表 21.7 表明，中华鲟经过捕捞训练后，体检过程和回池后恢复时间明显缩短。

21.1.3.1　体检程序

体检项目通常包括：体表、生物学指标、血液理化及血清激素指标、内脏和性腺发育指标。对异常中华鲟增加微生物检查（张晓雁等，2011；张书环等，2017）。主要操作程序如下（图 21.6）。

表21.7 中华鲟训练前后捕捞、体检及游泳恢复时间

项目	训练前用时（min）			训练后用时（min）		
	体检捕捞用时	体检操作时间	回池恢复游动时间	体检捕捞用时	体检操作时间	回池恢复游动时间
养殖个体 N=6	10～15	20～30	30～60	1～2	5～10	0
野生成体 N=3	10～15	30～40	60～180	4～6	7～12	5～20

注：体检捕捞用时为对中华鲟体检前进行诱导捕捞进入担架的用时；体检操作时间为体检鱼转入体检操作平台体检的用时（中华鲟转移及体检过程的安静程度直接影响体检用时）；回池恢复游动时间为中华鲟在体检结束后回到驯养池停于池底休息至恢复游动的用时

图21.6 中华鲟后备亲鱼体检及性腺发育检测

1）捕捞和固定：为了降低应激反应，中华鲟的捕捞时间尽量缩短，每尾鱼的捕捞控制在5 min内完成。将捕捞的中华鲟快速转移到检查担架中，腹部向上固定，由鳃部供水，检查过程中保持中华鲟体表湿润。待中华鲟安静后，开始检查。

2）体表检查：首先查看体表是否异常增生、肿胀、破损、感染等，然后检查两侧鳃丝是否正常，记录观察结果。

3）血液采集和生理指标检查：尾静脉采血5 ml，血细胞参数的测定用肝素钠抗凝，其余参数测定用3000 r/min离心20 min后取血清，–4℃保存备用。各项血液参数的测定方法如下。①红细胞计数：以为0.5% NaCl溶液为稀释液将血样稀释200倍后，用Neubarner计数板在显微镜下计数；②血红蛋白量：采用比色法测定；③红细胞比容：采用温氏法测定；④白细胞数及分类计数：血涂片采用瑞氏-吉姆萨联合染色法，计数100个细胞，计算各类细胞所占百分比；⑤分别使用全自动生化分析仪和全自动化学发光免疫分析仪测定血清生化指标和激素指标。

4）生物学检查：测量并记录中华鲟的全长、叉长、体长及围度、体重。

5）B超检查：先检查性腺发育情况，然后检查肝脏和心率。观察性腺发育情况并记录性腺组织（卵粒）形态、宽度、厚度等（Du et al., 2017）。扫描记录胆囊大小、形态、胆囊壁是否光滑；纵切观察心脏起搏，记录每分钟搏动次数，是否有间歇，以及其他异常情况（秋实等，2009）。

6）微生物检查：包括常规微生物和分枝杆菌检查。对感染个体，在体表脓肿处采集黏液，或者从皮肤破溃处采集分泌物和碎肉组织，采用无菌棉拭子沾取体表、鳃及直肠黏液等，放入生理盐水（0.5% NaCl溶液）中于4℃保存待检。

21.1.3.2 性腺发育检测

B超是目前鉴别中华鲟性腺发育的主要手段，通过B超影像特征即可对性别及性腺的发育状况做出判断。虽然判断存在误差，但该方法快速有效，且对中华鲟安全、无损伤。

一般情况下，卵巢比周围脂肪和体壁组织回声较强，图像更为明亮，相反精巢回声比脂肪和体壁组织较弱，图像较暗。Ⅱ期精巢和卵巢的宽度明显小于Ⅲ期和Ⅳ期的。且在横向扫描图像中，卵巢大多位于脂肪的表面且边缘不规则，而精巢常埋于脂肪内且边缘光滑明亮。

卵巢具体的发育分期可根据扫描图谱中性腺宽度 d 和卵巢占整个性腺组织的面积比 Po 这两个参数来比较划分（图 21.7）。Ⅱ期卵巢划分标准为：$F_{Ⅱ-}$[①]卵巢 d 值最小（平均为 21.5 mm），$F_Ⅱ$ 卵巢 d 值适中（平均为 36.9 mm），Po 值较小（平均为 39.8%）。$F_{Ⅱ+}$[②]卵巢 d 值最大（平均为 41.7 mm），Po 值较大（平均 75%）。Ⅲ期卵巢划分标准为：$F_Ⅲ$ 卵巢有少量脂肪（90% < Po < 95%），$F_{Ⅲ+}$ 卵巢脂肪量极少（Po > 95%）。Ⅳ期卵巢划分标准为：$F_Ⅳ$ 卵巢的卵母细胞排列不规则，有液泡样的结构，$F_{Ⅳ+}$ 卵巢的卵母细胞呈线性排列。产卵后或者未产卵退化卵巢的 B 超影像与 $F_{Ⅱ+}$ 卵巢类似。此外，$F_{Ⅱ+}$ 与 $F_Ⅲ$ 卵巢由是否存在在液泡样结构来区分，$F_Ⅲ$ 卵巢因滤泡的形成而呈现液泡样。而液泡样结构的大小和均一性则是区分 $F_{Ⅲ+}$ 和 $F_Ⅳ$ 卵巢的关键。

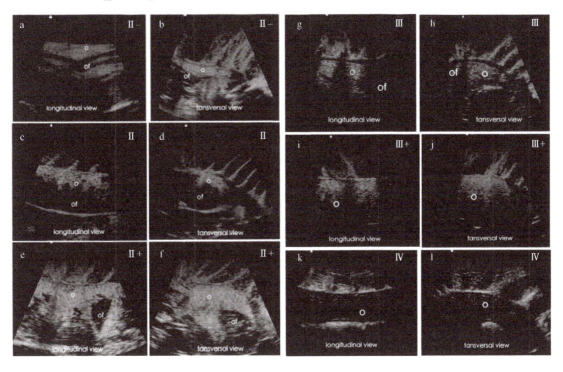

图 21.7　Ⅱ～Ⅳ期卵巢 B 超图谱
o. 卵巢；of. 卵巢脂肪

精巢也可以通过 d 值来划分阶段（图 21.8）：$M_Ⅱ$（M 为雄性 male 的简称）精巢呈光滑的暗灰色结构，d 值较小 [(26.0±7.9) mm]。$M_Ⅲ$ 精巢也含有液泡样结构，是因为形成了生精小管。$M_Ⅳ$ 精巢呈均匀的暗黑色。成熟精巢内产生精子而呈现黑色的液体图像。

目前利用 B 超可实现性别及发育期的判断比例：Ⅱ期卵巢为 90.7%，精巢为 76.2%；Ⅲ期卵巢为91.7%，精巢为 88.5%。Ⅳ期性腺可 100% 准确判断（Du et al.，2017）。

此外，在中华鲟后备亲鲟的周期性体检中，对不同发育期的雌雄个体血液类固醇激素指标进行了连续监测与比较，应用性腺发育过程中中华鲟血液激素指标特征，为养殖亲鱼的健康培育提供依据，也为利用性腺发育综合诊断技术提供基础材料。

血液激素指标检测结果表明（图 21.9），中华鲟血清睾酮（testosterone，T）和雌二醇（estradiol

———————————————

① F：female，雌性；Ⅱ－：Ⅱ期初

② Ⅱ＋：Ⅱ期末

E2）在性腺发育的不同时期存在规律性变化。同一成熟期尤其是性腺处于Ⅲ期和Ⅳ期的个体，雄鱼 T 含量及雌鱼 E2 含量显著高于异性个体（$P < 0.05$），此外，在性腺Ⅱ～Ⅳ期的发育过程中，雌鱼血清中 T 和 E2 含量均显著升高，雄鱼血清中仅 T 含量升高。这表明类固醇激素可为判别性别和性腺

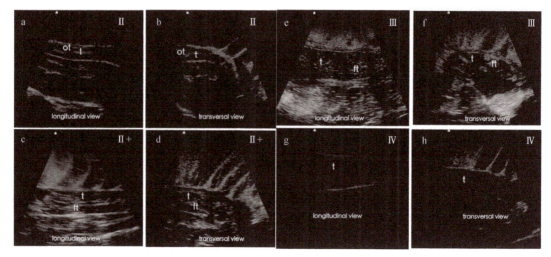

图 21.8　Ⅱ～Ⅳ期精巢 B 超图谱

t. 精巢；ft. 精巢脂肪

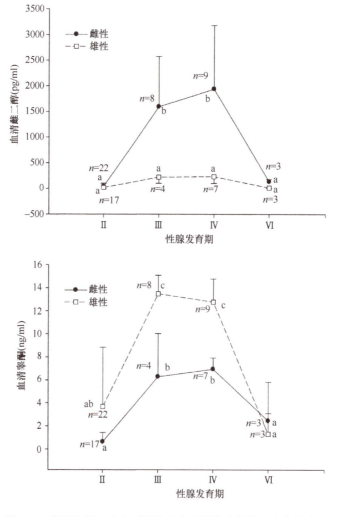

图 21.9　睾酮和雌二醇在不同发育阶段雌雄中华鲟血液中的含量

不同字母代表组间存在显著性差异（$P < 0.05$）

236

发育水平提供一个辅助参数。其平均判别准确率为：II期、III期、IV期卵巢分别为 58.1%、58.3%、66.7%；II期、III期、IV期精巢分别为 61.9%、73.1%、62.5%。

与B超检测相比，类固醇激素特征对性别和性腺成熟水平的判别准确率较低（表 21.8），但当组合使用这两种方法时，其判别准确率显著提高。例如，II期卵巢判别准确率从 72.7% 提高到 90.9%，II期精巢判别准确率从 76.2% 提高到 90.5%。

表 21.8　B超及类固醇激素对养殖中华鲟性别和性腺发育水平的判别准确率

成熟期	细分成熟期	性别和性腺发育期判别方法		
		B超	类固醇激素	B超 & 类固醇激素
F$_{II}$		90.7%（39/43）	58.1%（25/43）	97.7%（42/43）
	F$_{II-}$	72.7%（8/11）	未验证	90.9%（10/11）
	F$_{II}$	94.1%（16/17）	未验证	100%（17/17）
	F$_{II+}$	100%（15/15）	未验证	100%（15/15）
F$_{III}$		91.7%（11/12）	58.3%（7/12）	100%（12/12）
	F$_{III-}$	83.3%（5/6）	未验证	100%（6/6）
	F$_{III+}$	100%（6/6）	未验证	100%（6/6）
F$_{IV}$		100%（12/12）	66.7%（8/12）	100%（12/12）
	F$_{IV-}$	100%（6/6）	未验证	100%（6/6）
	F$_{IV+}$	100%（6/6）	未验证	100%（6/6）
M$_{II}$		76.2%（32/42）	61.9%（26/42）	90.5%（38/42）
M$_{III}$		88.5%（23/26）	73.1%（19/26）	100%（26/26）
M$_{IV}$		100%（16/16）	62.5%（10/16）	100%（16/16）

21.2　全人工繁殖

21.2.1　后备亲鱼雌雄同步发育监控

后备亲鱼的培育是中华鲟全人工繁殖非常重要的一个环节，有效的养殖模式对促进中华鲟性腺发育成熟、提前成熟及实现雌雄同步成熟具有非常重要的作用，从而直接影响人工繁殖的效果。近十年来，围绕中华鲟全人工繁殖技术研究，开展了中华鲟后备亲鱼生殖内分泌的连续跟踪观测，建立了B超无损伤性别和性成熟度鉴定技术，研制了促进中华鲟性腺发育启动的饲料配方，最终通过营养调控（强化培育）和环境调控（水温、水流）等技术措施实现了后备亲鱼的性腺发育成熟及雌雄亲体的同步成熟。

目前，长江水产研究所濒危鱼类保护研究组在农业部中华鲟保育与增殖放流中心太湖试验场（太湖基地）、租赁场、北京海洋馆等地已蓄养了一代中华鲟共计 1000 余尾，该批鱼均为长江水产研究所通过野生中华鲟人工繁殖的后代，繁殖分别于 1997～2008 年秋季进行，至 2019 年，最高年龄个体已达 22 龄。自 2012 年获得中华鲟全人工繁殖技术突破以来，每年 9～11 月通过对子一代后备亲鱼进行常规体检，记录筛选成熟亲鱼用于全人工繁殖。2012 年共监测到性腺发育至III期及以上的雄鱼 5 尾，雌鱼 2 尾；2013 年监测到 2 尾雌鱼、3 尾雄鱼性腺发育至IV期；2014 年监测到性腺发育至IV期的雌鱼 2 尾，雄鱼 6 尾；2015 年监测到性腺发育至IV期的雌鱼 6 尾，雄鱼 20 尾；2016 年监测到性腺发育至IV期的雌鱼 10 尾，雄鱼 31 尾；2017 年监测到性腺发育至IV期的雌鱼 26 尾，雄鱼 40 尾（表 21.9）。说明截止到目前，中华鲟后备亲鱼每年可达到批量成熟且成熟比例逐年增加。

表 21.9　性腺发育至Ⅳ期的中华鲟后备亲鱼

年份	成熟后备亲鱼数量（尾）	雌鱼数量（尾）	雄鱼数量（尾）	成熟比例（%）
2012	7	2	5	1.2
2013	5	2	3	0.9
2014	8	2	6	1.1
2015	26	6	20	3.0
2016	41	10	31	6.1
2017	66	26	40	8.3

21.2.2　人工催产

21.2.2.1　雄鱼催产及精液活性

中华鲟人工催产主要采用的催产剂为促黄体素释放激素类似物（LHRH-A2）和鲤鱼脑垂体。雄鱼采用一针注射，注射 LHRH-A2，剂量为 5 μg/kg，注射部位为胸鳍基部。精子运动是评估精子质量最常用的参数，激活后的精子运动状态分为漩涡运动（精子运动路线不清，呈"漩涡"剧烈运动状态）、快速运动（运动速度较快，但能看清精子运动轨迹）和慢速运动（90% 以上精子运动缓慢，但仍有位移），其中漩涡运动与快速运动统称为有效运动。2012～2017 年雄鱼产精量及精子活性见表 21.10。

表 21.10　2012～2017 年雄鱼产精量及精子活性

年份	产精雄鱼数量（尾）	产精量（ml）	精子平均旋涡运动时长（s）	精子平均寿命（s）
2012	1	2 850	36	240
2015	7	10 130	39	154
2016	12	9 930	45	188
2017	3	5 250	42	195

21.2.2.2　雌鱼催产及卵子质量

雌鱼催产前需对性腺状况进行 B 超扫描、穿刺取卵及核偏位的检查。先用 B 超对双侧性腺进行横向和纵向扫描采集图像，再用穿刺法采集样品卵。取若干卵于沸腾炉中沸水煮 10 min，用刀片经过极斑沿长轴方向将卵一分为二，于解剖镜下观察核偏移位置，极化值为胚泡上边缘沿长轴距离卵壳的长度与该长轴的比值，极化值越小性腺成熟度越高。雌鱼催产采用两针注射，注射 LHRH-A2，第 1 针催熟剂量为 1 μg/kg；第 2 针催产剂量为 5 μg/kg，另注射鲤鱼脑垂体 0.25 mg/kg。

2012 年成功催产 1 尾雌鱼。雌鱼卵子极化值达 0.08，在第 2 针催产后的 15 h 开始排卵，采用腹部节律按摩法一次性收集卵子。雌鱼产前体重为 57 kg，产卵 1 天后体重下降至 51 kg，产空率约 95%。产卵量 6.25 万粒，平均卵径为 3.71 mm，平均单卵质量 0.033 g，估算产卵总质量 2.06 kg，约占体重的 3.6%。

2015 年成功催产 3 尾雌鱼。第 1 尾雌鱼卵子极化值达 0.07，催产后两次采集卵子共 9800 ml，约 8.8 万粒；第 2 尾雌鱼卵子极化值达 0.1，第 2 针催产后 20 h 开始排卵，经两次采集卵子共 8400 ml，约 9.2 万粒。两批卵子均选用活力较好的精液进行人工授精，并脱黏、孵化。但孵化期间发现该批卵未成功受精。第 3 尾雌鱼卵子极化值达 0.125，第 3 针催产后 13 h 开始排卵，卵径平均为 3.95 mm，3 次采集卵量约 5.3 万粒。

2016 年成功催产 3 尾雌鱼。第 1 尾雌鱼卵子极化值达 0.09，第 2 针催产后 18 h 开始排卵，卵径平均为 4.2 mm，两次采集卵量约 12 万粒；第 2 尾雌鱼卵子极化值达 0.095，第 2 针催产后 14 h 开始排卵，卵径平均 4.1 mm，3 次采集卵量约 10 万粒。第 3 尾雌鱼卵子极化值达 0.085，第 3 针催产后 16 h 开始排卵，卵径平均为 4.0 mm，3 次采集卵量约 15 万粒。

2017 年成功催产 2 尾雌鱼。第 1 尾雌鱼卵子极化值达 0.08，第 2 针催产后 11 h 开始排卵，卵径平均为 3.93 mm，两次采集卵量约 25 万粒。第 2 尾雌鱼卵子极化值达 0.09，第 2 针催产后 15 h 开始排卵，卵径平均为 3.75 mm，两次采集卵量约 15 万粒。

21.2.3 中华鲟全人工繁殖效果

2012 年 10 月 28 ～ 30 日成功催产 1 尾雌鱼（12 龄）和 1 尾雄鱼（14 龄）。雌鱼累计产卵量约 6.25 万粒，平均卵径约 3.71 mm；雄鱼累计产精量 2850 ml，精子剧烈运动时间平均达 36 s，寿命超过 4 min。平均受精率约 60.1%，孵出幼苗 2.3 万余尾（表 21.11）。

表 21.11 中华鲟历年人工催产繁殖情况

年度	催产数量（尾）	催产率（%）	产卵量（万粒）	受精率（%）	出苗数（万尾）	孵化率（%）
2012	2 雌 5 雄	28.5	6.25	60.1	2.3	61.2
2013	2 雌 3 雄	60	5	8.3	0.02	5
2014	2 雌 6 雄	37.5	0	0	0	0
2015	6 雌 20 雄	38.5	23.3	18.4	0.92	94.3
2016	5 雌 12 雄	88.2	37	58.6	14.3	38.6
2017	3 雌 7 雄	50	40	43.14	17.6	49.1

2015 年 9 月 25 日至 11 月 13 日连续进行 5 批成熟亲鱼的人工催产，最终成功对 3 尾雌鱼和 7 尾雄鱼实施人工催产授精。雌鱼累计产卵量约 23.3 万粒，平均卵径约 4 mm；雄鱼累计产精量约 10 130 ml，平均漩涡运动时长 39 s，平均寿命 154 s。但受精率较低，最终孵出幼苗约 9200 尾（表 21.11）。

2016 年 10 月 1 日至 11 月 19 日连续进行 4 批成熟亲鱼的人工催产，最终成功催产 3 尾雌鱼和 12 尾雄鱼。雌鱼累计产卵量约 37 万粒，平均卵径约 4.2 mm；雄鱼累计产精量约 9930 ml，平均漩涡运动时长 45 s，平均寿命 188 s。本次全人工繁殖成功孵化幼苗约 14.3 万尾（表 21.11）。

2017 年 10 月 21 ～ 23 日成功催产 2 尾雌鱼和 3 尾雄鱼。雌鱼累计产卵量约 40 万粒，平均卵径约 3.84 mm；雄鱼累计产精量约 5250 ml，平均漩涡运动时长 42 s，平均寿命 195 s。本次全人工繁殖成功孵化幼苗约 17.6 万尾（表 21.11）。

21.2.4 全人工繁殖中华鲟的繁殖生物学特性

在多种鲟鱼类养殖过程中发现，适宜的养殖环境条件、充足的营养供应等往往使养殖鲟达到性成熟的时间较自然繁殖群体明显提前（Doroshov et al., 1997；曲秋芝等，2002）。中华鲟性成熟时间长，自然种群雄性 8 年以上性成熟（平均初次性成熟 12.5 龄），雌性 14 年以上（平均初次性成熟 16.8 龄）（刘鉴毅等，2007；危起伟等，2005）。研究结果表明，养殖中华鲟性腺可提前成熟，意味着中华鲟养殖成熟年限可以缩短，相应的人力、物力投入成本将大大降低，这对于中华鲟人工群体的建立及维持、迁地保护有重要意义。

与全人工繁殖中华鲟雌鲟性成熟年龄小相一致的是，雌鲟体重较轻，怀卵量也相对较少，长江水产研究所荆州基地于 2012 年全人工繁殖雌鱼，产卵量仅有 6.2 万粒左右，明显低于野生鱼的产卵量（刘鉴毅等，2007），且平均卵径明显小于自然繁殖群体的平均卵径，与施氏鲟初次全人工繁殖结果（曲秋芝等，2002）相一致。而参与全人工繁殖的雄鲟采精量可达 2000 ～ 4000 ml，已高于野生成

熟个体产精量，表明人工养殖雄鲟的繁殖能力要明显高于野生雄鲟个体（刘鉴毅等，2007）。近年来，已观测到由于污染的加重，中华鲟野生繁殖亲鲟体内的环境污染物含量明显升高，对其繁殖群体的性腺发育产生了明显影响，进而影响了中华鲟自然繁殖效果。就这些环境污染物而言，人工养殖雄鲟所处的环境可能优于野生亲鲟的生存环境，这可能是导致养殖雄鲟产精量和精子活力明显高于野生雄鱼的原因。

21.3　疾病防治

21.3.1　非结核分枝杆菌的感染与治疗

21.3.1.1　非结核分枝杆菌的感染

近年研究发现，不同中华鲟驯养基地，不同驯养方式的中华鲟均出现非结核分枝杆菌（nontuberculosis mycobacteria，NTM）感染，该病的传播流行严重影响中华鲟的健康，甚至引起中华鲟死亡（张书环等，2017）（图21.10）。NTM对中华鲟养殖危害大，急需建立有效的措施进行防控。

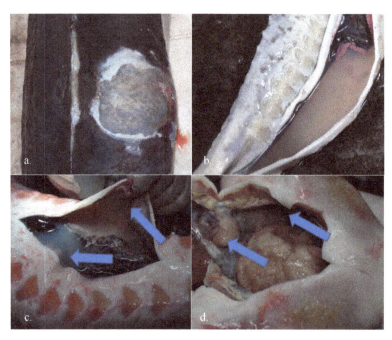

图 21.10　人工养殖中华鲟非结核分枝杆菌感染
a. 肌肉溃烂；b. 腹水；c. 腹水和腹部肉芽肿；d. 胸腔积液和肉芽肿

非结核分枝杆菌又称为环境分枝杆菌，广泛分布于土壤、水体等自然环境中。多种NTM为机会致病菌，当机体免疫力水平下降时，以继发或者并发的形式感染。绝大多数NTM为细胞内寄生，增殖速度慢，感染后病程进展相对缓慢，当机体免疫力水平降低严重时出现机会性败血症，难治疗，已引起国内外公共卫生方面的关注。2013～2016年，北京海洋馆驯养基地有12尾中华鲟检测到非结核分枝杆菌感染，检出率为36%，包括野生中华鲟、子一代和全人工繁殖子二代；从病、死亡中华鲟中分离到4种非结核分枝杆菌，即偶然分枝杆菌（*Mycobacterium fortuitum*）、胞内分枝杆菌（*M. intracellulare*）、鸟分枝杆菌（*M. avum*）、浅黄分枝杆菌（*M. gilvum*）；感染鱼多处于性成熟前后、老年等特殊生理阶段，免疫力水平低下（表21.12）。

表 21.12　NTM 检查结果和感染个体临床特征

编号	疾病状态	样品名称	检测结果	典型症状	发育阶段
1#	死亡	体表黏液、血浆、鳃、鳔、胆囊液、十二指肠和瓣肠组织	偶然分枝杆菌、浅黄分枝杆菌	腹水	接近性腺快速发育（≥25龄野生成体）
2#	死亡	体表黏液、血浆、腹水	浅黄分枝杆菌	腹水	低龄子二代（3龄）
3#	死亡	胆汁及胃、十二指肠、肝脏、脾脏、前肾组织	阳性	腹水	低龄子二代（3龄）
4#	疾病	体表肿胀破损处吸出的碎肉组织	阳性	躯体背部多处脓肿，长度10～30 cm。游动无力，呼吸频次高于正常的50%以上。不摄食	高龄野生成体（≥40龄）
5#	疾病	体表、鳃和直肠黏液	阳性	右侧鳃盖上肉质瘤肿包，长度约5 cm	接近性腺快速发育子一代（15龄）
6#	疾病	体表黏液	阳性	游动无力，泳层高，呼吸频次高于正常的50%以上。不摄食，体色浅	产后康复子一代（17龄）
7#	疾病	尾柄前侧骨板附近体表破损表面的血水	阳性	泳层提高。脓肿破损处可见椎骨	性腺快速发育子一代（17龄）
8#	感染	鳃和直肠黏液	鸟分枝杆菌、胞内分枝杆菌	—	性腺快速发育子一代（16龄）
9#	感染	体表黏液	阳性	—	高龄亚成体子一代（16龄）
10#	疾病	体表黏液	阳性	尾柄侧面脓肿，向肌内形成深度约2 cm的瘘管，渗出血水	高龄亚成体子一代（15龄）
11#	感染	体表和直肠黏液	阳性	—	高龄亚成体子一代（13龄）
12#	感染	体表黏液	阳性	—	低龄子二代（3龄）
13#		水样1（中华鲟驯养池）	阳性	—	—
14#		水样2（其他驯养池）	偶然分枝杆菌	—	—

注：阳性为抗酸染色阳性

21.3.1.2　非结核分枝杆菌病的治疗

采用中华鲟细菌性疾病常规医疗药物硫酸庆大霉素注射液、氟苯尼考、头孢曲松钠等药物先治疗2周，疾病个体呼吸频次下降近1/3，接近日常值，但体表脓肿及游泳无力症状缓解不明显。进一步调整药物，选择克拉霉素、盐酸多西环素片、恩诺沙星等3种抗生素联合用药治疗2～3个月后，机体体表症状明显缓解。1尾中华鲟连续用药6个月后症状消除。表明，体表局灶炎症与呼吸频次升高为不同病原菌致病，呼吸频次升高可能由其他急性致病菌引起，而长期用药治疗的特点符合非结核分枝杆菌感染特点。

21.3.1.3　患病个体病理特征及非结核分枝杆菌分离培养、鉴定

患病初期，鱼体未有明显的症状，患病后期，停止进食、游动缓慢、腹水、鳃盖或体表等部位溃烂穿孔。经镜检检查，患病个体鳃、体表、鳍均未见寄生虫，鳃外观淡红色。解剖检查，病鱼体腹腔充满乳白色腹水，腹膜存在肉芽肿、肾脏水肿、肝脏呈灰白色、心包积液，有些个体有胸腔积液和胸腔肉芽肿等（图21.10）。体表肌肉病灶组织病理切片抗酸染色后，在肌纤维中可见大量染成红色的抗酸杆菌（图21.11）。抽取病鱼腹水细菌分离培养发现，在改良罗氏培养基（Löwenstein-

Jensen medium) 和 7H10(Middlebrook 7H10) 琼脂培养基上，25℃培养 4 周后长出肉眼可见菌落，属于缓慢生长型分枝杆菌（SGM）。该病原菌表现出分枝杆菌属细菌的生理生化特征：需氧、不运动、生长缓慢、有黏性、Ziehl-Neelsen 染色阳性、在有光的条件下产生色素等（图 21.12）。16S rDNA 和 IS2404 测序结果显示，该细菌属于非结核分枝杆菌，并与细菌 *Mycobacterium ulcerans* ecovar Liflandii(*Mu*Liflandii) 遗传距离最近。*Mu*Liflandii 最早是 Trott 等在热带爪蟾（*Xenopus tropicalis*）中发现的一种新的病原菌，在热带爪蟾的个别品系中广泛流行。本研究是首次在鱼类中发现该种细菌的感染。进一步对 *Mu*Liflandii 进行全基因组测序。测序过滤后的总数据量为 1 155 638 103 bp，深度为 181.91 X 左右，平均长度为 13 266 bp，Subreads 平均长度为 6892 bp，最长的 read 达到 43 267 bp，过滤后质量均达到质控指标，说明此次建库及测序成功。最终得到高质量的长 read 63 730 701 bp，平均长度为 6341 bp(Zhang et al.，2018)。

通过腹腔注射 $3×10^5$ cfu 分枝杆菌 *Mu*Liflandii（图 21.13）感染 20 g 杂交鲟（西伯利亚鲟♀× 史氏鲟♂），研究 *Mu*Liflandii 的致病性。45 天后，杂交鲟出现症状，主要表现为肝脏溃烂、脾脏暗红、肛门四周红肿、腹水等（图 21.14）。对肝脏进行切片观察并抗酸染色，可见较多的红色杆状细菌（图 21.15）。同时对肝脏进行细菌分离培养，在 7H10 平板上经过 30 天的培养，再次获得该菌株。

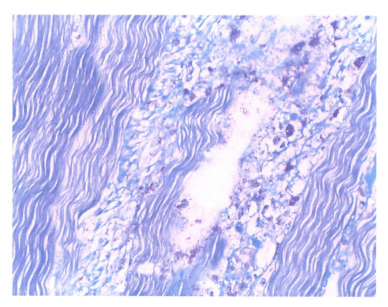

图 21.11　患病个体肌肉组织的抗酸染色病理切片（40×）

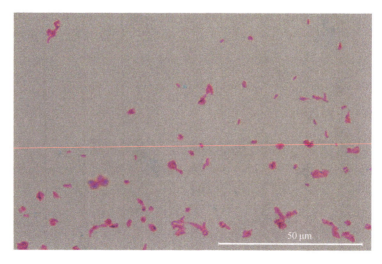

图 21.12　从患病中华鲟腹水中分离到的非结核分枝杆菌

图 21.13　细菌 *Mu*Liflandii 的培养

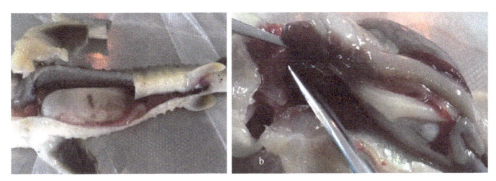

图 21.14　杂交鲟感染 *Mu*Liflandii 的病理特征
a. 腹腔积水；b. 肝脏糜烂

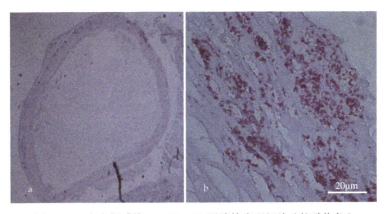

图 21.15　杂交鲟感染 *Mu*Liflandii 肝脏的病理切片（抗酸染色）
a. 对照组；b. 实验组

21.3.2　嗜水气单胞菌的感染与治疗

嗜水气单胞菌能产生外毒素，具有溶血性、肠毒性及细胞毒性，是淡水鱼类养殖中危害较大的病原菌。养殖水质污浊、鱼体免疫力下降是引起嗜水气单胞菌快速增殖、养殖鱼疾病感染的主要原因。通过以往研究可知，高密度养殖容易导致水体系统负载率增高，系统不能及时清除代谢物，造成水质下降（表 21.13，表 21.14），水体细菌大量繁殖，原有正常菌群失衡，毒力强的条件致病菌（嗜水气

单胞菌）转变为水体优势菌（张晓雁等，2011）。

表 21.13　水质指标的变化

养殖密度 (kg/m³)	pH	溶解氧 DO (mg/L)	NH₃/NH₄⁺ (mg/L)	亚硝酸盐 NO₂⁻ (mg/L)	硝酸盐 NO₃⁻ (mg/L)	磷酸盐 PO₄³⁻ (mg/L)	浊度 NTU	总细菌 (cfu/100 ml)
2.7	7.87 ± 0.05^a	7.56 ± 0.34^a	0.01	0.01	54.89 ± 6.18^a	4.08 ± 0.57^a	0.06 ± 0.010^a	$10\,908\pm6\,639^a$
2.4	7.85 ± 0.02^b	7.72 ± 0.33^b	0.01	0.01	50.40 ± 10.10^a	3.89 ± 0.70^a	0.057 ± 0.005	$7\,672\pm5\,208^b$
2.0	7.80 ± 0.06^c	7.80 ± 0.45^c	0.01	0.01	26.44 ± 7.50^b	2.40 ± 0.45^b	0.058 ± 0.005	$3\,732\pm2\,447^c$

注：同一列不同字母表示在 5% 水平上的显著差异

表 21.14　养殖密度和水质指标的相关性（以 r 值表示）

水质指标	pH	溶解氧 DO	硝酸盐 NO₃⁻	磷酸盐 PO₄³⁻	总细菌	浊度 NTU
r 值	0.514*	−0.450*	0.810*	0.766*	0.485*	0.092

* 在 1% 水平上有显著差异

　　在高密度养殖环境中，养殖鱼免疫力水平明显下降，养殖鱼行为出现异常，发生感染。死亡鱼病理诊断显示，多处组织器官出现炎症病变，肠道和鳃炎症严重，咽、食道和胃炎症较轻，肝脏局灶性肝炎，冠状室、性腺和脾脏炎，肾小球肾炎（图 21.16）。对病鱼和死亡鱼的诊断结论为其是嗜水气单胞菌感染。

　　本病发病急，危害大。通过药敏试验和临床医疗试验，庆大霉素、链霉素、氟苯尼考、磺胺类、

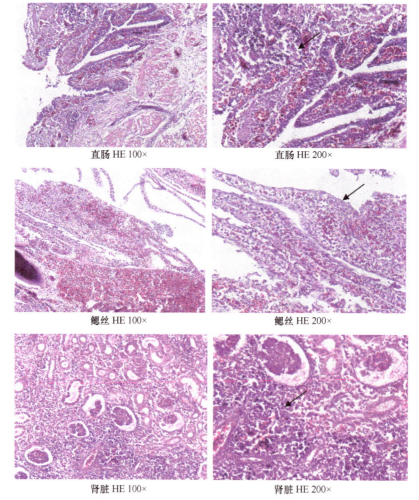

直肠 HE 100×　　　　　　　　直肠 HE 200×

鳃丝 HE 100×　　　　　　　　鳃丝 HE 200×

肾脏 HE 100×　　　　　　　　肾脏 HE 200×

图 21.16　直肠、鳃和肾脏的病理组织切片（箭头所指为炎性细胞）

左氧氟沙星都具有较好的医疗效果。由于感染嗜水气单胞菌的中华鲟行为变化明显，通过加强日常观察，做到早发现、早治疗，可提高感染鱼的治愈率。当然，改善养殖环境条件、提高水质质量仍然是降低嗜水气单胞菌感染的关键。

21.3.3　外伤治疗

中华鲟游动时躲避灵活性较差，如果养殖池内壁及水体环境中景观造景表面粗糙，极易使其皮肤表面划伤。如果伤口小，水质清新，可通过加强营养、降低中华鲟应激等措施促进受伤中华鲟的伤口自行愈合。如果伤口面积大，深度深，可以再增加抗生素，如庆大霉素加强治疗，伤口会较快痊愈。

21.3.4　应急救助

新引入养殖池的中华鲟由于不适应环境，很容易发生窜游、冲撞、侧翻等应激行为，如不及时治疗控制，容易发生应激过强、神经功能紊乱，引发死亡。可以通过水下注射 Catosal 镇静剂及腺苷三磷酸二钠、减弱周围照明强度、潜水员水下扶正体位及助游等方式进行护理、救助。

21.3.5　摄食异物

中华鲟喜于池体底部寻找食物，容易误食池体底部的异物。我们曾经救治过一尾误食石块的中华鲟。此中华鲟 3 龄，养殖人员做日常观察时突然发现其游动时身体沉重，极度费力。通过 X 光机检查，其腹内有多块卵石，需要手术治疗。我们约请北京动物园兽医共同制定了手术方案，对中华鲟麻醉后实施了手术。从胃中共取出 10 块卵石，重 340 g，最大 1 块长度接近 7 cm（图 21.17）。术后将中华鲟隔离饲养，保持水质清新，并提供丰富的营养，采用庆大霉素治疗一周，提高维生素使用量（2 倍于正常量）辅助治疗，伤口经过 1 个月后基本愈合。经过半年护理，中华鲟健康水平恢复正常。

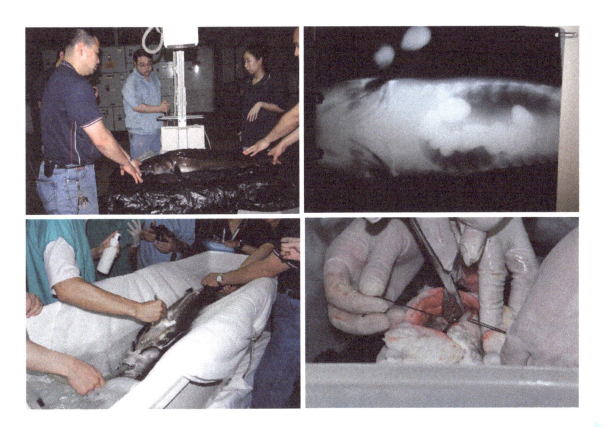

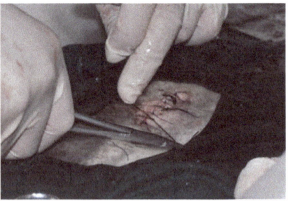

图 21.17　X 光机检查及手术治疗

22

遗传资源保护

22.1 配子保存

22.1.1 精子保存

保存精子的方法很多，主要有低温、常温和冷冻 3 种。低温和常温用于短期保存精液，而冷冻或超低温冷冻则可以长期保存精液。

1. 短期保存

在中华鲟人工繁殖工作中，时常发生雌雄亲鲟成熟不同步的问题，因此，需对中华鲟精液进行离体短期保存，这已经成为保证中华鲟人工繁殖工作顺利进行的重要技术手段。温度是影响鱼类精子短期保存的主要因素，其主要从两方面影响鱼类精子保存的时间：一方面是影响精子自身的能量代谢，温度可以影响精子细胞中酶的活性、ATP 消耗率、精子呼吸作用的强度等，在生理耐受范围内，温度升高，酶活性提高，精子呼吸作用增强，能量物质消耗率提高，当精子细胞中的 ATP 含量降低到原有水平的 20% 左右时，精子就基本失去活动能力（Billard and Cosson，1992；江世贵等，2000；赵会宏等，2003）；另一方面影响精子所处的微环境，如代谢产物浓度、精浆中各种离子浓度、有害细菌的繁殖，较高的温度有利于各种有害菌繁殖，在实验中可以观察到在较高温度下保存的精液中细菌出现最早，繁殖最快，Brown 和 Mims（1995）研究发现，添加适量的青霉素和链霉素可以显著延长精子保存时间。因此，降低温度是抑制精子能量代谢的有效途径之一。但是在低温中保存的精子其代谢活动并未完全停止，在精原液中的精子仍在不断消耗能量，致使在低温中保存的精子的活力也会随保存时间的延长而逐渐下降，被激活后的快速运动时间和总运动时间都呈下降趋势，因此精子短期保存的时间是有限的（舒琥等，2005）。在实际应用中，在较低温度（0～4℃）下短期保存中华鲟精子是可行的，一周内可以用于人工授精，而且适当添加抗生素以抑制细菌繁殖，也许能取得更为理想的效果。

2. 超低温冷冻保存

中华鲟资源量急剧下降，分布区逐渐减少，加之中华鲟繁殖周期又长，因此，精液的超低温冷冻保存技术对于中华鲟遗传学和种质保存方面的研究具有重要的理论意义和应用价值。厉萍（2006）对中华鲟精液的超低温冷冻保存开展了深入研究。对稀释液中蔗糖浓度、KCl 浓度及平衡时间长短进行精密筛选（表 22.1），待精液与稀释液按 1∶3 混匀后，再加入终浓度为 8% 的甲醇。混合液置于 4℃ 冰箱平衡一段时间后，立即用 1.8 ml 冷冻管分装，然后放入预先设置起始温度为 0℃ 的程序降温仪中。降温程序为 0℃ 开始，3℃ /min 降至 −5℃；5℃ /min 降至 −15℃；10℃ /min 降至 −25℃；20℃ /min 降至 −80℃；最后平衡 5 min。降温完成后，直接将冷冻管从程序降温仪中取出，立即放入液氮（−196℃）中保存。解冻时从液氮罐中取出一支冷冻管直接放入 38～40℃ 水浴中解冻 2 min 左右，然后立即对冻精进行镜检和授精实验。

表 22.1　解冻后精子质量参数比较

编号	MOT (%)	A (%)	VCL (μm/s)	VSL (μm/s)	VAP (μm/s)	ALH (μm)	BCF (number/s)	受精率 (%)	
								DW	NMS
对照	91.27±2.64a	75.83±7.12a	146.14±25.68a	94.94±22.79a	119.90±26.06a	3.19±0.46a	4.50±0.34a	32.74	33.04
D1	41.01±16.46c	12.87±8.66d	51.05±13.40bc	27.83±16.63bc	31.76±17.06bc	0.98±0.48b	4.41±1.12a	0	0
D5	64.23±4.64b	38.56±1.84c	63.51±2.72b	48.23±3.82b	53.65±2.09b	0.93±0.02b	3.99±0.18b	0	0
D10	42.66±16.09c	21.02±6.52d	45.03±2.77bc	32.89±2.68bc	36.53±1.92bc	0.75±0.04b	3.52±0.46ab	0	0
E1	67.75±8.17ab	41.67±8.34c	72.67±13.11b	50.5±10.68b	59.14±11.25b	1.35±0.32b	4.25±0.63a	2.33	0
E5	79.84±8.78a	61.57±4.75b	86.70±2.67b	63.38±6.80b	75.96±3.55b	1.16±0.18b	4.55±0.30a	2.44	6.98
E10	82.20±4.45a	60.24±6.68b	74.36±6.54b	57.58±12.21b	65.96±9.68b	0.92±0.08b	4.66±0.35ab	0	2.22
F1	36.41±7.85d	12.80±4.61d	41.28±5.84b	25.99±7.27bc	28.85±7.37bc	0.76±0.13b	3.39±0.28ab	0	0
F5	48.99±5.80c	21.07±3.96d	40.52±2.69b	26.74±1.59bc	29.78±1.92bc	0.69±0.03b	3.19±0.24bc	0	0
F10	52.90±5.18b, c	37.45±5.43c	74.28±24.19b	61.88±20.57b	68.00±24.84b	0.74±0.15b	4.05±0.11a	0	0

注：解冻精子平均活率（MOT）、A 级精子运动百分率（A）、平均曲线（VCL）、直线（VSL）、路径运动速率（VAP）、鞭毛平均侧摆幅值（ALH）、鞭毛平均鞭打频率（BCF）和受精率

稀释液组成：D1. Sucrose 45 mmol/L，KCl 1 mmol/L，Tris 20 mmol/L，pH 8.1；D5. Sucrose 45 mmol/L，KCl 5 mmol/L，Tris 20 mmol/L，pH 8.1；D10. Sucrose 45 mmol/L，KCl 10 mmol/L，Tris 20 mmol/L，pH 8.1；E1. Sucrose 30 mmol/L，KCl 1 mmol/L，Tris 20 mmol/L，pH 8.1；E5. Sucrose 30 mmol/L，KCl 5 mmol/L，Tris 20 mmol/L，pH 8.1；E10. Sucrose 30 mmol/L，KCl 10 mmol/L，Tris 20 mmol/L，pH 8.1；F1. Sucrose 15 mmol/L，KCl 1 mmol/L，Tris 20 mmol/L，pH 8.1；F5. Sucrose 15 mmol/L，KCl 5 mmol/L，Tris 20 mmol/L，pH 8.1；F10. Sucrose 15 mmol/L，KCl 10 mmol/L，Tris 20 mmol/L，pH 8.1

DW 代表授精时用蒸馏水激活精子，NMS 代表授精时采用激活液（Tris 10 mmol/L，NaCl 20 mmol/L，1 mmol/L CaCl₂，1 mmol/L MgCl₂，0.1% BSA）

同一列不同小写字母代表差异显著（$P < 0.05$）

　　根据精子活力和受精率的结果得出，稀释液组成为 Sucrose 30 mmol/L，KCl 5 mmol/L，Tris 20 mmol/L，pH 5 时保存效果最佳。实验中我们发现通过提高蔗糖浓度来加大稀释液的渗透压以达到抑制中华鲟精子运动的目的是无效的，精子解冻后在无激活液的条件下，已有大部分在原地颤动，还有一部分在慢速运动。我们认为解冻速率较降温速率快得多，精子被解冻后，周围的稀释液相对于已脱水的精子来说是个低渗环境，因此，在解冻的过程中精子已经被激活。根据前期对鲟鱼精子基本特征的了解，在稀释液中增加 K⁺ 浓度可以使上述情况得到改善。此外，我们还将稀释后的中华鲟精液置于低温环境下进行不同时间段的平衡，结果发现平衡时间长短对中华鲟精子的冷冻保存效果无显著影响。

　　近期，我们又对稀释液中糖的组成成分进行筛选，主要是对蔗糖、乳糖和海藻糖 3 种糖单独及两两组合在中华鲟精子冷冻保存过程中的作用效果进行评价。结果发现，采用 15 mmol/L 乳糖和 15 mmol/L 海藻糖混合糖代替 30 mmol/L 蔗糖能显著提高解冻精子的活力、顶体完整率和质膜完整率。糖分子在稀释液中除了为精子提供能量、调节渗透压以外，在冷冻保存过程中还可以与膜磷脂相互作用，对膜的稳定性起到保护作用（Molinia et al.，1994；Aisen et al.，2002）。乳糖是还原性糖，而蔗糖和海藻糖属非还原性糖。Pan 等（2015）提出还原性糖与非还原性糖组合在一起会提高对膜的保护能力。我们的结果也充分证明了这一结论。

22.1.2　卵子保存

　　温度主要是通过影响卵子自身的代谢起作用，鱼类卵子在排出体外后会因为形态和生物化学变化而变得过熟，这些变化会对卵子的活力产生负面影响（Formacion et al.，1993）。也有学者认为卵子在排出体外后，会因皮质反应而逐渐丧失活力（Elizete et al.，2003）。我们研究发现，28℃下保存的中华鲟卵子在保存约 1 h 后就出现瘪塌、极核模糊、极核发白的过熟现象，受精能力急剧下降，4 h 后受精率只有 9.8%。卵子在 8℃下保存 1 h 后极核没有明显变化，只是形态变化明显，表现为明显的冻伤，呈不规则的球形，硬度加大，4 h 后受精率只有 21.0%。在 16℃和 20℃下保存的卵子活力衰减缓慢，在前 6 h 没有明显的变化，受精率在 75% 以上，保持 50% 以上的受精率达到 12 h，其后才逐渐出现明显的过熟现象。可见，高温和低温造成中华鲟卵子活力丧失的原因不同，前者是由于促进了卵子的生理活动，后者主要是由于物理损伤，中华鲟卵子适宜在 16 ～ 20℃条件下保存（郑跃平等，2006；图 22.1）。

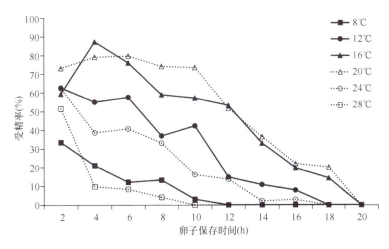

图 22.1　不同温度下保存中华鲟卵子受精率的变化（郑跃平等，2006）

　　鱼卵和胚胎体积大、含水量多、卵膜通透性差、卵黄含量高，冷冻保存较困难，鱼卵和胚胎的超低温冷冻保存目前尚未取得真正的突破。中华鲟卵子特别大（卵径大于 4 mm），卵黄多，直接保存

中华鲟保护生物学

完整的卵子或胚胎难以成功。余来宁等（2007）对中华鲟囊胚细胞和原肠胚细胞进行了冷冻保存，用冷冻复苏后的囊胚细胞和原肠胚细胞作供体，以中华鲟未受精的卵作受体进行核移植，各移植了 469 枚和 392 枚卵，分别获得了 5 尾和 2 尾克隆鱼，核移植成功率分别为 1.1% 和 0.5%。

22.2　家系遗传管理

随着中华鲟野外种群数量急剧下降，中华鲟人工养殖群体已经成为物种延续最为重要的途径。20 世纪 90 年代初仅进行了人工种群的零星蓄养，直到 1997 年中华鲟苗种规模化培育技术取得突破以后，人工种群蓄养才形成一定的规模。目前人工繁殖的子一代已经达到繁殖年龄并实现了全人工繁殖。子二代的繁殖成功使中华鲟在不依赖野生种群的情况下能够繁衍生息。然而，人工养殖的中华鲟进一步导致人工养殖群体的遗传背景复杂化。对中华鲟人工养殖群体进行家系遗传管理指导人工繁殖，有利于产生生命力更强的后代，避免近亲繁殖和遗传多样性衰退。2017～2018 年在农业农村部长江流域渔政监督管理办公室和长江三峡集团有限公司的共同资助下，开展了全国范围的中华鲟人工群体普查项目，对整个中华鲟的人工养殖群体进行了摸底调查，建立了电子档案。通过微卫星和线粒体分子标记对现存人工养殖的中华鲟后备亲鱼（8 龄及以上）建立系谱关系网络图。截至目前已经筛选到多态微卫星分子标记 45 个（待发表），相关的研究正在开展。

22.3　雌核发育

22.3.1　鲟形目鱼类雌核发育的研究历史和现状

有关鲟鱼类雌核发育最早的研究是在 1963 年，Romashov 等（1963）人工诱导了俄罗斯鲟（*Acipenser gueldenstaedtii*）、小体鲟（*Acipenser ruthenus*）和欧洲鳇（*Huso huso*）的雌核发育，随后国外又有许多学者在高首鲟（*Acipenser transmontanus*）(Kowtal，1987；Doroshov et al.，1983)、短吻鲟（*Acipenser brevirostrum*）(Flynn et al.，2006)、匙吻鲟（Mims et al.，1997）、密西西比铲鲟（*Scaphirhynchus platorynchus*）(Mims and Shelton，1998)、闪光鲟（*Acipenser stellatus*）(Saber et al.，2008)、小体鲟（Fopp-Bayat et al.，2007）、Bester（欧洲鳇♀×小体鲟♂）(Recoubratsky et al.，2003)、西伯利亚鲟（*Acipenser baerii*）(Fopp-Bayat，2007)等鲟鱼上进行了雌核发育的人工诱导。目前，人工诱导雌核发育已在 10 多种鲟形目鱼类中获得成功（表 22.2）。

表 22.2　不同方法诱导各种鲟形目鱼类雌核发育后代

时间及作者	母本	父本	精子遗传失活方式	染色体加倍方式	雌核发育孵化率（%）
1963, Romashov et al.	俄罗斯鲟	俄罗斯鲟	UV	热休克	—
1996, Van Eenennaam et al.	高首鲟	高首鲟	UV	热休克	20
1997, Mims et al.	匙吻鲟	密西西比铲鲟	UV	热休克	19
1998, Mims et al.	密西西比铲鲟	匙吻鲟	UV	热休克	16
2005, Naotako et al.	Bester	Bester	UV	热休克	49
2006, Flynn et al.	短吻鲟	短吻鲟	UV	静水压	25
2007, Fopp-Bayat et al.	西伯利亚鲟	Bester	UV	热休克	18
2007, Fopp-Bayat et al.	小体鲟	Bester	UV	热休克	25
2008, Saber et al.	闪光鲟	闪光鲟	UV	冷休克	27.8
2009, Pourkazemi et al.	欧洲鳇	欧洲鳇	UV	热休克	13

22.3.2 雌核发育在鲟形目鱼类遗传育种与保护方面的意义及应用

国外开展鲟鱼类雌核发育研究的主要目的是实现全雌化的养殖，为制备人工鱼子酱，通过雌核发育和性别控制技术相结合的方法培育出全雌化的鲟鱼将极大地提高经济效益。此外，对于性成熟年龄较长的鲟鱼，通过雌核发育诱导快速获得一个纯系也是研究者的一大目的。在性别遗传决定研究方面，已证实鲟科鱼类中的 Bester（欧洲鳇♀× 小体鲟♂）(Omoto et al., 2005) 和短吻鲟（*Acipenser brevirostrum*）(Flynn et al., 2006) 为 ZW 型性别决定类型。雌核发育在鲟形目鱼类遗传育种中的意义主要体现在以下几个方面。

1. 快速建立纯系

以前，一般采用连续近亲交配的方法来建立纯系，但用该技术建立纯系至少需要经过连续 8 ～ 10 代同胞兄妹的交配，这对于成熟年龄较长的鲟形目鱼类来说，几乎是不可能的。然而，采用连续 1 ～ 3 代人工雌核发育，并与人工性别调控相结合已成为快速建立纯系的新途径，这无疑为生活周期较长的鲟形目鱼类纯系的建立节省了大量时间和金钱 (Xie et al., 2000；Xu et al., 2008)。

2. 单性种群的利用

在生产实践中，鲟形目鱼类雌雄个体的生长速度有一定的差异，雌鱼的生长速度要明显快于雄鱼，所以全雌养殖在同等条件下无疑会提高单位面积的产量，降低成本，提高收益。此外，鲟鱼鱼子酱是名贵食品，有"黑色黄金"之称，通过雌核发育培育出全雌化的鲟鱼将极大地提高经济效益。

3. 性别遗传机制分析

鱼类属于低等脊椎动物，其性染色体异型的分化及性染色体机制尚处于低等阶段，因而鱼类遗传性别的染色体控制技术就比较复杂（吴清江和桂建芳，1999；桂建芳，2007）。采用传统的方法，对鱼类，特别是对染色体细小且数目众多的鱼类进行性别遗传机制的鉴定，存在一定的困难。人工雌核发育技术为确定鱼类的性别遗传机制提供了一条便捷的途径 (You et al., 2008)。采用这一技术，只需确定人工诱导雌核发育所获得的子代的性别就可以了。如果全是雌性，则表明该种群的雌性为配子同型 (homogamy)；如果为全雄（假定 WW 超雌个体不能成活），或是雌雄个体数目大致相同，则可断定该种的雌性为配子异型 (heterogamy)。

4. 保护濒危鱼类

有"长江活化石""水中大熊猫"之称的野生中华鲟，为国家一级濒危保护水生野生动物，是我国特有的古老珍稀鱼类。中华鲟在分类上占有极其重要的地位，是研究鱼类演化的重要参照物，在生物进化、地质、地貌、海侵、海退等地球变迁等方面均具有重要的科研价值和难以估量的生态、社会、经济价值。相关资料显示，野生中华鲟繁殖困难，主要体现在以下 3 个方面：一是种群数量在减少，二是雌雄性比失调，三是长江流域生态环境恶化。有研究表明，长江水质的污染对中华鲟亲鱼的性腺发育、自然繁殖受精卵的孵化和幼鲟的发育都产生了巨大的影响，对中华鲟保护迫在眉睫、刻不容缓。拯救这一珍稀濒危的"活化石"对发展和合理开发利用野生动物资源、维护生态平衡具有深远意义。

通过雌核发育技术可在无成熟中华鲟雄鱼的前提下，获得具有母性遗传物质的后代，从而起到扩大种群、保护种质资源的目的。因此，开展中华鲟雌核发育人工诱导，一方面可为长江中华鲟的种群恢复奠定技术基础，另一方面对中华鲟资源有效增殖及保护技术提升具有重要意义。总之，中华鲟人工诱导雌核发育技术在鲟形目鱼类遗传育种研究及种质资源保护方面具有重要的理论意义和应用价值。

22.4　生殖细胞移植

生殖细胞移植技术自 1994 年被 Brinster 等突破以来，被广泛用于哺乳动物的精子发生及干细胞生物学研究等。此项技术包括将供体动物的精原干细胞进行分离，然后移植入受体的精巢，最终由受体产生出具有供体遗传特性的成熟精子。此外，该项技术也为转基因动物研究及濒危动物的遗传资源保护提供了更多便利。相比于哺乳动物，干细胞移植技术的研究在水产动物中发展较为缓慢。直到 2003 年，Takeuchi 等才开始将生殖细胞移植技术应用于虹鳟。他们将带有 GFP 标记的原始生殖细胞移植入虹鳟的腹腔，随后这些细胞在受体体内增殖、分化并最终发育成具有功能性的精巢和卵巢（Takeuchi et al.，2003）。2015 年 Martin Pšenička 的研究团队首次对鲟鱼的生殖细胞进行了分离、纯化及移植。他们选取西伯利亚鲟作为供体，进行精原细胞分离纯化，随后移植入小体鲟受体内，在小体鲟体内可见所移植的西伯利亚鲟供体精原细胞增殖信号及 FITC-dextran 500 标记（Saito et al.，2014）的小体鲟内源 PGC 荧光信号。

长江水产研究所研究人员分离了达氏鲟的精原细胞及中华鲟的卵原细胞，分别将其移植入出膜后 7～8 天的达氏鲟幼苗体内。结果表明，移植入的外源生殖细胞可以成功整合入达氏鲟受体的生殖腺内（Ye et al.，2017）。对达氏鲟（移植受体）进行组织学研究，结果表明，其原始生殖细胞在出膜后 16 天迁移至腹膜壁，随后生殖腺在出膜后 28 天开始形成，即供体的生殖细胞移植必须早于这个时期，以便使供体的生殖细胞成功嵌合到受体生殖嵴。选取 2 龄雄性达氏鲟和 11.5 龄雌性中华鲟作为生殖细胞移植供体，性腺组织切片的免疫组化结果表明，2 龄达氏鲟精巢主要含有 A 型精原细胞，而 11.5 龄中华鲟卵巢主要含有卵黄形成前的卵母细胞和极少数卵原细胞。将达氏鲟精巢和中华鲟卵巢用蛋白酶消化，获得的细胞经 PKH26 染色后，注射到出膜后第 7～8 天的达氏鲟仔鱼腹腔。在移植后第 2 天和第 51 天，受体的成活率分别在 90% 和 70% 以上。在移植后第 51 天，经激光共聚焦显微镜观察发现，带 PKH26 标记的供体细胞嵌合到受体达氏鲟幼鱼性腺中，且这些细胞的细胞核在形态和大小方面具有与相应供体达氏鲟精原细胞或中华鲟卵原细胞相同的特征。同种精巢生殖细胞移植（组 1）的嵌合率为 70%，而另外两组异种卵巢生殖细胞移植（组 2 和组 3）的嵌合率分别为 6.7% 和 40%。在组 1、组 2 和组 3 中，嵌合到受体性腺的生殖细胞数目相对达氏鲟幼鱼性腺中内源生殖细胞数目的比例分别为 11.96%、5.35% 和 3.56%（表 22.3）。以上结果表明，采用近缘物种作为受体，该研究团队成功地建立了濒危物种中华鲟的生殖细胞移植技术，将中华鲟生殖细胞移植到受体达氏鲟，可实现异种生殖，从而缩短中华鲟初次性成熟时间，为中华鲟的物种延续提供新的途径。

表 22.3　达氏鲟种内和种间生殖细胞移植受体成活率和供体生殖细胞嵌合情况

实验组 [a]	移植仔鱼数目	成活仔鱼数目（成活率 [b]，%）	成功嵌合幼鱼数目 [c]	嵌合率（%）	嵌合细胞数目 [d]	内源生殖细胞数目 [e]	嵌合比例（%）[f]
组 1	43	33（76.7）	7/10	70	6.7 ± 1.34	—	11.96 ± 2.39
组 2	65	47（72.3）	1/15	6.7	3	—	5.35
组 3	75	49（65.3）	4/10	40	2 ± 0.71	—	3.56 ± 1.26
对照	58	50（86.2）	0/10	0	0	56.1 ± 2.25	0

a 组 1，供体达氏鲟精巢细胞移植到出膜后 8 天达氏鲟仔鱼中；组 2，供体中华鲟卵巢细胞移植到出膜后 7 天达氏鲟仔鱼中；组 3，供体中华鲟卵巢细胞移植到出膜后 8 天达氏鲟仔鱼中；对照，未经生殖细胞移植的仔鱼

b 移植后 51 天成活率

c 移植后 51 天供体生殖细胞嵌合到受体性腺的幼鱼数目 / 移植后 51 天检查幼鱼总数

d 数值表示方法为：平均值 ± 标准误

e 出膜后 58 天未进行生殖细胞移植幼鱼，通过性腺整体免疫组化得到内源生殖细胞数目，数值表示方法为平均值 ± 标准误

f 嵌合生殖细胞相对内源生殖细胞比例 = 移植后 51 天嵌合到受体性腺中供体生殖细胞的数目 / 出膜后 58 天幼鱼内源生殖细胞的平均数目，数值表示方法为平均值 ± 标准误

物种保护前景

中华鲟冠以"中华"之美名,因为其主要分布区域为中国近海及通海河流,长江、黄河、赣江、湘江、闽江、钱塘江和珠江水系均曾经有中华鲟的踪影,中华鲟也会远渡至朝鲜半岛及日本的近海等水域。然而,随着人类活动的加剧和资源量的下降,中华鲟栖息分布区也逐渐缩小。长江作为世界第三大河流,其生态系统复杂性、生境的多样性为中华鲟种群生存繁衍提供了更多的机会,长江和中国近海是中华鲟最后的避难所。然而, 随着长江流域及近海社会经济的不断发展, 大型水工程建设、筑坝、航道疏浚及航运、捕捞、水污染和城市化等各种人类活动不断加剧, 进一步威胁着中华鲟的生存, 物种延续面临严峻挑战。主要体现在:①中华鲟自然繁殖活动出现不连续趋势,栖息环境急剧恶化。葛洲坝截流以来,中华鲟因洄游受阻丧失了分布于金沙江和长江上游的约 600 km 的产卵场,所幸在葛洲坝下 4 km 的江段范围内形成了稳定的产卵场。1982 年以来,每年在葛洲坝下均有中华鲟自然繁殖活动发生, 这意味着中华鲟通过自我繁衍能够维系种群的延续。然而, 2003 年三峡水利枢纽工程蓄水运行以来, 三峡水库的"滞温效应"导致秋季中华鲟产卵时间的严重推迟, 三峡水库下泄导致的河床质的冲刷进一步降低了产卵场的适合度, 对产卵场环境的不利影响逐步加剧。葛洲坝下现存的唯一产卵场的面积逐渐缩小, 适宜性下降, 繁殖规模逐年缩减。加上长江上游梯级水库带来的"滞温效应"叠加影响, 使得产卵场条件更加恶化, 适合于中华鲟自然繁殖的水温窗口逐渐狭窄、产卵场整体功能衰退。2013 年首次出现了葛洲坝下产卵场没有发生自然繁殖的情况。最近几年的监测结果显示,2015 年、2017 年和 2018 年在葛洲坝下中华鲟产卵场均没有自然繁殖活动发生。这就意味着中华鲟通过自身繁衍实现物种延续的能力受到了威胁。虽然 2015 年在长江口重新监测到中华鲟幼鱼, 表明 2014 年中华鲟可能在其他江段形成新的产卵场或产卵时间延迟, 但未来产卵活动能否延续仍未知。2016 年在葛洲坝下虽然发生了自然繁殖, 但自然繁殖的规模已经明显下降。2017 和 2018 年, 中华鲟连续两年自然繁殖中断的事实也警示着中华鲟种群延续的危机。②中华鲟自然繁殖群体规模急剧衰退, 种群维持困难。随着人类活动的加剧以及中华鲟物种自身繁衍能力的下降, 中华鲟资源量衰退的趋势目前尚未得到很好的遏制。监测数据表明, 葛洲坝截流前的 20 世纪 70 年代, 洄游到中华鲟历史产卵场的中华鲟每年 1 万尾左右;葛洲坝截流初期(80 年代), 洄游到葛洲坝下中华鲟产卵场的中华鲟繁殖群体每年 2000 余尾。进入 21 世纪 10 年代, 洄游到葛洲坝下中华鲟产卵场的中华鲟繁殖群体每年 100 余尾,2015 ~ 2018 年最近几年监测结果表明, 洄游到坝下中华鲟繁殖群体不足 50 尾。因此, 葛洲坝截流至今 33 年, 中华鲟繁殖群体年均下降速率达到约 10%, 情况令人担忧。中华鲟繁殖群体的资源下降、产卵环境的恶化, 双方共同作用加剧了物种的急剧衰退, 如果不采取有效措施, 中华鲟自然种群将迅速走向灭绝。此外, 虽然目前对于我国近海中华鲟的资源和分布状态尚不清楚, 但基于中华鲟洄游群体的数量估算, 中华鲟海洋中的资源蕴藏量也很不乐观。③人工保种群体规模有限, 增殖放流的资源修复成效不显著。国家从 1983 年起停止了中华鲟的商业捕捞, 仅允许用于科研和繁殖放流的少量科研捕捞, 自 2008 年停止了所有的野外种群捕捞。2008 年之前, 均采用捕捞野生中华鲟进行繁育和增殖放流, 在 1997 年苗种未突破大规格育苗技术之前, 放流中华鲟主要是初孵幼鱼和 3 ~ 5 cm 体长

的幼苗，数量 300 余万尾；1997 之后，一般是放流 10 cm 左右体长的中华鲟幼鱼，数量 300 余万尾。我国大规模的人工群体建设是从 1997 年中华鲟规模化苗种培育技术突破之后，据不完全统计，10 龄以上中华鲟子一代群体约 2000 尾，2009 年全国首次实现中华鲟全人工繁殖，获得子二代苗种。中国水产科学研究院长江水产研究所自 2012 年实现了中华鲟全人工繁殖的规模化，2016 年和 2017 年均实现了繁育 10 万尾 10 cm 以上中华鲟幼苗能力，也开展了子二代的规模化放流约 15 万尾。从人工放流中华鲟仔幼鱼的监测结果来看，放流幼鱼的整体贡献率不高。一方面是由于放流幼苗的成活率不高，另一方面放流数量极其有限。目前累计放流的 700 余万尾中华鲟，相比于俄罗斯鲟的增殖放流量明显不足。自 2008 年，由于野生个体人工繁殖停止、人工养殖的中华鲟因成熟度不够，导致全人工繁殖规模和数量的有限性，也导致近 10 年来总体的放流量不足 20 万尾。另外，现有人工保种的性成熟个体数量也有限，而且，后备亲体来源单一，子二代个体的种质质量呈下降趋势。这些均限制了中华鲟资源的恢复。因此，如果中华鲟自然繁殖持续中断，仅通过人工群体来实现对自然群体的补充仍存在较大困难。因缺乏自然资源的补充，人工群体的可持续繁育也面临严重挑战。

针对中华鲟产卵场功能下降、产卵频率降低、洄游种群数量持续减少、自然种群急剧衰退的现状，2015 年 9 月农业部发布了《中华鲟拯救行动计划（2015～2030）》（以下简称"拯救行动计划"），提出了中华鲟保护的指导思想、基本原则、行动目标，制定了就地保护行动、迁地保护行动、遗传资源保护行动和支撑保障行动等方面的行动计划，为今后中华鲟保护提供了纲领。其中就地保护行动方面强调要探明中华鲟栖息地和生活史、建立全流域资源监测和救护体系、修复生境和关键栖息地、优化人工增殖放流、加强自然保护区管理、严控外来物种入侵等内容。迁地保护行动方面强调要拓展人工养殖保护、进行自然水体圈地保护、海洋和河口水体驯养保护等。遗传资源保护行动包括突破中华鲟生殖干细胞相关技术、建立中华鲟精子冷冻库等，支撑保障行动包括成立中华鲟保护行动联盟、规范和减少渔业捕捞、实施长江中下游生态综合整治等。

该拯救行动计划首次布局了中华鲟全流域资源监测、救护和保护计划，强调了将长江水资源利用相关的水电、航运、水利和环保等部门联合起来开展长江生态联合整治；强调要提高中华鲟保护的公众意识和社会共同参与度。此外，在农业农村部长江流域渔政监督管理办公室的协调下，2016 年 5 月 21 日由全国水生野生动物保护分会牵头的中华鲟保护救助联盟在上海成立。中国水产科学研究院及其院属研究所、中国科学研究院水生生物研究所、水工程生态研究所、三峡集团公司中华鲟研究所等多家科研院所、大型水族馆、中华鲟养殖企业，以及非政府组织（non-governmental organization，NGO）等作为成员单位加入该联盟。联盟的成立将充分利用中华鲟保护相关的社会资源，制定详细保护计划，通过多方力量共同参与，为中华鲟拯救行动提供强有力的支撑保障。联盟的成立，搭建了中华鲟全域资源监测、救护与繁育利用的新平台。在拯救行动计划框架下，新的迁地保护模式正在探索。除人工圈养外，近期还在积极筹备自然水体圈养和海水养殖等多种迁地保护行动。

"十八大"以来的生态文明建设总体布局为中华鲟物种保护迎来新时代。习近平总书记多次对长江经济带生态环境保护工作作出重要指示，"当前和今后相当长一个时期，要把修复长江生态环境摆在压倒性位置，共抓大保护，不搞大开发。""推动长江经济带发展必须从中华民族长远利益考虑，走生态优先、绿色发展之路"，把生态环境保护摆上优先地位。环境保护部、国家发展和改革委员会、水利部三部委发布的《长江经济带生态环境保护规划》（环规财〔2017〕88 号）中将中华鲟等长江珍稀濒危水生动物的保护放在了重要的位置。生态环境部、农业农村部和水利部三部委印发了《重点流域水生生物多样性保护方案》（环生态〔2018〕3 号），其中长江流域中华鲟的物种保护也是重点布局工作内容。2018 年，国务院办公厅印发《关于加强长江水生生物保护工作的意见》（国办发〔2018〕95 号）明确提出了针对中华鲟等长江物种保护的工作意见。长江流域已实施分阶段的捕捞渔业退出，为中华鲟生存留了更多空间。这些国家的宏观政策为中华鲟保护开启了新局面。

随着社会各界的广泛关注，以及保护工作力度的加强，根据《中华鲟拯救行动计划（2015～

2030 年）》的预设目标，到 2020 年，有望查明中华鲟自然繁殖产卵场的关键制约因素；查明可能存在的新产卵场范围、产卵规模；查明中华鲟繁殖群体现存量以及近海中华鲟资源蕴藏量及分布范围等；形成较完善的中华鲟监测、评估与预警体系；关键栖息地得到有效保护；初步实现人工群体资源的整合，探索人工完成中华鲟"陆 - 海 - 陆"生活史的养殖模式。当前，中华鲟子二代规模化繁育技术已经取得突破，人工保种群体已逐渐进入成熟梯队，人工育苗能力可达 100 万尾以上，亟须大规模增加中华鲟增殖放流力度，建议放流体长在 10 cm 以上的中华鲟子二代或者通过新技术突破，每年人工放流"子 1.5 代"百万尾。期望到 2030 年，中华鲟自然种群得到有效恢复，生境条件得到有效改善，关键栖息地得到有效保护，每年人工群体资源得到扩增和优化，实现人工群体的自我维持和对自然群体的有效补充。经过长期不懈努力，到 21 世纪中期，中华鲟自然种群得到明显恢复，栖息地环境得到明显改善，人工群体保育体系完备，群体稳定健康。

参 考 文 献

班璇, 李大美. 2006. 葛洲坝枢纽工程对中华鲟产卵场的生态水文学影响研究. 昆明: 水电2006国际研讨会: 936-943.

班璇, 李大美. 2007a. 大型水利工程对中华鲟生态水文学特征的影响. 武汉大学学报(工学版), 40(3): 10-13.

班璇, 李大美. 2007b. 葛洲坝下游中华鲟产卵场的多参数生态水文学模型. 中国农村水利水电, (6): 8-12,15.

蔡露. 2014. 四种鲟科鱼类幼鱼游泳特性研究与评价. 宜昌: 三峡大学硕士学位论文.

蔡玉鹏, 夏自强, 于国荣, 等. 2006. 中华鲟产卵区水流特征分析及二维数值模拟. 人民长江, 37(11): 79-81,114.

曹宏, 李创举, 危起伟, 等. 2011. 中华鲟阿黑皮素原cDNA序列克隆及其序列分析. 水生生物学报, 35(5): 776-782.

柴毅, 龚进玲, 杜浩, 等. 2014. 中华鲟子一代配子质量及其子二代生长特征分析. 水产学报, 38(3): 350-355.

国家环境保护总局. 2010—2017. 长江三峡工程与生态环境监测公报.

常剑波. 1999. 长江中华鲟繁殖群体结构特征和数量变动趋势研究. 武汉: 中国科学院水生生物研究所博士学位论文.

陈大元. 2000. 受精生物学——受精机制与生殖工程. 北京: 科学出版社.

陈家长, 孙正中, 瞿建宏, 等. 2002. 长江下游重点江段水质污染及对鱼类的毒性影响. 水生生物学报, 26(6), 635-640.

陈洁, 符美华, 许昌春, 等. 2015. 皮肤嗜血分枝杆菌感染2例研究. 中华皮肤科杂志, 48(10): 679-682.

陈社军, 麦碧娴, 曾永平, 等. 2005. 珠江三角洲及南海北部海域表层沉积物中多溴联苯醚的分布特征. 环境科学学报, 25(9): 1265-1271.

陈喜斌, 庄平, 曾翠平, 等. 2002. 中华鲟幼鲟蛋白质营养最适需要量. 中国水产科学, 9: 60-64.

陈细华. 2007. 鲟形目鱼类生物学与资源现状. 北京: 海洋出版社.

陈细华, 危起伟, 杨德国, 等. 2004a. 养殖中华鲟性腺发生与分化的组织学研究. 水产学报, 6: 633-639.

陈细华, 杨德国, 危起伟, 等. 2004b. 葛洲坝下中华鲟自然产卵胚胎正常发育的证据. 淡水渔业, 34(2): 3-5.

陈细华. 2004. 中华鲟胚胎发育和性腺早期发育的研究. 广州: 中山大学博士学位论文.

程晨, 陈振楼, 毕春娟, 等. 2007. 中国地表饮用水水源地有机类内分泌干扰物污染现况分析. 环境污染与防治, 29(6): 446-450.

崔志鸿, 李鹏, 曹波, 等. 2007. 重庆市主城区长江和嘉陵江水中有机污染物对斑马鱼胚胎仔鱼的毒性研究. 公共卫生与预防医学, 18(1): 5-8.

戴庆年, 赵莉莉. 1994. 青石斑鱼耗氧率的研究. 水产科学, 13(3): 6-9.

邓利, 张为民, 林浩然. 2003. 饥饿对黑鲷血清生长激素、甲状腺激素以及白肌和肝脏脂肪、蛋白质含量的影响. 动物学研究, 24(2): 94-98.

奠逸群. 长江流域水力发电规划概述. 长江工程职业技术学院学报, 1991(1): 48-53.

丁瑞华. 1994. 四川鱼类志. 成都: 四川科学技术出版社.

董传举, 刘园园, 刘晓勇, 等. 2014. 四种鲟鱼线粒体PCR-RFLP鉴定方法的研究. 生物技术通报, (12): 78-85.

董存有, 张金荣. 1992. 真鲷窒息点和耗氧率的初步研究. 水产学报, 16(1): 75-79.

杜浩, 危起伟, 张辉, 等. 2015. 三峡蓄水以来葛洲坝下中华鲟产卵场河床质特征变化. 生态学报, 35(9): 3124-3131.

杜浩, 危起伟, 张辉, 等. 2015. 三峡蓄水以来葛洲坝下中华鲟产卵场河床质特征变化. 生态学报, 35(9): 3124-3131.

杜浩, 张辉, 陈细华, 等. 2008. 葛洲坝下中华鲟产卵场初次水下视频观察. 科技导报, 26(17): 49-54.

付小莉, 李大美, 陈永柏. 2006a. 葛洲坝下游中华鲟产卵河段的流场计算与分析. 水科学进展, 17(5): 700-704.

付小莉, 李大美, 金国裕. 2006b. 葛洲坝下游中华鲟产卵场流场计算和分析. 华中科技大学学报(自然科学版), 34(9): 111-113.

傅朝君, 刘宪亭, 鲁大椿. 1985. 葛洲坝下中华鲟的人工繁殖. 淡水渔业, (1): 1-5.

高强, 文华, 李英文, 等. 2006. 中华鲟幼鲟维生素C营养需要的研究. 动物营养学报, 18: 99-104.

广西壮族自治区水产研究所, 中国科学院动物研究所. 2006. 广西淡水鱼类志(2版). 南宁: 广西人民出版社.

桂建芳. 2007. 鱼类性别和生殖的遗传基础及其人工控制. 北京: 科学出版社, 166-167.

郭柏福, 常剑波, 肖慧, 等. 2011. 中华鲟初次全人工繁殖的特性研究. 水生生物学报. 235(6): 940-945.

郭柏福, 朱滨, 万建义, 等. 2013. 人工驯养子一代中华鲟的血液生化特征. 水产科学, 32(10): 573-578.

郭忠东, 连常平. 2001. 中华鲟小水体养殖试验初报. 水产科学, 20(2): 15-16.

何大仁, 蔡厚才. 1998. 鱼类行为学. 厦门: 厦门大学出版社.

何群益. 2001. 中华鲟养殖试验. 中国水产, (5): 40-41.

胡德高, 柯福恩, 张国良. 1983. 葛洲坝下中华鲟产卵情况初步调查及探讨. 淡水渔业, 13(3): 15-18.

胡德高, 柯福恩, 张国良, 等. 1985. 葛洲坝下中华鲟产卵场的第二次调查. 淡水渔业, 15(3): 22-24, 33.

胡德高, 柯福恩, 张国良, 等. 1992. 葛洲坝下中华鲟产卵场的调查研究. 淡水渔业, 22(5): 6-10.

湖北省水生生物研究所鱼类研究室. 1976. 长江鱼类. 北京: 科学出版社.

黄真理, 王鲁海, 任家盈. 2017. 葛洲坝截流前后长江中华鲟繁殖群体数量变动研究. 中国科学: 技术科学, 47(8): 871-881.

黄真理, 王鲁海, 任家盈. 葛洲坝截流前后长江中华鲟繁殖群体数量变动研究. 中国科学: 技术科学, 2017(8), 91-101.

黄真理. 2013. 利用捕捞数据估算长江中华鲟资源量的新方法. 科技导报, 31(13): 18-22.

江桂斌, 刘稷燕, 周群芳, 等. 我国部分内陆水域有机锡污染现状初探. 环境科学学报, 2000, 20(5): 636-638.

江世贵, 李加儿, 区又君, 等. 2000. 四种鲷科鱼类的精子激活条件与其生态习性的关系. 生态学报, 20(3): 468-473.

姜礼燔, 许云萍, 王乙力. 中华鲟肝脏癌症及其治理措施. 当代水产, 2014(1): 61-63.

姜礼燔. 生态环境污染对水产业的影响及防治对策. 环境污染与防治, 1996(4): 31-34.

杰特拉费T.A., 金兹堡A.S. 1958. 鲟形目鱼类的胚胎发育及其养殖问题(中译本). 北京: 科学出版社.

金国裕, 李大美, 付小莉. 2006. 葛洲坝下游中华鲟产卵场流场模拟和分析. 昆明: 水电2006国际研讨会: 944-950.

金江, 贾军, 丁晓岚, 等. 2015. 散发性皮肤非结核感染37例回顾研究. 北京大学学报(医学版), 47(6): 940-945.

柯福恩, 胡德高, 张国良. 1984. 葛洲坝水利枢纽对中华鲟的影响——数量变动调查报告. 淡水渔业, 14(3): 16-19.

柯福恩, 危起伟, 张国良, 等. 1992. 中华鲟产卵洄游群体结构和资源量估算的研究. 淡水渔业, 22(4): 7-11

柯福恩, 危起伟. 1992. 中华鲟产卵洄游群体结构和资源量估算的研究. 淡水渔业, 22(4): 7-11.

乐佩琦, 陈宜瑜. 1998. 中国濒危动物红皮书·鱼类. 北京: 科学出版社.

雷慧僧. 1981. 池塘养鱼学. 上海: 上海科学技术出版社.

冷永智. 1988. 对中华鲟繁殖、发育及洄游问题的研讨. 长江鲟鱼类生物学及人工繁殖研究. 成都: 四川科学技术出版社.

冷永智. 1988. 对中华鲟繁殖、发育及洄游问题的研讨//四川省长江水产资源调查组. 长江鲟鱼类生物学及人工繁殖研究. 成都: 四川科学技术出版社.

李翀, 廖文根, 彭静, 等. 2007. 宜昌站1900~2004年生态水文特征变化. 长江流域资源与环境, 16(1): 76-80.

李创举, 杨晓鸽, 岳华梅, 等. 2016. 中华鲟piwil1基因的克隆表达特征研究. 淡水渔业, 46(6): 20-25.

李大勇, 何大仁, 刘晓春. 1994. 光照对真鲷仔、稚、幼鱼摄食的影响. 台湾海峡, 13(1): 26-31.

李红涛, 邓少平. 2005. 哺乳动物舌面味蕾的发育. 生命科学研究, 9(2): 45-49.

李建平, 李伟. 长江干线年过货量20亿吨创新高. 现代企业, 2015(1): 36-36.

李罗新, 张辉, 危起伟, 等. 2011. 长江常熟溆浦段中华鲟幼鱼出现时间与数量变动. 中国水产科学, 18(3): 611-618.

里克W.E. 1984. 鱼类种群生物统计量的计算和解析. 费鸿年, 袁蔚文译. 北京: 科学出版社.

厉萍. 2006. 中华鲟精子结构特征及其精液超低温冷冻保存技术研究. 武汉: 华中农业大学硕士学位论文.

梁旭方. 1996. 鳜侧线管结构与行为反应特性及其对捕食习性的适应. 海洋与湖沼, 27(5): 457-462.

林丹军, 尤永隆. 2002. 大黄鱼精子生理特性及其冷冻保存. 热带海洋学报, 21(4): 69-75.

林浩然. 1999. 鱼类生理学. 广州: 广东高等教育出版社.

林金忠, 苏永全, 王军. 1999. 中华鲟的移地养殖. 厦门大学学报(自然科学版), 38(6): 957-960.

林永兵. 2008. 非繁殖季节中华鲟繁殖群体在长江中分布与降海洄游初步研究. 武汉: 华中农业大学硕士学位论文.

蔺丽丽, 刘洪健, 袁海延, 等. 重金属污染对鱼类的影响. 河南水产, 2018, No.119(1): 6-8.

刘翠. 2011. 史氏鲟微卫星克隆及其性别相关AFLP标记的筛选. 哈尔滨: 哈尔滨师范大学硕士学位论文.

刘洪柏, 宋天祥, 孙大江. 等. 2000. 施氏鲟的胚胎及胚后发育研究. 中国水产科学, 7(3): 6-10.

刘怀汉, 李学祥, 杨品福, 等. 2014. 长江智能航道关键技术体系研究. 水运工程, (12): 6-9.

刘鉴毅, 危起伟, 陈细华, 等. 2007. 葛洲坝下中华鲟繁殖生物学特性及其人工繁殖效果. 应用生态学报, 18(6): 1397-1402.

刘鉴毅, 危起伟, 杨德国, 等. 2006. 中华鲟人工授精方法及所用稀释液: 中国, CN200510019548.1.

刘鉴毅, 张晓雁, 危起伟, 等. 2006a. 中华鲟水族馆驯养研究. 淡水渔业, 36(5): 52-56.

刘鉴毅, 张晓雁, 危起伟, 等. 2006b. 野生中华鲟水族馆驯养观察. 动物学杂志, 41(3): 48-53.

刘筠. 1993. 中国养殖鱼类繁殖生理学. 北京: 农业出版社.

刘伟. 2010. 中华鲟幼鱼饲料中适宜替代鱼粉蛋白源和脂肪源研究. 武汉: 华中农业大学硕士学位论文.

刘伟, 文华, 周俊, 等. 2007. 氯化胆碱对中华鲟幼鱼生长和生理指标的影响. 水利渔业, 27: 91-93.

刘雪清, 李莎, 肖衍, 等. 2015. 中华鲟性别相关的扩增片段长度多态性分子标记筛选. 四川动物, 34(5): 714-718.

鲁大椿, 傅朝君, 刘宪亭. 1989. 我国主要淡水养殖鱼类精液生物学特性. 淡水渔业, 19(2): 34-37.

鲁大椿, 傅朝君, 刘宪亭, 等. 1986. 中华鲟胚胎发育的研究. 淡水渔业, (4): 2-5.

鲁大椿, 刘宪亭, 方建萍, 等. 1992. 我国主要淡水养殖鱼类精浆的元素组成. 淡水渔业, 22(2): 10-12.

鲁大椿, 柳凌, 方建萍, 等. 1998. 中华鲟精液的生物学特性和精浆的氨基酸成分. 淡水渔业, 28(6): 18-20.

栾雅文, 刘龙翔, 戴高柱, 等. 1997. 青鱼味觉器官的分布与功能之间关系的研究. 内蒙古大学学报(自然科学版), 28(6): 825-829.

栾雅文, 邢自力, 刘伟靖, 等. 2003. 胡子鲇味觉器官的数量、分布与功能之间关系的研究. 内蒙古大学学报(自然科学版), 7, 34(4): 432-435.

马细兰, 洪万树, 张其永, 等. 2005. 中华乌塘鳢嗅觉器官的形态结构. 中国水产科学, 12(5): 525-532.

毛翠凤. 2005. 长江口中华鲟幼鱼的生物学特性及其保护. 上海: 上海海洋大学硕士学位论文.

孟庆闻, 苏锦祥, 李婉端. 1987. 鱼类比较解剖. 北京: 科学出版社.

农业部长江流域渔政监督管理办公室. 2016. 长江流域渔业生态公报.

农业部长江流域渔政监督管理办公室. 2017. 长江流域肩渔业生态共报.

潘庆燊, 陈子湘, 郭继明. 1992. 三峡水库变动回水区河道演变研究. 长江科学院院报, 9(06): 27-34.

邱实, 危起伟, 陈细华, 等. 2009. 中华鲟心脏的超声成像研究. 中国水产科学, 16(4): 605-611.

曲秋芝, 孙大江, 马国军, 等. 2002. 施氏鲟全人工繁殖研究初报. 中国水产科学, 9(3): 277-279.

曲漱惠, 李嘉泳, 黄浙. 等. 1980. 动物胚胎学. 北京: 人民教育出版社.

邵兵, 胡建英, 杨敏. 2002. 重庆流域嘉陵江和长江水环境中壬基酚污染状况调查. 环境科学学报, 22(1): 12-16.

单保党, 何大仁. 1995a. 黑鲷化学感受发育和摄食关系. 厦门大学学报(自然科学版), 9, 34(5): 835-839.

单保党, 何大仁. 1995b. 黑鲷视觉发育与摄食的关系. 台湾海峡, 14(2): 169-173.

邵建刚, 岳永瑞. 2002. 鲟鱼的工厂化养殖初探. 渔业现代化, (5): 6-8.

邵昭君, 赵娜, 朱滨, 等. 2002. 铲鲟微卫星引物对中华鲟的适用性研究. 水生生物学报, (6): 577-584.

舒琥, 黄燕, 张海发, 等. 2005. 盐度及温度对红鳍笛鲷精子活力的影响. 广州大学学报(自然科学版), 4(1): 29-32.

四川省长江水产资源调查组, 湖北省长江水产研究所. 1976. 长江鲟鱼类的研究. 成都: 四川科学技术出版社, 1988: 1-173.

四川省长江水产资源调查组. 1988. 长江鲟鱼类生物学及人工繁殖研究. 成都: 四川科学技术出版社.

四川省重庆市长寿湖渔场水产研究所. 1973. 金沙江鲟鱼产卵场调查和增殖措施的初步研究. 重庆: 重庆市科学技术局.

苏锦详, 李婉端. 1982. 中国鲟形目鱼类嗅觉器官类型的研究. 动物学报, 28(4): 389-398.

苏良栋. 1980. 中华鲟(*Acipenser sinesis* Gray)胚胎发育的简要记述. 西南师范大学学报(自然科学版), (02): 31-33.

孙大江, 曲秋芝, 马国军, 等. 2003. 中国鲟鱼养殖概况. 大连水产学院学报, (3): 216-221.

孙大江, 曲秋芝, 王丙乾, 等. 2004. 施氏鲟不同年龄性腺发育与性类固醇激素浓度关系. 中国水产科学, 11(4): 307-312.

唐国盘. 2005. 中华鲟胚胎发育和早期生活史阶段耗氧率的研究. 武汉: 华中农业大学硕士学位论文.

唐国盘, 刘鉴毅, 危起伟, 等. 2004. 中华鲟胚胎的耗氧率. 动物学杂志, 39(5): 30-34.

陶江平, 乔晔, 杨志, 等. 2009. 葛洲坝产卵场中华鲟繁殖群体数量与繁殖规模估算及其变动趋势分析. 水生态学杂志, 2(2): 37-42.

陶江平. 2009. 基于水声学的长江葛洲坝江段鱼类时空分布研究及GIS建模. 中国科学院水生生物研究所.

田宏杰, 庄平, 高露姣. 2006. 生态因子对鱼类消化酶活力影响的研究进展. 海洋渔业, 28(2): 158-162.

汪登强, 危起伟, 王朝明, 等. 2005. 13种鲟形目鱼类线粒体DNA的PCR-RFLP分析. 中国水产科学, 12(4): 383-389.

王成友. 2012. 长江中华鲟生殖洄游和栖息地选择. 武汉: 华中农业大学博士学位论文.

王程, 徐刚, 向友国. 2006. 长江葛洲坝水利枢纽下游河势调整工程. 湖北水力发电, (3): 36-39.

王改会, 马虹. 2006. 葛洲坝下游河势调整方案设计及其作用. 水利水电快报, 27(2): 4-6.

王恒. 2014. 中华鲟子二代环境偏好性研究. 武汉: 华中农业大学硕士学位论文.

王克雄, 王丁. 2015. 航道整治工程对长江江豚影响及缓解措施分析. 环境影响评价, 37(3): 13-17.

王平, 曹焯, 樊启昶, 等. 2004. 简明脊椎动物组织与胚胎学. 北京: 北京大学出版社.

王远坤, 夏自强, 蔡玉鹏. 2007. 葛洲坝下游中华鲟产卵场流场模拟与分析. 水电能源科学, 25(5): 54-47,72.

王远坤, 夏自强, 王桂华, 等. 2009. 中华鲟产卵场平面平均涡量计算与分析. 生态学报, 29(1): 538-544.

危起伟. 2003. 中华鲟繁殖行为生态学与资源评估. 武汉: 中国科学院水生生物研究所博士学位论文.

危起伟. 2016. 海洋馆中的中华鲟保护研究. 北京: 科学出版社.

危起伟, 班璇, 李大美. 2007. 葛洲坝下游中华鲟产卵场的水文学模型. 湖北水力发电, (2): 4-6.

危起伟, 陈细化, 杨德国, 等. 2005. 葛洲坝截流24年来中华鲟产卵群体结构的变化. 中国水产科学, 12(4): 452-457.

危起伟, 杜浩. 2014. 长江珍稀鱼类增殖放流技术手册. 北京: 科学出版社: 25-33.

危起伟, 李罗新, 杜浩, 等. 2013. 中华鲟全人工繁殖技术研究. 中国水产科学, (1): 1-11.

危起伟, 杨德国, 柯福恩. 1998a. 长江鲟鱼类的保护对策//黄真理, 傅伯杰, 杨志峰. 21世纪长江大型水利工程中的生态与环境保护: 中国科协第十九次"青年科学家论坛"论文集. 北京: 中国环境科学出版社: 208-217.

危起伟, 杨德国, 柯福恩, 等. 1998b. 长江中华鲟超声波遥测技术. 水产学报, 22(3): 211-217.

魏开建, 谢从新, 杨英, 等. 1997. 乌鳢早期视网膜发育的初步研究. 华中农业大学学报, (5): 408-412.

魏开建, 张桂蓉, 张海明. 2001. 鳜鱼不同生长阶段中趋光特性的研究. 华中农业大学学报, (2): 164-168.

魏开建, 张海明. 1996. 鳜鱼视网膜发育的组织学研究. 华中农业大学学报, 15(3): 263-269.

温小波, 库夭梅, 罗静波. 2003. 中华鲟配合饲料适宜蛋白质含量及最佳蛋白能量比研究. 海洋科学, 27: 38-43.

吴凤燕, 付小莉. 2007. 葛洲坝下游中华鲟产卵场三维流场的数值模拟. 水力发电学报, 26(2): 114-118.

吴金明, 王成友, 张书环, 等. 2017. 中华鲟在宜昌葛洲坝下产卵场自然繁殖的恢复. 中国水产科学, 24(3): 1-7.

吴玲玲, 明笙, 陈玲, 等. 2007. 长江口水域菲含量及对斑马鱼组织结构的影响. 环境科学与技术, 30(7), 13-15.

吴清江, 桂建芳. 1999. 鱼类遗传育种工程. 上海: 上海科学技术出版社: 94-109.

吴文忠. 1998. 鸭儿湖地区多氯代二苯并二恶英/呋喃(PCDD/F)的污染状况及其来源归宿的初[J]. 环境科学学报, (4): 415-419.

吴湘香, 陈细华, 刘鉴毅, 等. 2007. 中华鲟早期发育中17β-雌二醇和睾酮水平变化的初步观察. 淡水渔业, 37(2): 3-7.

伍献文, 杨干荣, 乐佩琦, 等. 1963. 中国经济动物志·淡水鱼类. 北京: 科学出版社.

向燕, 孔杰, 周洲, 等. 2013. 鲟鱼养殖亲鱼群体遗传多样性分析. 西南农业学报, (5): 2112-2115.

肖慧, 李淑芳. 1994. 一龄中华鲟生长特征研究. 淡水渔业, 24(5): 6-9.

肖慧, 王京树, 文志豪, 等. 1998. 不同饵料饲养中华鲟幼鲟试验. 水利渔业, 5: 51-52.

谢从新. 2010. 鱼类学. 北京: 中国农业出版社: 304.

谢刚, 陈棍慈, 祁宝岑, 等. 2001. 史氏鲟和杂交鲟鱼种耗氧的测定. 湖北农学院学报, 21(3): 232-234.

辛苗苗, 张书环, 汪登强, 等. 2015. 多倍体中华鲟微卫星亲子鉴定体系的建立. 淡水渔业, 45(4): 3-9.

徐永淦, 何大仁. 1988. 黄鳍鲷和普通鲻鱼幼鱼视网膜运动反应初步研究. 海洋与湖沼, 19(2): 109-115.

许克圣, 苏泽古, 白国栋. 1986. 中华鲟染色体组型的研究. 动物学研究, 7(3): 262-262.

许雁, 熊全沫. 1988. 中华鲟授精过程扫描电镜观察. 动物学报, 34(4): 325-327.

杨德国, 危起伟, 王凯, 等. 2005. 人工标志放流中华鲟幼鱼的降河洄游. 水生生物学报, 29(1): 26-30.

杨德国, 危起伟, 王凯, 等. 2006. 淡水养殖中华鲟成鱼的三种方式及效果比较. 南方水产, 2(2): 1-5.

杨吉平, 陈立桥, 刘健, 等. 2013. 人工放流4龄中华鲟盐度适应过程中血液生化指标的变化. 大连海洋大学学报, 28(1):67-71.

杨秀平, 谭细畅, 王永祥. 1999. 鳜嗅板的组织学研究. 华中农业大学学报, 18(2): 169-172.

杨亚非, 杨国胜, 雷明军. 2016. 长江流域科学谋划一江清水永续利, 2016长江保护与发展论坛报道, 人民长江报, [6月13日].

杨严欧, 余文斌, 姚峰, 等. 2006. 5种鲤科鱼类血细胞数量、大小及血清生化成分的比较. 长江大学学报(自然版)农学卷, 3(2): 159-160.

杨宇, 谭细畅, 常剑波, 等. 2007a. 三维水动力学数值模拟获得中华鲟偏好流速曲线. 水利学报, 增刊: 531-534, 541.

杨宇, 严忠民, 常剑波. 2007b. 中华鲟产卵场断面平均涡量计算及分析. 水科学进展, 18(5): 701-705.

姚德冬, 张晓雁, 罗静波, 等. 2016. 17-β雌二醇对养殖中华鲟血液若干生化指标的影响. 淡水渔业, 46(5):14-18.

姚志峰, 章龙珍, 庄平, 等. 2010. 铜对中华鲟幼鱼的急性毒性及对肝脏抗氧化酶活性的影响. 中国水产科学, 17(4): 731-738.

叶奕佐. 1959. 鱼苗、鱼种耗氧率、能需量、窒息点及呼吸系数的初步报告. 动物学报, 11(2): 117-134.

易继舫. 1994. 长江中华鲟幼鲟资源调查. 葛洲坝水电, (1): 53-58.

易继舫, 常剑波, 唐大明, 等. 1999. 长江中华鲟繁殖群体资源现状的初步研究. 水生生物学报, 23(6): 554-559.

易继舫, 江新, 万建义, 等. 1988. 中华鲟蓄养中的活动与性腺发育初步研究. 水利渔业, (5): 33-36.

殷名称. 1991. 鱼类早期生活史研究与其进展. 水产学报, 15(4): 348-358.

殷名称. 1993. 鱼类生态学. 北京: 中国农业出版社.

殷名称. 1995. 鱼类生态学. 北京: 中国农业出版社.

殷名称. 1999. 鱼类生态学. 北京: 中国农业出版社.

尤永隆, 林丹军. 1996. 黄颡鱼(*Pseudobagrus fulvidraco*)精子的超微结构. 实验生物学报, (3): 235-245.

余来宁, 危起伟, 张繁荣, 等. 2007. 中华鲟胚胎细胞的冷冻保存及其核移植. 水产学报, 31(4): 431-436.

余文公, 夏自强, 蔡玉鹏, 等. 2007a. 三峡水库蓄水前后下泄水温变化及其影响研究. 人民长江, 38(1): 20-22.

余文公, 夏自强, 于国荣, 等. 2007b. 三峡水库水温变化及其对中华鲟繁殖的影响. 河海大学学报(自然科学版), 35(1): 92-95.

余先觉, 周敦. 1989. 中国淡水鱼类染色体. 北京: 科学出版社: 4-9.

余志堂, 许蕴玕, 邓中林, 等. 1986. 葛洲坝水利枢纽下游中华鲟繁殖生态的研究//中国鱼类学会. 鱼类学论文集(第五辑). 北京: 科学出版社: 1-14.

余志堂, 周春生, 邓中林, 等. 1983. 葛洲坝枢纽下游中华鲟自然繁殖的调查. 水库渔业, (2): 2-4.

袁大林. 1975. 中华鲟在各地水库、池塘生长良好. 水产科技情报, (1): 9.

袁骐, 王云龙. 1998. 东海近岸石油污染对海洋生物体内石油烃含量的影响. 水产学报, (s1): 36-40.

曾令木, 赵义. 长江中下游干流河道采砂规划研究与探索. 人民长江, 37(10): 25-27.

曾勇, 危起伟, 汪登强. 2007. 长江中华鲟遗传多样性变化. 海洋科学, 31(10): 67-69.

张辉. 2009. 中华鲟自然繁殖的非生物环境. 武汉: 华中农业大学博士学位论文.

张桂蓉, 魏开建, 严安生. 2003. 乌鳢嗅觉器官发育的组织学研究. 西南农业大学学报(自然科学版), 25(6): 542-545.

张辉, 危起伟, 杜浩, 等. 2010. 中华鲟自然繁殖的水文状况适合度研究. 长江科学院院报, 27(10): 75-81.

张慧杰, 杨德国, 危起伟, 等. 2007. 葛洲坝至古老背江段鱼类的水声学调查. 长江流域资源与环境, 16(1): 86-91

张世光. 1984. 西江中华鲟调查初报. 广西水产科技, (2): 18-21.

张世光. 1987. 中华鲟在西江的分布及产卵场调查. 动物学杂志, 22(5): 50-52.

张书环, 聂品, 舒少武, 等. 2017. 子二代分枝杆菌感染及血液生理生化指标的变化. 中国水产科学, 24(1): 136-145.

张书环, 杨焕超, 辛苗苗, 等. 2016. 长江江苏溆浦段2015年发现中华鲟野生幼鱼的形态和分子鉴定. 中国水产科学, 23(1): 1-9.

张四明, 邓怀, 汪登强, 等. 1999c. 中华鲟(*Acipenser sinensis*)mtDNA个体间的长度变异与个体内的长度异质性. 遗传学报, 26(5): 489-496.

张四明, 邓怀, 汪登强, 等. 1999d. 7种鲟形目鱼类亲缘关系的随机扩增多态性DNA研究. 自然科学进展, 9: 20-26.

张四明, 邓怀, 晏勇, 等. 2000. 中华鲟随机扩增多态性DNA及遗传多样性研究. 海洋与湖沼, (1): 1-7.

张四明, 吴清江. 1999. 几种鲟鱼基因组大小、倍体的特性及鲟形目细胞进化的探讨. 动物学报, 45: 200-206.

张四明, 晏勇, 邓怀, 等. 1999b. 几种鲟鱼基因组大小、倍体的特性及鲟形目细胞进化的探讨. 动物学报, 4(52): 200-206.

张四明, 张亚平, 郑向忠, 等. 1999a. 12种鲟形目鱼类mtDNA ND4 L-ND4基因的序列变异及其分子系统学. 中国科学(C辑). 29(6): 607-614.

张晓雁, 杜浩, 危起伟, 等. 2015. 养殖中华鲟的产后恢复. 水生生物学报, 39(4): 705-713.

张晓雁, 李罗新, 危起伟, 等. 2011. 养殖密度对中华鲟行为、免疫力和养殖环境水质的影响. 长江流域资源与环境, 20(11): 1348-1354.

张晓雁, 李罗新, 张艳珍, 等. 2013. 性腺发育及年龄对养殖中华鲟抗氧化力的影响. 长江流域资源与环境, 22(8): 1049-1055.

张晓雁, 刘鉴毅, 危起伟, 等. 2007. 不同喂食方法对野生产后中华鲟的摄食促进. 动物学杂志, 42(2): 142-146.

张晓雁. 2012. 中华鲟血液生化学的研究与应用. 武汉: 中国科学院水生生物研究所博士学位论文.

张孝威, 何桂芬, 沙学绅. 1980. 黑鲷卵子及仔、稚、幼鱼的形态观察. 动物学报, 26(4): 331-336.

张秀茶. 1984. 海洋放射性污染对鱼类的危害. 海洋科学, 8(4): 40-43.

张艳珍, 张晓雁, 王彦鹏. 2014. 养殖中华鲟四种天然饵料的细菌分布及灭菌效果. 淡水渔业, 44(3): 90-94.

张中英, 胡玫, 吴福卢. 1982. 厄罗罗非鱼耗氧率的初步研究. 水产学报, (4): 369-377.

章龙珍, 庄平, 张涛, 等. 2006. 人工养殖不同年龄施氏鲟的血液学参数. 水产学报, 30(1): 36-41.

赵峰, 张涛, 侯俊利, 等. 2013. 长江口中华鲟幼鱼血液水分、渗透压及离子浓度的变化规律. 水产学报, 37(12): 1795-1800.

赵会宏, 刘晓春, 林浩然, 等. 2003. 斜带石斑鱼精子超微结构及盐度、温度、pH对精子活力及寿命的影响. 中国水产科学, 10(4): 286-290.

赵雁林, 逄宇. 2015. 结核病实验室检测规程. 北京: 人民卫生出版社: 39-44.

赵燕, 黄琇, 余志堂. 1986. 中华鲟幼鱼现状调查. 水利渔业, (6): 38-41.

郑跃平. 2007. 中华鲟精子生理生态特性研究. 武汉: 华中农业大学硕士学位论文.

郑跃平, 刘健, 陈锦辉, 等. 2013. "狂游症"中华鲟幼鱼血液生化指标初步研究. 淡水渔业, 43(5): 85-88.

郑跃平, 刘鉴毅, 谢从新, 等. 2006. 温度对中华鲟精子、卵子短期保存的影响. 吉林农业大学学报, 28(6): 682-686.

中国科学院环境评价部, 长江水资源保护科学研究所. 1996. 长江三峡水利枢纽环境影响报告书(简写本). 北京: 科学出版社: 1-64.

中华人民共和国环境保护部. 2009. 长江三峡工程生态与环境监测公报. http://jcs.mee.gov.cn/hjzl/sxgb/[2019-2-13]

中华人民共和国环境保护部. 2010. 长江三峡工程生态与环境监测公报. http://jcs.mee.gov.cn/hjzl/sxgb/[2019-2-13]

中华人民共和国环境保护部. 2011. 长江三峡工程生态与环境监测公报. http://jcs.mee.gov.cn/hjzl/sxgb/[2019-2-13]

中华人民共和国环境保护部. 2012. 长江三峡工程生态与环境监测公报. http://jcs.mee.gov.cn/hjzl/sxgb/[2019-2-13]

中华人民共和国环境保护部. 2013. 长江三峡工程生态与环境监测公报. http://jcs.mee.gov.cn/hjzl/sxgb/[2019-2-13]

中华人民共和国环境保护部. 2014. 长江三峡工程生态与环境监测公报. http://jcs.mee.gov.cn/hjzl/sxgb/[2019-2-13]

中华人民共和国环境保护部. 2015. 长江三峡工程生态与环境监测公报. http://jcs.mee.gov.cn/hjzl/sxgb/[2019-2-13]

中华人民共和国环境保护部. 2016. 长江三峡工程生态与环境监测公报. http://jcs.mee.gov.cn/hjzl/sxgb/[2019-2-13]

中华人民共和国环境保护部. 2009. 长江三峡工程生态与环境监测公报. http://jcs.mee.gov.cn/hjzl/sxgb/[2019-2-13]

中华人民共和国环境保护部. 2010. 长江三峡工程生态与环境监测公报. http://jcs.mee.gov.cn/hjzl/sxgb/[2019-2-13]

中华人民共和国环境保护部. 2011. 长江三峡工程生态与环境监测公报. http://jcs.mee.gov.cn/hjzl/sxgb/[2019-2-13]

中华人民共和国环境保护部. 2012. 长江三峡工程生态与环境监测公报. http://jcs.mee.gov.cn/hjzl/sxgb/[2019-2-13]

中华人民共和国环境保护部. 2013. 长江三峡工程生态与环境监测公报. http://jcs.mee.gov.cn/hjzl/sxgb/[2019-2-13]

中华人民共和国环境保护部. 2014. 长江三峡工程生态与环境监测公报. http://jcs.mee.gov.cn/hjzl/sxgb/[2019-2-13]

中华人民共和国环境保护部. 2015. 长江三峡工程生态与环境监测公报. http://jcs.mee.gov.cn/hjzl/sxgb/[2019-2-13]

中华人民共和国环境保护部. 2016. 长江三峡工程生态与环境监测公报. http://jcs.mee.gov.cn/hjzl/sxgb/[2019-2-13]

中华人民共和国环境保护部. 2017. 长江三峡工程生态与环境监测公报. http://jcs.mee.gov.cn/hjzl/sxgb/[2019-2-13]

中华鲟研究所. 2008. 葛洲坝水利枢纽下游河势调整工程对中华鲟自然保护区影响补偿补救措施项目: 中华鲟误伤应急救护专题汇报.

周春生, 许蕴玕, 邓中林, 等. 1985. 长江葛洲坝枢纽坝下江段中华鲟成鱼性腺的观察. 水生生物学报, 9(2): 164-170.

周玉, 郭文场, 杨振国, 等. 2001. 鱼类血液学指标研究的进展. 上海水产大学学报, 10(2): 163-165.

周玉, 潘风光, 李岩松, 等. 2006. 达氏鳇外周血细胞的形态学观察. 中国水产科学, 13(3): 480-484.

朱红云, 董雅文, 杨桂山, 等. 2004. 江苏长江干流饮用水源地生态安全评价与保护研究. 资源科学, 2004, 26(6): 90-96.

朱毅, 田怀军, 舒为群, 等. 2003. 长江、嘉陵江(重庆段)源水有机提取物的类雌激素活性评价. 环境污染与防治, 25(2): 65-67.

朱元鼎, 张春霖, 成庆泰. 1963. 东海鱼类志. 北京: 科学出版社.

祝长青, 陈光哲, 周阳, 等. 2011. 中华鲟基因SYBR Green实时荧光PCR检测方法的建立. 江苏农业科学, (6): 60-63.

庄平. 1999. 鲟科鱼类个体发育行为学及其在进化与实践上的意义. 武汉: 中国科学院水生生物研究所博士学位论文.

邹桂伟, 罗相忠, 胡德高, 等. 1998. 长薄鳅耗氧率与窒息点的研究. 湖泊科学, 10(1): 49-54.

Afzelius B A. 1978. Fine structure of the garfish spermatozoon. J Ultrastruct Res, 64: 309-314.

Aisen E G, Medina V H, Venturino A. 2002. Cryopreservation and post-thawed fertility of ram semen frozen in different trehalose concentrations. Theriogenology, 57, 1801-1808.

Alavi S M H, Cosson J, Karami M, et al. 2004a. Chemical composition and osmolality of seminal plasma of *Acipenser persicus*: their physiological relationship with sperm motility. Aquac Res, 35(13): 1238-1243.

Alavi S M H, Cosson J, Karami M, et al. 2004b. Spermatozoa motility in the Persian sturgeon, *Acipenser persicus*: effects of pH, dilution rate, ions and osmolality. Reproduction, 128(6): 819-828.

Alavi S M H, Cosson J. 2006. Sperm motility in fishes. (II) Effects of ions and osmolality: A review. Cell Biol Int, 30(1): 1-14.

Arndt G, Gessner J, Bartel R. 2006. Characteristics and availability of spawning habitat for Baltic sturgeon in the Odra River and its tributaries. J Appl Ichthyol, 22 (Supplement l): 172-181.

Auer N A. 1996. Response of spawning lake sturgeons to change in hydroelectric facility operation. Trans Am Fish Soc, 125(1): 66-77.

Avise J C, Jones A G, Walker D, et al. 2002. Genetic mating systems and reproductive natural histories of fishes: lessons for ecology and evolution. Annu Rev Genet, 36: 19-45.

Baccetti B. 1986. Evolutionary trends in sperm structure. Comp Biochem Physiol A, 85: 29-36.

Bailey N T J. 1951. On estimating the size of mobile populations from recapture data. Biometrika, 38: 293-306.

Barber D L, Millis Westermann J E, White M G. 1981. The blood cells of the Antarctic icefish *Chaenocephalus aceratus* Lönnberg: light and electron microscopic observations. Fish Biol, 19: 11-28.

Barton B A. 2000. Salmonid fishes differ in their cortisol and glucose responses to handling and transport stress. N Am J Aquaculture, 62: 12-18.

Bevelhimer M S. 2002. A bioenergetics model for white sturgeon *Acipenser transmontanus*: assessing differences in growth and reproduction among Snake River reaches. J Appl Ichthyol, 18: 550-556.

Billard R, Cosson J, Crim L W, et al. 1995. Sperm Physiology and Quality. Oxford: Blackwell.

Billard R, Cosson M P. 1992. Some problems related to the assessment of sperm motility in freshwater fish. J Exp Zoo, 261(2): 122-131.

Billard R, Lecointre G. 2001. Biology and conservation of sturgeon and paddlefish. Rev Fish Biol Fisheries, 10: 355-392.

Blaxter J H S. 1986. Development of sense organs and behaviour of teleost larvae with special reference to feeding and predator avoidance. Trans Ame Fish Soc, 115: 98-114.

Blaxter J H S, Staines M. 1970. Pure-cone retinae and retinomotor responses in larval teleosts. J MarBiol Ass U K, 50: 449-460.

Boglione C, Bronzi P, Cataldi E, et al. 1997. Aspects of early development in the Adriatic sturgeon *Acipenser nacarii*. J Appl Ichthyol, 15: 207-213.

Börk K, Drauch A, Israel J A, et al. 2008. Development of new microsatellite primers for green and white sturgeon. Conserv Genet, 9: 973-979.

Boscari E, Barbisan F, Congiu L. 2011. Inheritance pattern of microsatellite loci in the polyploid Adriatic sturgeon *Acipenser naccarii*. Aquaculture, 321 (3-4): 220-229.

Boscari E, Barmintseva A, Pujolar JM, et al. 2014. Species and hybrid identification of sturgeon caviar: a new molecular approach to detect illegal trade. Mol Ecol Resour, 14(3): 489-498.

Boscari E, Pujolar J M, Dupanloup I, et al. 2012. Captive breeding programs based on family groups in polyploid sturgeons. PLoS One, 9(10): e110951.

Boscari E, Vitulo N, Ludwig A, et al. 2017. Fast genetic identification of the Beluga sturgeon and its sought-after caviar to stem illegal trade. Food Control, 75: 145-152.

Brad S, Coates D V, Sumerford N J, et al. 2009. Comparative performance of single nucleotide polymorphism and microsatellite markers for population genetic analysis. J Hered, 100(5): 556-564.

Brown G G, Mims S D. 1995. Storage, transportation, and fertility of undiluted and diluted paddlefish milt. Progress of Fish Culture, 57: 64-69.

Bruch R M, Binkowski F P. 2002. Spawning behavior of lake sturgeon (*Acipenser fulvescens*). J Appl Ichthyol, 18: 570-579.

Brumfield R T, Beerli P, Nickerson D A, et al. 2003. Single nucleotide polymorphisms (SNPs) as markers in phylogeography. Trends Ecol Evol, 18: 249-256.

Buckley J, Kynard B. 1985. Habitat use and behavior of pre-spawning and spawning shortnose sturgeon, *Acipenser brevirostrum*, in the Connecticut River. *In*: Binkowski F P, Doroshov S I. North American Sturgeons: Biology and Aquaculture Potential (Developments in Environmental Biology of Fishes, Vol. 6). Dordrecht: Dr W Junk Publishers: 111-117.

Clausen R G. 1936. Oxygen consumption in freshwater fishes. Ecology, 17(2): 216-226.

Cao H, Leng X Q, Li C J, et al. 2012. EST dataset of pituitary and identification of somatolactin and novel genes in Chinese sturgeon, *Acipenser sinensis*. Mol Biol Rep, 39: 4647-4653.

Caroffino D C, Sutton T M, Lindberg M S. 2009. Abundance and movement patterns of age-0 juvenile lake sturgeon in the Peshtigo River, Wisconsin. Environ Biol Fish, 86: 411-422.

Chapman D G. 1951. Some properties of the hypergeometric distribution with applications to zoological sample censuses. Statistics, 1: 131-160.

Cherr G N, Clark W H. 1984. An acrosome reaction in sperm from the white sturgeon. *Acipenser transmontanus*. J Exp Zool, 232: 129-139.

Cherr G N, Clark W H. 1985. Gamete interaction in the white sturgeon *Acipenser transmontanus*: a morphological and physiological review. Environ Biol Fishes, 14: 11-22.

Chicca M, Suciu R, Ene S, et al. 2002. Karyotype characterization of the stellate sturgeon, *Acipenser stellatus* by chromosome banding and fluorescent in situ hybridization. J Appl Ichthyol, 18 (4-6): 298-300.

Clausen R G. 1936. Oxygen consumption in freshwater fishes. Ecology, 17(2): 216-226.

Collins F S, Brooks L D, Chakravarti A. 1998. A DNA polymorphism discovery resource for research on human genetic variation. Genome Res, 8(12): 1229-1231.

Congiu L, Chicca M, Cella R, et al. 2000. The use of random amplified polymorphic DNA (RAPD) markers to identify strawberry varieties: a forensic application. Molecular Ecology, 9: 229-232.

Congiu L, Rossi R, Colombo G. 2002. Population analysis of the sand smelt *Atherina boyeri* (Teleostei Atherinidae), from Italian coastal lagoons by random amplified polymorphic DNA. Marine Ecology Progress Series, 229(1): 279-289.

Connor W P, Piston C E, Garcia A P. 2003. Temperature during incubation as one factor affecting the distribution of Snake River fall Chinook salmon spawning areas. Trans Am Fish Soc, 132(6): 1236-1243.

Cosson J, Billard R, Cibert C, et al. 1999. Ionic factors regulating the motility of fish sperm. *In*: Gagnon C. The Male Gamete: from Basic to Clinical Applications. Vienna: Cache Rive Press: 161-186.

Cosson J, Linhart O. 1996. Paddlefish, *Polyodon spathula*, spermatozoa: effects of potassium and pH on motility. Folia Zoologica, 45(4): 361-370.

Cosson J. 2004. The ionic and osmotic factors controlling motility of fish spermatozoa. Aquacult Int, 12(1): 69-85.

Coulombe-Pontbriand M, Lapointe M. 2004. Geomorphic controls, riffle substrate quality, and spawning site selection in two semi-alluvial salmon rivers in the Gaspé Peninsula, Canada. River Res Appl, 20(5): 577-590.

Coutant C C. 2004. A riparian habitat hypothesis for successful reproduction of white sturgeon. Rev Fish Sci, 12(1): 23-73.

Curry R A, Devito K. 1996. Hydrogeology of brook trout (*Salvelinus fontinalis*) spawning and incubation habitats: implications for forestry and land use development. Can J For Res, 26: 767-772.

Curry R A, Gehrels J, Noakes D L G, et al. 1994. Effects of river flow fluctuations on groundwater discharge through brook trout, *Salvelinus fontinalis*, spawning and incubation habitats. Hydrobiologia, 277(2): 121-134.

Dehal P, Boore J L. 2005. Two rounds of whole genome duplication in the ancestral vertebrate. PLoS Biol, 3: e314.

Deng Z L, Xu Y G, Zhao Y. 1991. Analysis on *Acipenser sinensis* spawning ground and spawning scales below Gezhouba Hydroelectric dam by means of examining the digestive contents of benthic fishes. *In*: Williot P. Acipenser. Paris: Cemagref-Dicova Publ: 243-250.

DeSalle R, Amato G. 2004. The expansion of conservation genetics. Nat Rev Genet, 5(9): 702-712.

Dettlaff T A, Ginsburg A S, Schmalhausen O I. 1993. Sturgeon Fishes: Developmental Biology and Aquaculture. Berlin: Springer-Verlag: 197-198.

Dettlaff T A, Goncharov B F. 2002. Contribution of developmental biology to artificial propagation of sturgeon in Russia. J Appl Ichthyol, 18(4-6): 266-270.

DiLauro M N, Kaboord W, Walsh R A. 2000. Sperm-cell ultrastructure of North American sturgeons: III. The lake sturgeon (*Acipenser fulvescens*, Rafinesque, 1817). Can J Zool, 78: 438-447.

Dingerkus G, Howell W M. 1976. Karyotypic analysis and evidence of tetraploidy in the North American paddlefish, *Polyodon spathula*. Science, 194: 842-844.

Disler N N, Smirnov S A. 1977. Sensory organs of the lateral line system in two percids and their importance in behaviour. J Fish Res Board Can, 34: 1492-1503.

Doroshov S I, Clark W H, Lutes P B. 1983. Artificial propagation of the white sturgeon (*Acipenser transmontanus* Richardson). Aquaculture, 32: 93-104.

Doroshov S I, Moberg G P, van Eenennaam J P. 1997. Observations on the reproductive cycle of cultured white sturgeon, *Acipenser transmontanus*. Environ Biol Fish, 48: 265-278.

Du H, Wei Q W, Zhang H, et al. 2011. Bottom substrate attributes relative to bedform morphology of spawning site of Chinese sturgeon *Acipenser sinensis* below the Gezhouba dam. J Appl Ichthyol, 27: 257-262.

Du H, Zhang X Y, Leng X Q, et al. 2017. Gender and gonadal maturation identification of captive Chinese sturgeon *Acipenser sinensis*, using ultrasound imagery and sex steroid. Gen Comp Endocr, 245: 36-43.

Duncan M S, Isely J J, Cooke D W. 2004. Evaluation of shortnose sturgeon spawning in the Pinopolis dam tailrace, South Carolina. N Am J Fish Manag, 24(3): 932-938.

Edwards D, Batley J. 2010. Plant genome sequencing: applications for crop improvement. Plant Biotechnol J, 8: 2-9.

Edwards S V. 2009. Is a new and general theory of molecular systematics emerging? Evolution, 63(1): 1-19.

Elizete R, Hugo P G, Yoshimi S. 2003. Short-term storage of oocytes from the neotropical teleost fish *Prochilodus marggravii*. Theriogenology, 60: 1059-1070.

Erickson D L, North J A, Hightower J E, et al. 2002. Movement and habitat use of green sturgeon *Acipenser medirostris* in the Rogue River, Oregon, USA. J Appl Ichthyol, 18(4-6): 565-569.

Evans S R, Sheldon B C. 2008. Interspecific patterns of genetic diversity in birds: correlations with extinction risk. Conserv Biol, 22(4): 1016-1025.

Fallon S M. 2007. Genetic data and the listing of species under the U.S. Endangered Species Act. Conserv Biol, 21(5): 1186-1195.

Fernando Vázquez J, Pérez T, Albornoz J, et al. 2000. Estimation of microsatellite mutation rates in *Drosophila melanogaster*. Genet Res, 76(3): 323-326.

Firehammer J A, Scarnecchia D L. 2007. The influence of discharge on duration, ascent distance, and fidelity of the spawning migration for paddlefish of the Yellowstone-Sakakawea stock, Montana and North Dakota, USA. Environ Biol Fish, 78(1): 23-36.

Flynn S R, Matsuoka M, Reith M, et al. 2006. Gynogenesis and sex determination in shortnose sturgeon (*Acipenser brevirostrum* Lesuere). Aquaculture, 253: 721-727.

Fontana F. 1976. Nuclear DNA content and cytometric of erythrocytes of *Huso huso* L., *Acipenser sturio* L. and *Acipenser naccarii* Bonaparte. Caryologia, 29: 127-138.

Fontana F. 1994. Chromosomal nucleolar organizer regions in four sturgeon species as markers of karyotype evolution in Acipenseriformes (Pisces). Genome, 37(5):888-892.

Fontana F, Lanfredi M, Chicca M, et al. 1999. Fluorescent *in situ* hybridization with rDNA probes on chromosomes of *Acipenser ruthenus* and *Acipenser naccarii* (Osteichthyes Acipenseriformes). Genome, 42(5):1008-1012.

Fontana F, Tagliavini J, Congiu L, et al. 1998. Karyotypic characterization of the great sturgeon, *Huso huso*, by multiple staining techniques and fluorescent in situ hybridization. Marine Biology, 132(3): 495-501.

Fopp-Bayat D, Kolman R, Woznicki P. 2007. Induction of meiotic gynogenesis in sterlet *Acipenser ruthenus* using UV-irradiated bester sperm. Aquaculture, 264: 54-58.

Formacion M J, Hori R, Lam T J. 1993. Over ripening of ovulated eggs in goldfish. I. Morphological changes. Aquaculture, 114: 155-168.

Fox D A, Hightower J E, Parauka F M. 2000. Gulf sturgeon spawning migration and habitat in the Choctawhatchee River system, Alabama-Florida. Trans Am Fish Soc, 129(3): 811-826.

Freeland J R, Kirk H, Petersen S. 2011. Molecular Ecology. 2nd ed. Chichester (UK): Wiley & Sons.

Friday M. 2004. Spawning habitat enhancement through flow manipulation. Sault Ste. Marie, Michigan, USA: Proceedings of the Second Great Lakes Lake Sturgeon Coordination Meeting.

Fu X L, Li D M, Jin G Y. 2007. Calculation of flow field and analysis of spawning sites for Chinese sturgeon in the downstream of Gezhouba dam. J Hydrod, 19(1): 78-83.

Gallis J L, Fedrigo E, Jatteau P, et al. 1991. Siberian sturgeon spermatozoa: effects of dilution, pH, osmotic pressure, sodium and potassium ions on motility. *In*: Williot P. Acipenser. Bordeaux: Cemagref: 143-151.

Gao X, Lin P C, Li M Z, et al. 2016. Impact of the Three Gorges Dam on the spawning stock and natural reproduction of Chinese sturgeon in the Changjiang River, China. Chinese Journal of Oceanology and Limnology, 34(5): 894-901.

Gao Z X, Wang W M, Yang Y, et al. 2007. Morphological studies of peripheral blood cells of the Chinese sturgeon, *Acipenser sinensis*. Fish Physiol Biochem, 33: 213-222.

Gebremedhin B, Ficetola G F, Naderi S, et al. 2009. Frontiers in identifying conservation units: from neutral markers to adaptive genetic variation. Anim Conserv, 12(2): 107-109.

Geist D R, Dauble D D. 1998. Redd site selection and spawning habitat use by fall Chinook salmon: the importance of geomorphic features in large rivers. Environ Manage, 22(5): 655-669.

Gertsev V I, Gertseva V V. 1999. A model of sturgeon distribution under a dam of a hydro-electric power plant. Ecol Model, 119(1): 21-28.

Gessner J, Bartel R. 2000. Sturgeon spawning grounds in the Odra River tributaries: a first assessment. Bol Inst Esp Oceanogr, 16(1-4): 127-137.

Ginzburg A S. 1968. Fertilization in Fishes and the Problem of Polyspermy. Moscow: Nauka Press.

Goncharov B F, Polupan I S. 2007. Stress affects the physiological state of sturgeon ovarian follicles and female reproductive potential. J Appl Ichthyol, 15(4-5): 341.

Goncharov B F, Skoblina M N, Trubnikova O B, et al. 2009. Influence of temperature on the sterlet (*Acipenser ruthenus* L.) ovarian follicles state. *In*: Carmona R, Domezain A, García-Gallego M, et al. Biology, Conservation and Sustainable Development of Sturgeons (Fish & Fisheries Series 29). Netherlands: Springer: 205-214.

Gunasekera R M, Shim K, Lam T. 1995. Effect of dietary protein level on puberty, oocyte growth and egg chemical composition in the tilapia, *Oreochromis niloticus* L. Aquaculture, 134: 169-183.

Gunasekera R M, Shim K, Lam T. 1996. Effect of dietary protein level on spawning performance and amino acid composition of eggs of Nile tilapia, *Oreochromis niloticus* L. Aquaculture, 146(1-2): 121-134.

Hanrahan T P. 2007a. Large-scale spatial variability of riverbed temperature gradients in Snake River fall Chinook salmon spawning areas. River Res Appl, 23(3): 323-341.

Hanrahan T P. 2007b. Bedform morphology of salmon spawning areas in a large gravel-bed river. Geomorphology, 86(3-4): 529-536.

Harino Hiroya. 1999. Temporal trends of organotin compounds in the aquatic environment of the port of Osaka, Japan. Environ. Pollut. 105, 1-7.

HARINO, KAWAI. 1999. Temporal trends of organotin compounds in the aquatic environment of the port of osaka, japan. Environmental Pollution, 105(1), 1-7.

Hauer C, Unfer G, Schmutz S, et al. 2007. The importance of morphodynamic processes at riffles used as spawning grounds during the incubation time of nase (*Chondrostoma nasus*). Hydrobiologia, 579(1): 15-27.

Havelka M, Bytyutskyy D, Symonová R, et al. 2016. The second highest chromosome count among vertebrates is observed in cultured sturgeon and is associated with genome plasticity. Genet Sel Evol, 48(1): 12.

Hochleithner M, Gessner J. 1999. The sturgeons and paddlefishes of the world: Biology and aquaculture. Austria: Aqua Tech Publications.

Hocutt C. 1980. Power plants. Effects on fish and shellfish behaviour. New York: Academic Press.

Holcik J. 1989. The Freshwater Fishes of Europe: General Introduction to Fishes: Acipenseriformes. Wiesbaden: AULA-Verlag: 1-469.

Holǒík J. 1989. Acipenseriformes in "The freshwater fishes of Europe". Wiesbaden: Aula-Verl.

Hui Zhang, Deguo Yang, Qiwei Wei, et al. 2013. Spatial distribution and spawning stock estimates for adult Chinese sturgeon (*Acipenser sinensis* Gray, 1835) around the only remaining spawning ground during the trial operation of the newly constructed Three Gorges Project in the Yangtze River, China. Journal of Applied Ichthyology. 29: 1436-1440.

Hui Xiao, Denghong Liu, Daming Tang, et al. 2006. Structural and quality changes in the spawning stock of the chinese sturgeon *acipenser sinensis* below the gezhouba dam (yangtze river). *Journal of Applied Ichthyology*, 22(s1), 5.

Ingermann R L, Holcomb M, Robinson M L, et al. 2002. Carbon dioxide and pH affect sperm motility of white sturgeon (*Acipenser transmontanus*). J Exp Biol, 205(18): 2885-2890.

Ingermann R L, Robinson M L, Cloud J G. 2003. Respiration of steelhead trout sperm: sensitivity to pH and carbon dioxide. J Fish Biol, 62(1): 13-23.

Israel J, Cordes J, Blumberg M, et al. 2004. Geographic patterns of genetic differentiation among collections of green sturgeon. N Am J Fish Man, 24: 922-931.

Jamieson B G M. 1991. Fish evolution and systematics: evidence from spermatozoa. Cambridge, U K: Cambridge University Press.

Jamieson B G M. 1995. Evolution of Tetrapod Spermatozoa with Particular Reference to Amniotes. Paris: Muséum National of Histoire Naturelle.

Johnson J H, Lapan S R, Klindt R M, et al. 2006. Lake sturgeon spawning on artificial habitat in the St Lawrence River. J Appl Ichthyol, 22: 465-470.

Kennedy G. 2004. Evaluation of underwater remote sensing technologies to survey potential lake sturgeon spawning habitat in large river systems in the Great Lakes. Sault Ste. Marie, Michigan, USA: Proceedings of the Second Great Lakes Lake Sturgeon Coordination Meeting.

Keyvanshokooh S, Pourkazemi M, Kalbassi M R. 2007. The RAPD technique failed to identify sex-specific sequences in beluga (*Huso huso*). Journal of Applied Ichthyology 23: 1-2.

Kieffer M C, Kynard B. 1996. Spawning of the shortnose sturgeon in the Merrimack River, Massachusetts. Trans Am Fish Soc, 125(2): 179-186.

Kieffer M, Kynard B. 2004. Pre-spawning Migration and Spawning of Connecticut River Shortnose Sturgeon. U.S. Geological Survey.

Kimura M, Crow J F. 1964. The number of alleles that can be maintained in a finite population. Genetics, 49: 725-738.

Kimura M, Ohta T. 1978. Stepwise mutation model and distribution of allelic frequencies in a finite population. Proc Natl Acad Sci USA, 75(6): 2868-2872.

King T L, Lubinski B A, Spidle A P. 2001. Microsatellite DNA variation in Atlantic sturgeon (*Acipenser oxyrinchus*) and cross species amplification in the Acipenseridae. Conserv Genet, 2: 103-119.

Kolman R, Zarkua Z. 2002. Environmental conditions of common sturgeon (*Acipenser sturio* L.) spawning in River Rioni (Georgia). http://www.ejpau.media.pl/volume5/issue2/fisheries/art-01.html[2017-12-3].

Kowtal G V. 1987. Preliminary experiments in induction of polyploidy, gynogenesis and androgenesis in the white sturgeon (*Acipenser transmontanus* Richardson). Proceeding of the world symposium on selection, 1987.

Krieger J, Fuerst P A. 2002. Evidence for a slowed rate of molecular evolution in the order Acipenseriformes. Molecular Biology and Evolution, 19(6): 891-897.

Kristensen T N, Sørensen P, Kruhøffer M, et al. 2005. Genome-wide analysis on inbreeding effects on gene expression in *Drosophila melanogaster*. Genetics, 171(1): 157-167.

Kristensen T N, Sørensen P, Pedersen K S, et al. 2006. Inbreeding by environmental interactions affect gene expression in *Drosophila melanogaster*. Genetics, 173(3): 1329-1336.

Kruger J C, Smith G L, Vanvuren J H J, et al. 1984. Some chemical and physical characteristics of the semen of *Cyprinus carpio* and *Oreochromis mossambicus*. J Fish Biol, 24: 263-272.

Kuz'min E V. 2002. Allozyme variation of nonspecific esterases in Russian sturgeon (*Acipenser güldenstädti* Brandt). Genetika, 38(4): 507-514.

Kynard B, Suciu R, Horgan M. 2002. Migration and habitats of diadromous Danube River sturgeons in Romania 1998-2000. J Appl Ichthyol, 18(4-6): 529-535.

Kynard B, Wei Q W, Ke F E. 1995. Use of ultrasonic telemetry to locate the spawning area of Chinese sturgeons. Chinese Science Bulletin, 40(8): 668-671.

LaHaye M, Branchaud A, Gendron M, et al. 1992. Reproduction, early life history, and characteristics of the spawning grounds of the lake sturgeon (*Acipenser fulvescens*) in Des Prairies and L'Assomption rivers, near Montreal, Quebec. Can J Zool, 70(9): 1681-1689.

Lahnsteiner F, Berger B, Weismann T, et al. 1996. Motility of spermatozoa of *Alburnus alburnus* (Cyprinidae) and its relationship to seminal plasma composition and sperm metabolism. Fish Physiol Biochem, 15(2): 167-179.

Leakey R E, Lewin R. 1995. The Sixth Extinction: Patterns of Life and the Future of Humankind. New York: Doubleday.

Leimu R, Mutikainen P, Koricheva J, et al. 2006. How general are positive relationships between plant population size, fitness, and genetic variation? J Ecol, 5: 942-952.

Leman V N. 1993. Spawning sites of chum salmon *Oncorhynchus keta*: microhydrological regime and viability of progeny in redds (Kamchatka river basin). J Ichthyol, 33(2): 104-117.

Leng X Q, Du H J, Li C J, et al. 2016. Molecular characterization and expression pattern of *dmrt1* in the immature Chinese sturgeon *Acipenser sinensis*. J Fish Bio, 88: 567-579.

Levan A, Fredya K, Sandberd A. 1964. Nomenclature for Centromeric position on chromosomes. Hereditas Band, 52(2): 201-220.

Li C J, Wei Q W, Chen X H, et al. 2011a. Molecular characterization and expression pattern of three zona pellucida 3 genes in the Chinese sturgeon, *Acipenser sinensis*. Fish Physiol Biochem, 37: 471-484.

Li P, Li Z H, Hulak M, et al. 2012. Regulation of spermatozoa motility in response to cations in Russian sturgeon (*Acipenser gueldenstaedtii*). Theriogenology, 78(1): 102-109.

Li P, Rodina M, Hulak M, et al. 2011b. Spermatozoa concentration, seminal plasma composition and their physiological relationship in the endangered stellate sturgeon (*Acipenser stellatus*) and Russian sturgeon (*Acipenser gueldenstaedtii*). Reprod Domest Anim, 46(2): 247-252.

Li W H. 1997. Molecular Evolution. Sunderland, MA: Sinauer Associates.

Liao X, Hua T, Zhu B, et al. 2014. The complete mitochondrial genome of Chinese sturgeon (*Acipenser sinensis*). Mitochondrial Dna, 27(1): 328-329.

Linhart O, Cosson J, Mims S D, et al. 2002. Effects of ions on the motility of fresh and demembranated paddlefish (*Polyodon

中华鲟保护生物学

spathula) spermatozoa. Reproduction, 124(5): 713-719.

Linhart O, Mims S D, Shelton W L. 1995. Motility of spermatozoa from shovelnose sturgeon and paddlefish. J Fish Biol, 47(5): 902-909.

Linnaeus C. 1758. Systema naturae, Editio X [Systema naturaeper regna tria naturae, secundum classes, ordines, genera, species, cum characteribus, differentiis, synonymis, locis. Tomus I. Editio decima, reformata.] Holmiae. 824.

Ludwig A N, Jenneckens I, Debus L, et al. 2000. Genetic analyses of archival specimens of the Atlantic sturgeon *Acipenser sturio* L.,1758. Bol Inst Esp Oceanogr, 16: 181-190.

Ludwig A, Arndt U, Lippold S, et al. 2008. Tracing the first steps of American sturgeon pioneers in Europe. BMC Evol Biol, 8: 221.

Ludwig A, N M Belfiore, C Pitra, et al. 2001. Genome duplication events and functional reduction of ploidy levels in sturgeon (*Acipenser*, *Huso* and *Scaphirhynchus*). Genetics, 158: 1203-1215.

Ludwig A. 2008. Identification of Acipenseriformes in trade. J Appl Ichthyol, 24: 2-19.

Luikart G, England P R, Tallmon D, et al. 2003. The power and promise of population genomics: from genotyping to genome typing. Nature Reviews Genet, 4: 981-994.

Luo M, Zhuang P, Zhang H, et al. 2011. Community characteristics of macrobenthos in waters around the Nature Reserve of the Chinese sturgeon *Acipenser sinensis* and the adjacent waters in Yangtze River Estuary. J Appl Ichthyol, 27(2): 425-432.

Mallet J. 2007. Hybrid speciation. Nature, 446: 279-283.

Manny B A, Kennedy G W. 2002. Known lake sturgeon (*Acipenser fulvescens*) spawning habitat in the channel between lakes Huron and Erie in the Laurentian Great Lakes. J Appl Ichthyol, 18: 486-490.

Mattei X. 1991. Spermatozoon ultrastructure and its systematic implications in fishes. Can J Zool, 69:3038-3055.

Mayr E. 1942. Systematics and the Origin of Species. New York: Columbia University Press.

McCabe G T Jr, Tracy C A. 1994. Spawning and early life history of white sturgeon, *Acipenser transmontanus*, in the lower Columbia River. Fish Bull, 92(4): 760-772.

McCormick C, Bos D, De Woody J. 2008. Multiple molecular approaches yield no evidence for sex-determining genes in lake sturgeon (*Acipenser fulvescens*). Journal of Applied Ichthyology, 24: 643-645.

McKinley S, van der Kraak G, Power G. 1998. Seasonal migrations and reproductive patterns in the lake sturgeon, *Acipenser fulvescens*, in the vicinity of hydroelectric stations in northern Ontario. Environ Biol Fish, 51(3): 245-256.

Mims S D, Shelton W L, Linhart O, et al. 1997. Induced meiotic gynogenesis of paddlefish *Polyodon spathula*. Journal of the World Aquaculture Society, 28: 334-343.

Mims S D, Shelton W L. 1998. Induced meiotic gynogenesis in shovelnose sturgeon. Aquaculture International, 16: 323-329.

McQuown E C, Sloss B L, Sheehan R J, et al. 2000. Microsatellite analysis of genetic variation in sturgeon: new primer sequences for Scaphirynchus and Acipenser. Trans Am Fish Soc, 129: 1380-1388.

Mims S D, Shelton W L. 1998. Induced meiotic gynogenesis in shovelnose sturgeon. Aquaculture International, 16: 323-329.

Mims S D, Shelton W L. 1999. Production of Paddlefish. SRAC Publication, 437: 22-28.

Moir H J, Gibbins C N, Soulsby C, et al. 2000. Discharge and hydraulic interactions in contrasting channel morphologies and their influence on site utilization by spawning Atlantic salmon (*Salmo salar*). Can J Fish Aquat Sci, 63(11): 2567-2585.

Molinia F C, Evans G, Quintana Casares P I, et al. 1994. Effect of monosaccharides and disaccharides in Tris-based diluents on motility, acrosome integrity and fertility of pellet frozen ram spermatozoa. Anim Reprod Sci, 36: 113-122.

Morin P A, Martien K K, Taylor B L. 2009. Assessing statistical power of SNPs for population structure and conservation studies. Mol Ecol Resour, 9(1): 66-73.

Moritz C. 1994. Defining 'Evolutionarily Significant Units' for conservation. Trends Ecol Evol, 9(10): 373-375.

Moyer G R, Sweka J A, Peterson D L. 2012. Past and present processes influencing genetic diversity and effective population size in a natural population of Atlantic sturgeon. Trans Am Fish Soc, 141: 56-67.

Naotaka O, Mamoru M, Shinji A, et al. 2005. Sex ratios of triploids and gynogenetic diploids induced in the hybrid sturgeon, the bester *(Huso huso* female × *Acipenser ruthenus* male). Aquaculture, 245: 39-47.

O'Keefe D M, O'Keefe J C, Jackson D C. 2007. Factors influencing paddlefish spawning in the Tombigbee watershed. Southe Nat, 6(2): 321-332.

Ogden R, Gharbi K, Mugue N, et al. 2013. Sturgeon conservation genomics: SNP discovery and validation using RAD sequencing. Mol Ecol, 22(11): 3112-3123.

Ohno S, Muramoto J, Stenius C, et al. 1969. Microchromosomes in holocephalian, chondrostean and holostean fishes. Chromosoma, 26: 35-40.

Ohno S. 1970. Evolution by Gene Duplication. Heidelberg: Springer-Verlag.

Omoto N, Maebayashi M, Adachi S. 2005. Sex ratios of triploids and gynogenetic diploids induced in the hybrid sturgeon, the bester (*Huso huso* female×*Acipenser ruthenus* male). Aquaculture. 245(5): 39-47.

Pan H, Zhang L, Lan J, et al. 2015. The cryoprotective effects of different dioses combination on boar spermatozoa quality. Chinese Agricultural Science Bulletin, 31: 35-38.

Panagiotopoulou H, Baca M, Popovic D, et al. 2014. PCR-RFLP based test for distinguishing European and Atlantic sturgeons. J Appl Ichthyol, 30: 14-17.

Paragamian V L, Kruse G, Wakkinen V. 2001. Spawning habitat of Kootenai River white sturgeon, Post-Libby dam. N Am J Fish Manag, 21(1): 22-33.

Paragamian V L, Wakkinen V D. 2002. Temporal distribution of Kootenai River white sturgeon spawning events and the effect of flow and temperature. J Appl Ichthyol, 18: 542-549.

Paragamian V L, Wakkinen V D, Kruse G. 2002. Spawning locations and movement of Kootenai River white sturgeon. J Appl Ichthyol, 18: 608-616.

Parsley M J, Beckman L G, Mccabe G T. 1993. Spawning and rearing habitat use by white sturgeons in the Columbia River downstream from McNary dam. Trans Am Fish Soc, 122(2): 217-227.

Parsley M J, Beckman L G. 1994. White sturgeon spawning and rearing habitat in the lower Columbia River. N Am J Fish Manag, 14(4): 812-827.

Parsley M J, Kappenman K M. 2000. White sturgeon spawning areas in the lower Snake River. Northw Sci, 74(3): 192-201.

Partridge B L. 1982. The structure and function of fish schools. Sci Am, 246(6): 114-123.

Peng Z, Ludwig A, Wang D, et al. 2007. Age and biogeography of major clades in sturgeons and paddlefishes (Pisces: Acipenseriformes). Mol Phylogenet Evol, 42(3): 854-862.

Perrin C J, Rempel L L, Rosenau M L. 2003. White sturgeon spawning habitat in an unregulated river: Fraser River, Canada. Trans Am Fish Soc, 132(1): 154-165.

Peter R E, Marchant T A. 1995. The endocrinology of growth in carp and related species. Aquaculture, (129): 299-321.

Phelps S R, Allendorf F W. 1983. Genetic identity of pallid and shovelnose sturgeon (*Scaphirhynchus albus* and *S. platorynchus*). Copeia, (3): 696-700.

Pourkazemi M, Khoshkholgh M, Nazari S, et al. 2012. Genetic relationships among collections of the Persian sturgeon, *Acipenser persicus*, in the south Caspian Sea detected by mitochondrial DNA-Restriction fragment length polymorphisms. Caspian J Env Sci, 10(2): 215-226.

Pourkazemi M. 1996. Molecular and biochemical genetic analysis of sturgeon stock from the south Caspian Sea. Ph.D. Thesis, School of Biological Sciences, University of Wales, Swansea: 260.

Psenicka M, Rodina M, Nebesarova J, et al. 2006. Ultrastructure of spermatozoa of tench *Tinca tinca* observation with scanning and transmission electron microscopy. Theriogenology, 64: 1355-1363.

Qiao Y, Tang X, Brosse S, et al. 2006. Chinese sturgeon (*Acipenser sinensis*) in the Yangtze River: a hydroacoustic assessment of fish location and abundance on the last spawning ground. Journal of Applied Ichthyology, 22 (Suppl. 1), 140-144.

Rajkov J, Shao Z, Berrebi P. 2014. Evolution of polyploidy and functional diploidization in sturgeons: microsatellite analysis in

10 sturgeon species. Journal of Heredity 105(4): 521-531.

Raup D M. 1994. The role of extinction in evolution. Proc Natl Acad Sci USA, 91: 6758-6763.

Rochard E, Lepage M, Dumont P, et al. 2001. Downstream migration of juvenile European sturgeon *Acipenser sturio* L. in the Gironde estuary. Estuaries, 24(1): 108-115.

Rodriguez A, Gisbert E. 2002. Eye development and the role of vision during Siberian sturgeon early ontogeny. J Appl Ichthyol, 18: 280-285.

Rodzen J, Famula T, May B. 2004. Estimation of parentage and relatedness in the polyploid white sturgeon (*Acipenser transmontanus*) using a dominant marker approach for duplicated microsatellite loci. Aquaculture, 232: 165-182.

Rodzen J, May B. 2002. Inheritance of microsatellite loci in the white sturgeon *Acipenser transmontanus*. Genome, 45: 1064-1076.

Romashov D D, Nikdydkin V N, Belyaevaand N A. 1963. Possibilities of producing diploid radiation-induced gynogenesis in sturgeons. Radiobiology, 3: 145-154.

Rowe D K, Shankar U, James M, et al. 2002. Use of GIS to predict effects of water level on the spawning area for smelt, *Retropinna retropinna*, in Lake Taupo, New Zealand. Fisheries Man Ecol, 9(4): 205-216.

Ryabova G D, Kutergina I G. 1990. Analysis of allozyme variability in the stellate sturgeon, *Acipenser stellatus* (Pallas) from the northern Caspian Sea. Genetica, 26: 902-911.

Saarinen E V, Flowers J H, Pine W E, et al. 2011. Molecular kin estimation from eggs in the threatened Gulf sturgeon. J Appl Ichthyol, 27(2): 492-495.

Saber M H, Noveiri S B, Pourkazemi M, et al. 2008. Induction of gynogenesis in stellate sturgeon (*Acipenser stellatus* Pallas, 1771) and its verification using microsatellite markers. Aquaculture Research, 39: 1483-1487.

Saito T, Psenicka M, Goto R, et al. 2014. The origin and migration of primordial germ cells in sturgeons. PLoS One, 9(2):e86861.

Schaffter R G. 1997. White sturgeon spawning migrations and location of spawning habitat in the Sacramento River, California. Calif Fish Game, 83(1): 1-20.

Schurmann H, Steffensen J F. 1997. Effects of temperature, hypoxia and activity on the metabolism of juvenile Atlantic cod. J Fish Biol, 50: 1166-1180.

Secor DH, Arefjev V, Nikolaev A, et al. 2000. Restoration of sturgeons: lessons from the Caspian Sea sturgeon ranching programme. Fish Fish, 1: 215-230.

Semenkova T, Barannikova I, Dime D E, et al. 2002. Sex steroid profiles in female and male stellate sturgeon (*Acipenser stellatus* Pallas) during female maturation induced by hormonal treatment. J Appl Ichthyol, 18: 375-381.

Shaffer H B, Thomson R C. 2007. Delimiting species in recent radiations. Syst Biol, 56(6): 896-906.

Smith T I J. 1985. The fishery, biology, and management of Atlantic sturgeon, *Acipenser oxyrhynchus*, in North America. *in*: Binkowski F P, Doroshov S I, Junk W. North American Sturgeons: Biology and Management. Netherlands: Publ. Dordrecht: 61-72.

Takeuchi Y, Yoshizaki G, Takeuchi T. 2003. Generation of live fry from intraperitoneally transplanted primordial germ cells in rainbow trout. Biol Reprod, 69(4):1142-1149.

Taubert B D. 1980. Reproduction of shortnose sturgeon (*Acipenser brevirostrum*) in Holyoke Pool, Connecticut River, Massachusetts. Copeia, (1): 114-117.

Thuillet A C, Bru D, David J, et al. 2002. Direct estimation of mutation rate for 10 microsatellite loci in durum wheat, *Triticum turgidum* (L.) Thell. ssp durum desf. Mol Biol Evol, 19(1): 122-125.

TNC (The Nature Conservancy). 2009. Indicators of hydrologic alteration (Version 7).

Toth G P, Ciereszko A, Christ S A, et al. 1997. Objective analysis of sperm motility in the lake sturgeon, *Acipenser fulvescens*: activation and inhibition conditions. Aquaculture, 154(3-4): 337-348.

van de Peer Y, Taylor J S, Meyer A. 2003. Are all fishes ancient polyploids? J Struct Funct Genom, 3: 65-73.

van der Leeuw B K, Parsley M J, Wright C D, et al. 2006. Validation of a critical assumption of the riparian habitat hypothesis for white sturgeon. U.S. Geological Survey Scientific Investigations Report 2006-5225.

van Eenennaam A L, van Eenennaam J P, Medrano J F, et al. 1996. Rapid verification of meiotic gynogenesis and polyploidy in white sturgeon *Acipenser transmontanus* Richardson. Aquaculture, 147: 177-189

van Eenennaam J P, Bruch R, Kroll K. 2001. Sturgeon sexing, staging maturity and spawning induction workshop. 4th International Sturgeon Symposium, Oshkosh, Wisconsin USA, July 8-13.

van Eenennaam J P, Linares-Casenave J, Deng X, et al. 2005. Effect of incubation temperature on green sturgeon embryos, *Acipenser medirostris*. Environ Biol Fish, 72(2): 145-154.

Vasil'ev V P, Vasil'eva E D, Shedko S V, et al. 2010. How many times has polyploidization occurred during acipenserid evolution? New data on the karyotypes of sturgeons (Acipenseridae, Actinopterygii) from the Russian Far East. J Ichthyol, 50: 950-959.

Vasil'ev VP. 2009. Mechanisms of polyploid evolution in fish: polyploidy in sturgeons. *In*: Carmona R, Domezain A, García-Gallego M, et al. Biology, Conservation and Sustainable Development of Sturgeons. Netherlands: Springer: 97-117.

Vassilev M. 2003. Spawning sites of Beluga sturgeon (*Huso huso* L.) located along the Bulgarian-Romanian Danube River stretch. Acta Zoolog Bulg, 55(2): 91-94.

Veshchev P V. 1998. Influence of principal factors on the efficiency of natural reproduction of the Volga stellate sturgeon *Acipenser stellatus*. Russ J Ecol, 29(4): 270-275.

Veshchev P V. 2002. Assessment of present-day reproduction efficiency in stellate sturgeon *Acipenser stellatus* in different spawning zones of the lower Volga. Russ J Ecol, 33(5): 315-320.

Viñas M D, Negri R M, Ramirez F C, et al. 2002. Zooplankton assemblages and hydrography in the spawning area of anchovy (*Engraulis anchoita*) off Río de la Plata estuary (Argentina-Uruguay). Mar Freshw Res, 53(6): 1031-1043.

Wahl C, Mills E. 1993. Ontogenetic changes in prey selection and visual acuity of the yellow perch, *Perca flavescens*. Can J Fish Aqua Sci, 50: 743-749.

Waldman J R, Wirgin I I. 1998. Status and restoration options for Atlantic sturgeon in North America. Conserv Biol, 12: 631-638.

Wang X D, Jing H F, Li J X, et al. 2017. Development of 26 SNP markers in Dabry's sturgeon (*Acipenser dabryanus*) based on high-throughput sequencing. Conservation Genet Resour, 9: 205-207.

Ware D M. 1975. Relation between egg size, growth and natural mortality of larval fish. J Fish Res Board Can, 32: 2503-2512.

Watanabe Y Y, Wei Q W, Du H, et al. 2013. Swimming behavior of Chinese sturgeon in natural habitat as compared to that in a deep reservoir: preliminary evidence for anthropogenic impacts. Environ Biol Fish, 96: 123-130.

Watanabe Y, Wei Q, Yang D, et al. 2008. Swimming behavior in relation to buoyancy in an open swimbladder fish, the Chinese sturgeon. J Zool, 275: 381-390.

Webb M A H, Doroshov S I. 2011. Importance of environmental endocrinology in fisheries management and aquaculture of sturgeons. Gen Comp Endocrinol, 170(2): 313-321.

Webb M A H, Feist G W, Trant J M, et al. 2002. Ovarian steroidogenesis in white sturgeon (*Acipenser transmontanus*) during oocyte maturation and induced ovulation. Gen Comp Endocrinol, (129): 27-38.

Webb M A H, van Eenennaam J P, Doroshov S I, et al. 1999. Preliminary observations on the effects of holding temperature on reproductive performance of female white sturgeon, *Acipenser transmontanus* Richardson. Aquaculture, 176(3-4): 315-329.

Wei Q W, He J X, Yang D G, et al. 2004. Status of sturgeon aquaculture and sturgeon trade in China: a review based on two recent nationwide surveys. J Appl Ichthyol, 20: 321-332.

Wei Q W, Ke F, Zhang J M, et al. 1997. Biology, fisheries, and conservation of sturgeons and paddlefish in China. Environ Bio Fish, 48: 241-255.

Wei Q W, Kynard B. 1998. Spawning of Chinese sturgeon in the Yangtze River. American Fisheries Society 128th Annual Meeting, Hartford, Connecticut.

271

Wei Q W, Kynard B, Yang D G, et al. 2009. Using drift nets to capture early life stages and monitor spawning of the Yangtze River Chinese sturgeon (*Acipenser sinensis*). J Appl Ichthyol, 25 (Suppl. 2): 100-106.

Wei Q W, Li P, Psenicka M, et al. 2007. Ultrastructure and morphology of spermatozoa in Chinese sturgeon (*Acipenser sinensis* Gray 1835) using scanning and transmission electron microscopy. Theriogenology, 67: 1269-1278.

Wei Q W, Zhang X F, Zhang X Y, et al. 2011a. Acclimating and maintaining Chinese sturgeon *Acipenser sinensis* in a large aquarium environment. J Appl Ichthyol, 27 (2): 533-540.

Wei Q W, Zou Y C, Li P, et al. 2011b. Sturgeon aquaculture in China: progress, strategies and prospects assessed on the basis of nation-wide surveys (2007-2009). J Appl Ichthyol, 27: 162-168.

Wells R M G, Mclntyre R H, Morgan A K, et al. 1986. Physiological stress responses in big gamefish after capture: observations on plasma chemistry and blood factors. Comp Chem Physiol Part A: Physiol, 84: 565-571.

Williot P, Rouault T, Pelard M, et al. 2007. Building a broodstock of the critically endangered sturgeon *Acipenser sturio*: problems and observations associated with the adaptation of wild-caught fish to hatchery conditions. Cybium, 31: 3-11.

Wirgin I, Maceda L, Waldman J R, et al. 2012. Stock origin of migratory Atlantic Sturgeon in Minas Basin, Inner Bay of Fundy, Canada, determined by microsatellite and mitochondrial DNA analyses. Trans Am Fish Soc, 141: 1389-1398.

Wirgin I, Waldman J R, Stabile J, et al. 2002. Comparison of mitochondrial DNA control region sequence and microsatellite DNA analyses in estimating population structure and gene flow rates in Atlantic sturgeon *Acipenser oxyrinchus*. J Appl Ichthyol, 18: 313-319.

Wolf C, Hübner P, Lüthy J. 1999. Differentiation of sturgeon species by PCR-RFLP. Food Res Int, 32 (10): 699-705.

Wuertz S, Gaillard S, Barbisan F, et al. 2006. Extensive screening of sturgeon genomes by random screening techniques revealed no sex-specific marker. Aquaculture, 258: 685-688.

Xie D, Wu T, Yang H. 2000. Artificial gynogenesis and sex reversal in *Hypophthalmichthys molitrix*. Developmental &reproductive biology, 9: 31-36.

Xin M M, Zhang S H, Wang D Q, et al. 2016. Twenty-four novel microsatellites for the endangered Chinese sturgeon (*Acipenser sinensis* Gray, 1835). J Appl Ichthyol, 32: 405-408.

Xu J H, You F, Sun W, et al. 2008. Induction of diploid gynogenesis in turbot *Scophthalmus maximus* with left-eyed flounder *Paralichthys olivaceus* sperm. Aquaculture International, 16: 623-634.

Yang D G, Wei Q W, Chen X H, et al. 2007. Hydrological status of the spawning ground of *Acipenser sinensis* underneath the Gezhouba dam and its relationship with the spawning runs. Acta Ecol Sin, 27 (3): 862-869.

Yang D, Kynard B, Wei Q, et al. 2006. Distribution and movement of Chinese sturgeon, *Acipenser sinensis*, on the spawning ground located below the Gezhouba dam during spawning seasons. J Appl Ichthol, 22 (Suppl. 1): 145-151.

Yang X G, Yue H M, Ye H, et al. 2015. Identification of a germ cell marker gene, the dead end homologue, in Chinese sturgeon *Acipenser sinensis*. Gene, 558 (1): 118-125.

Yang Y, Yan Z M, Chang J B. 2008. Hydrodynamic characteristics of Chinese sturgeon spawning ground in Yangtze River. J Hydrod, 20 (2): 225-230.

Yarmohammadi M, Pourkazemi M, Chakmehdouz F, et al. 2011. Comparative study of male and female gonads in Persian sturgeon (*Acipenser persicus*) employing DNA-AFLP and CDNA-AFLP analysis. Journal of Applied Ichthyology, 27: 510-513.

Ye H, Chen X H, Wei Q W, et al. 2012a. Molecular and expression characterization of a *nanos1* homologue in Chinese sturgeon, *Acipenser sinensis*. Gene, 511 (2): 285-292.

Ye H, Du H, Chen X H, et al. 2012b. Identification of a pou2 ortholog in Chinese sturgeon, *Acipenser sinensis* and its expression patterns in tissues, immature individuals and during embryogenesis. Fish Physiol Biochem, 38 (4): 929-942.

Ye H, Li C J, Yue H M, et al. 2015. Differential expression of fertility genes *boule* and *dazl* in Chinese Sturgeon (*Acipenser sinensis*), a basal fish. Cell Tissue Res, 360 (2): 413-425.

Ye H, Li C J, Yue H M, et al. 2017. Establishment of intraperitoneal germ cell transplantation for critically endangered Chinese sturgeon *Acipenser sinensis*. Theriogenology, 94: 37-47.

You C H, Yu X M, Tan D Q, et al. 2008. Gynogenesis and sex determination in large-scale loach *Paramisgurnus dabryanus* (Sauvage). Aquaculture International, 16: 203-214.

Yue H M, Cao H, Chen XH, et al. 2014. Molecular characterization of the cDNAs of two zona pellucida genes in the Chinese sturgeon, *Acipenser sinensis* Gray, 1835. J Appl Ichthyol, 30: 1273-1281.

Yue H M, Ye H, Chen X H, et al. 2013. Molecular cloning of cDNA of gonadotropin-releasing hormones in the Chinese sturgeon (*Acipenser sinensis*) and the effect of 17β-estradiol on gene expression. Comp Biochem Physiol A, 166: 529-537.

Yue H, Li C, Du H, et al. 2015. Sequencing and de novo assembly of the gonadal transcriptome of the endangered Chinese sturgeon (*Acipenser sinensis*). PLoS One, 10(6): 1-22.

Zhang H, Yang D G, Wei Q W, et al. 2013a. Spatial distribution and spawning stock estimates for adult Chinese sturgeon (*Acipenser sinensis* Gray, 1835) around the only remaining spawning ground during the trial operation of the newly constructed Three Gorges Project in the Yangtze River, China. Journal of Applied Ichthyology, 29(6): 1436-1440.

Zhang S H, Luo H, Du H, et al. 2013b. Isolation and characterization of twenty-six microsatellite loci for the tetraploid fish Dabry's sturgeon (*Acipenser dabryanus*). Conservation Genet Resour, 5(2): 409-412.

Zhang X Y, Du H, Wang Y P, et al. 2014. Hematological and biochemical responses of juvenile Chinese sturgeon, *Acipenser sinensis* Gray 1835, to exogenous 17β-estradiol. J Appl Ichthyol, 30: 1216-1221.

Zhang X Y, Wei Q W, Zhang X F, et al. 2011. Changes in serum biochemical parameters of *Acipenser sinensis*, Gray 1835, caused by decreasing environmental salinity. J Appl Ichthyol, 27: 235-240.

Zhang H, Yang D G, Wei Q W, et al. 2013a. Spatial distribution and spawning stock estimates for adult Chinese sturgeon (*Acipenser sinensis* Gray, 1835) around the only remaining spawning ground during the trial operation of the newly constructed Three Gorges Project in the Yangtze River, China. Journal of Applied Ichthyology, 29(6): 1436-1440.

Zhao N, Ai W, Shao Z, et al. 2005. Microsatellites assessment of Chinese sturgeon (*Acipenser sinensis* Gray) genetic variability. Journal of Applied Ichthyology, 21: 7-13.

Zhu B, Zhao N, Shao Z J, et al. 2006. Genetic population structure of Chinese sturgeon (*Acipenser sinensis*) in the Yangtze River revealed by artificial network. J Appl Ichthyol, 22: 82-88.

Zhu B, Zhou F, Cao H, et al. 2002. Analysis of genetic variation in the Chinese sturgeon, *Acipenser sinensis*: estimating the contribution of artificially produced larvae in a wild population. J Appl Ichthol, 18: 301-306.

Zhuang P, Kynard B, Zhang L, et al. 2002. Ontogenetic behavior and migration of Chinese sturgeon, *Acipenser sinensis*. Environ Biol Fish, 65: 83-97.

附　　录

附录一 《中华鲟拯救行动计划(2015—2030年)》

前言

中华鲟(*Acipenser sinensis* Gray,1835)是一种大型溯河产卵洄游性鱼类,主要分布于东南沿海大陆架水域和长江中下游干流。其个体硕大,体长可达 4 m,体重超 700 kg,寿命 40 龄以上,在长江中的洄游距离达 2800 km 以上。20 世纪后期,由于过度捕捞和环境退化(筑坝、水污染等)等人类活动的影响,中华鲟自然种群规模急剧缩小。1988 年中华鲟被列为国家一级重点保护野生动物,1997 年被列入濒危野生动植物种国际贸易公约(CITES)附录Ⅱ保护物种,2010 年被世界自然保护联盟(IUCN)升级为极危级(CR)保护物种。

中华鲟起源于白垩纪,是非常古老的鱼类类群之一,在研究地球气候变化和鱼类演化等方面具有重要的科学价值。中华鲟作为一种大型江海洄游性鱼类,是海洋与河流信息和物质交流的重要纽带,是反映海洋和河流生态状况的重要指示性物种。保护中华鲟对于维护水生生物多样性、实现人与自然和谐发展具有重要的现实意义。

近两年来,随着各种人类活动影响的加剧,中华鲟栖息地和产卵场条件进一步恶化,中华鲟出现自然繁殖活动不连续的趋势,物种延续面临严峻挑战。按照党的十八大以来国家推进生态文明建设的战略部署,进一步落实好《中国水生生物资源养护行动纲要》和国家长江经济带建设中"江湖和谐、生态文明"的有关要求,根据当前形势下拯救中华鲟物种的迫切需求,特制定本行动计划。

一、物种现状及行动的必要性

(一)保护工作现状

我国历来十分重视中华鲟的保护工作,先后通过物种及其关键栖息地立法保护,长期大规模人工增殖放流,人工群体保育,以及大量科学研究等,开展专门针对中华鲟的保护工作,取得了一定成效。

1. 物种及其关键栖息地获得立法保护。1983 年,我国全面禁止中华鲟的商业捕捞利用,1989 年,中华鲟被列入国家一级重点保护野生动物名录。为保护葛洲坝坝下目前唯一已知的中华鲟产卵场及其繁殖群体,1996 年,设立"长江湖北宜昌中华鲟省级自然保护区"。为保护长江口中华鲟幼鱼群体及其索饵场,2002 年,设立"上海市长江口中华鲟自然保护区"。此外,2003 年开始实施的长江禁渔制度,以及长江中下游的其他一些保护区,如"长江湖北新螺段白鳍豚国家级自然保护区"等,也对中华鲟物种及其栖息地的保护起到了良好作用。

2. 人工增殖放流活动持续开展 30 余年,放流数量累计达 600 万尾以上。1982 年国家有关部门组建了专门的机构中华鲟研究所,开展中华鲟人工增殖放流方面的工作,以弥补葛洲坝建设对中华鲟自然繁殖所造成的不利影响。农业部所属的长江水产研究所也陆续开展了 30 多年的中华鲟人工增殖放流工作。此外,宜昌和上海两个中华鲟保护区以及有关企业和科研单位等,也放流了部分中华鲟。截至目前,相关单位在长江中游、长江口、珠江和闽江等水域共放流各种不同规格的中华鲟 600 万尾以上,对补充中华鲟自然资源起到了一定作用。

3. 保有少量人工群体,全人工繁殖技术获得突破。在长期的增殖放流实践和误捕误伤个体救护

中华鲟保护生物学

等工作中，有关科研机构和企业蓄养有一批不同年龄的中华鲟群体，接近性成熟个体（8龄）具有一定数量。并且自2009年起，中华鲟研究所和长江水产研究所相继取得了中华鲟全人工繁殖技术的突破，实现了淡水人工环境下中华鲟种群的自我维持，这为中华鲟人工种群的扩增和自然种群的保护奠定了物质基础。

4. 相关科学研究达到一定水平，有利于中华鲟物种保护的实践。自20世纪70年代以来，通过近50年的研究，比较清楚地掌握了中华鲟的洄游特性和生活史过程，在繁殖群体时空动态及自然繁殖活动监测、产卵场环境需求、人工繁殖和苗种培育、营养与病害防治等方面均具有比较深入的研究。此外，在生殖细胞保存和移植等生物工程技术领域也取得了明显进展。其中"中华鲟物种保护技术研究"成果还获得了2007年度国家科技进步二等奖。这些研究成果为中华鲟的物种保护提供了较好的理论基础和技术支撑。

（二）行动的必要性

当前，随着长江流域经济社会的不断发展，筑坝、航道建设及航运、水污染和城市化等各种人类活动影响不断加剧，中华鲟繁殖群体规模急剧下降，物种延续面临严峻挑战。

1. 中华鲟自然繁殖活动出现不连续趋势，栖息地环境急剧恶化。目前，中华鲟自然种群衰退的趋势仍在急速加剧中，现存唯一产卵场的面积逐渐缩小，适宜性下降，繁殖规模逐年缩减，种群延续正面临严峻考验。三峡水利枢纽工程自2003年蓄水运行以来，对产卵场环境的不利影响逐步加剧。同时，长江上游梯级水电开发带来的叠加效应使得产卵场条件更加恶化。2013和2014年连续两年在现有唯一产卵场内均未发现中华鲟的自然繁殖活动。虽然2015年在长江口重新监测到中华鲟幼鱼，表明2014年中华鲟可能在其他江段形成新的产卵场或产卵时间延迟，但未来产卵活动能否延续仍未可知。

2. 各种人类活动胁迫影响凸显，自然群体规模急剧缩小。当前水工建设、航运、捕捞、环境污染等各种人类活动的影响不断加剧，中华鲟资源持续下降。长江中华鲟繁殖群体规模已由20世纪70年代的10 000余尾下降至目前的不足100尾。葛洲坝截流至今33年来，中华鲟繁殖群体年均下降速率达到约10%，情况令人担忧。如不采取有效措施，中华鲟自然种群将迅速走向灭绝。此外，目前对于我国近海中华鲟的资源和分布状态尚不清楚，严重影响有关保护对策和措施的制定。

3. 人工保种群体规模有限，面临难以持续健康发展困境。尽管目前人工保种群体已具有一定的数量，但目前性成熟个体数量有限，后备亲体来源单一，全人工繁育仍不成规模，且子二代个体的种质质量呈严重下降趋势。因此，如果自然种群衰退，通过人工群体来实现对自然群体的补充，或实现人工群体的自维持，仍存在较大困难。

二、行动的指导思想和基本原则

（一）指导思想

深入贯彻落实党的十八大以来国家推进生态文明建设的战略部署和国家长江经济带建设中"江湖和谐、生态文明"的有关要求，以《中国水生生物资源养护行动纲要》《中国生物多样性保护战略与行动计划》（2011—2030年）为指导，以中华鲟为主体，开展长江水生生物资源养护及生物多样性保护专项行动。通过完善管理制度，强化保护措施，改善水域生态环境，提高公众参与等措施，实现中华鲟物种延续和恢复，进而维护长江水生生物多样性，促进人与自然和谐。

（二）基本原则

1. 以自然保护为主，人工保育为辅。在努力保护中华鲟自然种群及其生存环境的同时，适度维持和扩增人工保种群体。

2. 全面布局，突出重点。充分考虑中华鲟整个生活史时空范围所存在的问题并全面采取措施，优先突破制约中华鲟物种延续的关键点。

3. 全社会共同参与。充分发挥管理部门优势，加强中华鲟保护宣传教育，引导社会对长江水生生态的重视与关注，切实做到保护与发展并重。

4. 以科技为支撑。加强对中华鲟的有关科学研究，全面深入了解中华鲟，为保护对策和措施的制定和实施提供理论技术支撑。

三、行动目标

（一）近期目标

到 2020 年，查明中华鲟可能存在的新产卵场范围，产卵规模，繁殖群体现存量，以及繁殖后备亲体在海区分布范围等，形成较完善的中华鲟监测、评估与预警体系，关键栖息地得到有效保护，初步实现人工群体资源的整合，探索人工完成中华鲟"陆 - 海 - 陆"生活史的养殖模式。

1. 查明现有产卵场和新产卵场的有效性，开展产卵场环境修复和改良。

2. 建设 2 处共能容纳 1 万尾 8 龄以上个体的现代化淡水保种基地和 2 处共能容纳 10 万尾 1 ～ 7 龄个体的河口、海水养殖保种基地，探索陆 - 海 - 陆接力的养殖模式。

3. 持续实现中华鲟规模化全人工繁育，为建立健康可持续种群奠定基础。

4. 建立 1 ～ 2 个中华鲟半自然野化驯养基地。

5. 扩大增殖放流规模，确保每年放流数量不少于 5 万尾，且放流个体来自不少于 10 组父母本。

6. 开展家系管理，形成不同年龄梯度的中华鲟人工群体 10 万尾，其中 8 龄以上中华鲟个体的数量不少于 1 万尾。

7. 初步建立 1 个小规模的中华鲟遗传资源库。

（二）中期目标

到 2030 年，中华鲟自然种群得到有效恢复，生境条件得到有效改善，关键栖息地得到有效保护，人工群体资源得到扩增和优化，实现人工群体的自维持和对自然群体的有效补充。

1. 维持原有规模的中华鲟人工保种群体数量，增加高龄个体的数量，其中 15 龄以上中华鲟个体数不少于 5 千尾，8 龄以上中华鲟子二代个体数不少于 2 万尾。

2. 维持养殖平台和半自然野化驯养基地的正常、高效运行。

3. 继续扩大增殖放流规模，确保中华鲟每年放流数量不少于 10 万尾，且放流个体来自不少于 30 组父母本。

4. 自然或人工产卵场环境得到改善，野生群体数量逐步上升。

5. 建立具有一定规模的中华鲟遗传资源库，有效保存中华鲟生殖干细胞和精子。

（三）远景展望

经过长期不懈努力，到本世纪中叶，中华鲟自然种群得到明显恢复，栖息地环境得到明显改善，

人工群体保育体系完备，群体稳定健康。

四、就地保护行动

（一）探明关键栖息地和生活史

1. 背景

1981 年葛洲坝水利工程截流阻断了中华鲟的洄游通道，其原来分布在金沙江下游和长江上游 600 多千米江段 16 处以上的产卵场都无法被中华鲟所利用。虽然后来证实中华鲟能够在葛洲坝坝下完成自然繁殖活动，但已证实的产卵位置却仅局限在葛洲坝坝下至古老背长约 30 km 的江段。至 2012 年末，每年均证实均有自然繁殖活动发生的位置仅限于葛洲坝下江段 1 处。但可惜的是，2013 和 2014 年连续两年在此产卵场内均未再发现中华鲟的自然繁殖活动。虽然现有确凿证据表明 2014 年中华鲟已在其他江段自然繁殖产卵，但产卵时间和地点均不清楚，未来产卵活动能否延续仍未可知，中华鲟物种延续面临严峻挑战。与此同时，中华鲟亲鱼从进入长江口开始生殖洄游到完成繁殖活动返回大海，需要在长江中停留 18 个月以上，在此期间，其迁移行为和活动规律等仍然不甚清楚，限制了有关保护对策和措施的实施。

2. 目标

调查探明当前中华鲟产卵场的位置、产卵活动发生的时间，产卵批次和规模，查明发生繁殖活动的亲鱼数量，产出的中华鲟子代数量和行为活动规律等。结合历史研究，综合分析中华鲟产卵场、自然繁殖和关键生活史过程的变动状况，主要影响因素，未来的变动趋势，并提出相应的保护对策和措施。

3. 行动

（1）通过超声波遥测、渔业声学探测、食卵鱼类解剖、江底采卵、水下视频观测等方法，了解繁殖群体时空动态，确认产卵活动是否发生，确定产卵活动发生的时间和地点，产卵规模初步判断等。

（2）对产卵场等关键栖息地的地形、河床质、水文水动力学特征、水温、渔业水质等非生物环境特征进行现场初步调查，对其人类活动情况等进行调查分析，从不同时空尺度比较产卵场与非产卵场环境特征的异同。

（3）对中华鲟仔幼鱼在长江中下游江段、长江口出现的时间、数量、摄食和生长情况等生物学特征进行调查，估算仔幼鱼降河洄游的速度、成活率、资源量等。

（4）通过食卵鱼类解剖、江底采卵、仔幼鱼监测、遗传生物学分析等方法，初步综合分析产卵规模、到达长江口幼鱼数量、参加自然繁殖个体数量以及其占繁殖群体总规模的比例等。

（5）根据上述研究结果，结合历史研究，初步综合分析中华鲟产卵场、自然繁殖和关键生活史的变动状况，主要影响因素，未来的变动趋势，并提出相应的保护对策和措施。

（二）建设监测和救护体系

1. 背景

目前中华鲟在长江和海区的时空分布状况尚不完全清楚，且中华鲟常因捕捞、航运和污染事故等因素出现误捕、致伤甚至致死现象。目前除两个省级中华鲟自然保护区将中华鲟作为重点保护对象，并配置相关监测救护设施外，其他江段及沿海区域虽然也设有水生生物自然保护区，但缺乏资源和信息共享及联动机制，导致该范围内大部分受伤中华鲟不能及时得到救护造成资源损失，同时不利于对中华鲟自然资源的有效监测，建立中华鲟监测和救护网络成为迫切需要。

2. 目标

开展长江沿岸和近海水生生物自然保护区、关键栖息地（产卵场、索饵场、越冬场等）的联合保护行动，建立资源监测、共享和联动机制。将中华鲟列为共同关注对象，实现信息和技术共享。实施中华鲟资源的全流域和海区监测。建立长江沿岸和海区快速、高效、互联的救护网络，及时对致伤中华鲟进行救治，减少中华鲟自然资源损失。

3. 行动

（1）建立长江中下游、长江口和海区自然保护区、渔政站点联合保护行动机制，将中华鲟列为重点关注对象，对中华鲟进行全区域监测。

（2）建立沿江及近海监测和救护网络：依靠长江中下游及近海现有水产渔政队伍，重点在长江中下游、河口和近海建设若干中华鲟资源和分布监测站和救助站，以现有的基础良好的专业性研究所为技术支撑，建立中华鲟监测和救护网络。

（3）救护能力建设：进行相关人员的快速反应、急救、暂养、运输等知识培训；建立以驯养池、救助船、救助车及救助人员为体系的快速反应网络。

（三）修复生境和关键栖息地

1. 背景

葛洲坝下现存中华鲟自然产卵场的生态环境因三峡大坝蓄水、葛洲坝下河势调整工程、航道整治等涉水工程建设发生明显改变，产卵的位点产生迁移，产卵规模下降和适宜性降低，并且 2013 和 2014 年连续两年在此产卵场未发现中华鲟的自然繁殖活动。葛洲坝至长江口还分布有中华鲟产前栖息地，但受到三峡大坝蓄水的影响，产前栖息地数量和适宜性逐渐降低。长江口中华鲟索饵场受污染、航运、挖砂作业等人类活动影响，生态环境发生了显著改变。特别是索饵场的饵料生物资源和结构已发生明显改变，导致长江口中华鲟幼鱼的食物组成发生明显改变，使索饵场环境容纳量明显降低，不利于中华鲟幼鱼的摄食生长与资源补充。

2. 目标

设法提高和改善现有关键栖息地（产卵场、索饵场和产前栖息地等）的生境适合度；有条件地进行产卵场空间容纳量扩增，并且在合适的江段新建人工产卵场，从而提高自然繁殖效果，增加自然资源补充贡献；掌握现有产前栖息地的分布，开展长江口中华鲟索饵场生态修复技术研究，改善现有栖息地环境质量，提高现有栖息地的生态容量。

3. 行动

（1）通过现有产卵场或潜在产卵场的河床地形、河床质改良或修缮工程，改善现有中华鲟产卵场的流场、河床质等条件，扩大现有中华鲟自然产卵场繁殖容量，提高自然繁殖规模和效果。

（2）有条件地筛选合适江段进行中华鲟产卵场和产前栖息地的修复和改良。

（3）通过河床底部环境、饵料生物等生态修复，改良索饵场生态环境，提高幼鱼在河口区索饵生长，以及入海前生理调节效果，提高中华鲟幼鱼阶段成活率。

（4）对中华鲟的洄游和栖息分布规律进行进一步研究，了解中华鲟洄游通道的功能。

（5）针对中华鲟的自然繁殖需求，建立有助于恢复和促进中华鲟自然繁殖的生态调度方式，开展相关研究和试验。

（四）优化人工增殖放流

1. 背景

葛洲坝水利枢纽工程的建设导致了中华鲟的生殖洄游路线被截断，中华鲟产卵场规模急剧下降，每年的补充群体数量急剧减少。为补偿工程带来的不利影响，1983年，长江水产研究所首次实现了中华鲟的人工繁殖，并从当年开始实施人工增殖放流。截至2014年，相关科研和管理部门已累计在长江人工增殖放流的中华鲟超过了600万尾。但是，2009年开始停止科研捕捞野生中华鲟，而中华鲟全人工繁殖尚难以形成稳定规模，导致2010～2014年中华鲟放流数量明显降低。在目前野生群体难以每年都获得补充的情况下，亟需加大放流力度，优化增殖放流策略，努力补充野生群体。

2. 目标

通过家系管理，优化人工繁殖繁殖搭配，增加人工繁育中华鲟的数量，扩大增殖放流的规模，确保中华鲟在部分年份没有自然繁殖的情况下，能够有当年幼鱼补充到野生中华鲟群体中。

3. 行动

（1）充分利用野生中华鲟和人工养殖中华鲟子一代的性成熟个体，进行资源整合和共享利用，开展家系管理，优化（全）人工繁殖。
（2）扩大中华鲟子一代和子二代苗种生产能力，扩大增殖放流规模。
（3）规范中华鲟增殖放流相关遗传管理，开展野化训练、摄食训练等措施，提升放流中华鲟野外生存能力。
（4）加强中华鲟增殖放流效果评估。

（五）加强自然保护区管理

1. 背景

中华鲟现有保护区包括以保护中华鲟产卵场为目标的长江湖北宜昌中华鲟自然保护区和以保护中华鲟索饵场为目标的上海长江口中华鲟自然保护区。目前这两个保护区内水工建设、航道疏浚、航运、污染和捕捞等人类活动的干扰程度仍不断升级，导致保护区的保护效力有限，相关的配套能力建设和管理制度均需要进一步加强。同时这两个保护区作为省市级自然保护区，常常在协调地区经济发展过程中不断让步，需要及时提升保护区的级别，使保护区的功能完整性得到有效保护。

2. 目标

完善中华鲟自然保护区条件、基础设施和管理设施等能力建设，加强保护区执法力度；加强保护区的管理规范，努力减少各种人类活动对现有保护区的干扰，维持保护区功能完整性，参照国家级自然保护区管理，并尽快将保护区升级为国家级自然保护区，提高保护效力。

3. 行动

（1）加强中华鲟保护区能力建设：依据现有保护区基础建设条件，完善保护区基础设施、管护条件建设。
（2）加强保护区管理，提升执法力度：禁止一切损害或破坏现有保护区的活动，如严禁保护区核心区内进行航道疏浚工程、护坡护岸工程以及码头建设、桥梁建设等涉水工程建设；禁止在保护区内的一切采石挖沙和开矿作业；保护区周边污染源筛查治理：禁止一切未达标污水直接排放到保护区江段。规范保护区内航运路线和航行限制，严格限制船舶航行路线，禁止船舶越界航行等。

（3）保护区全年禁渔：按照《自然保护区条例》[①]和《水生动植物自然保护区管理办法》[②]规定，保护区内实施全年禁渔；取消商业捕捞活动，解决渔民转产转业；严禁在保护区内使用定钩、深层网具作业，严禁电鱼和炸鱼等非法作业行为。

（4）提升保护区级别：逐步推进现有中华鲟自然保护区升级为国家级自然保护区。

（六）严控外来物种入侵

1. 背景

生物入侵现象在中国已十分严重，在国际自然保护联盟公布的100种最具威胁的外来生物中，入侵中国的就有50种。值得注意的是，长江中下游地区的外来入侵种已占中国外来种入侵总数的80%以上。此外，根据近年对长江中游干流误捕鲟鱼的调查结果，杂交鲟的误捕数量至少是长江原生活鲟鱼（白鲟、中华鲟和达氏鲟）的3倍，杂交鲟的入侵已对包括中华鲟在内的长江3种鲟鱼的正常生存和遗传种质资源造成了严重威胁。

2. 目标

通过对外来入侵水生动物的预防和控制，遏制其在长江中下游水域的扩散和传播，降低并最终消除对中华鲟的生存和基因资源的影响，从而确保长江水生生物多样性和生态安全。

3. 行动

（1）初步查明长江中下游水域主要入侵水生动物的种类、数量、分布区域，建立外来入侵物种的数据库和信息共享平台，建立预测和预警机制。

（2）发展多手段的生物检测和鉴定技术，同时分析和评估各入侵物种对中华鲟的影响程度。

（3）研究入侵物种传播和扩散途径及机制，建立阻断和消除技术手段。

（4）建立和完善立法，打击导致长江外来物种入侵的行为。

五、迁地保护行动

（一）人工养殖保护

1. 背景

在全人工环境下开展驯养中华鲟工作已进行了30余年，驯养地点包括湖北、浙江、广东、福建、北京、上海和香港等地区，不同年龄梯队中华鲟初具规模，中华鲟的养殖以及全人工繁殖技术已突破，在人工养殖环境下，实现中华鲟的物种保存已无大的技术瓶颈。但是，目前全国的中华鲟养殖平台的数量和规模均有限，难以提供足够的硬件条件，使人工种群的数量和质量尚不能维持其稳定性和对野外群体的持续补充。在中华鲟自然种群已明显衰退的现实背景下，扩容养殖平台，保护和维持现有中华鲟人工养殖群体，是现阶段防止中华鲟物种灭绝的有效措施。

2. 目标

掌握现有养殖群体的规模、分布及生物学现状；维持现有中华鲟养殖设施的正常运转、扩建新养殖基地和设施；提高中华鲟的投喂及疾病防控技术，提供养殖中华鲟的健康生长、生殖的营养及环境条件，从硬件条件及技术水平上保护和维持现有中华鲟人工养殖群体。

[①] 作者著. 全称为《中华人民共和国自然保护区条例》
[②] 作者著. 全称为《中华人民共和国水生动植物自然保护区管理办法》

3. 行动

（1）人工保种群体的全国性普查。对湖北、浙江、广东、福建、北京、上海和香港等地的养殖基地、海洋馆内的中华鲟养殖群体进行普查和登记，调查鱼体来源、性别、体重、全长、年龄等信息，并提取遗传学样本，建立全国性的养殖中华鲟生物学数据库。

（2）人工保种群体养殖设施的运转维持和扩建。中华鲟为国家一级重点保护动物，不能进行商业性养殖开发利用，且人工养殖规模不大。当前全国各地的养殖资金主要来源于政府财政资金的补贴，存在较大的缺口，造成一些养殖场难以为继。应基于全国各地养殖场的养殖数量和养殖设施的运行状况，安排资金保障现有养殖条件和养殖设施的正常运转、支持部分有条件场地进行扩容性建设。

（3）技术支撑建设。尽管中华鲟养殖已经突破了驯养、全人工繁殖等技术瓶颈，但在人工养殖过程中，仍然存在疾病死亡、营养不良、性腺发育迟缓等问题，应进一步加强营养需求、疾病防控、促性腺发育养殖条件等方面的技术研究；此外，亟需开展生殖细胞冷冻保存、生殖细胞移植、生长生殖调控技术、精液长期保存等新技术，为中华鲟人工种群的维持和增殖提供技术支撑。

（二）自然水体圈地保护

1. 背景

历史上，长江中游江段是中华鲟繁殖群体产卵前的重要越冬场之一，部分中华鲟在该江段越冬并完成性腺从Ⅲ期发育至Ⅳ期的关键低温过程。长江上游水电开发对葛洲坝下游江段造成的滞温效应随着沿程的增加而逐渐降低，因此，可在长江中游寻找合适的夹江位置，确保该江段受滞温效应影响小、与长江连通、并具有一定的流速条件。

其中，老湾故道位于湖北长江新螺段白鱀豚自然保护区的老湾回族乡江段，故道长约 10 km，洪水期和枯水期的平均河宽分别为 160 m 和 70 m，故道在洪水季节与长江连通。前期调查已初步确定故道的水深、地形等水生态环境能够保证中华鲟能够较好的生存。通过将中华鲟人工群体和捕捞繁殖后野生群体迁入这些近自然的夹江水域，可望实现人工种群的性成熟和野生群体性腺的再成熟。此外，长江中游亦存在适合开展中华鲟野化训练的其他江段。

2. 目标

在中游夹江江段引入中华鲟子一代，适当补充野生群体，促进引入群体的性腺成熟，提高引入群体的生存能力，为中华鲟人工种群维持和野生群体资源补充提供优质的半自然资源库。

3. 行动

（1）在长江中游确定 1～2 个夹江江段作为中华鲟半自然迁地保护实施地，实施可行性调研，详细调查故道的水生态环境、水生生物资源和人类活动情况，科学评估故道内满足中华鲟生存的空间容纳量、饵料资源容纳量和生存环境风险。

（2）开展老湾故道等夹江位置的改造工程，确保夹江位置与长江干流的全年连通性，引入人工养殖或野生中华鲟，开展野化驯养。

（3）定期开展个体的性腺发育检查，掌握性腺发育动态，达到性成熟的个体一部分用于人工繁殖；另一部分将其放回长江，观察其迁移和分布特征，评估是否能够再溯河洄游到产卵场进行自然繁殖。

（三）海洋、河口水体驯养保护

1. 背景

中华鲟在淡水中繁殖，在河口经历一段时间的适应期后，再进入海水中生长，即生活史的大部分时间在海水中。而已开展的有关中华鲟的研究、保护与养殖均是在淡水环境中进行。中华鲟在海水和河口环境中的摄食规律、生长过程等尚不清楚，因此，有必要开展海水和河口养殖试验，以了解中华鲟自然生活史过程。另一方面，中华鲟个体大，现有的淡水养殖条件一般难以满足其对养殖水体的空间需求，利用海水和河口环境进行养殖可以进一步扩大中华鲟的人工养殖规模。

2. 目标

掌握中华鲟海水和河口养殖过程中的环境控制、饲料投喂、疾病防控等技术方法。了解中华鲟在海水和河口环境中的营养需求和生长规律，实现中华鲟规模化人工保种群体的储备。

3. 行动

利用山东、浙江等地的近海资源以及长江口水域，通过设置养殖工船、深水网箱的方法养殖中华鲟。运用机电、化学、自动控制学等科学原理，对养殖生产中的水质、水温、水流、投饵和排污等实行半自动或全自动化管理，维持中华鲟最佳生理和生态环境，从而达到健康、快速生长和提高养殖产量和质量的目的。养殖苗种选用淡水环境下人工繁殖的中华鲟子一代和子二代，培育至性成熟前，然后再进行淡水养殖。从养殖水环境上实现中华鲟"淡水 - 海水 - 淡水"的交替，从养殖周期上，完成"内陆 - 海洋 - 内陆"的空间接力。

六、遗传资源保护行动

(一) 突破中华鲟生殖干细胞相关技术

1. 背景

鱼类由两类细胞构成，体细胞形成机体组织，生殖细胞传递遗传信息到下一代。生殖细胞的前体，原始生殖细胞（PGC），在胚胎早期形成并迁移到生殖脊并分化。鱼类 PGC 分化产生的生殖干细胞在性腺发育的全过程中均具有多能性和自我更新的能力，且便于分离，是生殖细胞移植研究的优良供体。研究表明，鱼类生殖干细胞均具有发育为精子和卵子的潜能。近缘物种间的生殖干细胞移植已在多种鱼类中获得成功，如虹鳟移植到大马哈鱼、银汉鱼、鲵鱼、尼罗罗非鱼和黄尾鱼等。因此，分离、培养和保存中华鲟生殖干细胞，将其移植到达氏鲟等性成熟时间相对较短的鲟鱼中并分化发育为成熟的配子，配子结合后产生供体中华鲟的后代，可以缩短中华鲟的性成熟年限；同时，将多尾不同来源的供体生殖干细胞移植到一尾受体中，可有效促进中华鲟遗传多样性的恢复，为该物种的保存提供重要的遗传基础。

2. 目标

阐明生殖细胞的形成、迁移等过程，确定鲟鱼生殖干细胞移植的时间窗口；制备不育鲟鱼作为中华鲟生殖干细胞移植的受体。建立中华鲟生殖干细胞冷冻保存、复苏及移植技术体系，建成中华鲟生殖干细胞保存库，突破中华鲟异种繁殖技术并恢复其遗传多样性，保存其遗传资源。

3. 行动

筛选中华鲟、达氏鲟生殖细胞标记基因，阐明受体鲟鱼生殖干细胞形成、迁移等发育过程，明确中华鲟生殖细胞移植的时间窗口。利用荧光标记、密度梯度离心等方法从未成熟的中华鲟个体中分离生殖干细胞并实现体外培养扩增，建立生殖干细胞冷冻保存技术体系。同时，采用生殖细胞灭活、不育杂交种等方法制备达氏鲟、西伯利亚鲟等性成熟时间较短的不育受体；随后，将中华鲟生殖干细胞移植到不育受体中并分化发育为有功能的精子和卵子，配子结合后产生供体中华鲟的后代，缩短中

华鲟性成熟年限并恢复其遗传多样性，有效保存该物种。

（二）建立中华鲟精子冷冻库

1. 背景

鱼类种质资源保护和利用的策略包括个体水平上的遗传保护，即对群体、家系和个体等整个活体的保存；以及细胞水平上的遗传保护，即对器官、组织、细胞和亚细胞等器官组织的保存。鱼类种质细胞，包括卵子、精子和胚胎等。精液超低温冷冻保存技术的研究是从上世纪50年代开始的，国外学者的工作主要集中在冷水性鲑鳟鱼类及某些海水鱼上，而国内以研究四大家鱼及海水鱼类如真鲷、黑鲷、花鲈、大弹涂鱼等精液的超低温保存为主。目前，鲟鱼类精液超低温冷冻保存虽然已取得了一些成果，并且一些种类可以应用于实验室中冷冻库的建立（如俄罗斯鲟、匙吻鲟、西伯利亚鲟、闪光鲟等），但大多数鲟鱼类的精子解冻后只获得有限的孵化率，受精结果也不太理想。因此，有必要开展中华鲟精液冷冻保存技术研究，通过精子冷冻保存库的建立，保护中华鲟种质资源和生物多样性，同时为该物种进行有效的开发和利用提供物质保障。

2. 目标

通过中华鲟精子库的建立，为中华鲟种质保存及遗传多样性保护提供技术保障。

3. 行动

（1）针对我国现存的中华鲟繁育亲本开展种质资源状况调查，建立中华鲟遗传家谱和个体信息库，避免近亲交配并为繁殖亲体选择提供依据，为中华鲟遗传多样性保护、遗传育种等研究提供技术保障。

（2）针对中华鲟精子冷冻保存方法开展一系列的研究，包括抗冻剂种类和浓度的选择、稀释液的配制、冷冻降温方法和解冻复活技术等。

（3）加深精子低温生物学的基础研究，阐明精子冷冻损伤机理，揭示精子的抗冻机理，进一步优化冷冻降温技术方法，努力提高中华鲟解冻后精子的质量。

（4）建立中华鲟精子质量评价体系，制定标准所需相关参数。

七、支撑保障行动

（一）成立中华鲟保护行动联盟

1. 背景

目前，中华鲟自然种群的保护主要依靠沿江渔政部门和两个中华鲟自然保护区来完成，管理力量相对薄弱。而从事中华鲟人工养殖的部门包括科研单位和企业，但各部门之间联系较少，不利于建立健康可持续的中华鲟人工群体。

2. 目标

充分利用与中华鲟保护相关的社会资源，成立中华鲟保护行动联盟，制定针对联盟的详细保护计划和任务，通过多方力量共同参与，为中华鲟拯救行动提供强有力的支撑保障。

3. 行动

（1）由行业主管部门牵头，组织全国参与中华鲟自然种群保护的管理机构、从事中华鲟人工养殖的企事业单位、科研组织和社会团体，成立中华鲟保护行动联盟。

（2）增加对保护区上下游外围地带的保护力度：中华鲟保护区位于长江干流，具有连通性和开放性的特点。为避免保护区受外围水域干扰，增加对黄海和东海水域范围的保护力度。

（3）制定联盟的工作目标、工作章程和工作任务，建立沟通协调机制，明确各自的责任义务，共享信息。

（4）定期汇报保护工作取得的进展和发现的问题，组织讨论，总结经验教训，促进中华鲟拯救行动计划的有效实施和不断完善。

（二）规范和减少渔业捕捞

1. 背景

在上海至攀枝花约 3500 km 的长江干流，合法渔船密度达到了 2.6 艘 /km，渔民密度为 7.9 人 /km，渔业捕捞压力已经严重影响了中华鲟亲鱼的自然繁殖过程和幼鱼的降海洄游过程。相关科研单位的超声波跟踪显示，3 尾入海后再回到长江进行自然繁殖的亲鱼中，2 尾都因渔业捕捞活动导致死亡。渔业捕捞活动（包括合法捕捞和非法偷捕）已经成为导致中华鲟自然种群数量下降的重要因素之一。通过打击非法捕捞，降低捕捞强度，一方面可确保中华鲟自然繁殖群体能够顺利到达产卵场进行自然繁殖，另一方面可保证中华鲟繁殖群体、野生幼鱼和人工增殖放流幼鱼可以顺利入海。

2. 目标

通过逐步减低捕捞压力，减少中华鲟误捕几率，尽力使中华鲟自然种群和人工增殖放流群体能够顺利完成其在长江中的生活史。

3. 行动

（1）严厉打击非法捕捞行为，清理"绝户网"，取缔涉渔"三无船舶"。

（2）开展延长禁渔期可行性研究，先期推行重点江段水域延长禁渔期，逐步推广至全流域。

（3）积极推进渔民转产转业和分区域禁渔工作，鼓励地方结合长江经济带建设和渔业燃油补贴政策调整，逐步建立和扩大禁渔区。

（4）加强重点水域的保护，逐步推进保护区的禁渔管理。

（三）实施长江中下游生态综合整治

1. 背景

长江的水污染可导致中华鲟幼鱼出现畸形甚至直接致死，航道整治和挖砂作业破坏了中华鲟的关键栖息地，密集的航运占据了中华鲟大量的洄游空间并经常导致中华鲟机械损伤。而这些人类活动属于长江中下游流域性共性生态问题，涉及多个部门协作的生态问题，需要联合多个部门进行综合整治才能取得实效。

2. 目标

开展长江沿岸各部门的生态联合整治，实现流域环境的综合治理。

3. 行动

（1）加强国家和地方管理机构之间的沟通和协调，建立打击破坏长江生态环境违法行为的跨部门协作机制。

（2）联合长江中下游相关的水利、航运、环保等部门，研究制定整治方案，分步骤进行清理整顿。

（3）整治内容包括非法采砂、非法码头桥梁建设、河道非法占用及污染排放等。

附录二　GB/T 32781—2016《中华鲟种质标准》

1　范围

本标准给出了中华鲟（*Acipenser sinensis* Gray，1834）的主要形态构造特征、生长与繁殖、遗传学特性及检验方法。

本标准适用于中华鲟的种质检测与鉴定。

2　规范性引用文件

下列文件对于本文件的应用是必不可少的。凡是注日期的引用文件，仅所注日期的版本适用于本文件。凡是不注日期的引用文件，其最新版本（包括所有的修改单）适用于本文件。

GB/T 18654.1 养殖鱼类种质检测 第 1 部分：检验规则

GB/T 18654.2 养殖鱼类种质检测 第 2 部分：抽样方法

GB/T 18654.3 养殖鱼类种质检测 第 3 部分：性状测定

GB/T 18654.4 养殖鱼类种质检验 第 4 部分：年龄与生长的测定

GB/T 18654.12 养殖鱼类种质检验 第 12 部分：染色体组型分析

GB/T 18654.13 养殖鱼类种质检验 第 13 部分：同工酶电泳分析

3　名称与分类

3.1　学名

中华鲟（*Acipenser sinensis* Gray，1834）。

3.2　分类位置

硬骨鱼纲（Osteichthyes），鲟形目（Acipenseriformes），鲟科（Acipenseridae），鲟亚科（Acipenserinae），鲟属（*Acipenser*）。

4　主要形态构造特征

4.1　外部形态特征

4.1.1　外形

体呈长梭形，前端略粗，向后渐细，腹部较平。头部呈三角形，略为扁平，侧面呈楔形，体表有 5 列硬骨板。幼体吻较尖，高龄个体吻较钝圆。头部腹面及侧面有许多梅花状陷器。

吻须 2 对，靠近口。胸鳍 1 对，扁平呈叶状，水平向后外侧伸展。腹鳍 1 对，较胸鳍小，向两侧平展。背鳍 1 个，前基部与腹面的泄殖孔相对，斜向后伸。臀鳍位于尾部腹面，前基部位于泄殖孔之后，与背鳍上下对应，较背鳍小而色浅。尾鳍歪形，上叶大，下叶小。各鳍呈灰色。

体色在侧骨板以上为青灰、灰褐或灰黄色；侧骨板以下逐步由浅灰过渡到灰黄色；腹部为乳白色。

中华鲟外形见图1。

图 1　中华鲟外形图

4.1.2　可量性状

可量性状见表1。

表 1　中华鲟可量性状

性状指标	幼鱼 体长 (11~38)cm		成鱼（雄鱼） 体长 (162~248)cm		成鱼（雌鱼） 体长 (235~297)cm	
	变动范围	M±SD[a]	变动范围	M±SD[a]	变动范围	M±SD[a]
体长 / 体高	5.2~9.3	6.9±0.1	5.2~9.1	6.9±0.2	5.1~8.5	6.7±0.1
体长 / 头长	2.2~3.2	2.7±0.1	3.4~4.0	3.8±0.8	3.4~4.4	3.8±0.1
体长 / 尾柄长	10.1~19.8	15.1±0.3	10.2~30.0	17.8±1.7	10.3~28.0	20.0±1.1
体长 / 尾柄高	18.1~30.0	25.0±0.4	18.3~30.0	27.4±0.4	18.2~28.0	23.2±0.9
头长 / 吻长	1.8~2.0	1.9±0.1	2.2~3.6	2.4±0.1	2.0~3.7	2.5±0.1
头长 / 眼径	13.0~24.0	19.4±0.4	27.0~43.0	36.2±0.6	36.0~43.0	38.0±0.9
头长 / 眼间距	2.8~4.0	3.4±0.1	2.3~3.1	2.7±0.1	2.3~3.2	2.9±0.2
尾柄长 / 尾柄高	1.1~1.8	1.8±0.1	1.1~1.4	1.6±0.1	1.1~1.8	1.4±0.4

[a] "M±SD" 指平均值 ± 标准差

4.1.3　可数性状

4.1.3.1　鳃耙数
左侧第一鳃弓外鳃耙数 14~25。

4.1.3.2　背鳍鳍式和臀鳍鳍式
背鳍鳍式：D. 50~68。

臀鳍鳍式：A. 26~46。

4.1.3.3　骨板数
背骨板数：10 块 ~16 块。

侧骨板数：左右各 1 行，均为：26 块 ~42 块。

腹骨板数：左右各 1 行，均为：8 块 ~16 块。

4.2　内部构造特征

4.2.1　消化系统

瓣肠发达，幽门盲囊半圆形，边缘约有 17 个指状突起。

4.2.2　鳔

色黑，一室，前端呈双角状，后端渐细。

5　年龄与生长

雌体比雄体生长快，不同年龄组体长和体重实测值见表 2。

表 2　中华鲟 (人工养殖) 体长和体重实测值

年龄龄	体长 cm	体重 kg
0+	11.0~49.3	0.01~1.05
1+	47.4~73.5	0.75~4.50
2+	58.3~104.8	1.55~8.15
3+	71.5~121.8	13.50~23.00
4+	119.0~140.9	10.00~32.20
5+	126.4~158.9	18.60~35.50
6+	115.1~136.9	16.50~26.10
7+	138.8~147.2	24.20~48.80
8+	164.2~176.8	49.90~63.70
9+	148.9~170.3	35.40~49.00
10+	154.3~178.5	50.20~65.00

注：体重与全长关系参见附录 A。

6　繁殖

6.1　性成熟年龄

长江野生个体，雄鱼：8 龄，雌鱼：13 龄。

6.2　产卵类型

粘性卵，一次产卵。

6.3　繁殖周期

不小于 2 年。

6.4　产卵时间

10 月中旬至 11 月。

6.5　怀卵量

绝对怀卵量 3.06×10^5 粒 ~13.05×10^5 粒；相对怀卵量 1.72 粒 /g 体重 ~4.45 粒 /g 体重。

6.6　成熟卵的特征

黑色或灰黑色。

7　遗传学特性

7.1　细胞遗传学特性

染色体数：$2n$=264±；核型公式：78m+20sm+26st+140±mc，染色体组型见图2。

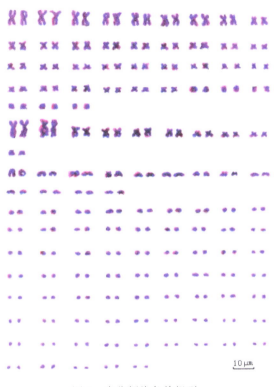

图2　中华鲟染色体组型

7.2　生化遗传学特性

眼晶状体苹果酸脱氢酶（MDH）同工酶电泳及扫描图见图2，酶带迁移率见表3。

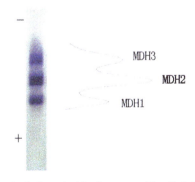

图3　中华鲟眼晶状体苹果酸脱氢酶(MDH)同工酶电泳图和扫描图

表3　中华鲟眼晶状体苹果酸脱氢酶 (MDH) 同工酶酶带迁移率

酶带	MDH1	MDH2	MDH3
迁移率	0.273	0.233	0.188

8　检测方法

8.1　抽样

按 GB/T 18654.2 的规定执行。

8.2　性状测定

按 GB/T 18654.3 的规定执行。

8.3　怀卵量测定

解剖称量卵巢全重。计算单位重量卵数：随机取卵巢组织 10 组，每组 20~25 g，计算单位重量卵数。绝对怀卵量为卵巢重量乘上单位重量平均卵数，相对怀卵量为绝对怀卵量除以体重。

8.4　年龄测定

取匙骨连胸鳍，清水煮沸 15 min~20 min，取出于温水中刷去残留组织。匙骨洗刷干净后，擦干骨片及时编号，晾干保存。刚处理过的匙骨可直接观察到宽带和窄带相间的年层，窄带称为年轮，存放过一段时间的匙骨于清水中浸润数分钟再观察。匙骨径长结合匙骨基部黑暗带团的分布确定第一年带，每一宽带和一窄带为一年带。

胸鳍年龄测定按 GB/T 18654.4 的规定执行。

整个年龄测定以匙骨年轮和胸鳍切片年轮相互补充和纠正。

8.5　染色体组型分析

按 GB/T 18654.12 的规定执行。

8.6　同工酶电泳分析

8.6.1　样品的采集与制备

取中华鲟眼晶状体，加 200 μL 的磷酸缓冲液 (0.1 mol/L pH7.2) 在 1 mL 匀浆器中冰浴匀浆，匀浆液于 4 ℃、1 200 r/min 离心 30 min，取上清液，重复以上离心过程 2 次至上清液澄清。

8.6.2　制胶

将混匀的 7.5% 聚丙烯酰胺凝胶液倒入模板，插好梳子，置于 36 ℃ 左右温度下 30 min，待凝胶聚合后，置于冰箱中备用。

8.6.3　点样

吸取 20 μL 样与 2 μL ～ 3 μL 加样指示剂混匀，一起加到点样孔中。

8.6.4　电泳分离

采用垂直电泳，凝胶浓度 7.5%。电极缓冲液为 pH8.3 的 Tris- 甘氨酸。稳压 250 V 电泳 3 h。电泳结束后，放入预先制备好并在 37 ℃恒温箱中保温的同工酶染色液中染色。

同工酶电泳分析中使用的各种试剂见附录 B。

8.6.5　结果分析

按 GB/T 18654.13 的规定执行。

9　检验规则与结果判定

按 GB/T 18654.1 的规定执行。

附　录　A

（资料性附录）

中华鲟体重与全长的关系

A.1　体重与全长的关系

$$W=1.1969\times10^{-6}L^{3.2981}\ (r=0.9452)\qquad\qquad\text{(A.1)}$$

式中：

　　W——体重，单位为千克（kg）

　　L——全长，单位为厘米（cm）

附　录　B

（规范性附录）

同工酶各试剂的配制

B.1　磷酸缓冲液 (0.1 mol/L pH7.2) 配制

B.1.1　A 液（0.1 mol/L，Na_2HPO_4）配制：取 17.80 g $Na_2HPO_4 \cdot 2H_2O$（或 35.80g $Na_2HPO_4 \cdot 12H_2O$）蒸馏水溶解并定容至 1 000 mL。

B.1.2　B 液（0.1 mol/L，NaH_2PO_4）配制：取 13.80 g $NaH_2PO_4 \cdot H_2O$（或 15.60 g $NaH_2PO_4 \cdot 2H_2O$）蒸馏水溶解并定容至 1 000 mL。

磷酸缓冲液由 A 液和 B 液按 72 ∶ 28 的比例混合而成，并用 A 液或 B 液调 pH 为 7.2，现配现用。

B.2　凝胶的制备

B.2.1　凝胶溶液的配制

表 B.1　各种凝胶溶液的配方

溶液	配制方法
凝胶缓冲液	取 Tris（$NH_2C(CH_2OH)_3$）36.3 g 蒸馏水溶解，用浓盐酸调 pH 为 8.9，加蒸馏水定容到 100 mL。4℃贮存。
凝胶储液	取丙烯酰胺（C_3H_5NO）33.3 g，N，N′—亚甲基双丙烯酰胺（$C_7H_{10}N_2O_2$）0.9 g，蒸馏水溶解并定容至 150 mL。4℃贮存。
AP	取过硫酸铵（$(NH_4)_2S_2O_8$）1.5 g，蒸馏水溶解并定容至 100 mL。现配现用。

B.2.2　凝胶的制备

用 7.5% 凝胶液制成聚丙烯酰胺垂直板凝胶，该凝胶液配方见表 B.2。

表 B.2　凝胶制备配方

7.5% 凝胶液	
凝胶缓冲液，mL	25.0
凝胶储液，mL	16.8
AP，mL	2.4
TEMED（四甲基乙二胺，$C_6H_{16}N_2$），μL	37.8
蒸馏水，mL	5.8
总体积，mL	50.0

B.3　加样指示剂

0.15% 溴酚蓝 -50% 甘油：称取 0.15 g 溴酚蓝溶于 50 mL 蒸馏水，再加 50 mL 甘油混匀。

B.4　电极缓冲液

电极缓冲液母液电泳时稀释 10 倍使用。母液配置：称取甘氨酸 28.80 g 溶于 800 mL 蒸馏水，用 Tris 调 pH 至 8.3，加蒸馏水定容至 1 000 mL。

B.5 同工酶染色液的配制

先配制染色用各溶液见表 B.3，再配制染色液。

表 B.3 染色用溶液配方

溶液	配制方法	
A	氯化硝基四氮唑蓝 (NBT)	300 mg
	辅酶Ⅰ (NAD)	500 mg
	吩嗪甲酯硫酸盐 (PMS)	20 mg
	蒸馏水 (H_2O)	100 mL
B	DL-苹果酸	2.68 g
	碳酸钠 (Na_2CO_3)	2.78 g
	蒸馏水 (H_2O)	200 mL
C 0.5 mol/L Tris-HCl 染色缓冲液 (pH7.0)	取 Tris60.5 g 溶于 800 mL 蒸馏水中，用盐酸调节 pH 至 7.0，加蒸馏水定容至 1 000 mL。	

染色液按 A ： B ： C ： H_2O=12 ： 12 ： 25 ： 90 的比例混合均匀。

附录三　《中华鲟人工增殖放流技术规范（征求意见稿）》

1　范围

本标准规定中华鲟（*Acipenser sinensis*）人工增殖放流的术语和定义、苗种质量要求、检验检疫方法与规则、苗种计数、标记方法、苗种运输、放流时间和数量及方法、放流地点及水域条件、资源监测与效果评估等技术要点。

本标准适用于中华鲟的增殖放流。

2　规范性引用文件

下列文件对于本文件的应用是必不可少的。凡是注日期的引用文件，仅所注日期的版本适用于本文件。凡是不注日期的引用文件，其最新版本（包括所有的修改单）适用于本文件。

GB 11607　　　渔业水质标准
GB/T 27638　　活鱼运输技术规范
NY5051　　　无公害食品 淡水养殖用水水质
NY5070　　　无公害食品 水产品中渔药残留限量
SC/T 9401-2010　水生生物增殖放流技术规程
SC/T 7014　　水生动物检疫实验技术规范
SL/T 215　　中华鲟人工繁殖技术规程

3　术语和定义

3.1　全长　total length

中华鲟吻端至尾鳍上叶末端的垂直直线长度。

3.2　线码标志　coded wire tag

一种短小的刻有数字编码的磁性不锈钢金属丝。通过专用设备注射进入鱼体内，用专用检测仪器可在鱼体外部检测编码。

3.3　挂牌标志　scutcheon tag

标注编码的金属或塑料标牌，可外挂在中华鲟骨板上。肉眼可在鱼体外部辨识标志。

3.4　射频标志　passive integrated transponder tag

具有数字编码的微型电子芯片标志。标志注射入鱼体内，通过专用读取仪在鱼体外读取数字编码。

3.5 锚标 anchor tag

具有编码信息的塑料棒。通过专用设备固定在中华鲟背部，肉眼可在鱼体外部辨识标志。

3.6 荧光标志 visible implant elastomer tag

橡胶材料和荧光颜料的混合物。液态标志物被注射到中华鲟透明软组织后凝固成具有颜色的固态橡胶，肉眼或荧光灯可在鱼体外部辨识标志。

4 增殖水域与生态环境

放流点水深在 2m 以上，水面宽度在 100m 以上，流速不超过 2m/s，水温 12℃以上。放流水域的水质应符合 GB 11607 的要求。其他未注明的水域条件应符合 SC/T 9401 的要求。

5 投放地点选择

选择长江中下游、东海近海等中华鲟的自然分布区进行投放。投放地点应避开港口、进排水闸、捕捞密集区以及排污口等水域。

6 放流物种规格

全长不小于 10cm。

7 放流物种质量

7.1 亲体来源及要求

亲体为野生或子一代个体。体质健壮，无病、无伤、无畸形。

7.2 苗种生产

亲鱼催产、人工授精、受精卵孵化和苗种培育应符合 SL/T 215 的相关要求。苗种培育的水质应符合 NY5051 的要求。放流水域为海洋或河口区域的，苗种应经过 20-30 天的盐化适应性驯养过程。

7.3 苗种感官质量

鱼体骨板、鳍条、侧线等外部器官发育完备且形态正常，色泽正常，游动活泼，规格基本一致。

7.4 苗种可数性状

可数指标包括规格合格率、死亡率、畸形率、伤残率，应符合表 1 要求。

表 1　可数指标要求

序号	项目	指标
1	规格合格率 %	≥95
2	死亡率 %	≤1
3	伤残率 %	≤2
4	畸形率 %	≤2

7.5　疾病与消毒

放流苗种不得带有细菌性烂鳃病、细菌性败血症、鞭毛虫病、车轮虫病、肠炎病等疾病。放流前应进行消毒，消毒方法参照 SC/T 9401 执行。

8　放流物种检验检疫

8.1　方法

8.1.1　感官质量与可数指标检验

以一个放流检验批次为基数，随机取样 3 次，每次取样不少于 20 尾，用肉眼观察苗种样品感官质量；将 3 次取样混合后统计死亡率、畸形率和伤残率；从所取样品中随机取 50 尾以上个体测量全长，求其平均全长和规格合格率。

8.1.2　疾病检验检疫

通过感官质量确定疑似疾病对象，按照 SC/T 7014 进行病害的检疫。

8.1.3　渔药残留检测

渔药残留限量检测按照 NY 5070 执行。

8.2　规则

8.2.1　组批规则

以一个放流验收批次作为一个检验检疫组批。

8.2.2　判定规则

全部达到第 7 章规定的各项指标要求，则判定为该批次苗种合格。检验项目任一项未达要求，允许加倍抽样将此项指标复检一次，复检仍不合格的，则判定本批次苗种不合格。检验结果中有两项及两项以上指标不合格，则判定该批次苗种不合格。

8.3　检验检疫时间

放流苗种应在放流前 7-10 天内完成检验检疫。

9　放流物种计数

将出池苗种均匀装箱，统计全部装箱数量。按表 2 的取样比例随机抽取样箱进行逐尾计数，求

出平均每箱苗种数量。苗种总量根据全部装箱数量和平均每箱苗种数量计算。计数操作结束，填写现场记录表（参见资料性附录A）

表2 取样比例

装箱数量	≤ 20	> 20
取样比例	15%	10%

10 放流标志

根据苗种的规格大小和标记保存时间确定标记方法（表3）。标志操作应避开中午高温时段，标志后应对鱼体进行伤口浸泡消毒。标志工作应由经过培训的熟练人员进行操作。

表3 标记方法

标记方法	适用规格（全长)cm	标记保存时间
线码标志	>10	终生
挂牌标志	>40	终生
射频标志	>40	<8 年
锚标	>40	终生
荧光标志	>10	3-4 年

11 包装运输

11.1 运输方式

放流苗种宜采用鱼罐车运输。

11.2 运输条件及方法

运输前应停食3天以上，运输途中采取遮光措施，匀速行驶减少剧烈颠簸，运输时间控制在12h以内，途中不间断充氧。其他未限定的运输条件及方法应符合GB/T 27638的规定。

12 放流操作技术

12.1 投放时间

放流时间宜安排在4-5月或放流水域禁渔期内。

12.2 投放数量

每批次放流数量应大于100尾或一次性放流完，其中带有标记的苗种数量比例不低于总放流数量的30%。一个放流区域不宜投放不同规格的苗种。

12.3 投放方法

30cm 以下苗种由人工搬运至距水面 0.5m 以内后缓缓投放水中。30cm 以上苗种采用人工搬运或借助软滑梯投放至放流水域。

13　放流资源保护

执行 SC/T 9401-2010 第 12 章的规定。

14　效果评价技术要求

执行 SC/T 9401-2010 第 13 章的规定。

中华鲟保护生物学

附 录 A

（资料性附录）

中华鲟放流验收现场记录表

供苗单位：_____ 供苗地点 _____

苗种检验合格日期：_____ 年 _____ 月 _____ 日 苗种检验证书文号：_____

苗种计验时间：_____ 年 _____ 月 _____ 日 _____ 时 _____ 分始至 _____ 时 _____ 分止

现场规格测量汇总表															
培育池号															合计
水体 (m³)															
水温 (℃)															
测量尾数															
平均全长 (cm)															

苗种抽样计数汇总表						
装运批次	抽样时间	抽样箱数	抽样苗种数量（尾）	平均每箱苗种数量（尾）	抽样基数（箱）	本装运批次苗种数量（万尾）
1						
2						
3						
4						
5						
本次放流苗种数量合计						

苗种投放				
包装方式：		运输时间： 时 分至 时 分		
投放水域：		投放时间： 时 分至 时 分		
底质：	水深 (m)：	pH 值：	表层水温 (℃)：	底层水温 (℃)：
盐度：	风向：	风力：	流向：	流速： 天气：

组织验收单位：_____

抽样人 _____ 测量人 _____ 记录人 _____ 校对人（验收组长）_____

监督验收单位：_____ 现场监督人：_____

后　记

中华鲟（*Acipenser sinensis* Gray，1835）是一种大型溯河产卵洄游性鱼类，主要分布于东南沿海大陆架水域和长江中下游干流。其个体硕大，体长可达 4 m，体重超 700 kg，寿命 40 龄以上，在长江中的洄游距离达 3500 km。20 世纪后期，由于过度捕捞和环境退化（筑坝、水污染等）等人类活动的影响，中华鲟自然种群规模急剧缩小。1988 年中华鲟被列为国家一级重点保护野生动物，1997 被列入《濒危野生动植物种国际贸易公约》（CITES）附录 II 保护物种，2010 年被世界自然保护联盟（International Union for Conservation of Nature，IUCN）升级为极危级（CR）保护物种。国宝中华鲟保护事业凝聚了几代人的心血，历史回顾如下。

1）1971 年以前：进行了一些形态、分类、分布和生活习性的零星记载，没有进行系统研究。在此期间，中华鲟和达氏鲟的种名问题仍较为混乱。例如，伍献文等（1963）在《中国经济动物志·淡水鱼类》中将分布于长江的大个体溯河产卵洄游种类（大腊子）命名为中华鲟，将分布于长江上游的小个体鲟鱼（沙腊子）定名为达氏鲟，而在朱元鼎等（1963）所编写的《东海鱼类志》中，把大个体的溯河产卵洄游种描述为达氏鲟（*Acipenser dabryanus*）。Gray 于 1834 年原定名的中华鲟（*Acipenser sinensis* Gray，1835）模式标本（体长 32 cm）可能来自珠江水系（四川省长江水产资源调查组，1988）［注：2018 年农业农村部颁布的《长江鲟拯救行动计划（2018—2035)》中，将达氏鲟统一称为长江鲟（农业农村部文号：农长渔发〔2018〕1 号)］。

2）1972 ～ 1975 年：张民凯等对全长江中华鲟开展解剖、资源、繁殖生态、洄游等系统研究和调查工作，特别是利用捕捞产卵期成熟野生亲体进行人工催产，取得了人工繁殖初步成功（四川省长江水产资源调查组，1988）。

3）1981 ～ 1986 年：此阶段国家对中华鲟开始全面禁止商业捕捞（1983 年），1981 年开始葛洲坝下中华鲟自然繁殖监测；1983 年在葛洲坝下取得人工繁殖成功，该成果获得湖北省科学技术进步奖一等奖。重要参与人员有：傅朝君、柯福恩、刘宪亭、鲁大椿、章龙珍、叶景春、胡德高、张国良、危起伟、庄平、杨文华等。

4）1986 ～ 1993 年：危起伟等开始对中华鲟资源和产卵场调查的数据进行整理分析，首次利用"标记 - 重捕法"完成了对 1984 ～ 1985 年长江干流中华鲟繁殖群体数量估算，以及中华鲟繁殖群体结构特征分析等。

5）1989 ～ 1996 年：危起伟等开展中华鲟人工繁殖和产卵场调查课题，取得初步成功。1991 年中美合作开展中华鲟保护工作，我国引进了国外的超声波跟踪技术进行洄游、栖息地选择和产卵条件研究。

6）1993 ～ 2003 年：危起伟在 Boyd Kynard 博士帮助下开展中华鲟生态学研究工作并顺利获得博士学位。

7）1997 ～ 1999 年：1997 年中华鲟规模化育苗成功（欧阳文亮、陈绍川的贡献）；1999 年荆州太湖中华鲟基地建成；1999 年实施海水驯养中华鲟（余志堂、林俩德、李庭前的贡献）。张四明博士开展鲟形目系统演化研究（危起伟提供的全面实验材料和文献）；庄平博士开展了中华鲟早期行为

研究（Boyd 指导，危起伟提供中华鲟仔鱼等帮助）。参与人员：危起伟、杨德国、王凯、杨文华、Boyd Kynard、李罗新、郑卫东、王科兵、龚明华、申燕、熊伟、曾勇、晏勇、汪登强等。

8）2000～2009 年：科学研究趋于深入、系统，取得了一批科研成果。此间，突破了中华鲟培育成活率低的技术难题，开始建立中华鲟人工群体，为中华鲟突破全人工繁殖奠定了基础。放流规格增大、数量增加，亲鲟捕捞量减小。在此期间，长江宜昌段中华鲟自然保护区（省级）于 1996 年批准建设，长江口中华鲟幼鱼自然保护区（省级）于 2003 年批准建设。2005 年中华鲟走进海洋馆，这是中华鲟迁地保护的重要开始；2006 中华鲟网箱养殖，拓展了中华鲟不同养殖模式；此间，张显良帮助收购中华鲟太湖基地为国有，增大了中华鲟研究力量和投入，促成了中华鲟物种保护技术研究成果获得 2007 年国家科学技术进步奖二等奖。参与人员：危起伟、杨德国、陈细华、刘鉴毅、柳凌、朱永久、王凯、李罗新、王科兵、杜浩、张辉、刘志刚等。

9）2010 年至今：2012 年实现中华鲟规模化全人工繁殖，这对开展中华鲟大规模增殖放流活动、保护和物种进一步延续等具有重要意义。然而，物种保护形势依然严峻，2013～2015 年连续 3 年在现有唯一产卵场——葛洲坝下产卵场均未发现中华鲟的自然繁殖活动。为保护和拯救中华鲟，延续中华鲟种群繁殖，针对中华鲟产卵频率降低、洄游种群数量持续减少、自然种群急剧衰退的现状，农业农村部组织编制了《中华鲟拯救行动计划（2015—2030 年）》（农长渔发〔2015〕1 号）。

10）2002 年至今：招收硕士和博士研究生，围绕中华鲟等鲟鱼类保护开展的学位论文研究如下。

博士论文（12 人取得博士学位）

1. 中华鲟感觉器官的早期发育及其行为机能研究（柴毅，2006）
2. 中华鲟自然繁殖的非生物环境（张辉，2009）
3. 匙吻鲟雌核发育诱导及其相关机制研究（邹远超，2011）
4. 长江中华鲟生殖洄游和栖息地选择（王成友，2012）
5. 中华鲟血液生化学的研究与应用（张晓雁，2012）
6. 达氏鲟的保护养殖：丰容环境中仔幼鱼的生存适应性（杜浩，2014）
7. 盐度对中华鲟生长的影响机制及中华鲟的等渗点分析（李伟，2014）
8. 鲟鱼生殖细胞标记基因 *dnd* 和 *piwi* 的表达和功能研究（杨晓鸽，2016）
9. 长江不同鳔室鱼类声学散射特性及其声学探测方法研究（蔺丹清，2016）
10. 达氏鲟种内和种间生殖细胞移植研究（叶欢，2017）
11. 葛洲坝下近坝江段物理环境与鱼类时空分布特征的研究（李君轶，2017）
12. 鲟科类精子冷冻保存的改良及其精子质量评价研究（席萌丹，2018）

硕士论文（21 人取得硕士学位）

1. 中华鲟胚胎发育和早期生活史阶段耗氧率的研究（唐国盘，2005）
2. 中华鲟精子结构特征及其精液超低温冷冻保存技术研究（厉萍，2007）
3. 长江宜昌和宜宾江段鱼类资源的水声学初步调查（张慧杰，2007）
4. 中华鲟精子生理生态特性研究（郑跃平，2007）
5. 重建长江上游中华鲟种群的可行性：底栖动物调查及放流试验（刘向伟，2009）
6. 中华鲟内部器官超声成像识别技术的研究（邱实，2009）
7. 养殖中华鲟性腺发育及血液相关生理指标变化的观察（张艳珍，2009）
8. 鲟形目部分种类基于线粒体 *CO I* 基因的分子进化研究（胡佳，2010）
9. 养殖中华鲟卵黄发生研究（甘芳，2010）
10. 筑坝对河流鱼类空间分布影响的水声学研究（孙立元，2013）
11. 达氏鲟感觉器官的早期发育研究（史玲玲，2013）
12. 达氏鲟微卫星分离及其亲子鉴定研究（骆慧，2013）
13. 中华鲟子二代环境偏好性研究（王恒，2014）

14. 基于 SSR 的中华鲟亲子鉴定和遗传特性研究（辛苗苗，2015）

15. 达氏鲟精子超微结构及精子质量相关基因的克隆研究（郭威，2016）

16. 达氏鲟幼鱼对蛋白质和脂肪需要量的研究（张磊，2016）

17. 达氏鲟（*Acipenser dabryanus*）精巢细胞超低温冻存与精原细胞体外扩增（颉璇，2016）

18. 达氏鲟幼鱼饲料中适宜糖源和糖脂比研究（褚志鹏，2017）

19. 达氏鲟 *dmc1* 和 *ly75* 基因的 cDNA 克隆及在精子生成中的表达分析（向浩，2018）

20. 施氏鲟麻醉及术后切口愈合过程研究（杨俊琳，2018）

21. 达氏鲟微卫星开发及其亲子鉴定应用效果评估（肖新平，2018）

为了总结 30 多年来我们在中华鲟物种保护研究中取得的成果，2018 年长江水产研究所濒危鱼类保护研究组编写了《中华鲟保护生物学》一书，本书主要分为 4 个部分，共 23 章，内容主要涵盖了个体生物学、种群生态学、遗传学及相应的政策法规、就地和迁地保护措施等研究。

中华鲟是典型的溯河洄游型鱼类。早期对其生活史的研究主要依靠渔民误捕或者捕捞，提供中华鲟在整个长江的洄游特性的一般模型。在大海中长大并即将成熟的中华鲟，每年的 6 ～ 8 月进入长江口后开始溯河而上到达产卵场参加繁殖，在这期间，停止摄食，依靠体内脂肪提供能量并完成性腺的最后成熟。1981 年葛洲坝水利工程截流阻断了中华鲟的洄游通道，其原来分布在金沙江下游和长江上游 600 多千米江段 16 处以上的产卵场都无法被中华鲟所利用。虽然后来证实中华鲟能够在葛洲坝坝下完成自然繁殖活动，但已证实的产卵位置却仅局限在葛洲坝坝下至古老背约 30 km 的江段（四川省长江水产资源调查组，1988；危起伟，2003）。自葛洲坝截流以来，中国科学院水生生物研究所和中国水产科学研究院长江水产研究所等单位一直坚持对中华鲟自然繁殖情况进行监测。主要研究包括观察繁殖期中华鲟在产卵场的短期分布和运动情况；观察中华鲟产卵期在产卵场的分布和数量大小；观测中华鲟产卵场的物理环境特征，如水深、地形、流速和底质特征；确定中华鲟溯河生殖洄游的时间，以及在不同江段栖息时长等（危起伟，2003；Yang et al.，2006；张辉，2009；Du et al.，2011；王成友，2012）。中华鲟性成熟晚、繁殖周期长，这是恢复种群的不利条件，但是雌性成熟个体的怀卵量大，在一定程度上弥补了这种劣势。而这些特点充分说明了保护参加繁殖的中华鲟至关重要。在掌握中华鲟生殖洄游、产前栖息地分布及栖息地适合度的基础上，分析和讨论了人类活动，尤其是水利工程建设对中华鲟洄游和栖息地选择产生的影响，并基于这些研究结果，提供了中华鲟就地保护的技术框架，提出了中华鲟就地保护的努力方向及一些亟待开展的研究工作，如探索中华鲟洄游机制、完善中华鲟栖息地研究、探寻中华鲟现有栖息地的生境条件、改良或修复中华鲟的潜在产卵场和产前栖息地、评估人类活动对中华鲟种群的影响，以及更新中华鲟就地保护和管理建议等。

自 1976 年实现了野生中华鲟人工繁殖的成功以来，在全人工环境下开展驯养中华鲟工作已进行了 30 余年。2008 年以前，用于人工繁殖的中华鲟亲本主要通过在宜昌葛洲坝坝下中华鲟自然产卵场捕捞获得。2009 年后，中华鲟亲体特许捕捞被取消后，繁殖亲本主要来源于人工蓄养的中华鲟子一代。驯养地点包括湖北、浙江、广东、福建、北京、上海和香港等地区。长江水产研究所经过近 19 年对中华鲟子一代人工种群的蓄养，使中华鲟子一代人工养殖后备亲鱼种群初具规模，12 龄以上亲鲟梯队达 250 尾左右。中华鲟的养殖及全人工繁殖技术已突破，在人工养殖环境下，实现中华鲟的物种保存已无大的技术瓶颈。围绕中华鲟人工驯养繁殖开展了一系列的技术研究，包括亲鱼培育、人工催产与授精、精液冷冻保存、亲鱼产后护理和康复、仔稚鱼培育、营养需求、疾病诊断和预防、促性腺发育养殖条件及家系的遗传管理等（危起伟和杜浩，2013）。此外，近期还开展了生殖细胞冷冻保存、生殖细胞移植、生长生殖调控等新技术，为中华鲟人工种群的维持和增殖提供了技术支撑。

1982 年，党中央、国务院采纳鱼类专家的建议，指定国家有关部门审批成立了救护中华鲟的专业机构——葛洲坝中华鲟研究所，该研究所有义务每年向长江投放中华鲟人工繁殖后代。1983 年，长江水产研究所、湖北省水产局、宜昌市水产科学研究所等单位组成的中华鲟人工繁殖协作组取得了葛洲坝下中华鲟人工孵化的成功，此后不久便开始向长江增殖放流中华鲟幼苗。自 1983 年以来，我

国已经累计向长江、珠江等水域放流中华鲟 700 余万尾。其中，1997 年以前，由于苗种驯养技术尚未突破，增殖放流的中华鲟大部分仅为仔鱼。1997 年中华鲟大规格苗种培育技术突破后，大规格中华鲟培育成活率显著提高，达到 80% 以上，之后放流中华鲟的规格均在 10 cm 以上（危起伟和杜浩，2013）。目前，中华鲟全人工繁殖技术已获得突破，进行了一定规模的子二代中华鲟的增殖放流工作，但规模还很有限。

按照"十八大"以来国家推进生态文明建设的战略部署，为了进一步落实好《中国水生生物资源养护行动纲要》和国家长江经济带建设中"江湖和谐、生态文明"的有关要求，根据当前形势下拯救中华鲟物种的迫切需求，农业部制定并启动了《中华鲟拯救行动计划（2015—2030 年）》。在农业部长江流域渔政监督管理办公室的协调下，2016 年 5 月 21 日上午，中华鲟保护救助联盟在上海成立。多家海洋水族馆、中华鲟养殖企业及科研院所作为成员，加入该联盟。联盟的成立将充分利用与中华鲟保护相关的社会资源，制定针对联盟的详细保护计划和任务，通过多方力量共同参与，为中华鲟拯救行动提供强有力的支撑保障。2018 年 10 月 15 日《国务院办公厅关于加强长江水生生物保护工作的意见》（国办发〔2018〕95 号）印发，对切实做好长江水生生物保护工作，特别是珍稀濒危物种保护工作，保护和修复长江水域生态环境提出了新的更高要求，这些都为中华鲟的保护工作奠定了好的基础。

书中如有不妥之处，敬请读者批评指正。